电工电子技术

主　编　曹成茂

副主编　周　莉　赵秀华　马德贵

编　委　（以姓氏笔画为序）

马德贵　李良光　吴　敏

周　莉　赵秀华　曹成茂

黄友锐　蒋传平　彭　超

合肥工业大学出版社

内 容 简 介

本书是按照教育部电工学课程教学指导委员会最新制定的“电工学课程教学基本要求”组织编写的21世纪课程教材。全书共12章，其中1—6章为电工技术内容，7—12章为电子技术内容。电工技术：第1章介绍电路的基本理论，第2章介绍电路的分析方法，第3章介绍正弦交流电路，第4章介绍三相电路，第5章介绍异步交流电动机，第6章介绍继电接触器控制系统。电子技术：第7章介绍二极管和三极管，第8章介绍基本放大电路的分析方法，第9章介绍集成运送放大器，第10章介绍直流稳压电源，第11章介绍组合逻辑电路，第12章介绍时序逻辑电路。

本书可作为高等学校非电类各专业电工与电子技术课程的教材，也可供相关工程技术人员阅读。

图书在版编目(CIP)数据

电工电子技术/曹成茂主编．—合肥：合肥工业大学出版社，2009.7(2016.9重印)
ISBN 978-7-81093-950-8

Ⅰ.电… Ⅱ.曹… Ⅲ.①电工技术—高等学校—教材②电子技术—高等学校—教材
Ⅳ.TM TN

中国版本图书馆CIP数据核字(2009)第067123号

电 工 电 子 技 术

主编 曹成茂　　　　责任编辑 陆向军

出 版	合肥工业大学出版社	版 次	2009年7月第1版
地 址	合肥市屯溪路193号	印 次	2016年9月第8次印刷
邮 编	230009	开 本	787毫米×1092毫米 1/16
电 话	综合编辑部：0551-62903028	印 张	19.5
	市场营销部：0551-62903198	字 数	474千字
网 址	www.hfutpress.com.cn	印 刷	安徽昶颉包装印务有限责任公司
E-mail	hfutpress@163.com	发 行	全国新华书店

ISBN 978-7-81093-950-8　　　　定价：31.00元

前　　言

本书是根据教育部电工学课程教学指导委员会最新制定的“电工学课程教学基本要求”，结合目前教学改革和学分制的要求，组织编写的21世纪课程教材。作为高等学校非电专业理工科少学时《电工与电子技术》课程的教材。

电工与电子技术是一门集电路分析、电机及控制、模拟电子技术、数字电子技术于一体的综合性、实践性很强的课程，也是非电类专业的一门技术基础课程。通过本课程的学习，学生可以获得必要的电工与电子技术基本理论、基本知识和基本技能，为学习后续课程和专业知识，以及今后从事工程技术工作和科研工作，奠定必要的理论和实践基础。本书作者在分析和总结以往教材和教学经验的基础上，根据电工与电子技术课程教学基本要求，考虑到各院校非电类专业电工与电子技术课程的课时普遍有所减少，因此我们精简了部分陈旧的和与专业相关性较小的内容，增加了实用技术知识。为了便于学生理解，书中选编了较多的应用实例和例题，并配相关的课后习题。对传统的教学内容进行了精选，适当地提高了教材的起点，并增加和加强了部分电工与电子领域的新技术和新内容。在内容体系上加强了知识结构的系统性和完整性，扩大了知识面，加强了应用性。从而形成了本书的主要特点：内容精炼，起点高，知识新，系统性和实用性强。

本书内容包括电工技术和电子技术两大部分内容。本书共12章，其中1—6章为电工技术内容，7—12章为电子技术内容。电工技术：第1章介绍电路的基本理论，第2章介绍电路的分析方法，第3章介绍正弦交流电路，第4章介绍三相电路，第5章介绍异步交流电动机，第6章介绍继电接触器控制系统。电子技术：第7章介绍二极管和三极管，第8章介绍基本放大电路的分析方法，第9章介绍集成运算放大器，第10章介绍直流稳压电源，第11章介绍组合逻辑电路，第12章介绍时序逻辑电路。

本书由曹成茂担任主编，具体分工如下：第1章、第2章由周莉编写，第3章、第5章、第8章由曹成茂编写，第4章由蒋传平编写，第6章由马德贵编写，第7章由吴敏编写，第9章由黄友锐编写，第10章由李良光编写，第11章由彭超编写、第12章由赵秀华编写。

本书在编辑与出版过程中参考了国内外同类教材，得到了许多同志的大力支持和帮助，合肥工业大学出版社为本书的出版给予了大力支持和帮助，在此表示由衷的谢意。由于编者水平有限，书中错误和不当之处在所难免，敬请读者给予批评指正。

本书参考学时数为40～60学时(不含实验课时)。

编　者

2009年7月

目 录

第 1 章　电路的基本理论

本章从电路模型入手，对描述电路的基本物理量 —— 电压、电流和电位的概念进行了复习并讨论了电压、电流的参考方向，阐述了电路理论中的基本定律 —— 基尔霍夫定律。最后对电路的各种工作状态做了简单分析。

1.1　电路的作用与基本组成

人们在工作和生活中会遇到很多实际电路，实际电路是为了完成某种预期目的而设计、安装和运行的，由电路部件和电路器件相互连接而成的电流通路装置。简单地说：电路是电流的通路，它是为了某种需要由某些电工设备或元件按一定方式组合起来的。

电路的结构形式和所能完成的任务是多种多样的，最典型的例子是电力系统，其电路示意图如图 1-1(a) 所示。它的作用是实现电能的传输和转换，其中包括电源、负载和中间环节三个组成部分。

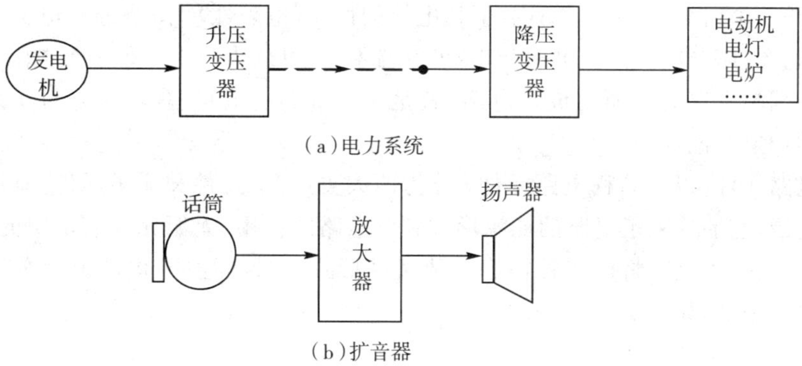

图 1-1　电路示意图

发电机是电源，是供应电能的设备。在发电厂内可把热能、水能或核能转换为电能。除发电机外，电池也是常用的电源。

电灯、电动机、电炉等都是负载，是取用电能的设备，它们分别把电能转换为光能、机械能和热能等。

变压器和输电线是中间环节，是连接电源和负载的部分，它起传输和分配电能的作用。

电路的另一种作用是传递和处理信号，常见的例子如扩音机，其电路示意图如图 1-1(b) 所示。先由话筒把语言或音乐(通常称为信息) 转换为相应的电压和电流，它们就是电信号，而后通过电路传递到扬声器，把电信号还原为语言或音乐。由于由话筒输出的电信号比较微弱，不足以推动扬声器发音，因此中间还要用放大器来放大。信号的这种转换和放大，称为信号的处理。

在图 1-1 (b) 中，话筒是输出信号的设备，称为信号源，相当于电源，但与上述的发电机、电池这种电源不同，信号源输出的电信号（电压和电流）的变化规律是取决于所加的信息的。扬声器是接受和转换信号的设备，也就是负载。

信号传递和处理的例子是很多的，如收音机和电视机，它们的接收天线（信号源）把载有语言、音乐、图像信息的电磁波接收后转换为相应的电信号，而后通过电路把信号传递和处理（调谐、变频、检波、放大等），送到扬声器和显像管（负载），还原为原始信息。

不论电能的传输和转换或者信号的传递和处理，其中电源或信号源的电压或电流称为激励，它推动电路工作；由激励在电路各部分产生的电压和电流称为响应。所谓电路分析，就是在已知电路的结构和元件参数的条件下，讨论电路的激励与响应之间的关系。

1.2 电路模型

实际电路都是由一些按需要起不同作用的实际电路元件或器件组成，诸如发电机、变压器、电动机、电池、晶体管等，它们都是物理实体。它们的电磁性质很复杂，在分析电路时，若把实际电路元件的所有电磁性质都加以考虑，是非常困难的，而且也是没有必要的。

为了便于对实际电路进行分析和用数学描述，将实际电路元件理想化，即在一定条件下突出其主要的电磁性质，忽略次要因素，把它近似地看作理想电路元件或理想电路元件的组合。例如一个白炽灯，它除了具有消耗电能的性质（电阻性）外，当通有电流时还会产生磁场，就是它还具有电感性。但电感微小，可忽略不计，可认为白炽灯是一个电阻元件。

由一些理想电路元件所组成的电路，就是实际电路的电路模型，它是对实际电路电磁性质的科学抽象和概括。

理想电路元件（以下简称电路元件）分为两大类：有源元件和无源元件。有源元件有电压源和电流源，它们反映了电路的能源形式和对电路的作用；无源元件有电阻元件、电感元件和电容元件，分别反映将电能转换成其他某种形式能量的性能。电路元件分别由相应的符号和参数来表征，如图 1-2 所示。

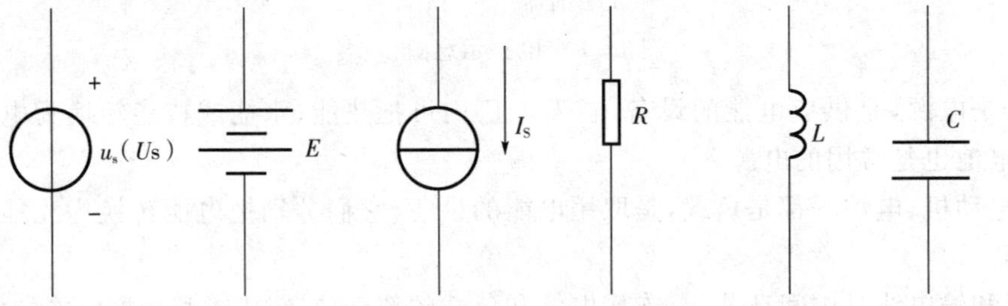

（a）电压源　（b）电流源　（c）电阻元件　（d）电感元件　（e）电容元件

图 1-2　电路元件符号

常用的手电筒是最简单的电路，其实际电路元件有干电池、电珠、开关和筒体，电路模型如图 1-3 所示。电珠是电阻元件，其参数为电阻 R；干电池是电源，由一个电压源 U_S 和电阻 R_S 的组合表征；筒体是连接干电池和电珠的中间环节（包括开关），其电阻忽略不计，认为是一无电阻的理想导体。本书所分析的都是指电路模型，简称电路。在电路图中，常用电路元件用图 1-2 所示规定的图形符号表征。

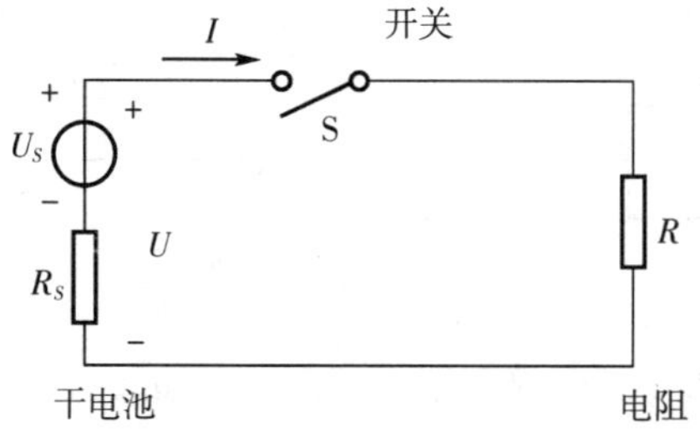

图 1-3　手电筒电路模型

1.3　电压和电流的参考方向

在电路分析中，当涉及某个元件或部分电路的电压和电流时，因为电压和电流的实际方向可能不容易从电路中判定出来，也可能是随时间变动的，此时有必要指定电压或电流的参考方向。该参考方向又称为正方向。

1.3.1　电流的参考方向

通常我们规定正电荷移动的方向或负电荷移动的相反方向为电流的方向(实际方向)。电流的方向是客观存在的。电流通过导线或元件的方向只有两种可能，选定其中一个方向作电流的方向，此即电流的“参考方向”。在参考方向下，电流的正、负可反映其电流实际流向。若 $i>0$，表明电流实际方向与参考方向相同；若 $i<0$，表明电流实际方向与参考方向相反。电流的参考方向可任意指定，不一定就是电流的实际方向，在电路中用箭头表示，也可用双下标表示，如 i_{AB}，如图 1-4 所示。

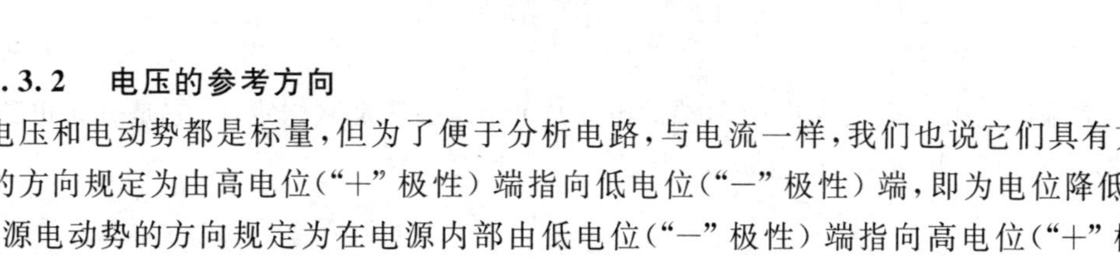

图 1-4　电流的参考方向

1.3.2　电压的参考方向

电压和电动势都是标量，但为了便于分析电路，与电流一样，我们也说它们具有方向。电压的方向规定为由高电位(“+”极性)端指向低电位(“−”极性)端，即为电位降低的方向。电源电动势的方向规定为在电源内部由低电位(“−”极性)端指向高电位(“+”极性)端，即为电位升高的方向。两点间电压实际方向亦有两种可能，可任选一种方向为电压的参考方向，在参考方向下，电压的正、负可反映其电压实际方向。若 $u>0$，表明电压实际方向与参考方向相同；若 $u<0$，表明电压实际方向与参考方向相反，如图 1-5 所示。

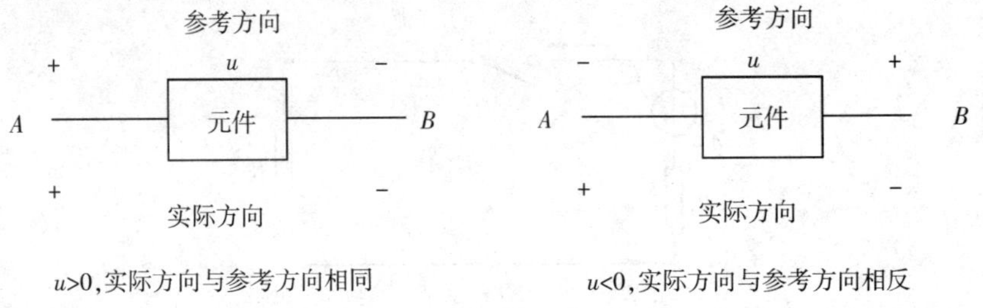

图 1-5　电压的参考方向

1.3.3　关联参考方向

当电压的参考方向指定后，指定电流从标以电压参考方向的"+"极性端流入，并从标"—"极性端流出，即电流的参考方向与电压的参考方向一致，称之为关联参考方向，反之为非关联参考方向，如图 1-6 所示。

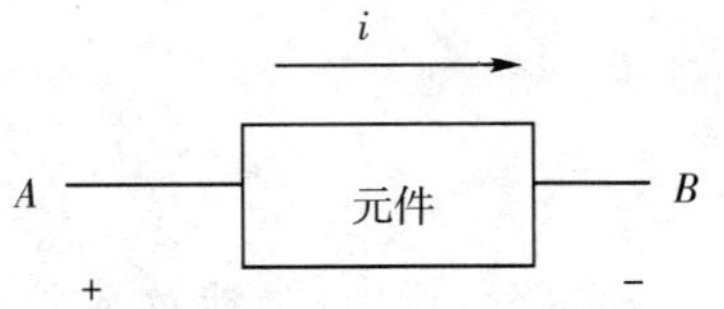

图 1-6　关联参考方向

在分析和计算电路时，一般在电路图中先标出电压或电流的参考方向，若已知实际方向，则选参考方向与实际方向一致。该方向一旦选定，在以后的电路分析和计算过程中，不能中途更改。

我国法定计量单位是以国际单位制(SI) 为基础的。在国际单位制中，电流的单位是安[培](A)。当 1s(秒) 内通过导体横截面的电荷[量] 为 1 C(库[仑]) 时，则电流为 1 A。计量微小的电流时，以毫安(mA) 或微安(μA) 为单位。

$$1\text{A} = 10^3\ \text{mA} = 10^6\ \mu\text{A}$$

在国际单位制中，电压的单位是伏[特](V)。当电场力把 1C 的电荷[量] 从一点移到另一点所做的功为 1J(焦[耳]) 时，则该两点间的电压为 1V。计量微小的电压时，则以毫伏(mV) 或微伏(μA) 为单位；计量高电压时，则以千伏(kV) 为单位。电动势的单位与电压的单位一样。

$$1\text{V} = 10^3\text{mV} = 10^6\mu\text{V} = 10^{-3}\text{kV}$$

1.4　欧姆定律

通常流过电阻的电流与电阻两端的电压成正比，这就是欧姆定律。它是分析电路的基本定律之一。对图 1-7(a) 的电路，欧姆定律可用下式表示

$$\frac{U}{I} = R$$

式中，R 即为该段电路的电阻。

由上式可见，当所加电压 U 一定时，电阻 R 愈大，则电流 I 愈小，电阻具有对电流起阻碍作用的物理性质。在国际单位制中，电阻的单位是欧[姆]（Ω）。当电路两端的电压为 1V，通过的电流为 1A 时，则该段电路的电阻为 1Ω。计量高电阻时，则以千欧（kΩ）或兆欧（MΩ）为单位。

根据在电路图上所选电压和电流的参考方向的不同，在欧姆定律的表示式中可带有正号或负号。当电压和电流的参考方向一致时[图 1－7（a）、（d）中]，则得

$$U = IR$$

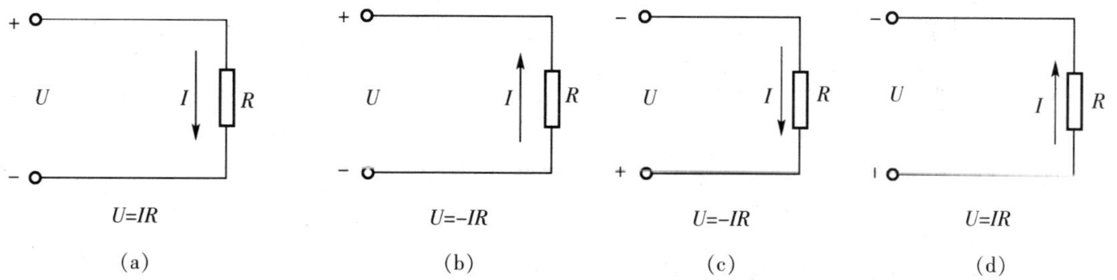

图 1－7　欧姆定律

当两者的参考方向选得相反时[图 1－7(b)、(c) 中]，则得

$$U = -IR$$

【例 1－1】　应用欧姆定律对图 1－8 所示电路列出式子，并求电阻 R。

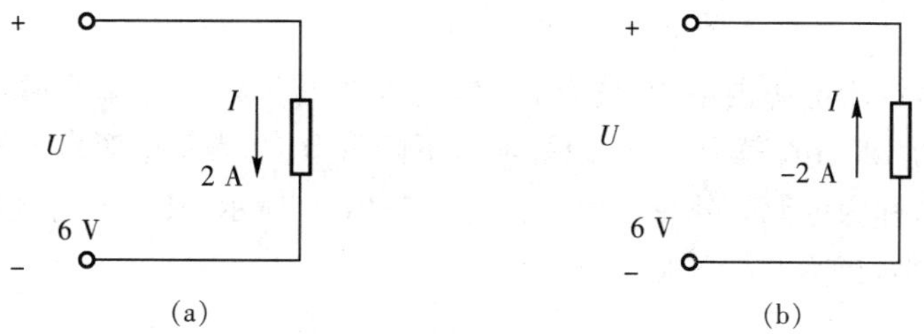

图 1－8　例 1－1 图

【解】　对图(a) 有，$U = IR$　　所以 $R = \dfrac{U}{I} = \dfrac{6}{2} = 3(\Omega)$

对图(b) 有，$U = -IR$　　所以 $R = -\dfrac{U}{I} = -\dfrac{6}{-2} = 3(\Omega)$

注意：电阻 R 恒大于或等于零。

1.5　电源有载工作、开路与短路

现以最简单的直流电路(图 1－9) 为例，分别讨论电源有载工作、开路与短路时的电流、电压和功率。

1.5.1　电源有载工作

将图 1－9 中的开关 S 合上，接通电源与负载，电路中就有了电流及能量的输送和转换，

电路的这一状态称为电源有载工作状态或通路状态。下面分别讨论几个问题。

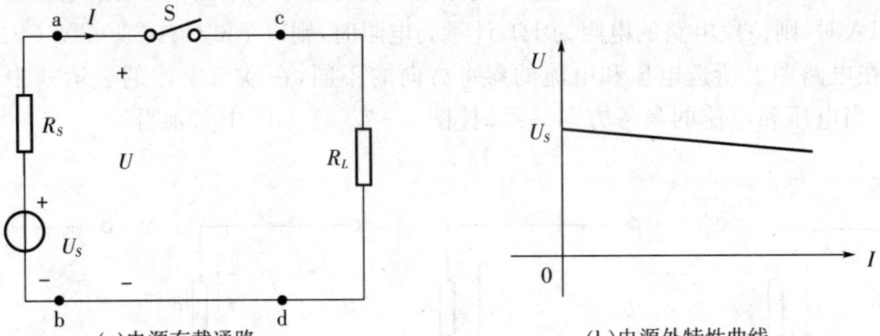

(a)电源有载通路　　(b)电源外特性曲线

图 1-9　电源有载工作状态

1. 电压与电流

利用欧姆定律可列出电路中的电流表达式为

$$I = \frac{U_s}{R_s + R_L} \tag{1-1}$$

负载电阻两端的电压为　　$U = IR_L$

由以上两式可得　　$U = U_s - IR_s$　　(1-2)

由上式可见，由于电源内阻 R_s 的存在，端电压 U 将随负载电流的增大而降低，电流愈大，电源内阻上的压降 IR_s 就愈大，电源端电压下降得愈多。表示电源端电压 U 与输出电流 I 之间关系的曲线，称为电源的外特性曲线。如图 1-9(b) 所示，其斜率与电源的内阻有关。一般电源的内阻很小，当 $R_s \ll R_L$ 时，

则　　$U \approx U_s$

上式表明，当负载变动时，电源端电压变化不大，说明电源带负载能力强。

2. 功率与功率平衡

将式(1-2) 等式两边同乘以电流 I，得电路的功率平衡式为

$$UI = IU_s - I^2 R_s$$

$$P = P_s - \Delta P \tag{1-3}$$

式中，$P_s = IU_s$，是电源产生的功率；$\Delta P = I^2 R_s$，是电源内电阻上损耗的功率；$P = IU = I^2 R_L$ 是电源输出或负载吸收的功率。

任何电路功率总是平衡的，电源所产生的功率一定等于负载所取用的功率与内阻上损耗的功率之和。因此，可用功率平衡来检验电路分析的结果是否正确。

在国际单位制中，功率的单位是瓦[特](W) 或千瓦(kW)。1 秒(s) 内转换 1 焦耳(J) 的能量，则功率为 1 瓦(W)。

3. 电路元件为电源或负载的判别

在分析电路时，经常要判别哪个电路元件是电源（或起电源的作用），哪个电路元件是负载（或作为负载使用）。具体方法如下：

当电路元件的电压、电流参考方向为关联参考方向时，若分析结果知 $P = UI > 0$，则该元件为负载；若 $P = UI < 0$，则该元件为电源。

当电路元件的电压、电流参考方向为非关联参考方向时，若分析结果知 $P = UI > 0$，则该元件为电源；若 $P = UI < 0$，则该元件为负载。

或用以下思路判断：当电压、电流的参考方向为关联参考方向时，取功率表达式为 $P = UI$，若分析结果得 $P > 0$，则说明该元件吸收功率，作负载。

若分析结果得 $P < 0$，则说明该元件吸收负功率或发出正功率，作电源。

当电压、电流的参考方向为非关联参考方向时，取功率表达式为 $P = -UI$

若分析结果得 $P < 0$，则说明该元件发出功率，作电源。

若分析结果得 $P > 0$，则说明该元件吸收功率，作负载。

【例 1 - 2】　在图 1 - 10 所示电路中，已知：$I = 2\text{A}$，$U_1 = 10\text{V}$，$U_2 = 6\text{V}$，$U_3 = -4\text{V}$，问哪些元件是电源？哪些元件是负载？

【解】　由图知，元件 1 上的电压和电流为非关联参考方向，且有

$P_1 = U_1 I = 10 \times 2 = 20(\text{W}) > 0$

所以元件 1 为电源。

元件 2 上的电压和电流为关联参考方向，且有

$P_2 = U_2 I = 6 \times 2 = 12(\text{W}) > 0$

所以元件 2 为负载。

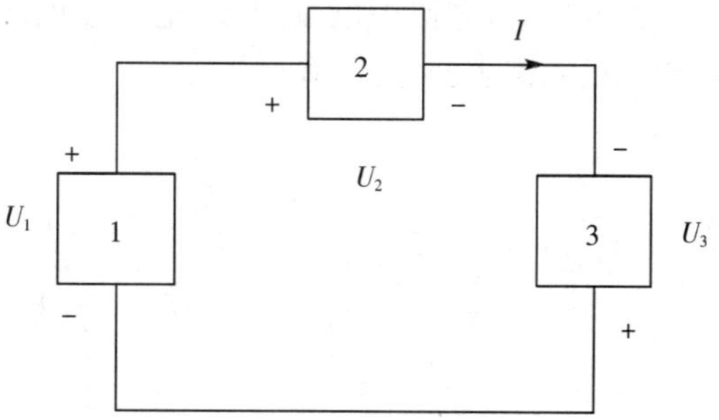

图 1 - 10　例 1 - 2 图

元件 3 上的电压和电流为非关联参考方向，且有

$P_3 = U_3 I = -4 \times 2 = -8(\text{W}) < 0$，所以元件 3 为负载。

可见：负载吸收的总功率 = 电源发出的总功率

【例 1 - 3】　在图 1 - 11 所示电路中，U_{S1}、U_{S2}、I 均为正值，问提供功率的电源是哪个？

【解】　由电路图中电压电流的参考方向知：

电源 U_{S1} 的功率为 $P_{U_{S1}} = -U_{S1} I < 0$，释放功率，电压源 U_{S1} 提供功率，作电源。

电源 U_{S2} 的功率为 $P_{U_{S2}} = U_{S1} I > 0$，吸收功率，电压源 U_{S2} 消耗功率，作负载。

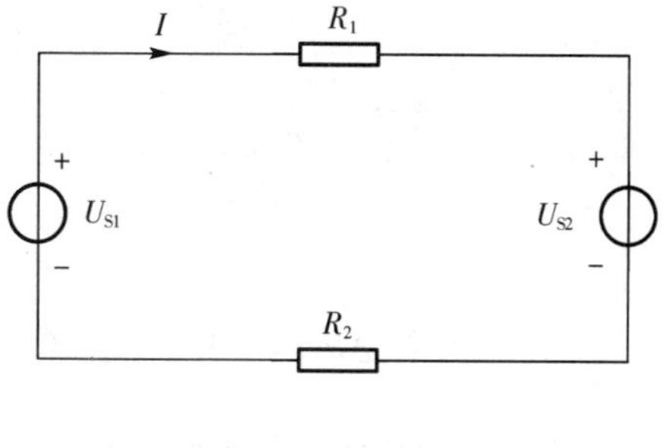

图 1 - 11　例 1 - 3 图

4. 电气设备的额定值

电气设备的额定值是指导用户正确使用电气设备的技术数据。这些技术数据是根据生产过程的要求和条件的需要设计制定的，

通常标在电气设备的铭牌上或在说明书中给出。

额定值是电气设备在正常运行时的规定使用值，它具有如下含义：

(1) 额定值反映电气设备的使用安全性；

(2) 额定值表示电气设备的使用能力。

各种电气设备的电压、电流和功率都有一个额定值，例如一只灯泡，其上数据有：220V，60W，这就是它的额定值。额定值是制造厂为了使产品能在给定的工作条件下正常运行而规定的正常允许值。这样，我们可以知道实际使用中，电气设备的电压、电流和功率不一定就等于额定值。它可有三种运行状态：当实际值高于额定值时，设备易损坏；当实际值低于额定值时，得不到正常合理的运行状况，而且也不能充分利用设备的能力。只有当电气设备实际运行值等于或大致等于额定值时，才能经济、合理、安全地工作。

电气设备的绝缘材料是根据其额定电压设计选用的。施加的电压太大，超过额定值，绝缘材料就可能被击穿。

1.5.2 电源开路状态

当图 1-9 中的开关 S 打开时，电路的工作状态称为开路状态。

电源开路时，电路中电流为零，电源端电压等于电源的电动势，电源输出功率为零，负载上消耗的功率也为零。即有

$$I = 0$$

$$U = U_S$$

$$P = 0$$

1.5.3 电源短路状态

如图 1-12 所示，当负载两端 c，d 两点由于某种原因联在一起，这种状态称为电源短路状态。电源一旦被短路，外电阻可看成零，电流很大，称为短路电流，用 I_S 表示。电源输出电压为零，电源的电动势全部降在电源的内阻上，电源所产生的电能全部消耗在其内阻上，输出功率为零。即有

$$I = I_S = \frac{U_S}{R_S}$$

$$U = 0$$

$$P_S = \Delta P = I_S^2 R_S, P = 0$$

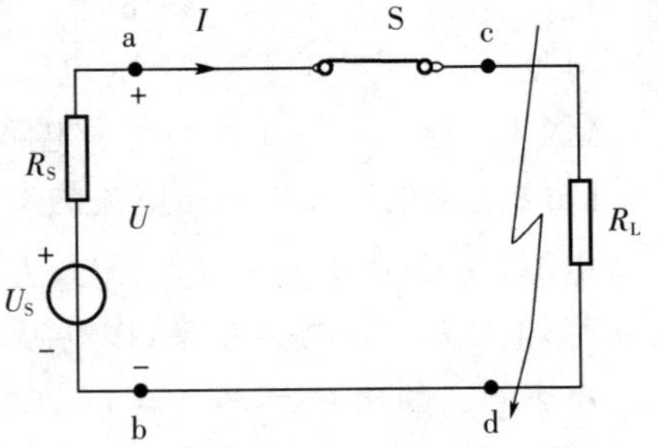

图 1-12　电源短路状态

除了为了某种目的进行短路实验外，短路通常是电力系统故障，应尽力避免。

1.6　基尔霍夫定律

基尔霍夫定律与欧姆定律都是分析与计算电路的基本定律。基尔霍夫定律包括电流定律和电压定律。

电路中每一个分支称为支路，一条支路上所有两端元件流过同一个电流，称为支路电流。如图1-13中，共有六条支路。

电路中三条或三条以上的支路相交的点称为结点。在图1-13中共有四个结点：a，b，c，d。

由一条或多条支路构成的闭合路径，称为回路。

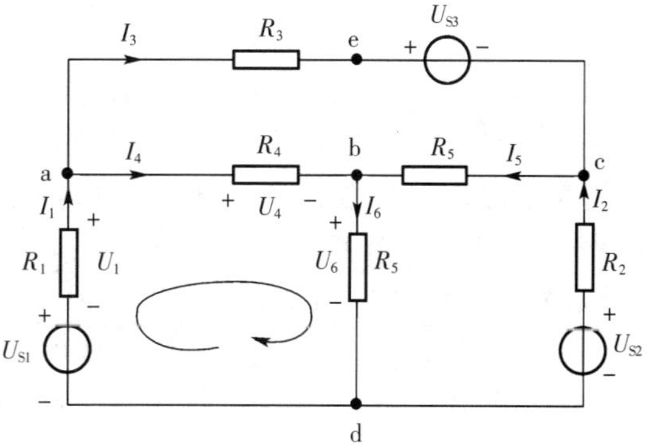

图1-13　应用示例电路

图1-13中共有七个回路：

aecba，abda，bcdb，aecda，aecbda，abdcea，abcda。

1.6.1　基尔霍夫电流定律(KCL:Kirchhoff's Current Law)

基尔霍夫电流定律用于确定联接于同一结点的各支路电流关系。由于电流的连续性，电荷不能在电路中的某一点(包括结点)上堆积，因此，基尔霍夫电流定律指出：在任一瞬时，流向某一结点的电流之和应该等于从该结点流出的电流之和。如图1-13中，对结点a有

$$I_1 = I_3 + I_4$$

或将上式改写成

$$I_1 - I_3 - I_4 = 0$$

即：

$$\sum I = 0 \qquad (1-4)$$

则基尔霍夫电流定律重述如下：任一瞬时，流过某一结点的电流代数和恒等于零。若取流向结点的电流为正，则背离结点的电流为负。

根据分析和计算电路的结果，会发现有些支路的电流可能为负，这说明我们所选定的电流参考方向与实际方向相反。

基尔霍夫电流定律不仅适用于结点，也可适用于包含几个结点的任一假设闭合面。如图1-14，闭合面包含的是一个三角形，它有三个结点，应用KCL有

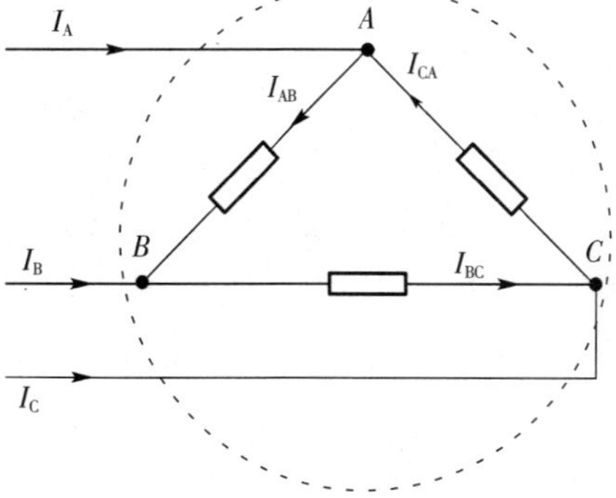

图1-14　KCL推广

$$I_A = I_{AB} - I_{CA}$$

$$I_B = I_{BC} - I_{AB}$$

$$I_C = I_{CA} - I_{BC}$$

上列三式相加得 $I_A + I_B + I_C = 0$ 或 $\sum I = 0$

可见,在任一瞬时,通过任一闭合面的电流代数和也恒等于零。若取流向该闭合面的电流为正,则背离该闭合面的为负。图 1-14 中电流 I_A、I_B、I_C 的参考方向均取为流向闭合面,所以有三者之和为零。要注意到,I_A、I_B、I_C 实际方向应有一个或两个电流与参考方向相反。

【例 1-4】 如图 1-13 电路中,已知:$I_1 = 3\text{A}, I_2 = 4\text{A}, I_3 = -2\text{A}$,求电流 I_4, I_5, I_6。

【解】 应用 KCL,对结点 a 有 $I_1 - I_3 - I_4 = 0$,代入已知参数得 $I_4 = 5\text{A}$;

对结点 c 有 $I_2 + I_3 - I_5 = 0$,代入已知参数得 $I_5 = 2\text{A}$;

对结点 b 有 $I_4 + I_5 - I_6 = 0$,代入已知参数得 $I_6 = 7\text{A}$。

1.6.2 基尔霍夫电压定律(KVL-Kirchhoff's Voltage Law)

基尔霍夫电压定律是对回路中各段电压关系的约束。基尔霍夫电压定律指出:从电路中任一回路的某一点出发,沿回路循行一周,则在这个方向上的电位降之和应该等于电位升之和。

在图 1-13 中,对回路 abda,应用 KVL 有

$$U_4 + U_6 = U_{S1} + U_1 \tag{1-5}$$

将上式改写为

$$U_4 + U_6 - U_1 - U_{S1} = 0$$

即

$$\sum U = 0 \tag{1-6}$$

因此基尔霍夫电压定律又可以表述如下:在任一瞬时,对某一回路,沿任一循行方向(顺时针方向或逆时针方向),该回路中各段电压的代数和恒等于零。若将参考方向与回路绕行方向一致的电压取正,则相反的取负。

基尔霍夫电压定律不仅应用于闭合回路,也可将其推广应用于开口电路。如图 1-15 中:

应用 KVL 有 $U_{AB} + U_B - U_A = 0$

$$U_{BC} + U_C - U_B = 0$$

$$U_{CA} + U_A - U_C = 0$$

移项得 $U_{AB} = U_A - U_B$

$$U_{BC} = U_B - U_C$$

$$U_{CA} = U_C - U_A$$

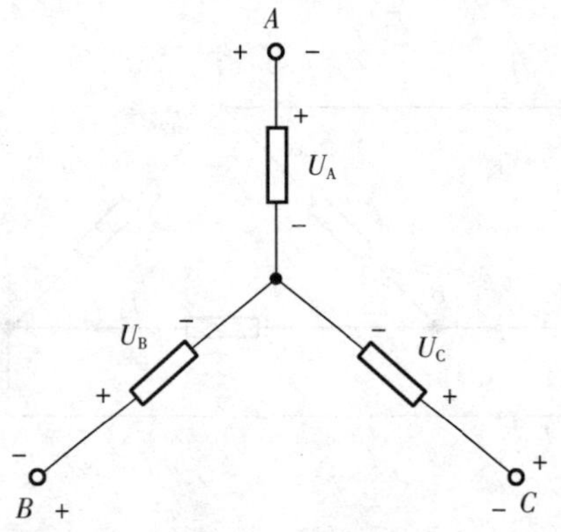

图 1-15 KVL 推广

在分析和计算电路时，经常用基尔霍夫电压定律列写电压等式。若电路中的元件是电阻元件，可以将电阻两端的电压用电流和电阻的乘积（欧姆定律）表示。例如图 1-13 中将 U_1, U_4, U_6 分别用下列各式表示：$U_1 = -I_1R_1, U_4 = I_4R_4, U_6 = I_6R_6$。

代入式(1-5)可得　$I_4R_4 + I_6R_6 + I_1R_1 = U_{S1}$

【例 1-5】 图 1-16 电路中，已知 $R_1 = 10\Omega, R_2 = 2\Omega, R_3 = 1\Omega, U_{S1} = 3V, U_{S2} = 1V$。求各电阻端电压及各支路电流。

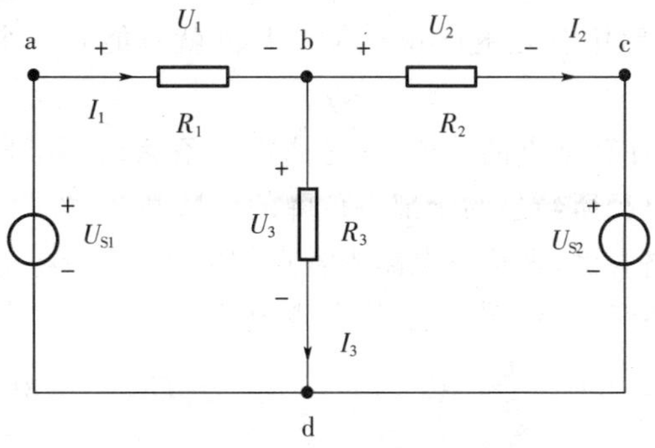

图 1-16　例 1-5 图

【解】 各支路电流及各电阻端电压参考方向如图所示。

对结点应用 KCL 有 $I_1 = I_2 + I_3$

对左回路应用 KVL 有 $U_1 + U_3 = U_{S1}$

对右回路应用 KVL 有 $U_3 - U_2 = U_{S2}$

考虑到 $U_1 = I_1R_1, U_2 = I_2R_2, U_3 = I_3R_3$ 代入回路电压等式，并联立求解得

$$I_1 = 0.25(A), I_2 = -0.25(A), I_3 = 0.5(A)$$

$$U_1 = 2.5(V), U_2 = -0.5(V), U_3 = 0.5(V)$$

1.7　电路中电位的概念及计算

在进行电路分析和计算时，特别是对电子线路，经常要研究电路中各点电位的高低。例如对二极管讲，只有当它的阳极电位高于阴极电位时，管子才能导通，否则就截止。在晶体管电路中，常需要计算晶体管各极的电位值，求出各极间的电位差，从而确定晶体管的工作状态。

电位是反映电场中某点性质的物理量。电位是个相对的概念，它必须是相对于某个特定的参考点而言的。参考点的电位一般设为零，因此也称参考点为零电位点。

电位在数值上等于将位于该点的单位正电荷移到零电位点的过程中，电场力所做的功。

那么如何选定零电位点呢？从理论上讲，将无穷远处作为零电位参考点；而工程上，是将大地作为零电位参考点；在电子技术上，以机壳或导线汇集的交点作为零电位参考点。实

际上零电位参考点可以任意选定。

因为在工程上是把大地作为参考点的，所以零电位点又称为"地"或"接地点"，在电路图中用"⊥"符号表示。实际上参考点并不一定真正与大地相接，而只是作为一个电位比较标准。电位的单位同电压一样，也是伏特(V)。

当研究同一个电路问题时，参考点一旦选定，就不能随意更改。而其他各点电位的大小就等于电场力把单位正电荷从该点移到参考点所做的功。若做的功为正，则电位亦为正；反之为负。

参考点一经确定，电路中各点的电位在某个时刻就只能有一个数值，这称为电位的单值性原理。

实际分析电路时，要计算某点的电位，首先选定一条从该点出发到参考电位点的路径，该点的电位就等于这条路径所经过的全部电位降的代数和。

现以图 1-16 的电路为例，来讨论电路中各点的电位。

先把 d 点设为电位参考点，依图所示，则各点电位如下

$$V_d = 0 \qquad V_a = U_{S1} = +3(\text{V})$$

$$V_b = U_3 = +0.5(\text{V}) \qquad V_c = U_{S2} = +1(\text{V})$$

必须注意，只要参考点选定了，某一点的电位就有了确定的值，而且电位值与所选择的路径无关。例如上面例子中，b 点的电位也可从 b 经 R_2、U_{S2} 到 d 点这一路径来计算，则

$$V_b = U_2 + U_{S2} = -0.5 + 1 = +0.5(\text{V})$$

可见，与上面结果一致。

电路中各点的电位值是相对的，当参考点选得不同，同一点的电位值也就不同，但任意两点间的电压是不变的。如图 1-16 所示电路中，若取 b 点作为参考点，则各点电位为

$$V_b = 0 \qquad V_a = U_1 = +2.5(\text{V})$$

$$V_c = -U_2 = +0.5(\text{V}) \qquad V_d = -U_3 = -0.5(\text{V})$$

比较上述结果，知参考点取得不同，各点的电位就不同。而电压是两点间的电位之差，则不会改变。读者可根据以上两种情况很容易得到验证。

【例 1-6】 电路如图 1-17 所示，(1) 零电位参考点在哪里？画电路图表示出来。(2) 当电位器 R_P 的滑动触点向下滑动时，A、B 两点的电位增高了还是降低了？

【解】 (1) 电路如左图，零电位参考点为 +12V 电源的"−"端与 −12V 电源的"+"端的联接处。

(2) $V_A = -IR_1 + 12 \qquad V_B = IR_2 - 12$

当电位器 R_P 的滑动触点向下滑动时，回路中的电流 I 减小，所以 A 点电位增高，B 点电位降低。

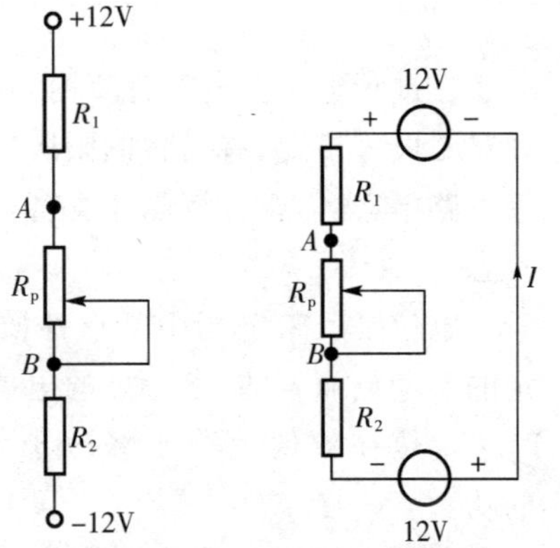

图 1-17　例 1-6 图

【例 1-7】 图 1-18 所示电路，计算开关 S 断开和闭合时 A 点的电位 V_A。

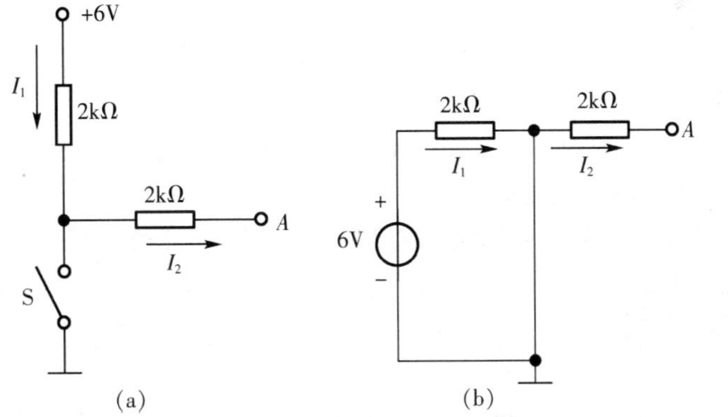

图 1-18　例 1-7 图

【解】 (1) 当开关 S 断开时

电流　$I_1 = I_2 = 0$　　　　　电位　$V_A = +6(V)$

(2) 当开关闭合时，电路如图(b)

电流　$I_2 = 0$　　　　　电位　$V_A = 0(V)$

习　　题

1-1　在图 1-19 所示的电路中，求 A、B、C、D、E 各点电位。

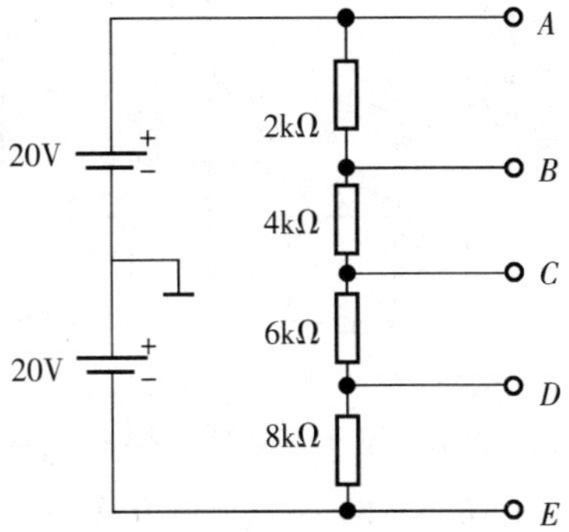

图 1-19　题 1-1 图

1-2　一直流电源的端电压 $U = 230V$，内阻 $R_0 = 12\Omega$，线路电流 $I = 1A$。试求：(1) 电源电动势 E；(2) 负载电阻 R_L；(3) 电源产生的功率；(4) 电源内阻上的功率损耗；(5) 负载上消耗的功率。

1-3　我国自葛洲坝水电站至上海的高压直流输电线路示意图如 1-20 所示。输电线每根对地耐压为 500kV，导线容许电流为 1kA；每根导线电阻为 27Ω(全长 1088km)。试问当首端线间电压 U_1 为1 000kV 时，可传输多少功率到上海？传输效率是多少？

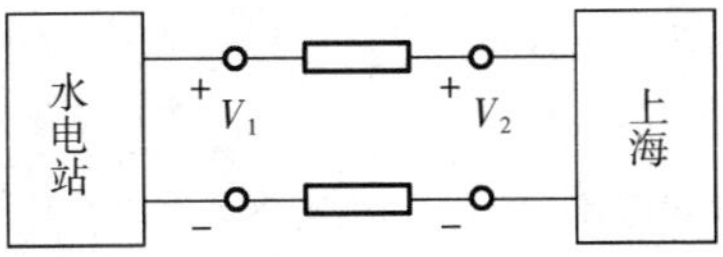

图 1-20　题 1-3 图

1-4　把额定功率分别为 100W 和 60W 的两盏电灯，串联后接在端电压为 220V 的电源上使用，电灯的额定电压都是 110V。这种接法会有什么后果？如果电灯不损坏，且它们的阻值不变，它们实际消耗的功率各是多少？如果是两个 110V、60W 的灯泡，是否可以这样使用？为什么？

1-5　在图 1-21 所示的电路中，已知 $R_1 = 100\Omega$，两个电流表的读数分别是：$I = 3A$，$I_1 = 2A$，问 I_2 及 R_2 应该是多少？

1-6　在图1-22中,五个元件代表电源或负载。电流和电压的参考方向如图所示,今通过实验测量得知:

$$I_1=-4\text{A}\qquad I_5=-6\text{A}\qquad I_3=10\text{A}$$

$$U_1=140\text{V}\qquad U_5=90\text{V}\qquad U_3=60\text{V}$$

$$U_2=-80\text{V}\qquad U_4=-30\text{V}$$

(1) 试标出各电流的实际方向和各电压的实际极性(可另画一图);

(2) 判断哪些元件是电源?哪些是负载?

(3) 计算各元件的功率,电源发出的功率和负载取用的功率是否平衡?

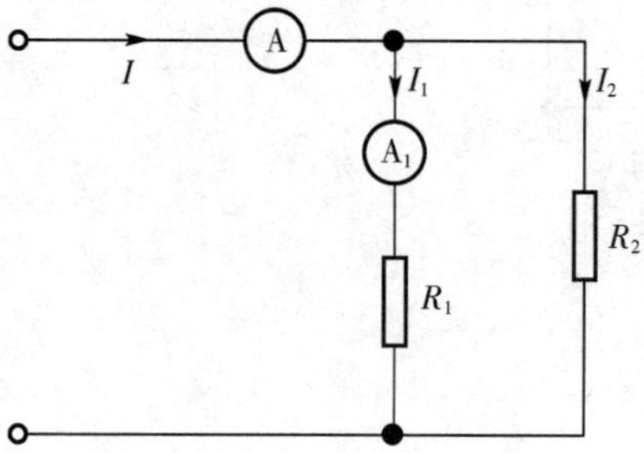

图1-21　题1-5图

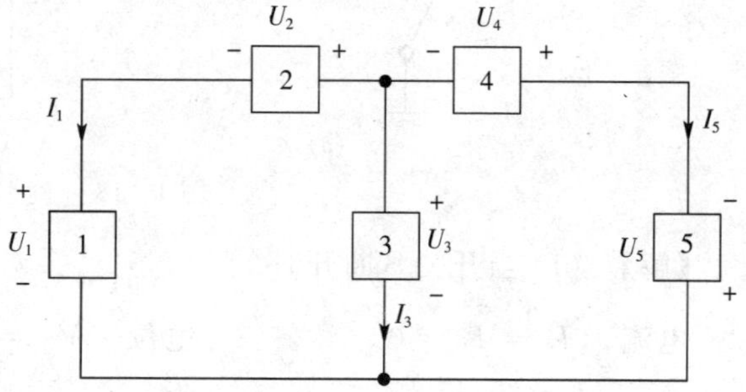

图1-22　题1-6图

1-7　在图1-23中,已知 $I_1=0.01\mu\text{A}$, $I_2=0.3\mu\text{A}$, $I_5=9.61\mu\text{A}$,试求电流 I_3、I_4 和 I_6。

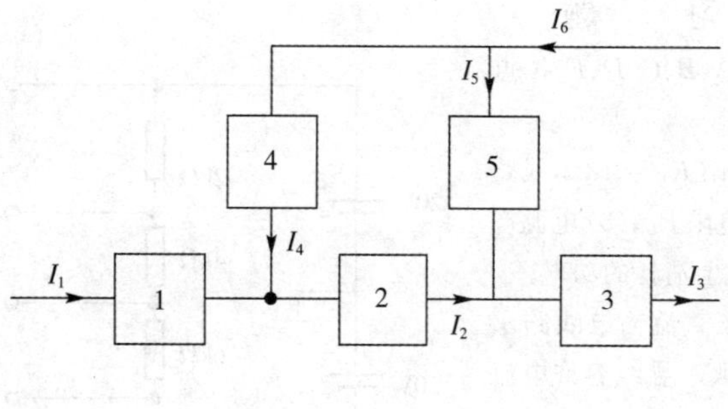

图1-23　题1-7图

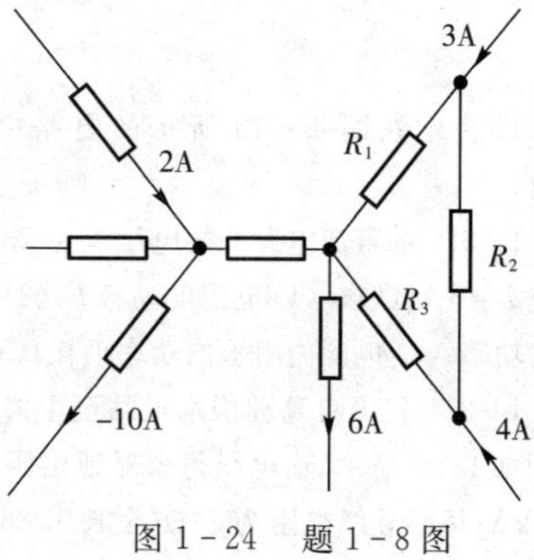

图1-24　题1-8图

1-8　对图1-24所示电路,若:

(1) R_1、R_2、R_3 不定;

(2) $R_1=R_2=R_3$。

在以上两种情况下,尽可能多的确定各电阻中的未知电流。

1-9　在如图1-25所示的电路中,三个方框两端电压为已知,试求其他三个方框两端的电压 U_3、U_4、U_5。

1-10　在图1-26所示电路中,已知 $U_{12}=2\text{V}$, $U_{23}=3\text{V}$, $U_{25}=5\text{V}$, $U_{37}=3\text{V}$, $U_{67}=1\text{V}$,尽可能多的确定其他各元件的电压。

1-11　在图1-27所示的电路中,如果15Ω电阻上的电压降为30V,其极性如图所示,试求电阻 R 的阻值及 B 点的电位。

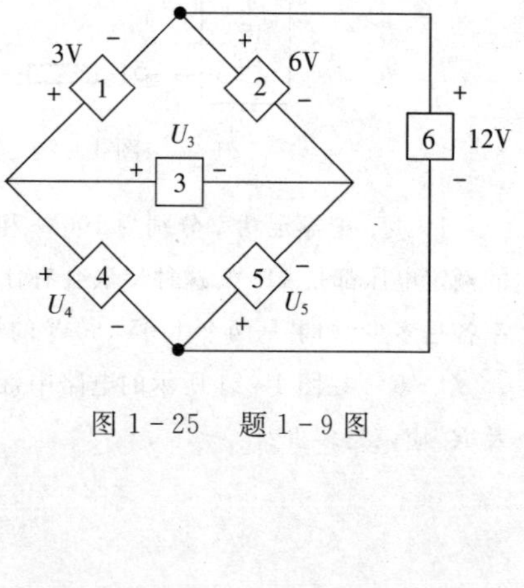

图1-25　题1-9图

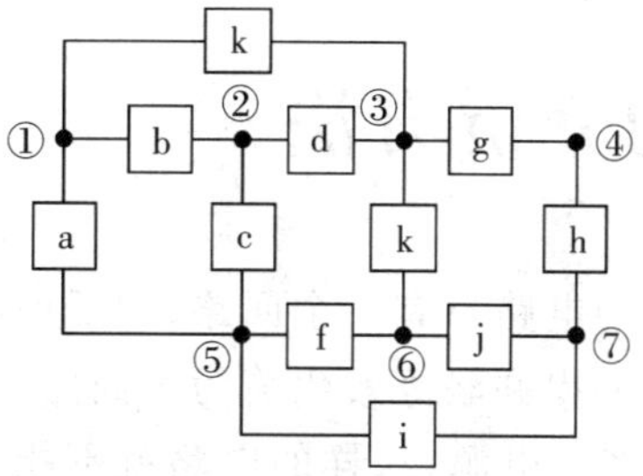

图1-26 题1-10图

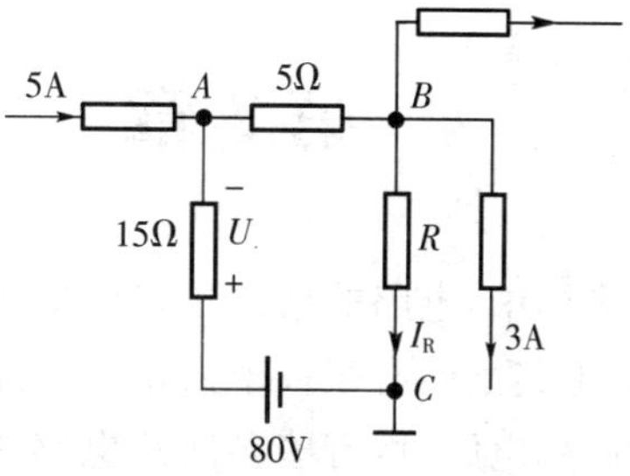

图1-27 题1-11图

1-12 计算图1-28所示各电路中 C 点的电位。

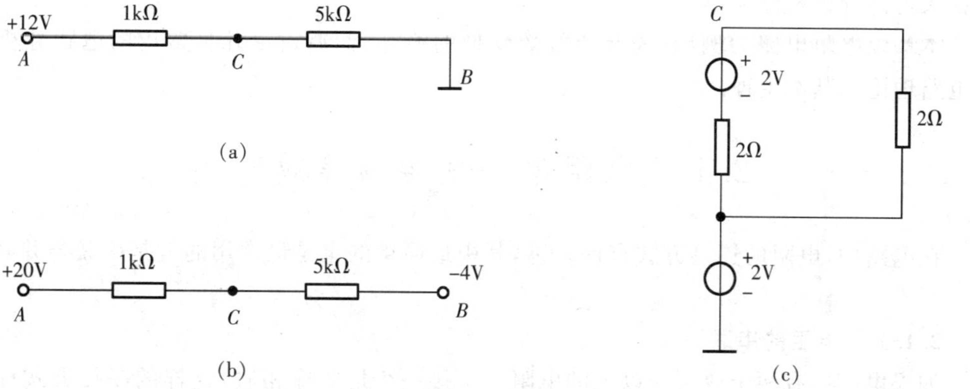

图1-28 题1-12图

1-13 电路如图1-29所示,(1) 零电位参考点在哪里?画出完整电路图来表示。(2)R_1 和 R_W 保持不变,当 R_2 增大时,A、B 两点的电位是增高还是降低?

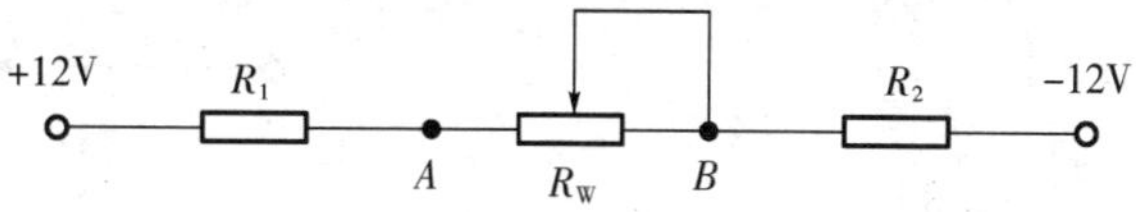

图1-29 题1-13图

1-14 试求图1-30所示电路中 A 点的电位。

1-15 在图1-31中,在开关S断开和闭合的两种情况下试求 A 点和 B 点的电位。

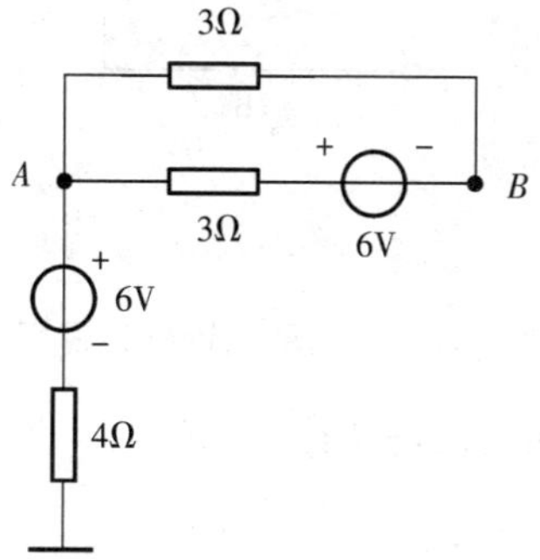

图1-30 题1-14图

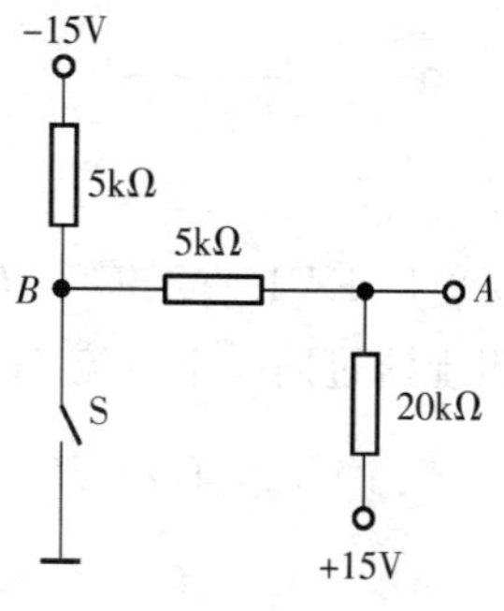

图1-31 题1-15图

第2章　电路的分析方法

实际应用中，电路的结构是多种多样的。最简单的电路只有一个回路，即所谓的单回路电路。有的电路虽然有很多个回路，但可以通过电阻的串并联等效化简为单回路电路。这类电路称为简单电路。而有些多回路电路中可能含有多个电源，这样的电路就不能通过简单的化简成为单回路电路，称之为复杂电路。

对于简单电路，可以用欧姆定律分析和计算；而对于复杂电路必须应用欧姆定律和基尔霍夫定律分析和计算。

本章以电阻电路为例，首先介绍等效变换的概念，而后讨论几种常用的电路分析方法及电路理论的基本定理。

2.1　电阻串并联接的等效变换

在电路中，电阻的连接方式有许多种，其中最简单的也是最常用的就是串联与并联。

2.1.1　电阻的串联

如果电路中有两个或两个以上的电阻一个接一个地顺序相联，这样的联接方式称为电阻的串联。在串联电阻中流过同一个电流，如图 2-1(a) 中，R_1、R_2 是串联联接的电阻，其上流过同一个电流 I；两个串联电阻可以用一个电阻 R_{eq} 等效替代，等效的条件是在同一个电压 U 作用下电流 I 保持不变，如图 2-1(b) 所示。

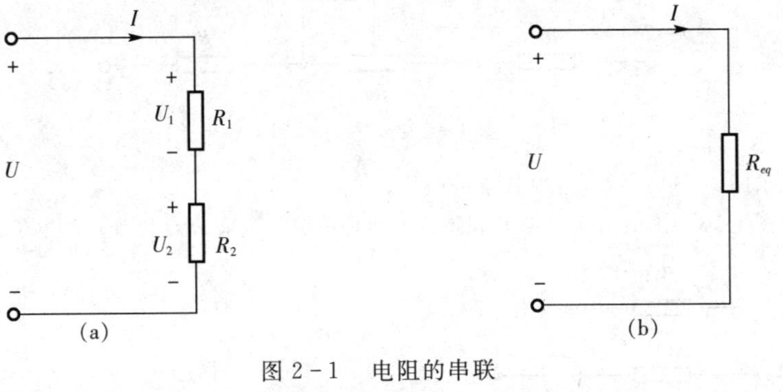

图 2-1　电阻的串联

对图 2-1(a) 应用 KVL 有　$U = U_1 + U_2$

由于每个电阻上流过同一个电流 I，所以有　$U_1 = IR_1, U_2 = IR_2$ 代入上式得

$$U = IR_1 + IR_2 = I(R_1 + R_2) = IR_{eq}$$

其中
$$R_{eq} = R_1 + R_2 = \frac{U}{I}; \tag{2-1}$$

电阻 R_{eq} 是这两个电阻的等效电阻，显然等效电阻 R_{eq} 必大于任一个串联电阻。

两个串联电阻上的电压分别为
$$\begin{cases} U_1 = IR_1 = \dfrac{R_1}{R_1 + R_2}U \\ U_2 = IR_2 = \dfrac{R_2}{R_1 + R_2}U \end{cases} \tag{2-2}$$

可见，串联的每个电阻，其电压与电阻值成正比。或者说，总电压根据各个串联电阻的值进行分配。式(2-2)称为分压公式。

以上分析是以两个电阻为例，其结论同样适用于多个电阻串联联接时的情况。

$$R_{eq} = \sum_{i=1}^{n} R_i$$

对多个电阻串联情况应有
$$U_k = \frac{R_k}{\sum\limits_{i=1}^{n} R_i}U$$

电阻串联的应用非常多见，譬如当负载的额定电压低于电源电压时，可以与负载串联一个电阻，以分掉部分电压。实际应用中，一般在电路中串联一个变阻器，调节其阻值从而改变它的分压，使负载上得到所需的电压。

2.1.2　电阻的并联

当两个或多个电阻联接在两个公共结点之间，这样的联接方式称为电阻的并联。并联联接的电阻特点是各个电阻承受同一个电压。图2-2(a)是两个电阻并联的电路。

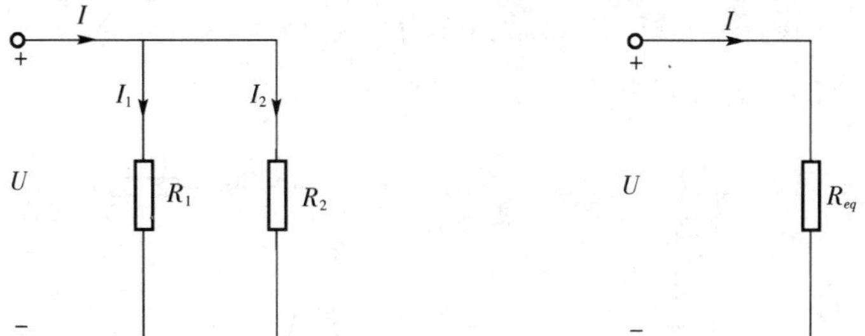

图2-2　电阻的并联

对图2-2(a)应用KCL得　　$I = I_1 + I_2$

由于每个电阻上承受同一个电压 U，所以有

$$I_1 = \frac{U}{R_1}, I_2 = \frac{U}{R_2}$$

代入上式得
$$I = \frac{U}{R_1} + \frac{U}{R_2} = \left(\frac{1}{R_1} + \frac{1}{R_2}\right)U = \frac{1}{R_{eq}}U$$

其中 $$\frac{1}{R_{eq}} = \frac{1}{R_1} + \frac{1}{R_2}\text{，或表示为 } G_{eq} = G_1 + G_2 \quad (2-3)$$

G 称为电导，是电阻的倒数，其单位是西门子(S)。

对两个电阻并联有 $$R_{eq} = \frac{R_1 R_2}{R_1 + R_2}$$

显然并联等效电阻 R_{eq} 小于其中任一个电阻值。

两个并联电阻上的电流分别为 $$\begin{cases} I_1 = \dfrac{U}{R_1} = \dfrac{IR_{eq}}{R_1} = \dfrac{R_2}{R_1 + R_2}I = \dfrac{G_1}{G_{eq}}I \\ I_2 = \dfrac{U}{R_2} = \dfrac{IR_{eq}}{R_2} = \dfrac{R_1}{R_1 + R_2}I = \dfrac{G_2}{G_{eq}}I \end{cases} \quad (2-4)$$

可见，每个并联电阻上的电流与它们的电导值成正比，与其电阻值成反比。式(2-4)称为分流公式。

以上分析是以两个电阻为例，其结论同样适用于多个电阻并联联接时的情况。

对多个电阻并联情况应有 $$\begin{cases} \dfrac{1}{R_{eq}} = \sum\limits_{i=1}^{n} \dfrac{1}{R_i}\text{，或 } G_{eq} = \sum\limits_{i=1}^{n} G_i \\ I_k = \dfrac{G_k}{G_{eq}}I \end{cases}$$

实际电路中，负载一般都是并联运行的。负载并联运行时，它们处于同一电压的作用之下，任何一个并联负载的运行情况基本上不受其他负载的影响。

我们应注意到，并联的负载电阻愈多(负载增加)，则总的等效电阻愈小，而电路上总电流及从电源所获取的总功率也就愈大。但是每个负载上的电流及功率都没有变动。

【例 2-1】 电路如图 2-3(a) 所示，其中 $U_S = 165\text{V}, R_1 = 5\Omega, R_2 = 18\Omega, R_3 = 6\Omega, R_4 = 4\Omega, R_5 = 12\Omega$，求各支路电流。

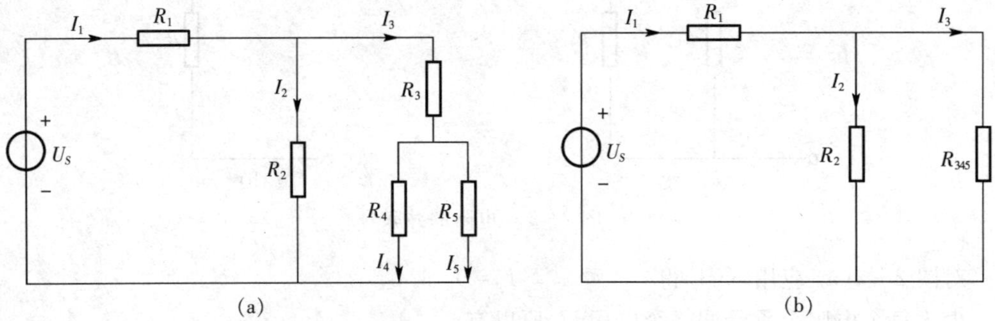

图 2-3 例 2-1 图

【解】 先将 R_3、R_4、R_5 进行串并联等效变换，如图(b)所示。

$$R_{345} = R_3 + \frac{R_4 R_5}{R_4 + R_5} = 6 + \frac{4 \times 12}{4 + 12} = 9(\Omega)$$

总等效电阻为　$R_{eq} = R_1 + \dfrac{R_2 R_{345}}{R_2 + R_{345}} = 11(\Omega)$　所以　$I_1 = \dfrac{U_S}{R_{eq}} = \dfrac{165}{11} = 15(\mathrm{A})$

由分流公式可得　$I_2 = \dfrac{R_{345}}{R_2 + R_{345}} I_1 = 5(\mathrm{A})$，$I_3 = \dfrac{R_2}{R_2 + R_{345}} I_1 = 10(\mathrm{A})$

或由 KCL 得　$I_3 = I_1 - I_2 = 10(\mathrm{A})$

回到图(a) 再由分流公式可求得 I_4、I_5 分别为

$$I_4 = \frac{R_5}{R_4 + R_5} I_3 = 7.5(\mathrm{A}),\ I_5 = I_3 - I_4 = 2.5(\mathrm{A})$$

求 I_3、I_4、I_5，我们也可从并联支路电压相等来考虑，读者可自行分析并比较结果。

【例 2-2】　电路如图 2-4(a) 所示，求电路 a，b 端口的等效电阻及电路中电流 I、I_5。

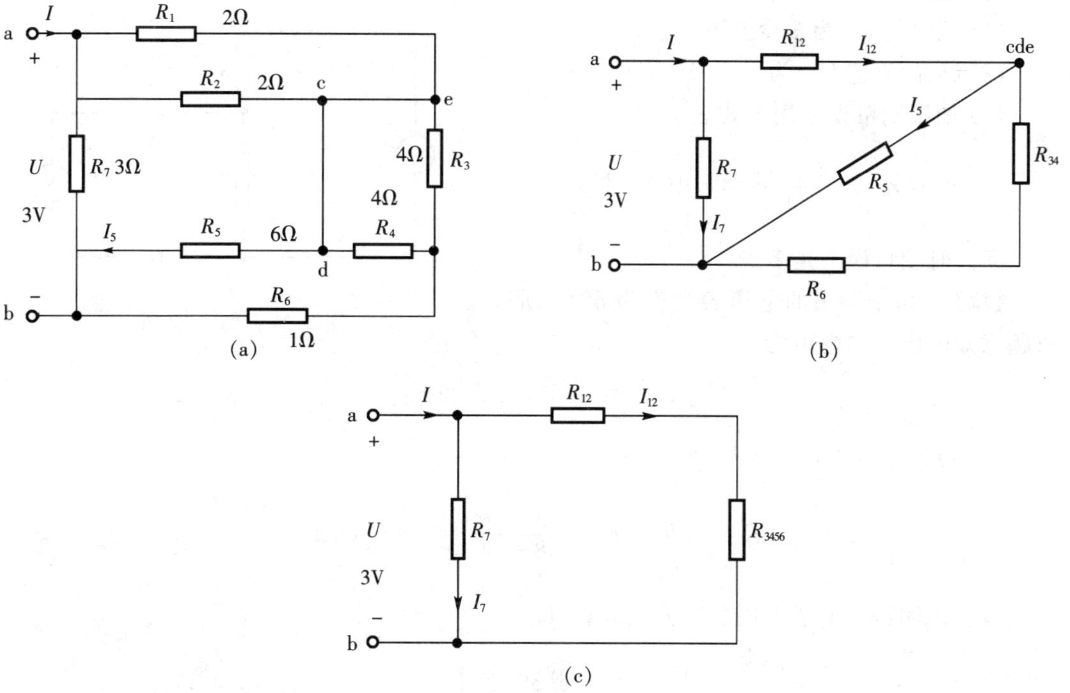

图 2-4　例 2-2 图

【解】　(1) 求 a，b 端口的等效电阻

首先分析电路结构，注意不要受短接线的影响。图中 c，d，e 这三点是短接线相联的点，即为等电位点。这样可知 R_1 与 R_2、R_3 与 R_4 是并联关系，从而电路变形为图(b)。

其中　$R_{12} = \dfrac{R_1 R_2}{R_1 + R_2} = 1(\Omega)$，$R_{34} = \dfrac{R_3 R_4}{R_3 + R_4} = 2(\Omega)$

由图(b) 可知 R_{34} 与 R_6 串联，再与 R_5 并联，得图(c)。

其中 $R_{3456}=\dfrac{R_5(R_{34}+R_6)}{R_5+R_{34}+R_6}=2(\Omega)$ 所以 $R_{ab}=\dfrac{R_7(R_{12}+R_{3456})}{R_7+R_{12}+R_{3456}}=1.5(\Omega)$

(2) 求电流

总电流
$$I=\frac{U}{R_{ab}}=2(\text{A})$$

由图(c)得 $I_7=\dfrac{U}{R_7}=1(\text{A}),I_{12}=\dfrac{U}{R_{12}+R_{3456}}=1(\text{A})$(并联电阻承受相同的电压)

或由分流公式得
$$I_{12}=\frac{R_7}{R_7+R_{12}+R_{3456}}I=1(\text{A})$$

再由图(b)应用分流公式得 $I_5=\dfrac{R_{34}+R_6}{R_5+R_{34}+R_6}I_{12}=\dfrac{1}{3}(\text{A})$

【例 2-3】 如图 2-5 中,$U_S=50\text{V},R_1=2\text{k}\Omega,R_2=8\text{k}\Omega$。现欲测量电压 U_o,所用电压表的量程为 50V,灵敏度为 1 000Ω/V(即每伏量程电压表相当于 1 000Ω 的电阻),问:

(1) 测量得 U_o 为多少?

(2) U_o 的真值 U_{ot} 为多少?

(3) 如果测量误差用下式表示

$$\delta(\%)=\frac{U_o-U_{ot}}{U_{ot}}\times100\%$$

问此时测量误差是多少?

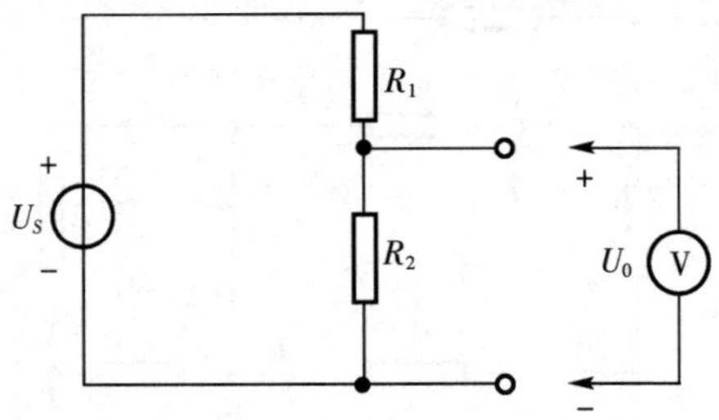

图 2-5 例 2-3 图

【解】 由于所用的电压表量程为 50V,所以依题意知电压表的内阻为

$$R_V=50\times1\,000=50(\text{k}\Omega)$$

(1) 电路中接上电压表后,R_2 与 R_V 并联电阻为

$$R'_V=R_2//R_V=\frac{8\times50}{8+50}=6.897(\text{k}\Omega)$$

电压表测得的电压可用分压公式计算,即

$$U_o=\frac{R'_V}{R_1+R'_V}\cdot U_S=\frac{6.897\times10^3}{2\times10^3+6.897\times10^3}\times50=38.76(\text{V})$$

(2) 被测电压的真值(即相当于电压表的内阻 $R_V\to\infty$ 时的测量值)为

$$U_{ot}=\frac{R_2}{R_1+R_2}\cdot U_S=\frac{8\times10^3}{2\times10^3+8\times10^3}\times50=40(\text{V})$$

(3) 相对测量误差为 $\delta(\%)=\dfrac{U_o-U_{ot}}{U_{ot}}\times100\%=-3.1\%$

2.2　电源的两种模型及其等效变换

实际电源有电池、发电机、信号源等。表示电源的电路模型有两种形式:电压源和电流源。本节将介绍这两种电源模型及它们之间的等效变换。

2.2.1　电压源

任何一个实际电源都可以用一个理想的电压源和一个电阻相串联的形式表示,该串联电阻称为电源的内阻,如图 2-6(a) 所示。

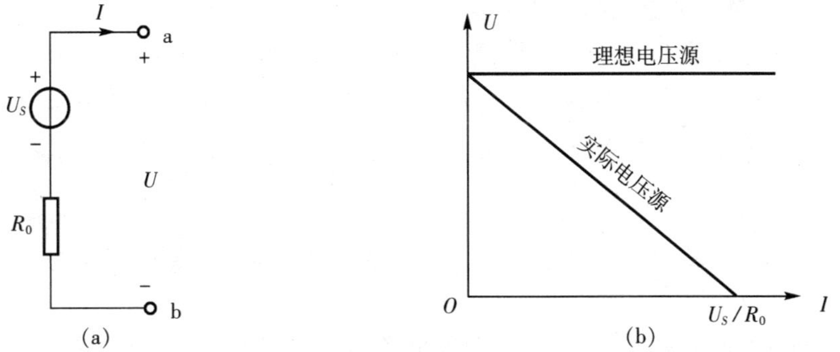

图 2-6　电压源的电路模型及其伏安特性曲线

图中 U 是电压源输出电压,I 是电压源输出电流,由电路可得

$$U = U_S - IR_o \tag{2-5}$$

由上式可作出电压源的伏安特性曲线,如图(b) 所示。

当 $R_o = 0$ 时,输出电压 U 恒等于 U_S,是一定值,这样的电源称为理想电压源。流过理想电压源的电流则是任意的,由电压源所带的负载电阻所决定,其外特性曲线如图 2-6(b) 所示。通常当电压源内阻远远小于负载电阻时,可以认为是理想电压源。

2.2.2　电流源

实际电源还可以用一个理想电流源和一个电阻并联的组合来表示,该并联的内阻称为电流源的内阻,如图 2-7(a) 所示。U 为电流源输出电压,I 为电流源输出电流。

对图(a) 应用 KCL 得　　$I = I_S - \dfrac{U}{R_S}$　　(2-6)

当 $R_S \to \infty$ 时,输出电流 I 恒等于电流源的电激流 I_S,这样的电源称为理想电流源,其端电压则取决于负载电阻的大小,其外特性曲线如图 2-7(b) 所示。

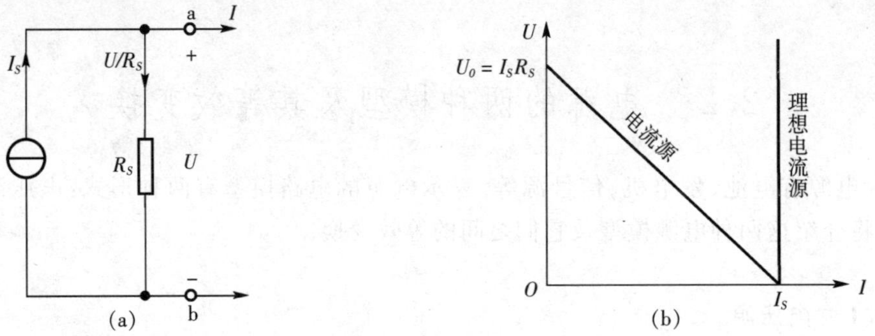

图 2-7　电流源电路模型及其伏安特性曲线

2.2.3　电压源与电流源的等效变换

一个实际的电源既可以用电压源模型又可以用电流源模型来表示，电压源与电流源之间可以进行等效变换。其等效变换的条件是要使得变换后的电源外特性不变。

由式(2-5) 变换得

$$I = \frac{U_S}{R_o} - \frac{U}{R_o} \tag{2-7}$$

比较式(2-7) 与式(2-6) 知，当 $\begin{cases} I_S = \dfrac{U_S}{R_o} \\ R_S = R_o \end{cases}$ 成立时，图 2-6(a) 所示的电压源可用图 2-7(a) 所示的电流源等效替代。替代后，对外电路(负载) 的电压和电流没有影响，反之亦然。

这种等效变换仅保证端子 a－b 以外电路的电压、电流和功率相同，即只是对外部等效，而对内部无等效可言。例如，若端子 a－b 开路，两种电源对外均不输出功率，但此时电压源发出功率为零，而电流源发出功率为 $I_S^2 R_S$，即电流源所发出的功率全部消耗在其内阻上。反之，当端口短路时，电压源发出的功率为 U_S^2/R_o，消耗在其内阻上，电流源发出的功率为零。另外，理想电源之间不存在等效变换。

利用电压源和电流源及电阻串并联等效变换可以化简并求解由电压源、电流源和电阻串并联组成的电路。

【例 2-4】　试用电压源与电流源等效变换的方法，计算图 2-8(a) 电路中电流 I。

【解】　(1) 首先将(a) 图中的两个电压源分别变换为电流源

$$I_{S1} = \frac{U_{S1}}{R_1} = \frac{6}{3} = 2(\text{A}), I_{S2} = \frac{U_{S2}}{R_2} = \frac{12}{6} = 2(\text{A});$$

与电压源串联的电阻 R_1、R_2 变换为与电流源并联。

而将 2A 的电流源等效变换为电压源　$U'_S = I_S R_4 = 2 \times 1 = 2(\text{V})$；

与电流源并联电阻 R_4 变换为与电压源串联，如图(b) 所示。

(2) 将图(b) 中的两个电流源合并：$I'_S = I_{S1} + I_{S2} = 4(\text{A})$，$R_{12} = \dfrac{R_1 \times R_2}{R_1 + R_2} = \dfrac{3 \times 6}{3 + 6} = 2(\Omega)$，$R_{34} = R_3 + R_4 = 1 + 1 = 2(\Omega)$。如图(c) 所示。

(3) 再将图(c) 中的电流源 I'_S 与 R_{12} 的并联组合等效变换为电压源 U''_S 与 R_{12} 串联组合，

$$U''_S = I'_S R_{12} = 4 \times 2 = 8(\text{V})$$

电路如图(d) 所示。此时，电路已化简为单回路电路，回路中总电压源为

$$U_S = U''_S - U'_S = 8 - 2 = 6(\text{V})$$

总电阻为　$R = R_{12} + R_{34} + R_L = 2 + 2 + 2 = 6(\Omega)$

于是可得

$$I = \frac{U_S}{R} = \frac{6}{6} = 1(\text{A})$$

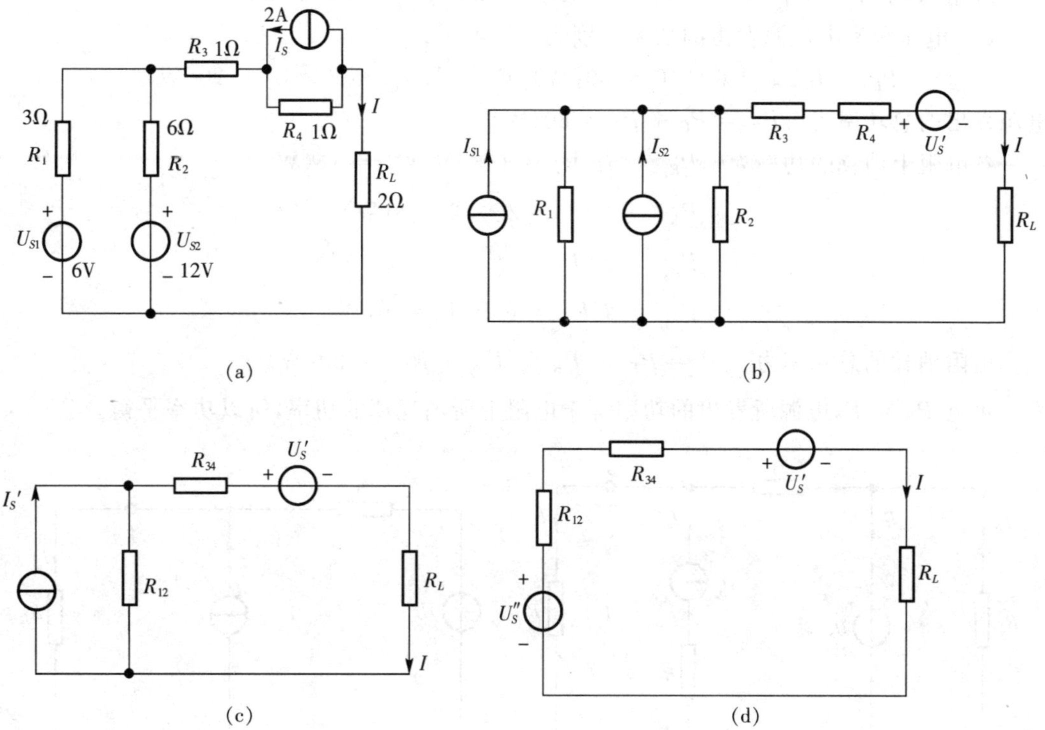

图 2 - 8　例 2 - 5 图

由上例可知，凡是与理想电压源串联的电阻都可以看成是其内阻，凡是与理想电流源并联的电阻也都可以看成是其内阻。在两种电源等效变换时，要注意方向的一致性，即当电压源变换为电流源时，等效电流源的方向是由原电压源的正极性端流出；而当电流源变换为电压源时，原电流源电流流出端即为等效电压源的正极性端。

【例 2 - 5】　电路如图 2 - 9(a) 所示，$U_S = 10\text{V}$，$I_S = 2\text{A}$，$R_1 = 1\Omega$，$R_2 = 2\Omega$，$R_3 = 5\Omega$，$R_L = 1\Omega$。(1) 求电阻 R_L 上的电流 I；(2) 计算理想电压源 U_S 中的电流 I_U 和理想电流源两端电压 U_{I_S}；(3) 分析功率平衡。

【解】　(1) 将与理想电压源并联的电阻断开，与理想电流源串联的电阻短路，这样并不影响 R_L 支路上的电压和电流。简化后的电路如图 2 - 9(b) 所示。再将理想电压源 U_S 与 R_1 串联组合等效变换为 I'_S 与 R_1 并联组合，如图(c) 所示。

$$I'_S = \frac{U_S}{R_1} = \frac{10}{1} = 10(\text{A})$$

因为 $R_1 = R_L$　所以 $I = \dfrac{I'_S + I_S}{2} = \dfrac{10+2}{2} = 6(\text{A})$

(2) 要求理想电压源 U_S 中的电流 I_U 和理想电流源两端电压 U_{I_S}，须回到原电路(a) 中来看，各电流如图(a) 所示，根据电路计算如下　$I_{R_3} = \dfrac{U_S}{R_3} = \dfrac{10}{5} = 2(\text{A})$

应用KCL有　$I_{R_1} = I_S - I = 2 - 6 = -4(\text{A})$，　$I_U = I_{R_3} - I_{R_1} = 2 - (-4) = 6(\text{A})$

应用KVL有　$U_{I_S} = U + I_S R_2 = IR_L + I_S R_2 = 6\times 1 + 2\times 2 = 10(\text{V})$

(3) 电压源和电流源发出的功率分别为

$$P_U = I_U U_S = 6\times 10 = 60(\text{W}),P_I = I_S U_{I_S} = 2\times 10 = 20(\text{W})$$

电源发出的总功率为　$P_S = P_U + P_I = 80(\text{W})$

各电阻上消耗的功率为　$P_{R_1} = I_{R_1}^2 R_1 = (-4)^2\times 1 = 16(\text{W})$

$$P_{R_2} = I_S^2 R_2 = 2^2\times 2 = 8(\text{W})$$

$$P_{R_3} = I_{R_3}^2 R_3 = 2^2\times 5 = 20(\text{W})$$

$$P_{R_L} = I^2 R_L = 6^2\times 1 = 36(\text{W})$$

电阻消耗的总功率为　$P = P_{R_1} + P_{R_2} + P_{R_3} + R_{R_L} = 80(\text{W})$

可见 $P_S = P$，电源所发出的功率等于电阻上所消耗掉的功率，所以功率平衡。

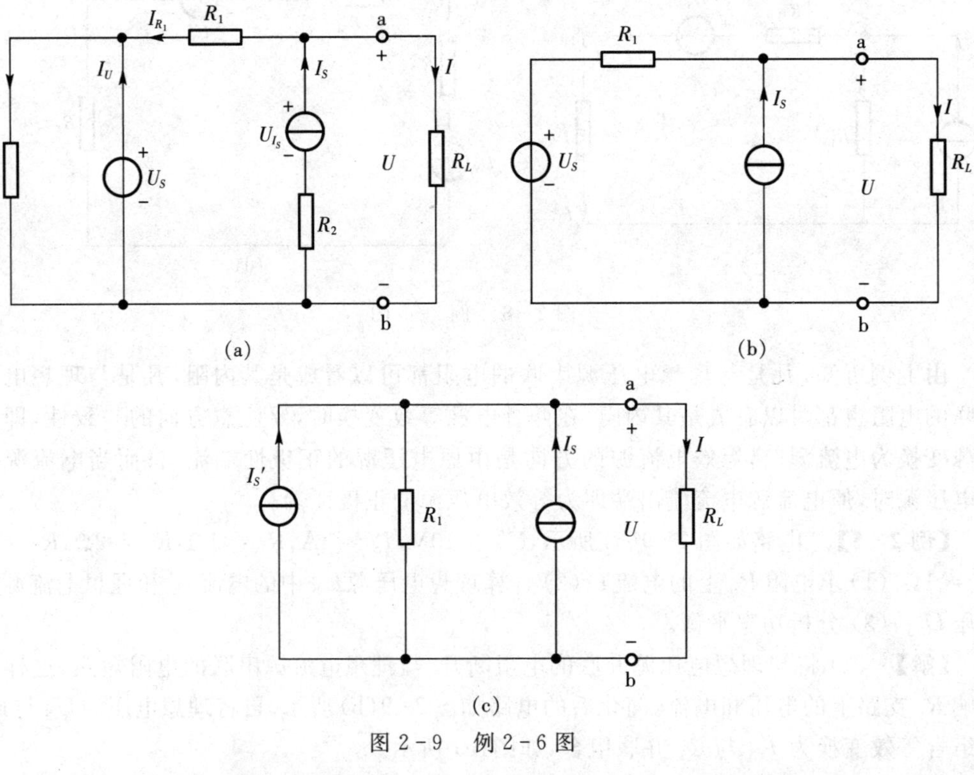

图 2-9　例 2-6 图

2.3　支路电流法

有些电路不能通过电阻串并联等效变换进行简化，这类电路称为复杂电路。对于此类电路，应用等效法不太有效，有时反而使问题复杂化。如上例 2-5，有些电量必须在原电路中求解。这一节将介绍一种电路的分析和计算方法，其特点是不改变电路的结构，而是取各支路电流作为变量，应用 KVL、KCL 列出需要的方程组，而后解出各未知电流。

对于一个具有 b 条支路，n 个结点的电路，以支路电流作为电路变量列写方程时，应有 b 个未知量。根据 KCL 对结点可以列出$(n-1)$个独立方程，根据 KVL 对回路可以列出$(b-n+1)$个独立方程，这种方法称为支路电流法。现以图 2-10 为例来说明支路电流法的应用。

应用支路电流法时，要将所有未知的电流和电压符号及参考方向在图中表示出来，并选单网孔回路给出巡行方向，如图所示。

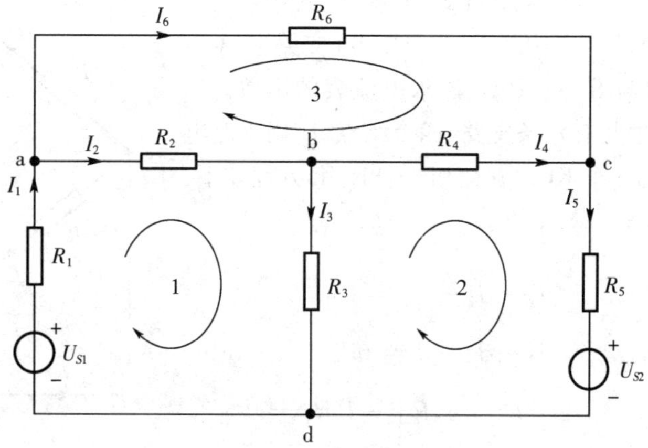

图 2-10　支路电流法

上图中，共有四个结点(a,b,c,d)，$n=4$，六条支路 $b=6$；须列出六个独立方程。

任取三个$(n-1)$结点(如 a,b,c) 列 KCL 方程如下

$$I_1-I_2-I_6=0$$

$$I_2-I_3-I_4=0$$

$$I_4-I_5+I_6=0$$

再补充三个$(b-n+1)$KVL 方程如下，各回路绕行方向如图所示，电压方向与绕行方向一致者取正，相反则取负；或反之亦然。以此

对回路 1 有　$I_1R_1+I_2R_2+I_3R_3-U_{S1}=0$　或　$I_1R_1+I_2R_2+I_3R_3=U_{S1}$

对回路 2 有　$-I_3R_3+I_4R_4+I_5R_5+U_{S2}=0$ 或　$I_3R_3-I_4R_4-I_5R_5=U_{S2}$

对回路 3 有　$-I_2R_2-I_4R_4+I_6R_6=0$

可见应用基尔霍夫电流定律和电压定律对电路共可列出$(n-1+b-n+1)=b$个独立方程，从而可求解出六条支路的电流。各支路电流已知，就很容易计算出各支路电压或某元

件上的功率。

【例 2-6】 应用支路电流法重求解例 2-5。

【解】 图 2-9 中共有 5 条支路，三个结点。各支路电流如图所示，对其中 2 个结点列 KCL 方程有

$$I_u - I_{R_3} + R_{R_1} = 0$$

$$I_S - I - I_{R_1} = 0$$

对三个网孔回路列 KVL 方程有

对左回路有 $U_S = I_{R_3} R_3$

对中间回路有 $-I_{R_1} R_1 + U_{I_S} - I_S R_2 - U_S = 0$

对右回路有 $IR_L + I_S R_2 - U_{I_S} = 0$

在上面方程组中，应注意到 I_S 是电流源的电流为已知的，但同时多出一个未知变量 U_{I_S}，所以依然是五个独立方程五个未知数。通过解方程组可求得各待求量值与上面相同。不再赘述。

【例 2-7】 图 2-11 所示桥式电路中，其中 $U_S = 12V$，$R_1 = R_2 = 5\Omega$，$R_3 = 10\Omega$，$R_4 = 5\Omega$，bd 支路上 A 表示一电流表，其内阻为 $R_A = 10\Omega$。试求电流表的示数。

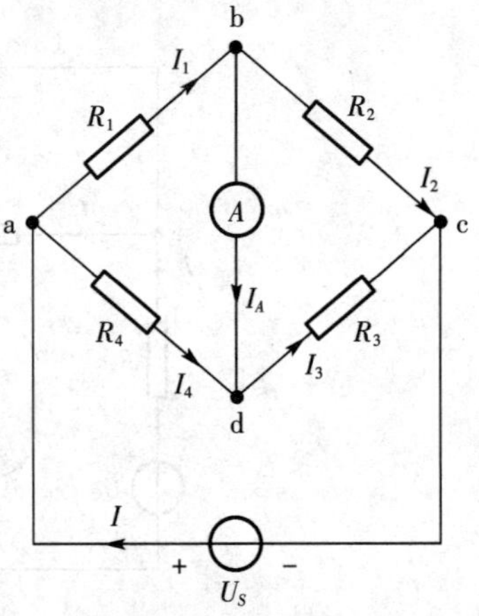

图 2-11 例 2-7 图

【解】 该电路中共有六条支路，四个结点。应用支路电流法对电路分别列出 3 个 KCL 方程和 3 个 KVL 方程如下：

对结点 a $I - I_1 - I_4 = 0$

对结点 b $I_1 - I_2 - I_A = 0$

对结点 c $I_2 + I_3 - I = 0$

对回路 abda $I_1R_1 + I_AR_A - I_4R_4 = 0$

对回路 bcdb $I_2R_2 - I_3R_3 - I_AR_A = 0$

对回路 adca $I_4R_4 + I_3R_3 = U_S$

联立求得

$$I_A = \frac{U_S(R_2R_4 - R_1R_3)}{R_A(R_1+R_2)(R_3+R_4) + R_1R_2(R_3+R_4) + R_3R_4(R_1+R_2)}$$

将已知参数代入得 $I_A = -0.126(A)$

该电路又称为惠斯通电桥，经常应用于测量电路中。当 $R_2R_4 = R_1R_3$ 时，$I_A = 0$，称之为电桥平衡。

由上例可见，当我们只需求电路中某一条支路电流时，应用支路电流法非常繁复。对于这类问题我们将在 2.7 节介绍其他方法。

2.4 结点电压法

图 2-12 所示的电路有一个特点，就是只有两个结点 a 和 b，结点间的电压 U 称为结点电压。如图中其参考方向为 a 为正，b 为负。结点电压可分别用各支路表示如下

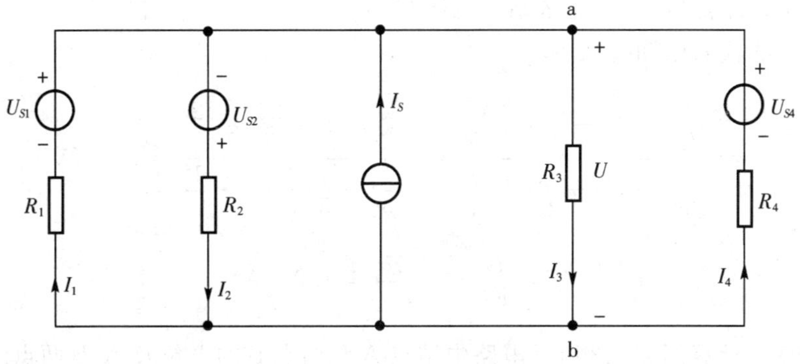

图 2-12　结点电压法示例图

$$\begin{cases} U = U_{S1} - I_1R_1, & I_1 = \dfrac{U_{S1} - U}{R_1} \\ U = -U_{S2} + I_2R_2, & I_2 = \dfrac{U_{S2} + U}{R_2} \\ U = I_3R_3, & I_3 = \dfrac{U}{R_3} \\ U = U_{S4} - I_4R_4, & I_4 = \dfrac{U_{S4} - U}{R_4} \end{cases} \tag{2-8}$$

由式(2-8)可知，若能求得结点电压U，则各支路电流就可以由上式计算出来。那么，如何求得结点电压呢？由基尔霍夫电流定律可得出结点电压的计算公式。

在图 2-12 中，对结点 a 有

$$I_1 + I_S + I_4 - I_2 - I_3 = 0$$

将式(2-8)中各电流表达式代入上式，则得

$$\frac{U_{S1} - U}{R_1} + \frac{U_{S4} - U}{R_4} - \frac{U_{S2} + U}{R_2} - \frac{U}{R_3} + I_S = 0$$

整理得

$$U = \frac{\dfrac{U_{S1}}{R_1} + I_S - \dfrac{U_{S2}}{R_2} + \dfrac{U_{S4}}{R_4}}{\dfrac{1}{R_1} + \dfrac{1}{R_2} + \dfrac{1}{R_3} + \dfrac{1}{R_4}} = \frac{\sum \dfrac{U_S}{R} + \sum I_S}{\sum \dfrac{1}{R}} \tag{2-9}$$

上式即为结点电压公式。公式中分母为各条支路的电导值之和，分子为各含源支路电激流（电压源转换为电流源）代数和，当电压源极性与结点电压参考方向一致时取正，相反取负（如图 2-12 中，U_{S1}、U_{S4} 正极性端为结点 a，U_{S2} 负极性端为结点 a）；若是电流源支路，则电激流方向指向结点电压正极性端的取正，反之取负。

【例 2-8】　如图 2-12，当 $U_{S1} = 5\text{V}$，$U_{S2} = 20\text{V}$，$U_{S4} = 12\text{V}$，$I_S = 3\text{A}$，$R_1 = R_2 = 5\Omega$，$R_3 = R_4 = 3\Omega$，求 R_3 支路上的电流 I_3。

【解】 应用结点电压法，先求结点电压 U。

由式(2-9)代入已知参数得

$$U=\frac{\dfrac{U_{S1}}{R_1}+I_S-\dfrac{U_{S2}}{R_2}+\dfrac{U_{S4}}{R_4}}{\dfrac{1}{R_1}+\dfrac{1}{R_2}+\dfrac{1}{R_3}+\dfrac{1}{R_4}}=\frac{\dfrac{5}{5}+3-\dfrac{20}{5}+\dfrac{12}{3}}{\dfrac{1}{5}+\dfrac{1}{5}+\dfrac{1}{3}+\dfrac{1}{3}}=3.75(\mathrm{V})$$

$$I_3=\frac{U}{R_3}=\frac{3.75}{3}=1.25(\mathrm{A})$$

【例 2-9】 计算图 2-13 所示电路中结点 A 和结点 B 的电位及 A、B 两点间的电压。取结点 C 为参考点，即 $V_C=0$。

已知 $U_{S1}=15\mathrm{V}$，$U_{S2}=65\mathrm{V}$，$R_1=R_3=5\Omega$，$R_2=R_4=10\Omega$，$R_5=15\Omega$。

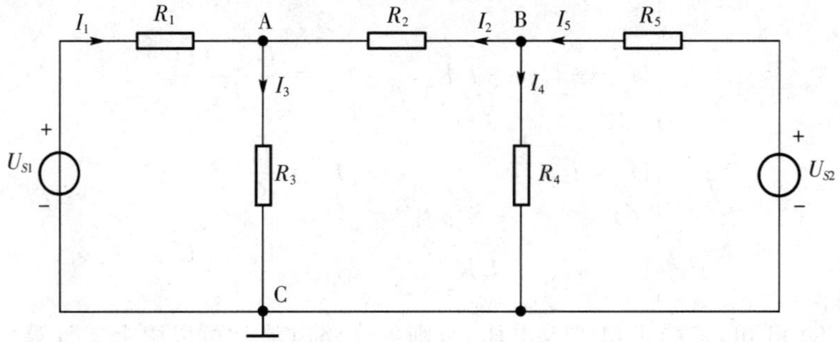

图 2-13 例 2-9 图

【解】 该电路中有三个结点(A、B、C)，不能直接应用结点电压公式求结点 A、B 间的电压。我们可以用 A 与 C 之间的结点电压即 A 点电位 V_A，B 与 C 之间的结点电压即 B 点电位 V_B 来表示各支路电流，然后代入结点 A、B 的 KCL 方程中，即可求得 V_A、V_B。

应用基尔霍夫电流定律分别对结点 A、B 列方程如下

$$\begin{cases}I_1+I_2-I_3=0\\-I_2-I_4+I_5=0\end{cases}$$

各支路电流用 V_A、V_B 表示为 $I_1=\dfrac{U_{S1}-V_A}{R_1}=\dfrac{15-V_A}{5}$， $I_2=\dfrac{V_B-V_A}{R_2}=\dfrac{V_B-V_A}{10}$

$$I_3=\frac{V_A}{R_3}=\frac{V_A}{5},\quad I_4=\frac{V_B}{R_4}=\frac{V_B}{10},\quad I_5=\frac{U_{S2}-V_B}{R_5}=\frac{65-V_B}{15}$$

代入 KCL 方程得

$$\begin{cases}\dfrac{15-V_A}{5}+\dfrac{V_B-V_A}{10}-\dfrac{V_A}{5}=0\\[2ex]-\dfrac{V_B-V_A}{10}-\dfrac{V_B}{10}+\dfrac{65-V_B}{15}=0\end{cases}$$

解得 $V_A=+10(\mathrm{V})$， $V_B=+20(\mathrm{V})$， $U_{AB}=V_A-V_B=-10(\mathrm{V})$

2.5 叠加定理

线性系统(包含线性电路)最基本的性质就是线性性质,叠加定理就是线性性质的反映。在线性电路中,任何一条支路上的电流或电压,都可以看成是由电路中各个电源(电压源或电流源)分别作用时,在此支路上所产生的电流或电压代数和。这就是叠加定理。

如以图 2-14(a) 为例,以 I_2、U_1 为未知量,对电路应用基尔霍夫定律列方程得

$$\begin{cases} I_1 + I_S - I_2 = 0 \\ I_1 R_1 + I_2 R_2 = U_S \end{cases} \tag{2-10}$$

解得
$$I_2 = \frac{U_S}{R_1 + R_2} + \frac{R_1 I_S}{R_1 + R_2}$$

$$U_1 = \frac{R_1 U_S}{R_1 + R_2} - \frac{R_1 R_2 I_S}{R_1 + R_2}$$

由上式可见 I_2、U_1 都是电源 U_S 和 I_S 的线性组合。可将其表达为

$$\begin{cases} I_2 = I'_2 + I''_2 \\ U_1 = U'_1 + U''_1 \end{cases} \tag{2-11}$$

其中
$$I'_2 = \frac{U_S}{R_1 + R_2}, \qquad I''_2 = \frac{R_1 I_S}{R_1 + R_2}$$

$$U'_1 = \frac{R_1 U_S}{R_1 + R_2}, \qquad U''_1 = -\frac{R_1 R_2 I_S}{R_1 + R_2}$$

显然,I'_2、U'_1 都是由电压源 U_S 单独作用时所产生的电流和电压分量,如图(b) 所示。而 I''_2、U''_1 是由电流源单独作用时所产生的电流和电压分量,如图(c) 所示。

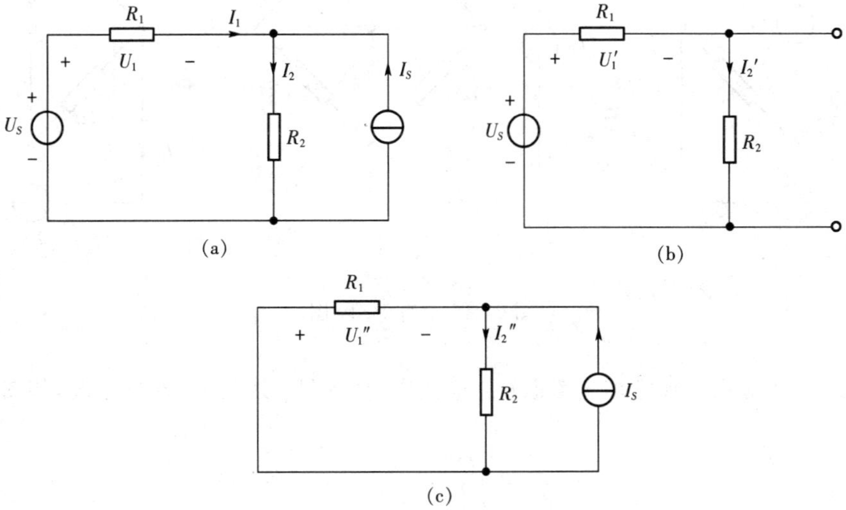

图 2-14 叠加定理

所谓各个电源单独作用，是将其他电源均置零(将各个理想电压源短接，各个理想电流源开路)，但各电源内阻若存在的话仍应计算在内。如图 2-14(b)，考虑电压源单独作用时，原电流源处开路；而在图(c) 中，考虑电流源单独作用时，原电压源处短接。

用叠加定理计算复杂电路时，就是把一个多电源的电路化为几个单电源电路来分别进行计算，而后叠加。电路中各支路电压和电流均可用叠加定理求得，但是功率的计算不能用叠加定理。如以图 2-14(a) 中电阻 R_2 上的功率为例，显然

$$P_2 = I_2^2 R_2 = (I'_2 + I''_2)^2 R_2 \neq I'^2_2 R_2 + I''^2_2 R_2$$

这是由于电流与功率不是线性关系。

叠加定理在线性电路的分析中起着重要的作用，它是分析线性电路的基础。在使用叠加定理时应注意如下几点：

(1) 叠加定理适用于线性电路，不能用于非线性电路。

(2) 在叠加的各分电路中，不作用的电压源置零，在理想电压源处用短路代替；不作用的电流源置零，在理想电流源处用开路代替；而原电路中所有的电阻都不予变动。

(3) 叠加时各分电路中的电压和电流的参考方向可以取为与原电路中的相同。求代数和时，应注意各分量的正、负号。

(4) 原电路的功率不能用分电路计算所得功率叠加，因为功率是电压和电流的乘积，不是线性关系。

【例 2-10】 图 2-15(a) 所示电路中，试应用叠加定理求：(1) 支路中的电流 I_2；(2) 若电源 U_{S1} 从 6V 变化到 10V，问电流 I_2 变化范围是多大？已知 $U_{S1} = 6\text{V}$，$U_{S2} = 2.4\text{V}$。

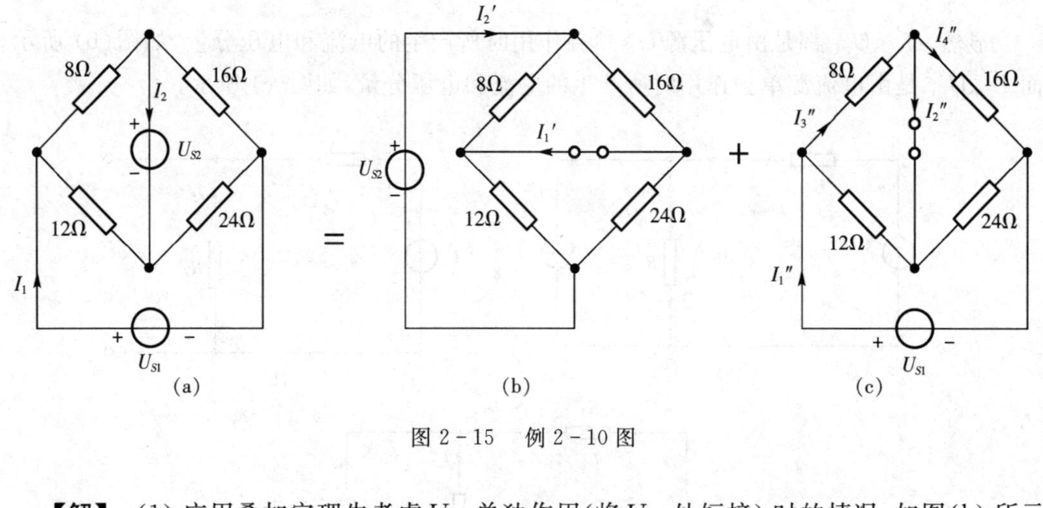

图 2-15 例 2-10 图

【解】 (1) 应用叠加定理先考虑 U_{S2} 单独作用(将 U_{S1} 处短接) 时的情况，如图(b) 所示

$$I'_2 = \frac{U_{S2}}{\frac{8\times 16}{8+16} + \frac{12\times 24}{12+24}} = 0.18(\text{A})$$

再计算 U_{S1} 单独作用(将 U_{S2} 处短接)时的情况,如图(c)所示

由分流公式得　$I''_3 = \frac{12}{8+12}I''_1 = 0.6I''_1$,　$I''_4 = \frac{24}{16+24}I''_1 = 0.6I''_1$

所以　$I''_2 = I''_3 - I''_4 = 0$

叠加得　$I_2 = I''_2 - I'_2 = -0.18(\text{A})$

(2) 因为图(c)电路中电桥平衡,I''_2 始终为零,即无论电源 U_{S1} 如何变化,都有 $I_2 = I'_2 = 0.18\text{A}$,不改变。

2.6　戴维宁定理与诺顿定理

在有些情况下,我们只需要计算一个复杂电路中某一条支路的电流,如果用前面几节所述的方法来计算时,必然会引出一些不需要的电流来,如例 2-7 就是如此。为了使计算简便,常常应用等效电源的方法。

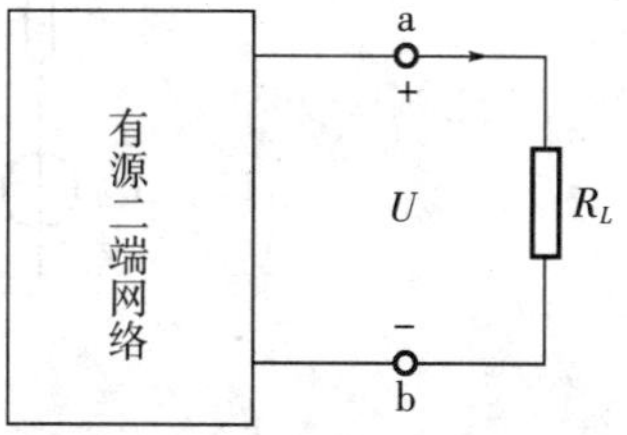

图 2-16　有源二端网络

下面介绍什么是等效电源。如果只需要计算复杂电路中的一个支路,则可以将该支路移出(如图 2-16 中 ab 支路,其中电阻为 R_L),而把其余部分看作一个有源二端网络(如图 2-16 中的方框部分)。所谓有源二端网络,就是指具有两个引线端且包括有独立电源的部分电路。有源二端网络既可以是简单的电路,也可以是任意复杂的电路。但不论它的简繁程度如何,对于所要计算的那条支路而言,仅相当于一个电源,因为它是对这条支路(如 R_L)提供电能的部分。因此,这个有源二端网络一定可以化简为一个等效电源。经这种等效变换后,ab 支路中的电流 I 及其两端的电压 U 都没有变动。

如前所述,一个独立电源可以用两种电路模型来表示:一种是激励电压为 U_S 的理想电压源和内阻 R_0 串联的电路(电压源);一种是电激流为 I_S 的理想电流源和内阻 R_0 并联的电路(电流源)。因此,有两种等效电源,可分别得出戴维宁定理和诺顿定理。

2.6.1　戴维宁定理

戴维宁定理表述如下:任何一个线性有源二端网络都可以用一个理想电压源和电阻串联的组合来等效代替,等效电压源的激励电压就是有源二端网络的开路电压 U_{oc},如图 2-17(a)将负载断开后 a、b 两端之间的电压;电阻等于有源二端网络中所有独立电源均置零(将各个理想电压源短路,将各个理想电流源开路)后的 a、b 两端的等效电阻。经等效变换后可得图 2-17(b)的等效电路,这是一个最简单的电路,其中电流可由下式计算

$$I = \frac{U_{oc}}{R_L + R_{eq}}$$

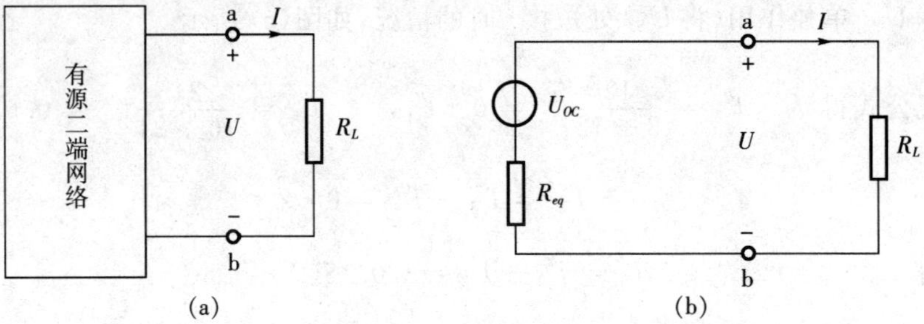

图 2 - 17　戴维宁定理

【例 2 - 11】　图 2 - 18(a) 所示电路中，已知 $U_{S1}=U_{S2}=40\text{V}$，$R_1=4\Omega$，$R_2=2\Omega$，$R_3=5\Omega$，$R_4=10\Omega$，$R_5=8\Omega$，$R_6=2\Omega$，求通过 R_3 的电流 I_3。

【解】　将 R_3 两边看成两个二端网络(ac、bc)。对于有源二端网络 ac，先求出等效电压源的激励电压，如图 2 - 18(b) 所示。

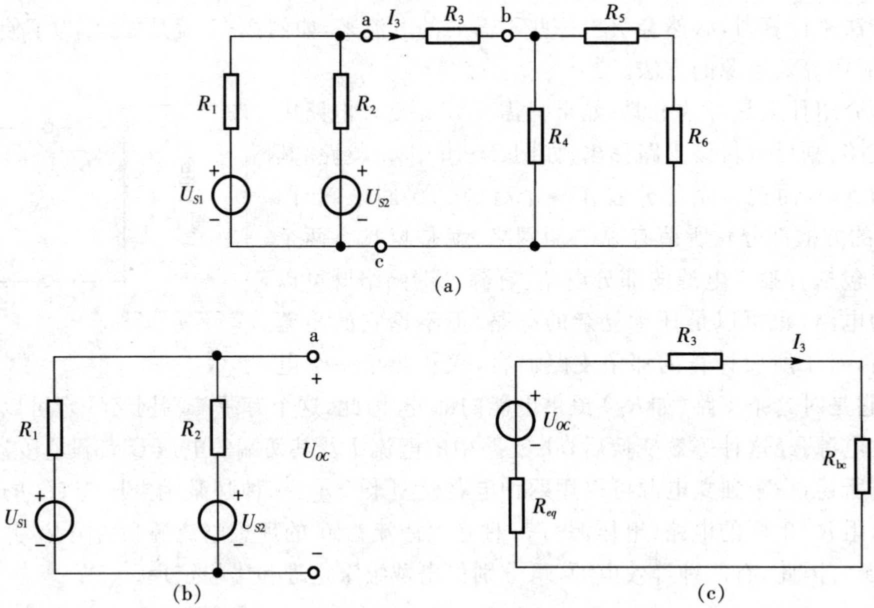

图 2 - 18　例 2 - 11 图

其端口开路电压可由结点电压公式得　$U_{oc}=\dfrac{\dfrac{U_{S1}}{R_1}+\dfrac{U_{S2}}{R_2}}{\dfrac{1}{R_1}+\dfrac{1}{R_2}}=40(\text{V})$

将有源二端网络 ac 中的电压源短接得等效电阻为　$R_{eq}=\dfrac{R_1R_2}{R_1+R_2}\approx 1.33(\Omega)$

不含源二端网络 bc 的等效电阻为　$R_{bc}=\dfrac{R_4(R_5+R_6)}{R_4+R_5+R_6}=5(\Omega)$

这样将电路图简化为(c) 图所示，流过 R_3 的电流为

$$I_3=\frac{U\,oc}{R_{eq}+R_{bc}+R_3}=3.53(\text{A})$$

【例 2-12】 应用戴维宁定理重解例 2-7 题。

【解】 (1) 将待求支路 bd 移开，求该二端网络的开路电压 U_{oc}，如图 2-19(a) 所示。

$$I_1=I_2=\frac{U_S}{R_1+R_2}=\frac{12}{5+5}=1.2(\text{A})$$

$$I_3=I_4=\frac{U_S}{R_3+R_4}=\frac{12}{10+5}=0.8(\text{A})$$

$$U_{oc}=I_2R_2-I_3R_3=-2(\text{V})\quad\text{或}\quad U_{oc}=I_4R_4-I_1R_1=-2(\text{V})$$

(2) 求等效电阻。将电压源 U_S 短接，等效电路图如图 2-19(b) 所示，等效电阻为

$$R_{eq}=\frac{R_1R_2}{R_1+R_2}+\frac{R_3R_4}{R_3+R_4}\approx 5.8(\Omega)$$

(3) 画出简化等效电路如图 2-19(c) 所示，电流表的读数为

$$I_A=\frac{U_{oc}}{R_{eq}+R_A}\approx -0.126(\text{A})$$

显然，与例 2-7 计算结果相同，而且比例 2-7 用支路电流法简便得多。

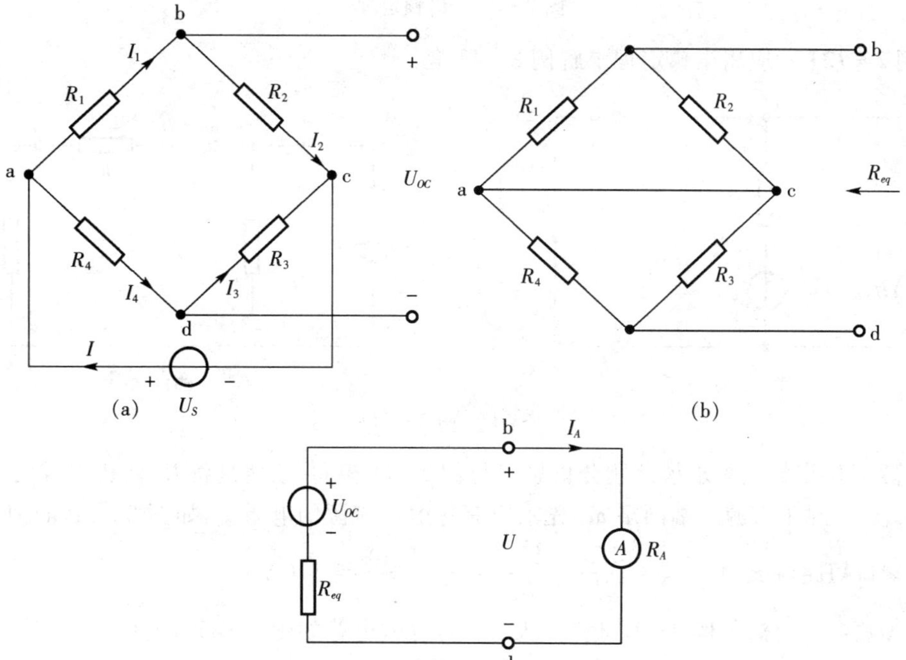

图 2-19　例 2-12 图

2.6.2 诺顿定理

诺顿定理表述如下：任何一个线性有源二端网络都可以用一个理想电流源和电阻并联的组合来等效代替，等效电流源的激励电流就是有源二端网络的短路电流 I_S，如图 2-20(a) 将负载短接后 a,b 支路上的电流；电阻等于有源二端网络中所有独立电源均置零（将各个理想电压源短路，将各个理想电流源开路）后的 a、b 两端的等效电阻 R_{eq}。

经等效变换后可得图 2-20(b) 的等效电路，负载中的电流为 $I=\dfrac{R_{eq}}{R_L+R_{eq}}I_S$。

因此，一个有源二端网络既可用戴维宁定理化为图 2-17(b) 所示的等效电压源，也可用诺顿定理化为图 2-20(b) 所示的等效电流源。两者对外电路来讲是等效的，关系是

$$U_{oc}=I_SR_{eq} \quad 或 \quad I_S=\frac{U_{oc}}{R_{eq}}$$

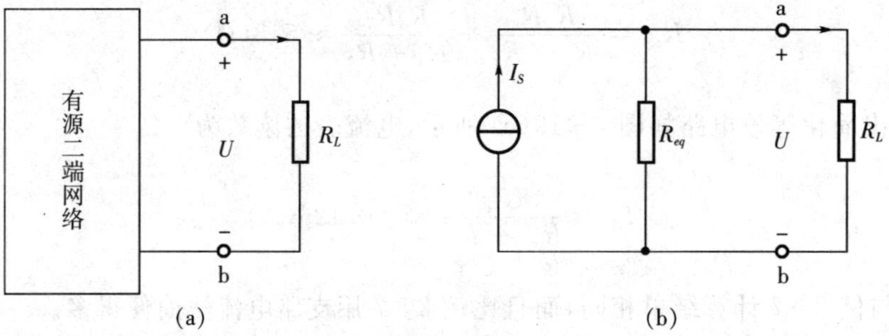

图 2-20 诺顿定理

【例 2-13】 应用诺顿定理求解例 2-11 题。

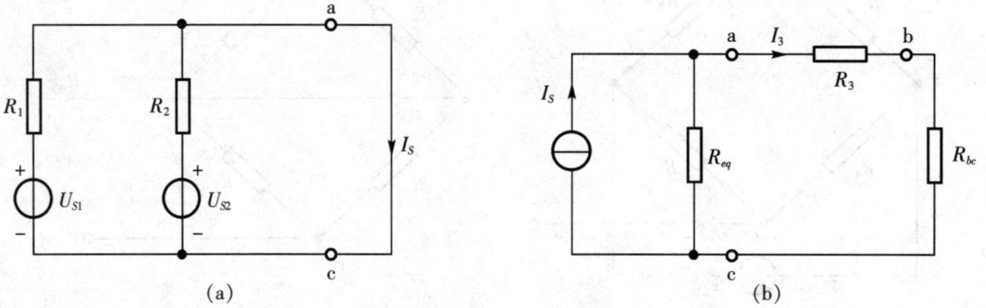

图 2-21 例 2-13 图

【解】 用诺顿定理求解此题分析思路与例 2-11 相同，依然是将 R_3 两边看成两个二端网络（ac、bc）。对于有源二端网络 ac，先求出其等效电流源的电激流，如图 2-21(a) 所示。

其端口短路电流为 $I_S=\dfrac{U_{S1}}{R_1}+\dfrac{U_{S2}}{R_2}=\dfrac{40}{4}+\dfrac{40}{2}=30(\text{A})$

其等效电阻求法与例 2-12 相同，从而可得等效电路如图 2-21(b) 所示。

由分流公式可得 $I_3=\dfrac{R_{eq}I_S}{R_{eq}+R_3+R_{bc}}=3.53(\text{A})$

显见，与例 2-11 结果相同。

习　题

2-1　计算图 2-22 所示各电路的等效电阻 R_{ab}。

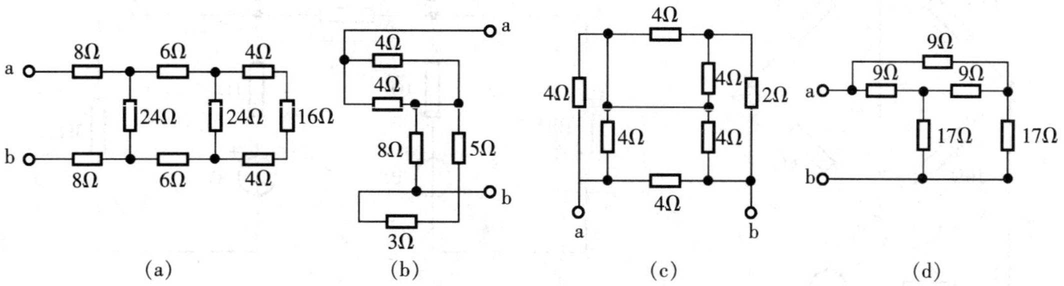

图 2-22　题 2-1 图

2-2　在图 2-23 中，$R_1 = R_2 = R_3 = R_4 = 300\Omega$，$R_5 = 600\Omega$，试求开关 S 断开和闭合时 a 和 b 之间的等效电阻。

2-3　求图 2-24 所示电路的等效电阻 R_{ab}，其中 $R_1 = R_2 = 1\Omega$。

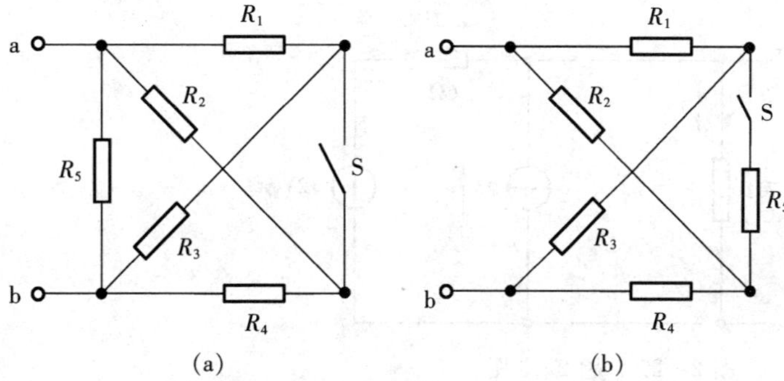

图 2-23　题 2-2 图

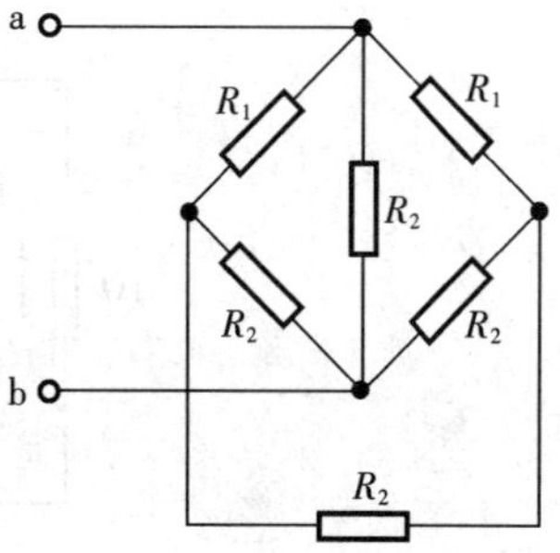

图 2-24　题 2-3 图

2-4　在图 2-25(a) 所示电路中，$U_{S1} = 24V$，$U_{S2} = 6V$，$R_1 = 12\ k\Omega$，$R_2 = 6\ k\Omega$，$R_3 = 2\ k\Omega$。图 2-25(b) 为经电源变换后的等效电路。

(1) 求等效电路的 I_S 和 R；

(2) 根据等效电路，求 R_3 中的电流和消耗功率；

(3) 分别在图(a) 和图(b) 中求出 R_1、R_2 及 R_3 消耗的功率；

(4) 试问 U_{S1}、U_{S2} 发出的功率是否等于 I_S 发出的功率？R_1、R_2 消耗的功率是否等于 R 消耗的功率？为什么？

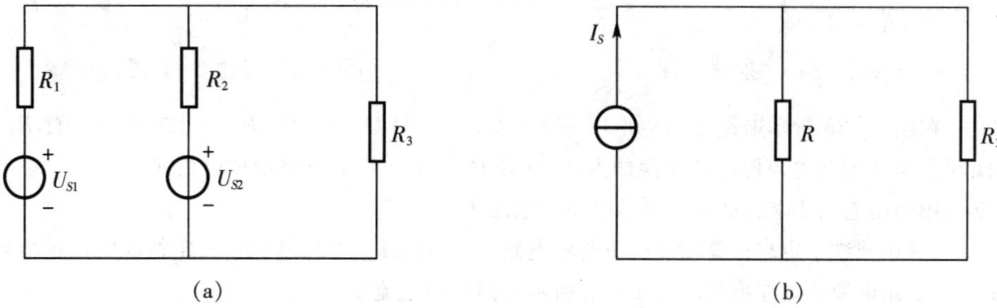

图 2-25　题 2-4 图

2－5　求图 2－26 所示各电路中 I 和 U_{ab}。

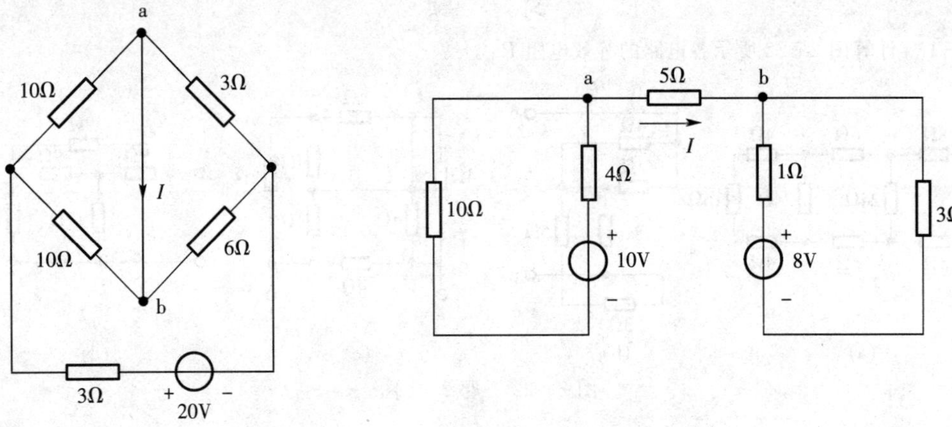

(a)　　　　(b)

图 2－26　题 2－5 图

2－6　利用叠加原理和支路电流法求图 2－27 所示电路中各支路电流，并校验功率是否平衡。

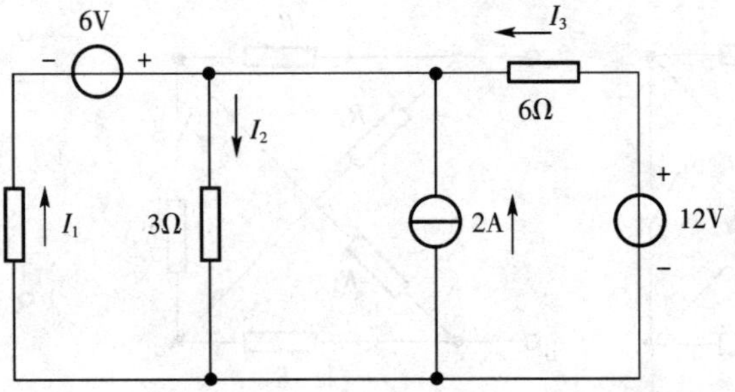

图 2－27　题 2－6 图

2－7　计算图 2－28 所示电路中的电流 I_1、I_2。

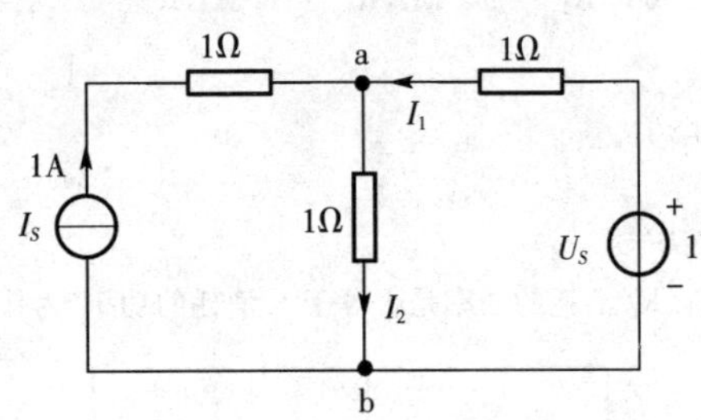

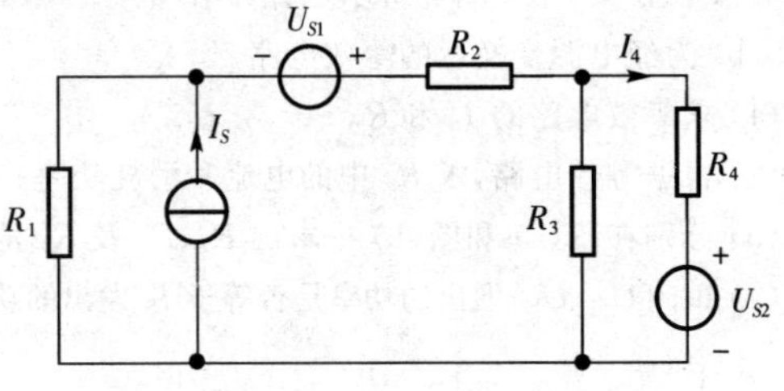

图 2－28　题 2－7 图　　　　图 2－29　题 2－8 图

2－8　在图 2－29 所示电路中，已知 $I_S = 1\text{A}$，$U_{S1} = 9\text{V}$，$U_{S2} = 2\text{V}$，$R_1 = 1\Omega$，$R_2 = 3\Omega$，$R_3 = 4\Omega$，$R_4 = 8\Omega$。试用电压源与电流源等效变换的方法，计算 R_4 与 U_{S2} 串联支路中的电流 I_4。

2－9　用回路电流法求图 2－30 所示电路中电流 I。

2－10　试用戴维宁定理计算图 2－31 所示电路中的电流 I_{ab}，并用基尔霍夫定律检验计算结果。

2－11　试用电源等效变换法求图 2－32 所示电路中的电流 I。

2－12　求图 2－33 所示电路中流过电阻 R_L 的电流 I_L。

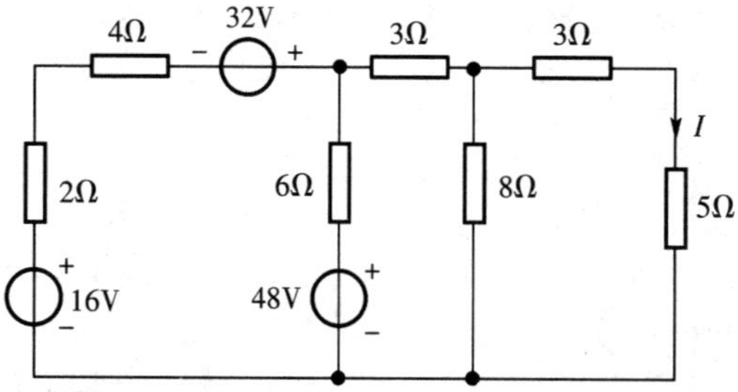

图 2-30　题 2-9 图

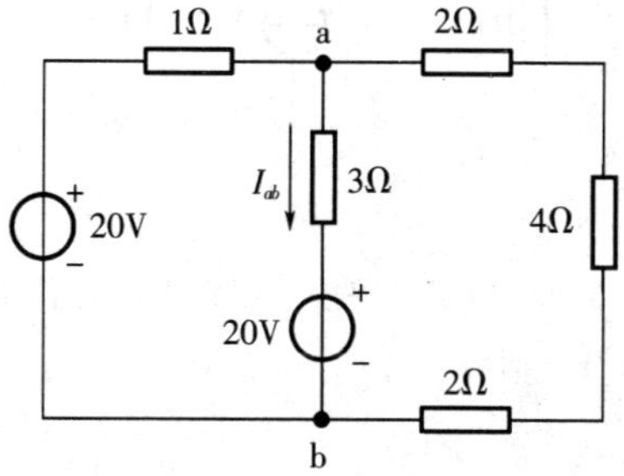

图 2-31　题 2-10 图

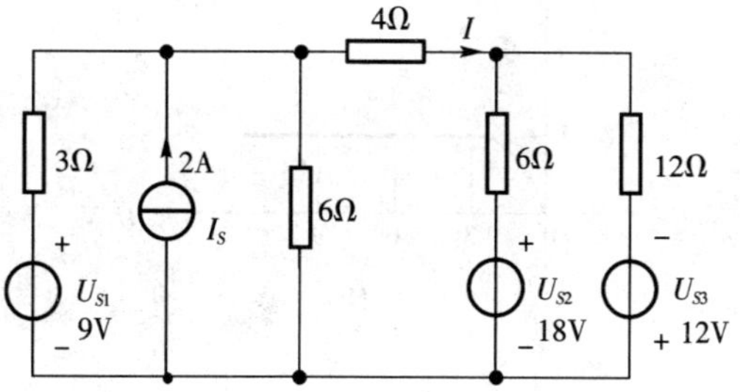

图 2-32　题 2-11 图

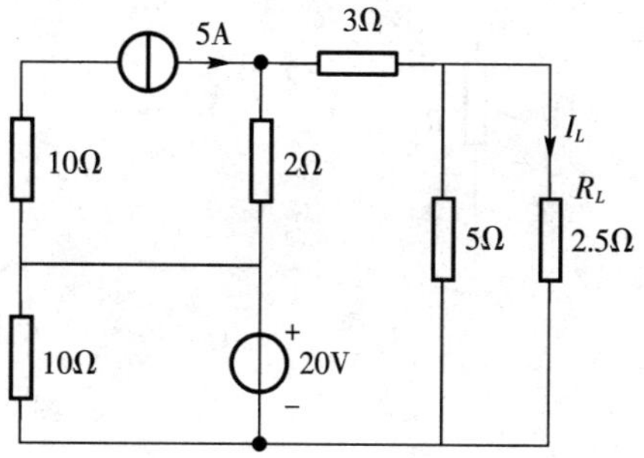

图 2-33　题 2-12 图

2-13　图 2-34 所示电路中，已知：$U_{S1}=9V$，$U_{S2}=3V$，$U_{S3}=10V$，$U_{S4}=4V$，$I_S=2A$，$R_1=9\Omega$，$R_3=R_4=2\Omega$，$R_2=R_5=3\Omega$，$R_6=6\Omega$。用戴维宁定理求电流 I。

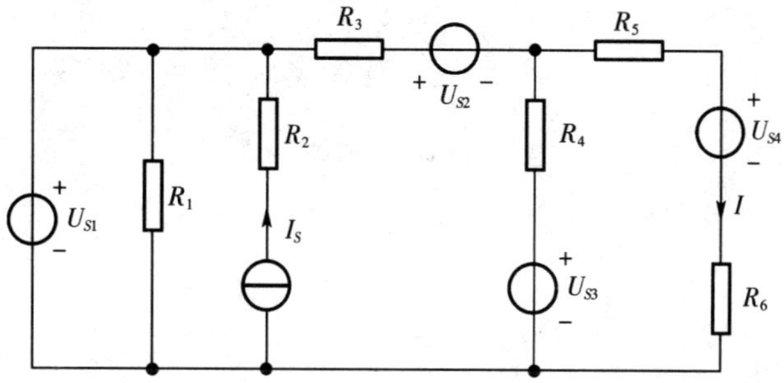

图 2-34　题 2-13 图

2－14　求图 2－35 所示电路中电流表的读数(电流表的内阻为零)。

2－15　图 2－36 所示电路中,已知:$U_S = 30\text{V}, I_{S1} = 10\text{A}, I_{S2} = 5\text{A}, R_1 = R_2 = R_3 = R_4 = 3\Omega$。试用支路电流法求各未知支路电流。

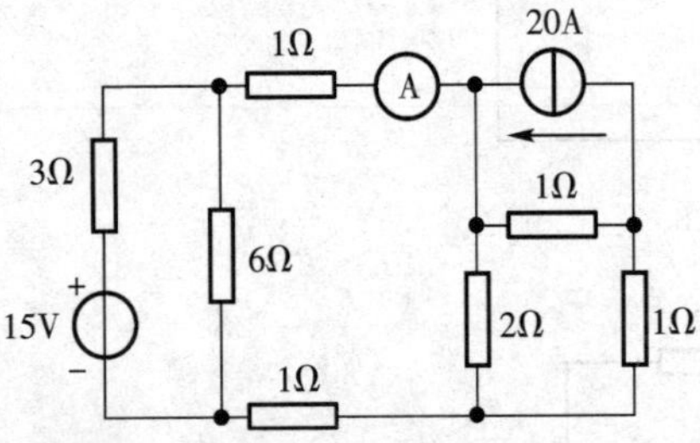

图 2－35　题 2－14 图

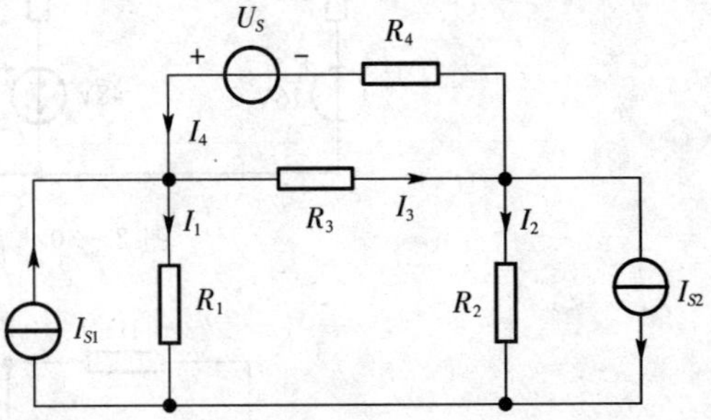

图 2－36　题 2－15 图

2－16　试用图解法计算图 2－37(a) 所示电路中非线性电阻元件 R 中的电流 I 及其两端电压 U。图 2－37(b) 是非线性电阻元件的伏安特性曲线。

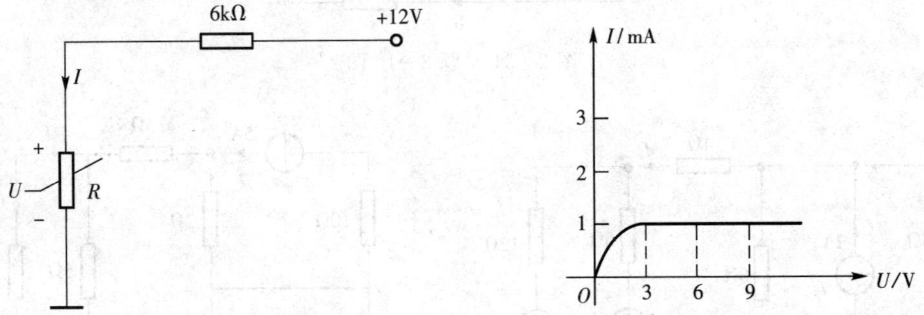

(a)　　　(b)

图 2－37　题 2－16 图

第 3 章　正弦交流电路

所谓正弦交流电路，是指含有正弦电源(激励)而且电路各部分所产生的电压和电流(响应)均按正弦规律变化的电路。交流发电机中所产生的电动势和正弦信号发生器所输出的信号电压，都是随时间按正弦规律变化的，它们是常用的正弦电源。在生产上和日常生活中所用的交流电，一般都是正弦交流电。

分析与计算正弦交流电路，主要是确定不同参数和不同结构的各种工弦交流电路中电压与电流之间的关系和功率。交流电路具有用直流电路的概念无法理解和无法分析的物理现象。因此，在学习本章的时候，必须建立交流的概念，否则容易引起错误。

3.1　正弦电压与电流

前面第 1 章、第 2 章分析的是直流电路，除在换路瞬间，其中的电流和电压的大小与方向(或电压的极性)是不随时间而变化的，如图 3 - 1 所示。

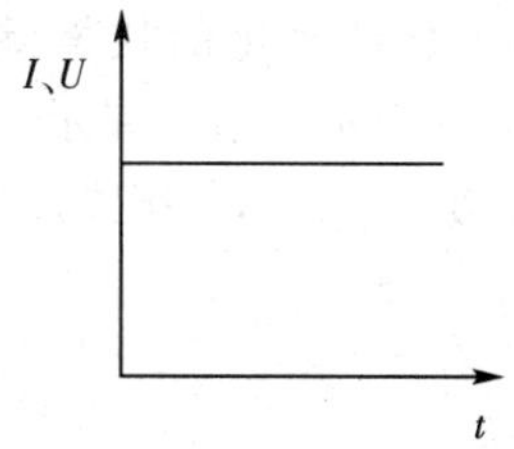

图 3 - 1　直流

正弦电压和电流是按照正弦规律周期性变化的，其波形如图 3 - 2 所示。由于正弦电压和电流的方向是周期性变化的，在电路图上所标的方向是指它们的参考方向，即代表正半周时的方向。在负半周时，由于所标的参考方向与实际方向相反，则其值为负。图中的虚线箭头代表电流的实际方向，正或负代表电压的实际方向(极性)。

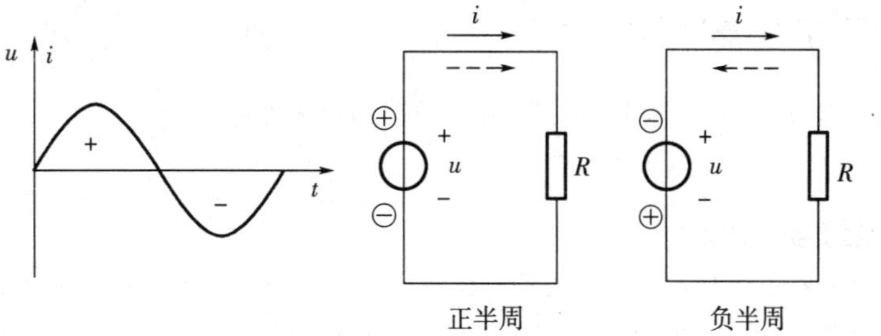

图 3 - 2　正弦电压和电流

正弦电压和电流等物理量，常统称为正弦量。正弦量的特征表现在变化的快慢、大小及初始值三个方面，而它们分别由频率(或周期)、幅值(或有效值)和初相位来确定，所以频率、幅值和初相位就称为确定正弦量的三要素。

3.1.1 频率与周期

正弦量变化一次所需的时间(秒)称为周期 T,每秒内变化的次数称为频率 f,它的单位是赫兹(Hz)。

频率是周期的倒数,即

$$f = \frac{1}{T} \tag{3-1}$$

在我国和大多数国家都采用50Hz作为电力标准频率,有些国家(如美国、日本等)采用60Hz。这种频率在工业上应用广泛,习惯上也称为工频。

在其他各种不同的技术领域内使用着各种不同的频率。例如,高频炉的频率是200～300kHz;中频炉的频率是500～8 000Hz;高速电动机的频率是150～2 000Hz;通常收音机中波段的频率是525～1 640kHz,短波段是2.3～23MHz;移动通信的频率是900MHz和1 800MHz;在无线通信中使用的频率可高达300GHz($1\text{GHz} = 10^9\text{Hz}$)。

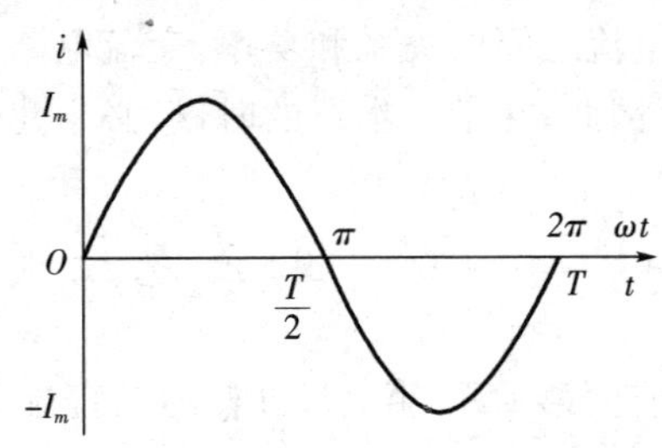

图 3-3 正弦波形

正弦量变化的快慢除用周期和频率表示外,还可用角频率 ω 表示。因为一周期内经历了 2π 弧度(图 3-3),所以角频率为

$$\omega = \frac{2\pi}{T} = 2\pi f \tag{3-2}$$

它的单位是弧度每秒(rad/s)。

上式表示 T,f,ω 三者之间的关系,只要知道其中之一,则其余均可求出。

【例 3-1】 已知 $f = 50\text{Hz}$,试求 T 和 ω。

【解】 $T = \frac{1}{f} = \frac{1}{50}\text{s} = 0.02\text{s}$

$$\omega = 2\pi f = 2 \times 3.14 \times 50\text{rad/s} = 314\text{rad/s}$$

3.1.2 幅值与有效值

正弦量在任一瞬间的值称为瞬时值,用小写字母来表示,如 i,u 及 e 分别表示电流、电压及电动势的瞬时值。瞬时值中最大的值称为幅值或最大值,用带下标 m 的小写字母来表示,如 I_m,U_m 及 E_m 分别表示电流、电压及电动势的幅值。

图 3-3 是正弦电流的波形,它的数学表达式为

$$i = I_m \sin\omega t \tag{3-3}$$

正弦电流、电压和电动势的大小往往不是用它们的幅值,而是常用有效值(均方根值)

来计量的。有效值是用电流的热效应来规定的，因为在电工技术中，电流常表现出其热效应。不论是周期性变化的电流还是直流，只要它们在相等的时间内通过同一电阻而两者的热效应相等，就把它们的安培值看作是相等的。就是说，某一个周期电流 i 通过电阻 R（如电阻炉）在一个周期内产生的热量，和另一个直流 I 通过同样大小的电阻在相等的时间内产生的热量相等，那么这个周期性变化的电流 i 的有效值在数值上就等于这个直流 I。

根据上述，可得

$$\int_0^T Ri^2 \mathrm{d}t = RI^2 T$$

由此可得出周期电流的有效值

$$I = \sqrt{\frac{1}{T}\int_0^T i^2 \mathrm{d}t} \tag{3-4}$$

式(3－4)适用于周期性变化的量，但不能用于非周期量。

当周期电流为正弦量时，即 $i = I_m \sin\omega t$，则

$$I = \sqrt{\frac{1}{T}\int_0^T I_m^2 \sin^2 \omega t \mathrm{d}t}$$

因为

$$\int_0^T \sin^2 \omega t \mathrm{d}t = \int_0^T \frac{1-\cos 2\omega t}{2}\mathrm{d}t = \frac{1}{2}\int_0^T \mathrm{d}t - \frac{1}{2}\int_0^T \cos 2\omega t \mathrm{d}t = \frac{T}{2} - 0 = \frac{T}{2}$$

所以

$$I = \sqrt{\frac{1}{T} I_m^2 \frac{T}{2}} = \frac{I_m}{\sqrt{2}} \tag{3-5}$$

如果考虑到周期电流 i 是作用在电阻 R 两端的周期电压 u 产生的，则由式(3－4)就可推得周期电压的有效值

$$U = \sqrt{\frac{1}{T}\int_0^T u^2 \mathrm{d}t}$$

当周期电压为正弦量时，即 $u = U_m \sin\omega t$，则

$$U = \frac{U_m}{\sqrt{2}} \tag{3-6}$$

同理

$$E = \frac{E_m}{\sqrt{2}}$$

按照规定，有效值都用大写字母表示，和表示直流的字母一样。一般所讲的正弦电压或电流的大小，例如交流电压380V或220V，都是指它的有效值。一般交流电流表和电压表的刻度也是根据有效值来定的。

【例 3-2】 已知 $u=U_m\sin\omega t$，$U_m=310\text{V}$，$f=50\text{Hz}$，试求有效值 U 和 $t=\frac{1}{10}s$ 时的瞬时值。

【解】

$$U=\frac{U_m}{\sqrt{2}}=\frac{310}{\sqrt{2}}\text{V}=220\text{V}$$

$$u=U_m\sin 2\pi ft=310\sin\frac{100\pi}{10}=0$$

3.1.3 初相位

正弦量是随时间而变化的，要确定一个正弦量还需从计时起点（$t=0$）上看。所取的计时起点不同，正弦量的初始值（$t=0$ 时的值）就不同，到达幅值或某一特定值所需的时间也就不同。

正弦量可用下式表示为

$$i=I_m\sin\omega t \tag{3-7}$$

其波形如图 3-3 所示。它的初始值为零。

正弦量也可用下式表示为

$$i=I_m\sin(\omega t+\psi) \tag{3-8}$$

其波形如图 3-4 所示。在这种情况下，初始值 $i_0=I_m\sin\psi$，不等于零。

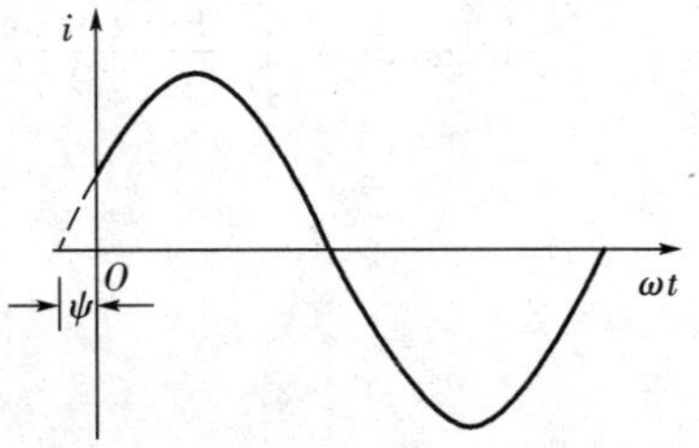

图 3-4 初相位不等于零的正弦波形

上两式中的角度 ωt 和（$\omega t+\psi$）称为正弦量的相位角或相位，它反映出正弦量变化的进程。当相位角随时间连续变化时，正弦量的瞬时值随之作连续变化。$t=0$ 时的相位角称为初相位角或初相位。在式(3-7) 中初相位为零，在式(3-8) 中初相位为 ψ。因此，所取计时起点不同，正弦量的初相位不同，其初始值也就不同。

在一个正弦交流电路中，电压 u 和电流 i 的频率是相同的，但初相位不一定相同。例如图 3-5 所示。图中 u 和 i 的波形可用下式表示：

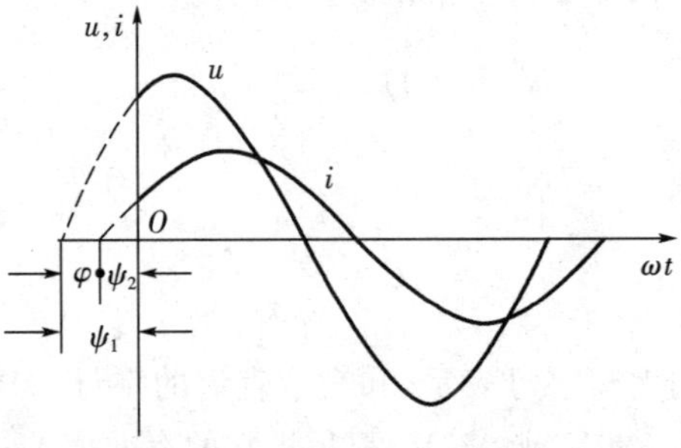

图 3-5 u 和 i 的初相位不相等

$$\left.\begin{aligned} u &= U_m \sin(\omega t + \psi_1) \\ i &= I_m \sin(\omega t + \psi_2) \end{aligned}\right\} \tag{3-9}$$

它们的初相位分别为 ψ_1 和 ψ_2。

两个同频率正弦量的相位角之差或初相位角之差，称为相位角差或相位差，用 ϕ 表示。在式 4(-9) 中，u 和 i 的相位差为

$$\varphi = (\omega t + \psi_1) - (\omega t + \psi_2) = \psi_1 - \psi_2 \tag{3-10}$$

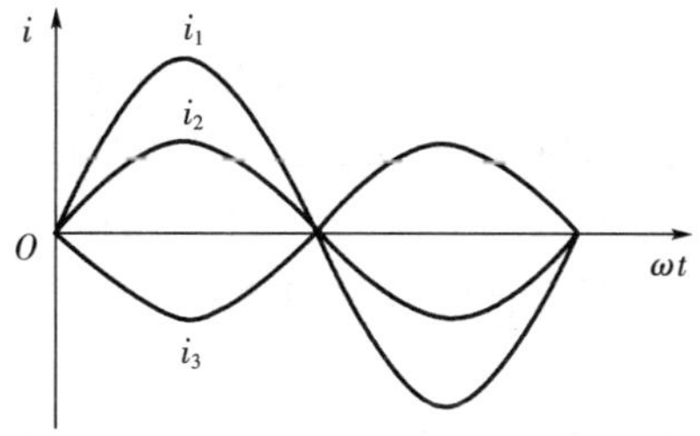

图 3-6　正弦量的同相和反相

当两个同频率正弦量的计时起点（$t = 0$）改变时，它们的相位和初相位即跟着改变，但是两者之间的相位差仍保持不变。

由图 3-5 的正弦波形可见，因为 u 和 i 的初相位不同（不同相），所以它们的变化步调是不一致的，即不是同时到达正的幅值或零值。图中，$\psi_1 > \psi_2$，所以 u 较 i 先到达正的幅值。这时就说，在相位上 u 比 i 超前 φ 角，或者说 i 比 u 滞后 φ 角。

在图 3-6 所示的情况下，i_1 和 i_2 具有相同的初相位，即相位差 $\varphi = 0$，则两者同相（相位相同）；而 i_1 和 i_3 反相（相位相反），即两者的相位差 $\varphi = 180°$。

正弦量所以能得到广泛应用，第一，是因为可以利用变压器把正弦电压升高或降低，这种变换电压的方法既灵活又简单经济。第二，在分析电路时常遇到加、减、求导及积分的问题，而由于同频率的正弦量之和或差仍为同一频率的正弦量，正弦量对时间的导数或积分也仍为同一频率的正弦量，这样，就有可能使电路各部分的电压和电流的波形相同，这在技术上具有重大意义。第三，正弦量变化平滑，在正常情况下不会引起过电压而破坏电气设备的绝缘。另外，非正弦周期量中含有高次谐波，而这些高次谐波往往不利于电气设备的运行。

3.2　正弦量的相量表示法

正弦量的各种表示方法是分析与计算正弦交流电路的工具。前面已经讲过两种表示法，一种是用三角函数式来表示，如 $i = I_m \sin(\omega t + \psi)$，这是正弦量的基本表示法；另一种是用正弦波形来表示，如图 3-3 所示。

此外，正弦量还可以用相量来表示。相量表示法的基础是复数，就是用复数来表示正弦量。

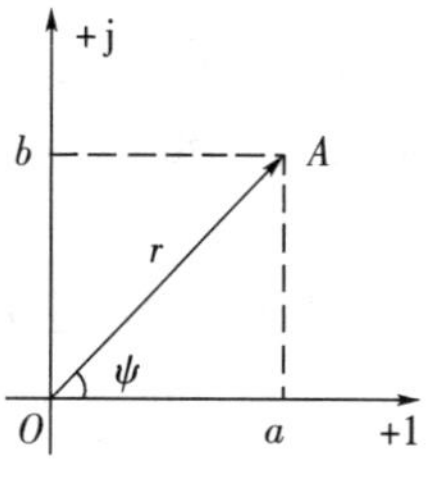

图 3-7　复数

设复平面中有一复数 A，其模为 r，辐角为 ψ（图 3-7），它可用下列三种式子表示

$$A = a + \mathrm{j}b = r\cos\psi + \mathrm{j}r\sin\psi = r(\cos\psi + \mathrm{j}\sin\psi) \tag{3-11}$$

$$A = r\mathrm{e}^{\mathrm{j}\psi} \tag{3-12}$$

或简写为

$$A = r\angle\psi \tag{3-13}$$

因此，一个复数可用上述几种复数式来表示。式(3－11) 称为复数的代数式，式(3－12) 称为指数式，式(3－13) 则称为极坐标式。三者可以互相转换。复数的加减运算可用代数式，复数的乘除运算可用指数式或极坐标式。

由上可知，一个复数由模和辐角两个特征来确定，而正弦量由幅值、初相位和频率三个特征来确定。但在分析线性电路时，正弦激励和响应均为同频率的正弦量，频率是已知的，可不必考虑。因此，一个正弦量由幅值和初相位就可确定。

比照复数和正弦量，正弦量可用复数表示。复数的模即为正弦量的幅值或有效值，复数的辐角即为正弦量的初相位。

为了与一般的复数相区别，把表示正弦量的复数称为相量，并在大写字母上打“·”。于是表示正弦电压 $u = U_m\sin(\omega t + \phi)$ 的相量式为

$$\dot{U} = U(\cos\psi + \mathrm{j}\sin\psi) = U\mathrm{e}^{\mathrm{j}\psi} = U\angle\psi$$

上式由欧拉公式 $\cos\psi = \dfrac{\mathrm{e}^{\mathrm{j}\psi} + \mathrm{e}^{-\mathrm{j}\psi}}{2}$ ，$\sin\psi = \dfrac{\mathrm{e}^{\mathrm{j}\psi} - \mathrm{e}^{-\mathrm{j}\psi}}{2\mathrm{j}}$ 推出。注意，相量只是表示正弦量，而不是等于正弦量。

上式中的 j 是复数的虚数单位，即 $\mathrm{j} = \sqrt{-1}$，并由此得 $\mathrm{j}^2 = -1$，$1/\mathrm{j} = -\mathrm{j}$。

按照各个正弦量的大小和相位关系画出的若干个相量的图形称为相量图。在相量图上能形象地看出各个正弦量的大小和相互间的相位关系。例如，在图 3－5 中用正弦波形表示的电压 u 和电流 i 两个正弦量，在式(3-9) 中是用三角函数式表示的，如用相量图表示则如图 3－8 所示。电压相量 $\dot{U}$ 比电流相量 $\dot{I}$ 超前 φ 角，也就是正弦电压 u 比正弦电流 i 超前 φ 角。

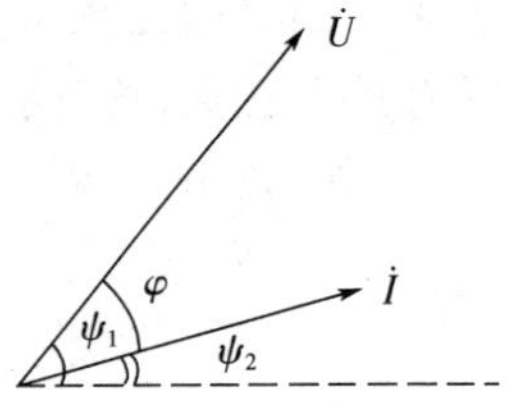

图 3－8　相量图

只有正弦周期量才能用相量表示，相量不能表示非正弦周期量。只有同频率的正弦量才能画在同一相量图上，不同频率的正弦量不能画在一个相量图上，否则就无法比较和计算。

由上可知，表示正弦量的相量有两种形式：相量图和复数式(相量式)。

当 $\psi = \pm 90^\circ$ 时，则

$$\mathrm{e}^{\pm \mathrm{j}90^\circ} = \cos 90^\circ \pm \mathrm{j}\sin 90^\circ = 0 \pm \mathrm{j} = \pm \mathrm{j}$$

因此，任意一个相量乘上 $+\mathrm{j}$ 后，即向前(逆时针旋转) 旋转了 90°；乘上 $-\mathrm{j}$ 后，即向后(顺时针旋转) 旋转了 90°。

【例 3-3】　在图 3-9 所示的电路中，设

$$i_1 = I_{1m}\sin(\omega t + \phi_1) = 100\sin(\omega t + 45^\circ)\text{A}$$

$$i_2 = I_{2m}\sin(\omega t + \phi_2) = 60\sin(\omega t - 30^\circ)\text{A}$$

求总电流 i，并画出电流相量图。

【解】　将 $i = i_1 + i_2$ 化为基尔霍夫电流定律的相量表示式，求 i 的相量 $\dot{I}_m$

$$\begin{aligned}\dot{I}_m &= \dot{I}_{1m} + \dot{I}_{2m} = 100\text{e}^{\text{j}45^\circ} + 60\text{e}^{-\text{j}30^\circ} \\ &= (100\cos45^\circ + \text{j}100\sin45^\circ) + (60\cos30^\circ - \text{j}60\sin30^\circ) \\ &= (70.7 + \text{j}70.7) + (52 - \text{j}30) \\ &= 122.7 + \text{j}40.7 = 129\text{e}^{\text{j}18^\circ20'}(\text{A})\end{aligned}$$

于是得

$$i = 129\sin(\omega t + 18^\circ20')\text{A}$$

电流相量图如图 3-10 所示。

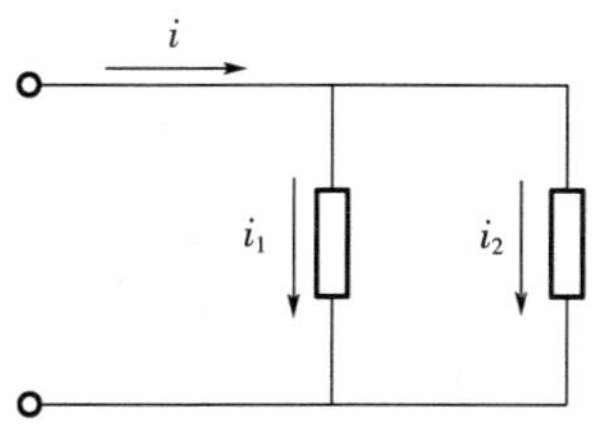

图 3-9　例 3-3 图

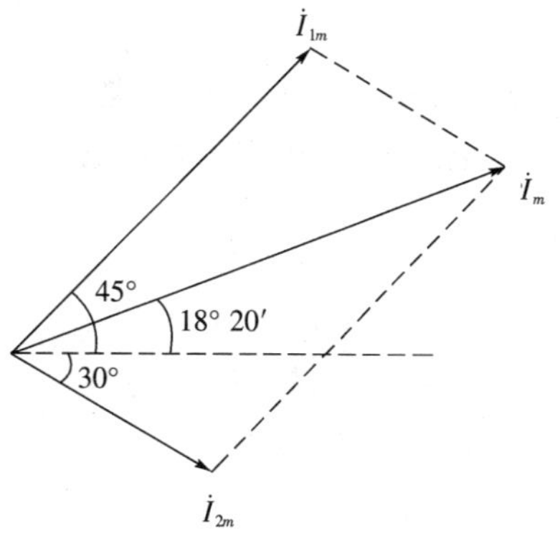

图 3-10　电流相量图

3.3　单一参数的交流电路

分析各种正弦交流电路，不外乎要确定电路中电压与电流之间的关系（大小和相位），并讨论电路中能量的转换和功率问题。分析各种交流电路时应以单一参数（电阻、电感、电容）元件的电路为基础，我们必须首先掌握单一参数元件电路中电压与电流之间的关系，因为其他电路无非是一些单一参数元件的组合而已。

3.3.1　电阻元件的交流电路

图 3-11(a) 是一个线性电阻元件的交流电路。电压和电流的参考方向如图中所示，两者的关系由欧姆定律确定，即

$$u = iR$$

为了分析方便起见，选择电流经过零值并将向正值增加的瞬间作为计时起点（$t=0$），即设

$$i = I_m \sin\omega t$$

为参考正弦量，则

$$u = iR = I_m R\sin\omega t = U_m \sin\omega t \tag{3-14}$$

也是一个同频率的正弦量。

比较上列两式即可看出，在电阻元件的交流电路中，电流和电压是同相的（相位差 $\varphi=0$）。表示电压和电流的正弦波形如图 3-11(b) 所示。

在式(3-14) 中

$$U_m = I_m R$$

或

$$\frac{U_m}{I_m} = R$$

由此可知，在电阻元件电路中，电压的幅值（或有效值）与电流的幅值（或有效值）之比值，就是电阻 R。如用相量表示电压与电流的关系，则为

$$\dot{U} = U\mathrm{e}^{\mathrm{j}0^\circ} \qquad \dot{I} = I\mathrm{e}^{\mathrm{j}0^\circ}$$

$$\frac{\dot{U}}{\dot{I}} = \frac{U}{I}\mathrm{e}^{\mathrm{j}0^\circ}$$

或

$$\dot{U} = R\dot{I} \tag{3-15}$$

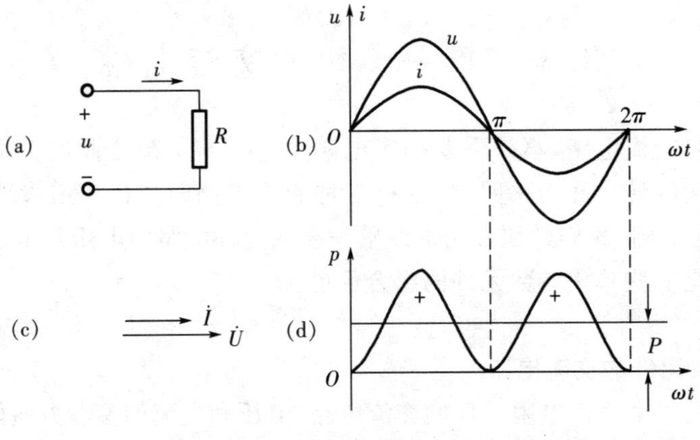

图 3-11　电阻元件的交流电路

(a) 电路图　(b) 电压与电流的正弦波形　(c) 电压与电流的相量图　(d) 功率波形

式(3－15)为欧姆定律的相量表示式。电压和电流的相量图如图3－11(c)所示。

知道了电压与电流的变化规律和相互关系后，便可计算出电路中的功率。在任意瞬间，电压瞬时值 u 与电流瞬时值 i 的乘积，称为瞬时功率，用小写字母 p 代表，即

$$\begin{aligned} p = p_R = ui = U_m I_m \sin^2 \omega t &= \frac{U_m I_m}{2}(1-\cos 2\omega t) \\ &= UI(1-\cos 2\omega t) \end{aligned} \tag{3-16}$$

由式(3-16)可见，P 是由两部分组成的，第一部分是常数 UI，第二部分是幅值为 UI，并以 2ω 的角频率随时间而变化的交变量 $UI\cos 2\omega t$。P 随时间而变化的波形如图3－11(d)所示。

由于在电阻元件的交流电路中 u 与 i 同相，它们同时为正，同时为负，所以瞬时功率总是正值，即 $p \geqslant 0$，瞬时功率为正，这表示外电路从电源取用能量。在这里就是电阻元件从电源取用电能而转换为热能。

一个周期内电路消耗电能的平均速度，即瞬时功率的平均值，称为平均功率。在电阻元件电路中，平均功率为

$$P = \frac{1}{T}\int_0^T p\mathrm{d}t = \frac{1}{T}\int_0^T UI(1-\cos 2\omega t)\mathrm{d}t = UI = I^2 R = \frac{U^2}{R} \tag{3-17}$$

【例3－4】 把一个100Ω的电阻元件接到频率为50Hz、电压有效值为220V的正弦电源上，问电流是多少？

【解】 因为电阻与频率无关，所以电压有效值保持不变时，电流有效值相等，即

$$I = \frac{U}{R} = \frac{220}{100} = 2.2\text{A}$$

3.3.2 电感元件的交流电路

图3－12(a)是一个线性电感元件的交流电路。

当电感线圈中通过电流 i 时，其中产生自感电动势 e_L。设电流 i，电动势和电压的参考方向如图3－12(a)所示。根据基尔霍夫电压定律得出

$$u = -e_L = L\frac{\mathrm{d}i}{\mathrm{d}t}$$

设电流为参考正弦量，即

$$i = I_m \sin\omega t$$

则

$$u = L\frac{\mathrm{d}(I_m \sin\omega t)}{\mathrm{d}t} = I_m \omega L\cos\omega t = I_m \omega L\sin(\omega t + 90°) = U_m \sin(\omega t + 90°) \tag{3-18}$$

也是一个同频率的正弦量。

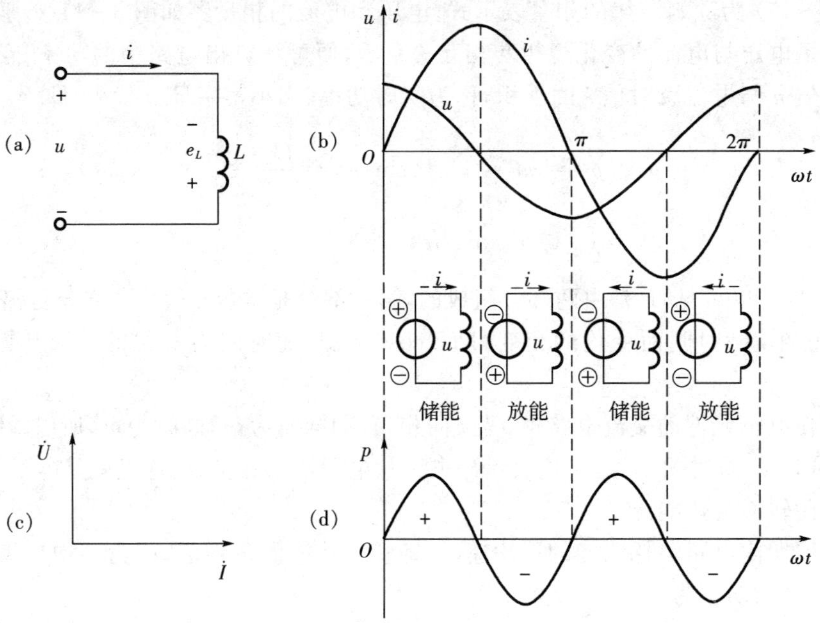

图 3－12　电感元件的交流电路

(a) 电路图　(b) 电压与电流的正弦波形　(c) 电压与电流的相量图　(d) 功率波形

比较上列两式可知，在电感元件电路中，在相位上电流比电压滞后 90°(相位差 $\varphi=+90°$)。表示电压 u 和电流 i 的正弦量波形如图 3－12(b) 所示。在式(3－18) 中

$$U_m = \omega L I_m$$

或

$$\frac{U_m}{I_m} = \frac{U}{I} = \omega L \qquad (3-19)$$

由此可知，在电感元件电路中，电压的幅值(或有效值) 与电流的幅值(或有效值) 之比为 ωL。显然，它的单位为欧姆。当电压 U 一定时，ωL 愈大，则电流 I 愈小。可见它具有对交流电路起阻碍作用的物理性质，所以称为感抗，用 X_L 代表，即

$$X_L = \omega L = 2\pi f L \qquad (3-20)$$

感抗 X_L 与电感 L、频率 f 成正比。由此，电感线圈对高频电流的阻碍作用很大，而对直流则可视作短路。

应该注意，感抗只是电压与电流的幅值或有效值之比，而不是它们的瞬时值之比，即 $\frac{u}{i} \neq X_L$。因为这与上述电阻电路不一样。在这里电压与电流之间成导数关系，而不是正比关系。

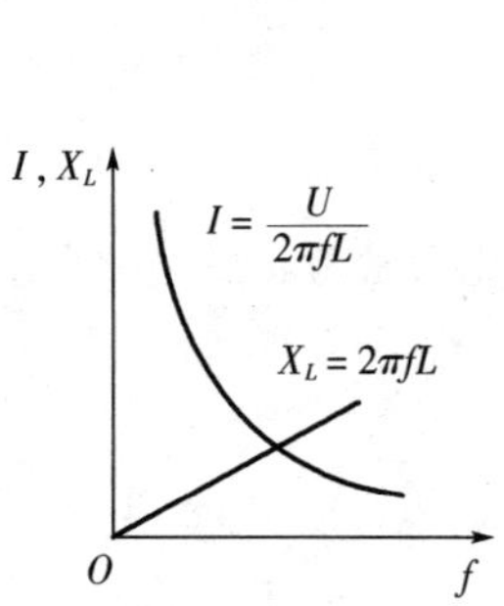

图 3－13　X_L 和 I 同 f 的关系

如设电压为

$$u = U_m \sin\omega t$$

则电流应为

$$i = \frac{U_m}{X_L}\sin(\omega t - 90^\circ) = I_m \sin(\omega t - 90^\circ)$$

因此，在分析与计算交流电路时，以电压或电流作为参考量都可以，它们之间的关系（大小和相位差）是一样的。

如用相量表示电压与电流的关系，则为

$$\dot{U} = U\mathrm{e}^{\mathrm{j}90^\circ} \qquad \dot{I} = I\mathrm{e}^{\mathrm{j}0^\circ}$$

$$\frac{\dot{U}}{\dot{I}} = \frac{U}{I}\mathrm{e}^{\mathrm{j}90^\circ} = \mathrm{j}X_L$$

或

$$\dot{U} = \mathrm{j}X_L\dot{I} = \mathrm{j}\omega L\dot{I} \tag{3-21}$$

式(3-21)表示电压的有效值等于电流的有效值与感抗的乘积，在相位上电压比电流超前 90°。由电流相量乘上算子后，即向前旋转 90°。电压和电流的相量图如图3-12(c)所示。

知道了电压和电流的变化规律和相互关系后，便可找出瞬时功率的变化规律，即

$$\begin{aligned} p = p_L &= ui = U_m I_m \sin\omega t \sin(\omega t + 90^\circ) \\ &= U_m I_m \sin\omega t \cos\omega t = \frac{U_m I_m}{2}\sin 2\omega t \qquad (3-22) \\ &= UI\sin 2\omega t \end{aligned}$$

由上式可见，p 是一个幅值为 UI，并以角频率 2ω 随时间而变化的交变量，其变化波形如图 3-12(d)所示。

在第一个和第三个 $\frac{1}{4}$ 周期内，P 是正的（u 和 i 正负相同）；在第二个和第四个 $\frac{1}{4}$ 周期内，p 是负的（u 和 i 一正一负）。瞬时功率的正负可以这样来理解：当瞬时功率为正值时，电感元件处于受电状态，它从电源取用电能；当瞬时功率为负值时，电感元件处于供电状态，它把电能归还电源。

在电感元件电路中，平均功率

$$P = \frac{1}{T}\int_0^T p\,\mathrm{d}t = \frac{1}{T}\int_0^T UI\sin 2\omega t\,\mathrm{d}t = 0$$

从图 3-12(d)的功率波形也容易看出，p 的平均值为零。

从上述可知，在电感元件的交流电路中，没有能量消耗，只有电源与电感间的能量互换。这种能量互换的规模，用无功功率 Q 来衡量。这里规定无功功率等于瞬时功率 p_L 幅值，即

$$Q = UI = X_L I^2 \tag{3-23}$$

它表示单位时间内互换了多少能量。无功功率的单位是乏(var)或千乏(kvar)。

应当指出，电感元件和后面将要讲的电容元件都是储能元件，它们与电源间进行能量转换是工作所需。这对电源来说，也是一种负担。但对储能元件本身说，没有消耗能量，故将往返于电源与储能元件之间的功率命名为无功功率。因此，平均功率也称为有功功率。

【例 3-5】 把一个 0.1H 的电感元件接到频率为 50Hz，电压有效值为 220V 的正弦电源上，问电流是多少？如保持电压值不变，而电源频率改变为 5 000Hz，这时电流将为多少？

【解】 当 $f = 50\text{Hz}$ 时

$$X_L = 2\pi fL = 2 \times 3.14 \times 50 \times 0.1\Omega = 31.4\Omega$$

$$I = \frac{U}{X_L} = \frac{220}{31.4}\text{A} = 7\text{A}$$

当 $f = 5\,000\text{Hz}$ 时

$$X_L = 2 \times 3.14 \times 5\,000 \times 0.1\Omega = 3\,140\Omega$$

$$I = \frac{220}{3\,140}\text{A} = 0.07\text{A} = 70\text{mA}$$

可见，在电压有效值一定时，频率愈高，则通过电感元件的电流有效值愈小。

3.3.3 电容元件的交流电路

图 3-14(a) 是一个线性电容元件的交流电路，电流 i 和电压 u 的参考方向如图所示，两者相同。由

$$i = C\frac{\mathrm{d}u}{\mathrm{d}t}$$

如果在电容器的两端加一正弦电压

$$u = U_m \sin\omega t$$

则

$$i = C\frac{\mathrm{d}(U_m \sin\omega t)}{\mathrm{d}t} = \omega C U_m \cos\omega t = \omega C U_m \sin(\omega t + 90°) \tag{3-24}$$

也是一个同频率的正弦量。

比较上列两式可知，在电容元件电路中，在相位上电流比电压超前 90°($\varphi = -90°$)。这里规定：当电流比电压滞后时，其相位差 φ 为正；当电流比电压超前时，其相位差 φ 为负。这样的规定是为了便于说明电路是电感性的还是电容性的。

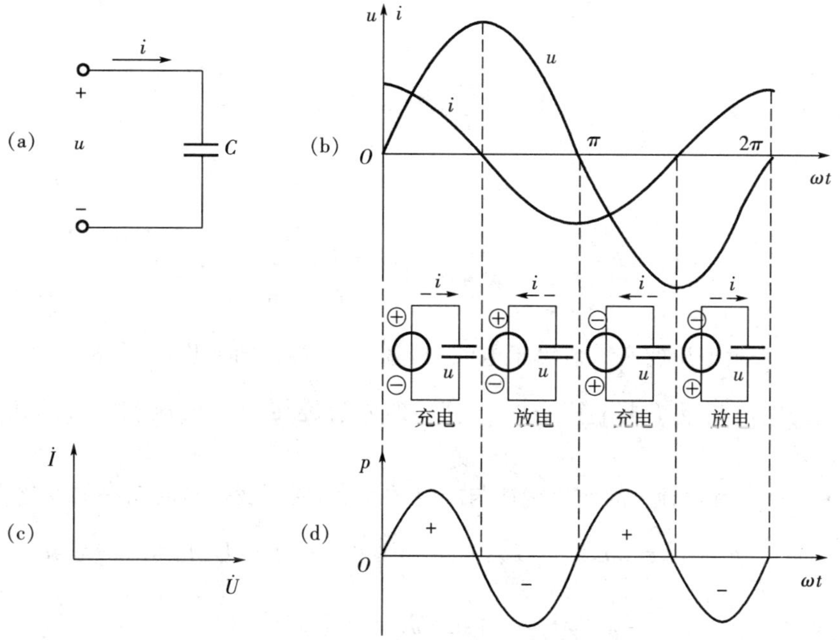

图 3-14　电容元件的交流电路

(a) 电路图　(b) 电压与电流的正弦波形　(c) 电压与电流的相量图　(d) 功率波形

表示电压和电流的正弦波形如图 3-14(b) 所示。

在式(3-24) 中

$$I_m = \omega C U_m$$

或
$$\frac{U_m}{I_m} = \frac{U}{I} = \frac{1}{\omega C} \tag{3-25}$$

由此可知，在电容元件电路中，电压的幅值(或有效值) 与电流的幅值(或有效值) 的比值为$\frac{1}{\omega C}$。显然，它的单位是欧姆。当电压U一定时，$\frac{1}{\omega C}$愈大，则电流I愈小。可见它具有对电流起阻碍作用的物理性质，所以称为容抗，用 X_C 代表，即

$$X_C = \frac{1}{\omega C} = \frac{1}{2\pi f C} \tag{3-26}$$

容抗 X_C 与电容C、频率 f 成反比。所以电容元件对高频电流所呈现的容抗很小，是一个捷径，而对直流($f=0$) 所呈现的容抗 $X_C \to \infty$，可视作开路。因此，电容元件有隔离直流的作用。

当电压U和电容C一定时，容抗 X_C 和电流I同频率 f 的关系如图 3-15 所示。

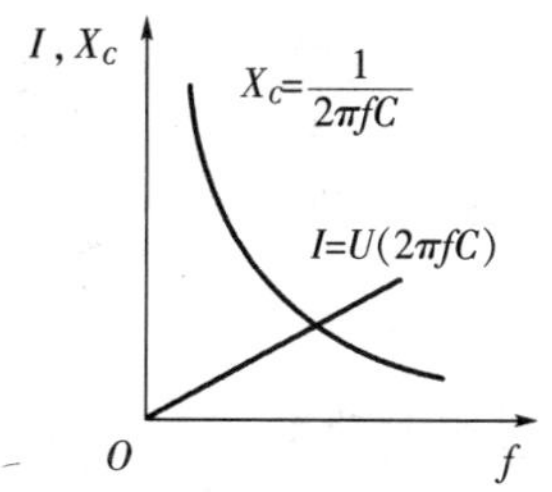

图 3-15　X_C 和 I 同 f 的关系

如用相量表示电压与电流的关系，则为

$$\dot{U} = U\mathrm{e}^{\mathrm{j}0^\circ} \qquad \dot{I} = I\mathrm{e}^{\mathrm{j}90^\circ}$$

$$\frac{\dot{U}}{\dot{I}} = \frac{U}{I}\mathrm{e}^{-\mathrm{j}90^\circ} = -\mathrm{j}X_C$$

或

$$\dot{U} = -\mathrm{j}X_C\dot{I} = -\mathrm{j}\frac{\dot{I}}{\omega C} = \frac{\dot{I}}{\mathrm{j}\omega C} \tag{3-27}$$

式(3-27)表示电压的有效值等于电流的有效值与容抗的乘积，而在相位上电压比电流滞后 90°。因为电流相量 $\dot{I}$ 乘上算子(-j)后，即向后旋转 90°。电压和电流的相量图如图 3-14(c)所示。

知道了电压 u 和电流 i 的变化规律与相互关系后，便可找出瞬时功率的变化规律，即

$$\begin{aligned} p = p_c = ui &= U_m I_m \sin\omega t \sin(\omega t + 90^\circ) = U_m I_m \sin\omega t \cos\omega t \\ &= \frac{U_m I_m}{2}\sin 2\omega t = UI\sin 2\omega t \end{aligned} \tag{3-28}$$

由上式可见，p 是一个以 2ω 的角频率随时间而变化的交变量，它的幅值为 UI。p 的波形如图 3-14(d)所示。

在第一个和第三个 $\frac{1}{4}$ 周期内，电压值在增高，就是电容元件在充电。这时，电容元件从电源取用电能而储存在它的电场中，所以 p 是正的。在第二个和第四个 $\frac{1}{4}$ 周期内，电压值在降低，就是电容元件在放电。这时，电容元件放出在充电时所存储的能量，把它归还给电源，所以 p 是负的。

在电容元件电路中，平均功率

$$P = \frac{1}{T}\int_0^T p\,\mathrm{d}t = \frac{1}{T}\int_0^T UI\sin 2\omega t\,\mathrm{d}t = 0$$

这说明电容元件是不消耗能量的，在电源与电容元件之间只发生能量的互换。能量互换的规模，用无功功率来衡量，它等于瞬时功率 p_c 的幅值。

为了同电感元件电路的无功功率相比较，也设电流

$$i = I_m \sin\omega t$$

为参考正弦量，则

$$u = U_m \sin(\omega t - 90^\circ)$$

于是得出瞬时功率

$$p = p_c = ui = -UI\sin 2\omega t$$

由此可见，电容元件电路的无功功率

$$Q = -UI = -X_C I^2 \tag{3-29}$$

即电容性无功功率取负值，而电感性无功功率取正值，以示区别。

【例 3-6】 把一个 25μF 的电容元件接到频率为 50Hz，电压有效值为 220V 的正弦电源上，问电流是多少？如保持电压值不变，而电源频率改为 5 000Hz，这时电流将为多少？

【解】 当 $f = 50\text{Hz}$ 时

$$X_C = \frac{1}{2\pi fC} = \frac{1}{2 \times 3.14 \times 50 \times (25 \times 10^{-6})}\Omega = 127.4\Omega$$

$$I = \frac{U}{X_C} = \frac{220}{127.4}\text{A} \approx 1.73\text{A}$$

当 $f = 5\,000\text{Hz}$ 时

$$X_C = \frac{1}{2 \times 3.14 \times 5\,000 \times (25 \times 10^{-6})}\Omega = 1.274\Omega$$

$$I = \frac{220}{1.274}\text{A} \approx 173\text{A}$$

可见，在电压有效值一定时，频率愈高，则通过电容元件的电流有效值愈大。

3.4　电阻、电感与电容元件串联的交流电路

电阻、电感与电容元件串联的交流电路如图 3-16 所示。电路的各元件通过同一电流，电流与各个电压的参考方向如图中所示。分析这种电路可以应用上节所得的结果。

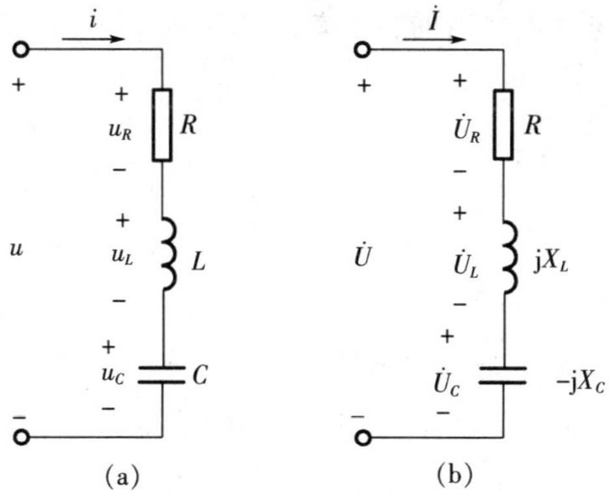

图 3-16　电阻、电感与电容元件串联的交流电路

由图 3-16(a)，根据基尔霍夫电压定律可列出

$$u = u_R + u_L + u_C = Ri + L\frac{\mathrm{d}i}{\mathrm{d}t} + \frac{1}{C}\int i\mathrm{d}t \qquad (3-30)$$

如图 3-16(b) 所示，用相量表示电压与电流的关系，则为

$$\dot{U} = \dot{U}_R + \dot{U}_L + \dot{U}_C = R\dot{I} + \mathrm{j}X_L\dot{I} - \mathrm{j}X_C\dot{I} = [R + \mathrm{j}(X_L - X_C)]\dot{I} \qquad (3-31)$$

此即为基尔霍夫电压定律的相量表示式。

将上式写成

$$\frac{\dot{U}}{\dot{I}} = R + \mathrm{j}(X_L - X_C) \qquad (3-32)$$

式中的 $R + \mathrm{j}(X_L - X_C)$ 称为电路的阻抗，用大写的 Z 表示，即

$$Z = R + \mathrm{j}(X_L - X_C) = \sqrt{R^2 + (X_L - X_C)^2}\,\mathrm{e}^{\mathrm{j}\arctan\frac{X_L - X_C}{R}} = |Z|\,\mathrm{e}^{\mathrm{j}\varphi} \qquad (3-33)$$

在上式中

$$|Z| = \sqrt{R^2 + (X_L - X_C)^2} = \sqrt{R^2 + \left(\omega L - \frac{1}{\omega C}\right)^2} \qquad (3-34)$$

是阻抗的模，称为阻抗模，即

$$\frac{U}{I} = \sqrt{R^2 + (X_L - X_C)^2} = |Z| \qquad (3-35)$$

阻抗的单位也是欧姆，也具有对电流起阻碍作用的性质

$$\varphi = \arctan\frac{X_L - X_C}{R} \qquad (3-36)$$

是阻抗的辐角，即为电流与电压之间的相位差。

设电流

$$i = I_m \sin\omega t$$

为参考正弦量，则电压

$$u = U_m \sin(\omega t + \varphi)$$

图 3-17 是电流与各个电压的相量图。

由式(3-33) 可见，阻抗的实部为阻，虚部为抗，它表示了电路的电压与电流之间的关系，既表示了大小关系(反映在阻抗模 $|Z|$ 上)，又表示了相位关系(反映在辐角 φ 上)。

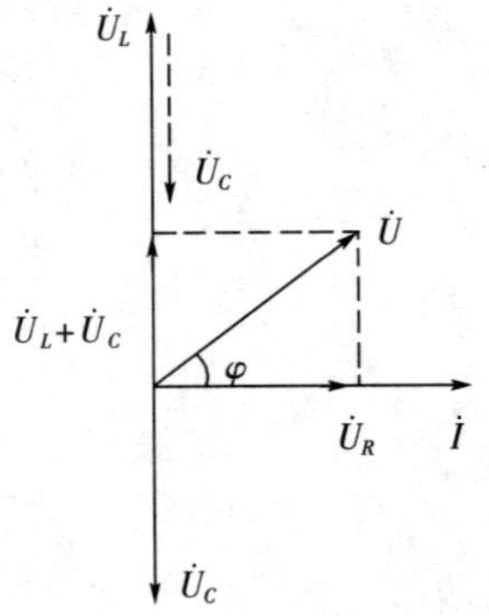

图 3-17　电流与电压的相量图

对电感性电路($X_L > X_C$),φ为正;对电容性电路($X_L < X_C$),φ为负。当然,也可以使$X_L = X_C$,即$\varphi = 0$,则为电阻性电路。因此,φ角的正负和大小是由电路(负载)的参数决定的。

最后讨论电路的功率。

电阻、电感与电容元件串联的交流电路的瞬时功率为

$$p = ui = U_m I_m \sin(\omega t + \varphi)\sin\omega t \tag{3-37}$$

并可推导出

$$p = UI\cos\varphi - UI\cos(2\omega t + \varphi) \tag{3-38}$$

由于电阻元件上要消耗电能,相应的平均功率为

$$\begin{aligned} P &= \frac{1}{T}\int_0^T p\mathrm{d}t = \frac{1}{T}\int_0^T [UI\cos\varphi - UI\cos(2\omega t + \varphi)]\mathrm{d}t \\ &= UI\cos\varphi \end{aligned} \tag{3-39}$$

从图3-17的相量图可得出

$$U\cos\varphi = U_R = RI$$

于是

$$P = U_R I = RI^2 = UI\cos\varphi \tag{3-40}$$

而电感元件与电容元件要储放能量,且它们与电源之间要进行能量互换,相应的无功功率可根据式(3-23)和式(3-29),并由图3-17的相量图得出

$$Q = U_L I - U_C I = (U_L - U_C)I = I^2(X_L - X_C) = UI\sin\varphi \tag{3-41}$$

式(3-40)和式(3-41)是计算正弦交流电路中的平均功率(有功功率)和无功功率的一般公式。

由上述可知,一个交流发电机输出的功率不仅与发电机的端电压及其输出电流的有效值的乘积有关,而且还与电路(负载)的参数有关。电路所具有的参数不同,则电压与电流间的相位差φ就不同,在同样的电压U和电流I之下,电路的有功功率和无功功率也就不同。式(3-40)中的$\cos\varphi$称为功率因数。

在交流电路中,平均功率一般不等于电压与电流有效值的乘积,如将两者的有效值相乘,则得出所谓视在功率S,即

$$S = UI = |Z|I^2 \tag{3-42}$$

交流电气设备是按照规定了的额定电压U_N和额定电流I_N来设计和使用的,变压器的容量就是以额定电压和额定电流的乘积,即所谓额定视在功率

$$S_N = U_N I_N$$

来表示的。

视在功率的单位是伏·安(V·A)或千伏·安(kV·A)。

由于平均功率 P,无功功率 Q 和视在功率 S 三者所代表的意义不同,为了区别起见,各采用不同的单位。

这三个功率之间有一定的关系,即

$$S = \sqrt{P^2 + Q^2} \tag{3-43}$$

显然,它们可以用一个直角三角形 —— 功率三角形来表示。

另外,由式(3-34)可见,$|Z|$,R,$(X_L - X_C)$ 三者之间的关系以及由图 3-17 可见,$\dot{U}$,$\dot{U}_R$,$(\dot{U}_L + \dot{U}_C)$ 三者之间的关系也可以用直角三角形来表示,它们分别称为阻抗三角形和电压三角形。

功率、电压和阻抗三角形是相似的,现在把它们同时表示在图 3-18 中。引出这个三角形的目的,主要是为了帮助读者分析与记忆。

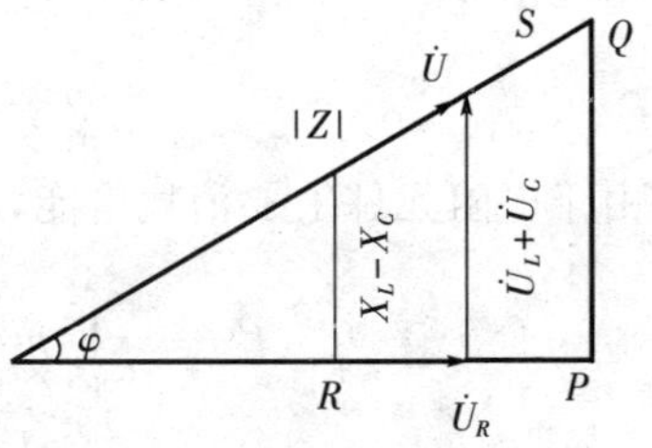

图 3-18　功率、电压、阻抗三角形

应当注意:功率和阻抗都不是正弦量,所以不能用相量表示。

在这一节中,分析了电阻、电感与电容元件串联的交流电路,但在实际中常见的是电阻与电感元件串联的电路(电容的作用可忽略不计)和电阻与电容元件串联的电路(电感的作用可忽略不计)。交流电路中电压与电流的关系(大小和相位)有一定的规律性,是容易掌握的。

【例 3-7】 在电阻、电感与电容元件串联的交流电路中,已知 $R = 30\Omega$,$L = 127\text{mH}$,$C = 40\mu\text{F}$,电源电压 $u = 220\sqrt{2}\sin(314t + 20°)\text{V}$。(1) 求电流 i 及各部分电压 u_R,u_L,u_C;(2) 作 相量图;(3) 求功率 P 和 Q。

【解】 (1) $X_L = \omega L = 314 \times 127 \times 10^{-3}\Omega \approx 40\Omega$

$$X_C = \frac{1}{\omega C} = \frac{1}{314 \times 40 \times 10^{-6}}\Omega \approx 80\Omega$$

$$Z = R + \text{j}(X_L - X_C) = [30 + \text{j}(40 - 80)]\Omega$$
$$= (30 - \text{j}40)\Omega = 50\angle -53°\ \Omega$$

$$\dot{U} = 220\angle 20°\ \text{V}$$

于是得

$$\dot{I} = \frac{\dot{U}}{Z} = \frac{220\angle 20°}{50\angle -53°}\text{A} = 4.4\angle 73°\ \text{A}$$

$$i = 4.4\sqrt{2}\sin(314t + 73°)\text{A}$$

$$\dot{U}_R = R\dot{I} = 30 \times 4.4\angle 73°\text{V} = 132\angle 73°\ \text{V}$$

$$u_R = 132\sqrt{2}\sin(314t + 73°)\text{V}$$

$\dot{U}_L = \mathrm{j}X_L\dot{I} = \mathrm{j}40 \times 4.4\angle 73^\circ\ \mathrm{V} = 176\angle 163^\circ\ \mathrm{V}$

$u_L = 176\sqrt{2}\sin(314t + 163^\circ)\mathrm{V}$

$\dot{U}_C = -\mathrm{j}X_C\dot{I} = -\mathrm{j}80 \times 4.4\angle 73^\circ$

$= 352\angle -17^\circ\ \mathrm{V}$

$u_C = 352\sqrt{2}\sin(314t - 17^\circ)\mathrm{V}$

注意：　$\dot{U} = \dot{U}_R + \dot{U}_L + \dot{U}_C$

$U \neq U_R + U_L + U_C$

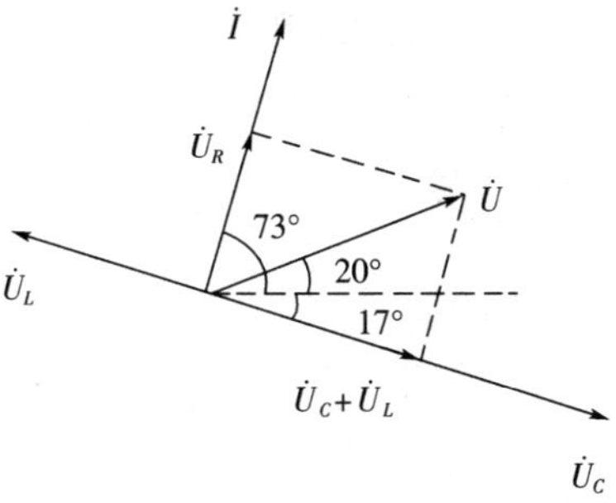

图 3-19　例 3-7 的相量图

(2) 电流和各个电压的相量图如图 3-19 所示。

(3) $P = UI\cos\varphi = 220 \times 4.4 \times \cos(-53^\circ)\mathrm{W} = 220 \times 4.4 \times 0.6\mathrm{W} = 580.8\mathrm{W}$

$Q = UI\sin\varphi = 220 \times 4.4 \times \sin(-53^\circ)$

$= 220 \times 4.4 \times (-0.8)\mathrm{var}$

$= -774.4\mathrm{var}$(电容性)

3.5　阻抗的串联与并联

3.5.1　阻抗的串联

图 3-20(a) 是两个阻抗串联的电路。根据霍尔基夫电压定律可写出它的相量表示式

$$\dot{U} = \dot{U}_1 + \dot{U}_2 = Z_1\dot{I} + Z_2\dot{I} = (Z_1 + Z_2)\dot{I} \tag{3-44}$$

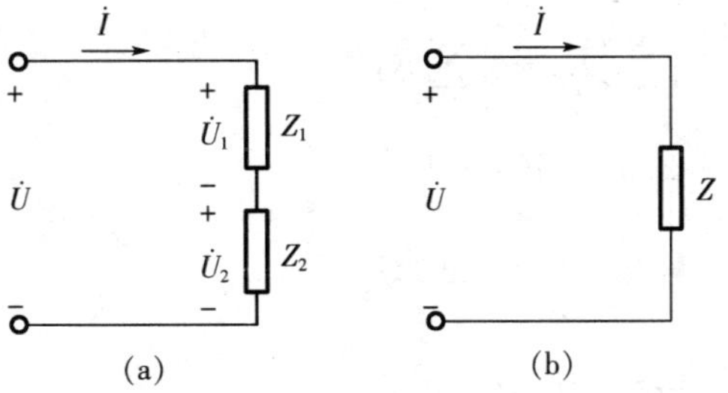

图 3-20

(a) 阻抗的串联　(b) 等效电路

两个串联的阻抗可用一个等效阻抗 Z 来代替，在同样电压的作用下，电路中电流的有效值和相位保持不变。根据图 3-20(b) 所示的等效电路可写出

$$\dot{U} = Z\dot{I} \tag{3-45}$$

比较上列两式，则得

$$Z = Z_1 + Z_2 \tag{3-46}$$

因为一般

$$U \neq U_1 + U_2$$

即

$$|Z|I \neq |Z_1|I + |Z_2|I$$

所以

$$|Z| \neq |Z_1| + |Z_2|$$

由此可见，只有等效阻抗才等于各个串联阻抗之和。在一般的情况下，等效阻抗可写为

$$Z = \sum Z_K = \sum R_K + \mathrm{j}\sum X_K = |Z| \mathrm{e}^{\mathrm{j}\varphi}$$

式中

$$|Z| = \sqrt{(\sum R_K)^2 + (\sum X_K)^2}$$

$$\varphi = \arctan \frac{\sum X_K}{\sum R_K}$$

在上列各式的 $\sum X_K$ 中，感抗 X_L 取正号，容抗 X_C 取负号。

【例 3-8】 在图 3-20(a) 中，有两个阻抗 $Z_1 = (6.16 + \mathrm{j}9)\Omega$ 和 $Z_2 = (2.5 - \mathrm{j}4)\Omega$，它们串联在 $\dot{U} = 220\angle 30^\circ$ V 的电源上。试用相量计算电路中的电流 $\dot{I}$ 和各个阻抗上的电压 $\dot{U}_1$ 和 $\dot{U}_2$，并作相量图。

【解】 $Z = Z_1 + Z_2 = \sum R_K + \mathrm{j}\sum X_K$

$= [(6.16 + 2.5) + \mathrm{j}(9 - 4)]\Omega$

$= (8.66 + \mathrm{j}5)\Omega = 10\angle 30^\circ\ \Omega$

$$\dot{I} = \frac{\dot{U}}{Z} = \frac{220\angle 30^\circ}{10\angle 30^\circ} = 22\angle 0^\circ\ \mathrm{A}$$

$$\dot{U} = \dot{U}_1 + \dot{U}_2 = Z_1\dot{I} + Z_2\dot{I} = (Z_1 + Z_2)\dot{I}$$

$$\dot{U}_1 = Z_1\dot{I} = (6.16 + \mathrm{j}9)22\mathrm{V} = 10.9\angle 55.6^\circ\ \mathrm{V} \times 22\mathrm{V} = 239.8\angle 55.6^\circ\ \mathrm{V}$$

$$\dot{U}_2 = Z_2\dot{I} = (2.5 - \mathrm{j}4)22\mathrm{V} = 4.71\angle -58^\circ\ \mathrm{V} \times 22\mathrm{V} = 103.6\angle -58^\circ\ \mathrm{V}$$

可用 $\dot{U} = \dot{U}_1 + \dot{U}_2$ 验算。电流与电压的相量图如图 3－21 所示。

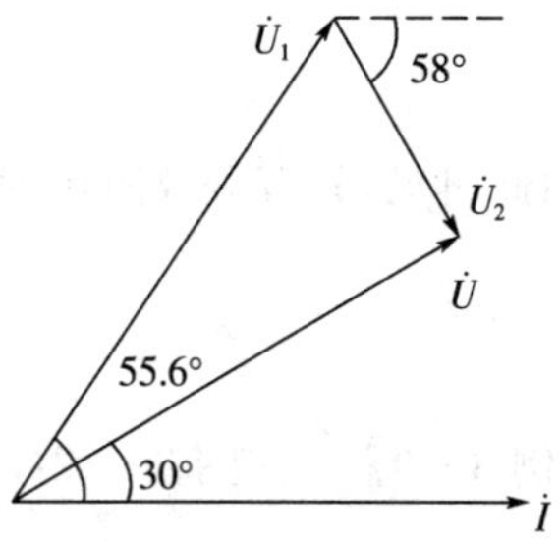

图 3－21 例 3－10 图

3.5.2 阻抗的并联

图 3－22(a) 是两个阻抗并联的电路。根据基尔霍夫电流定律可写出它的相量表示式

$$\dot{I} = \dot{I}_1 + \dot{I}_2 = \frac{\dot{U}}{Z_1} + \frac{\dot{U}}{Z_2} = \dot{U}\left(\frac{1}{Z_1} + \frac{1}{Z_2}\right) \qquad (3-47)$$

两个并联的阻抗也可用一个等效阻抗 Z 来代替。根据图 3－22(b) 所示的等效电路可写出

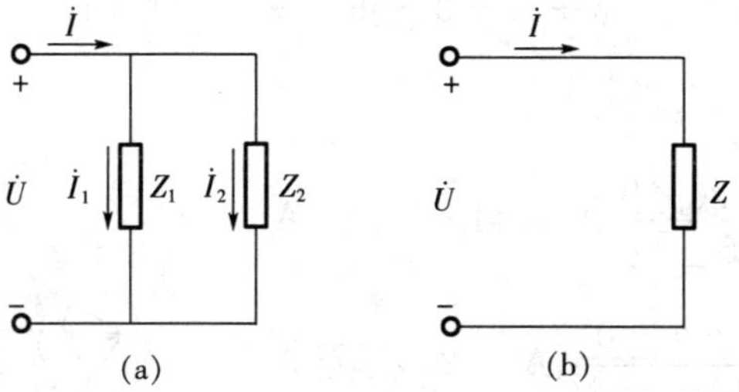

图 3－22

(a) 阻抗的并联 (b) 等效电路

$$\dot{I} = \frac{\dot{U}}{Z} \qquad (3-48)$$

比较上列两式，则得

$$\frac{1}{Z} = \frac{1}{Z_1} + \frac{1}{Z_2} \qquad (3-49)$$

或

$$Z = \frac{Z_1 Z_2}{Z_1 + Z_2}$$

因为一般

$$I \neq I_1 + I_2$$

即

$$\frac{U}{|Z|} \neq \frac{U}{|Z_1|} + \frac{U}{|Z_2|}$$

所以

$$\frac{1}{|Z|} \neq \frac{1}{|Z_1|} + \frac{1}{|Z_2|}$$

由此可见，只有等效阻抗的倒数才等于各个并联阻抗的倒数之和，在一般情况下可写为

$$\frac{1}{Z} = \sum \frac{1}{Z_k} \tag{3-50}$$

【例 3-9】 在图 3-22(a) 中，有两个阻抗 $Z_1 = (3 + j4)\Omega$ 和 $Z_2 = (8 - j6)\Omega$，它们并联接在 $\dot{U} = 220\angle 0^\circ$ V 的电源上。试计算电路中的电流 $\dot{I}_1$，$\dot{I}_2$ 和 $\dot{I}$，并作相量图。

【解】 $Z_1 = (3 + j4)\Omega = 5\angle 53^\circ\ \Omega$，$Z_2 = (8 - j6)\Omega = 10\angle -37^\circ\ \Omega$

$$Z = \frac{Z_1 Z_2}{Z_1 + Z_2} = \frac{5\angle 53^\circ \times 10\angle -37^\circ}{3 + j4 + 8 - j6}\Omega = \frac{50\angle 16^\circ}{11 - j2}\Omega = \frac{50\angle 16^\circ}{11.8\angle -10.5^\circ}\Omega$$

$$= 4.47\angle 26.5^\circ\ \Omega$$

$$\dot{I}_1 = \frac{\dot{U}}{Z_1} = \frac{220\angle 0^\circ}{5\angle 53^\circ}\text{A} = 44\angle -53^\circ\ \text{A}$$

$$\dot{I}_2 = \frac{\dot{U}}{Z_2} = \frac{220\angle 0^\circ}{10\angle -37^\circ}\text{A} = 22\angle 37^\circ\ \text{A}$$

$$\dot{I} = \frac{\dot{U}}{Z} = \frac{220\angle 0^\circ}{4.47\angle 26.5^\circ}\text{A}$$

$$= 49.2\angle -26.5^\circ\ \text{A}$$

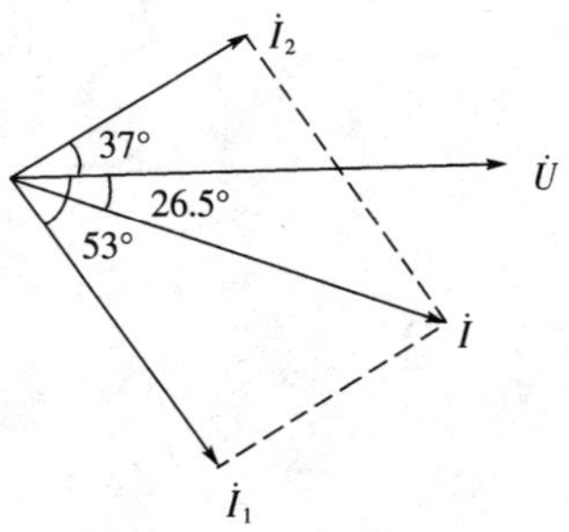

图 3-23　例 3-11 图

可用 $\dot{I} = \dot{I}_1 + \dot{I}_2$ 验算。电流与电压的相量图如图 3-23 所示。

3.6　电路的谐振

在具有电感和电容元件的电路中，电路两端的电压与其中的电流一般是不同相的。如果调节电路的参数或是电源的频率而使它们同相，这时电路中就发生谐振现象。研究谐振的目的就是要认识这种客观现象，并在生产上充分利用谐振的特征，同时又要预防它所产生的危害。按发生谐振的电路的不同，谐振现象可分为串联谐振和并联谐振。现在分别讨论这两种谐振的条件和特征，以及谐振电路的频率特性。

1. 串联谐振

在 R，L，C 元件串联的电路中(图 3-16)，当

$$X_L = X_C \quad 或 \quad 2\pi f L = \frac{1}{2\pi f C} \tag{3-51}$$

则

$$\varphi = \arctan \frac{X_L - X_C}{R} = 0$$

即电源电压 u 与电路中的电流 i 同相。这时电路中发生谐振现象。因为谐振发生在串联电路中，所以称为串联谐振。

式(3-51)是发生串联谐振的条件，并由此得出谐振频率

$$f = f_0 = \frac{1}{2\pi \sqrt{LC}} \tag{3-52}$$

即当电源频率 f 与电路参数 L 和 C 之间满足上式关系时，则发生谐振。可见只要调节 L,C 或电源频率 f 都能使电路发生谐振。

串联谐振具有下列特征：

(1) 电路的阻抗模 $|Z| = \sqrt{R^2 + (X_L - X_C)^2} = R$，其值最小。因此，在电源电压不变的情况下，电路中的电流将在谐振时达到最大值，即

$$I = I_0 = \frac{U}{R}$$

在图 3-24 中分别画出了阻抗模和电流等随频率变化的曲线。

(2) 由于电源电压与电路中电流同相($\varphi = 0$)，因此电路对电源呈现电阻性。电源供给电路的能量全被电阻所消耗，电源与电路之间不发生能量的互换。能量的互换只发生在电感线圈与电容器之间。

(3) 由于 $X_L = X_C$，于是 $U_L = U_C$。而 $\dot{U}_L$ 与 $\dot{U}_C$ 在相位上相反，互相抵消，对整个电路不起作用，因此电源电压 $U = U_R$(图 3-25)。

但是，U_L 和 U_C 的单独作用不容忽视，因此

$$\begin{cases} U_L = X_L I = X_L \dfrac{U}{R} \\ U_C = X_C I = X_C \dfrac{U}{R} \end{cases} \tag{3-53}$$

当 $X_L = X_C > R$ 时，U_L 和 U_C 都高于电源电压 U。如果电压过高时，可能会击穿线圈和电容器的绝缘。因此，在电力工程中一般应避免发生串联共振。但在无线电工程中则常利用串联谐振以获得较高电压，电容或电感元件上的电压常高于电源电压几十倍或几百倍。

U_C 和 U_L 与电源电压 U 的比值，通常用 Q 来表示

$$Q = \frac{U_C}{U} = \frac{U_L}{U} = \frac{1}{\omega_0 CR} = \frac{\omega_0 L}{R} \tag{3-54}$$

式中 ω_0 为谐振角频率，Q 称为电路的品质因数。在式(3-54)中，它的意义是表示在谐振时电容或电感元件上的电压是电源电压的 Q 倍。例如 $Q = 100$，$U = 6\text{V}$，那么在谐振时电容或电感元件上的电压就高达 600V。

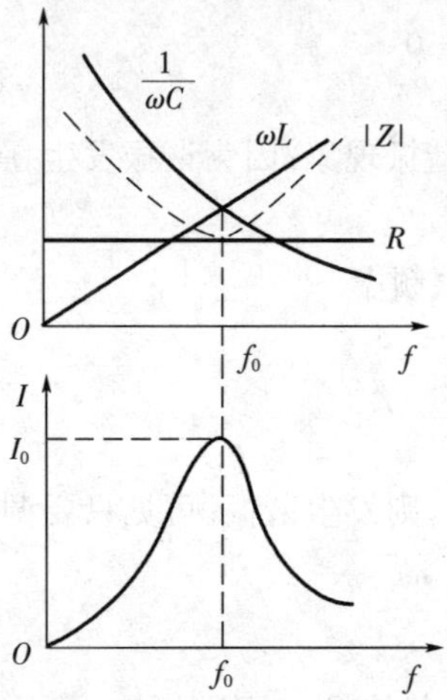

图 3-24　阻抗模与电流等随频率变化的曲线

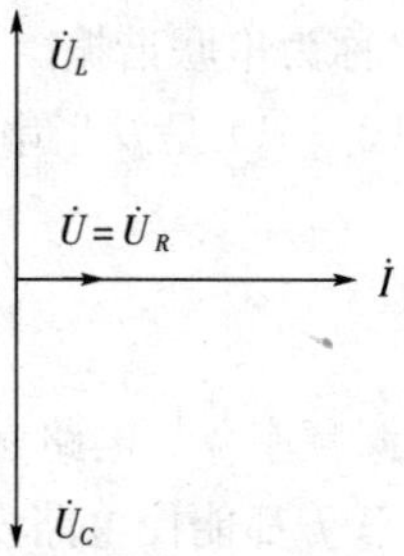

图 3-25　串联谐振时的相量图

串联谐振在无线电工程中的应用较多，例如在接收机里被用来选择信号。图 3-26(a) 是接收机里典型的输入电路。它的作用是将需要收听的信号从天线所收到的许多频率不同的信号值中选出来，其他不需要的信号则尽量地加以抑制。

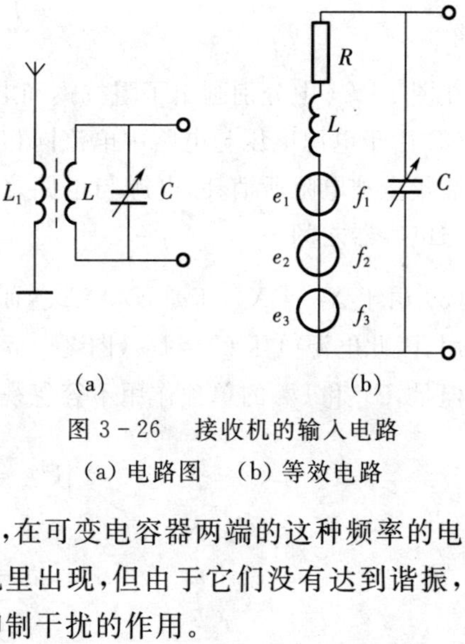

图 3-26　接收机的输入电路

(a) 电路图　(b) 等效电路

输入电路的主要部分是天线线圈 L_1 和由电感线圈 L 与可变电容 C 组成的串联谐振电路。天线所接收到的各种频率不同的信号都会在 LC 谐振电路中感应出相应的电动势 e_1, e_2, e_3…… 如图 3-26(b) 所示，图中的 R 是线圈 L 的电阻。改变 C，对所需信号频率调到串联谐振，那么这时 LC 回路中该频率的电流最大，在可变电容器两端的这种频率的电压也就最高。其他各种不同频率的信号虽然也在接收机里出现，但由于它们没有达到谐振，在回路中引起的电流很小，这样就起到了选择信号和抑制干扰的作用。

这里有一个选择性的问题。如图 3-27 所示，当谐振曲线比较尖锐时，稍有偏离谐振频率 f_0 的信号，就大大减弱。就是说，谐振曲线越尖锐，选择性就越强。此外，也引用通频带宽度的概念。就是规定，在电流 I 值等于最大值 I_0 的 70.7% 处频率的上下限之间宽度称为通频带宽度，即

$$\Delta f = f_2 - f_1$$

通频带宽度越小，表明谐振曲线越尖锐，电路的频率选择性就越强。而谐振曲线的尖锐或平坦同 Q 值有关，如图 3-28 所示。设电路的 L 和 C 值不变，只改变 R 值。R 值越小，Q 值越大，则谐振曲线越尖锐，也就是选择性越强。这是品质因数 Q 的另外一个物理意义。减小 R

值，也就是减小线圈导线的电阻和电路中的各种能量损耗。

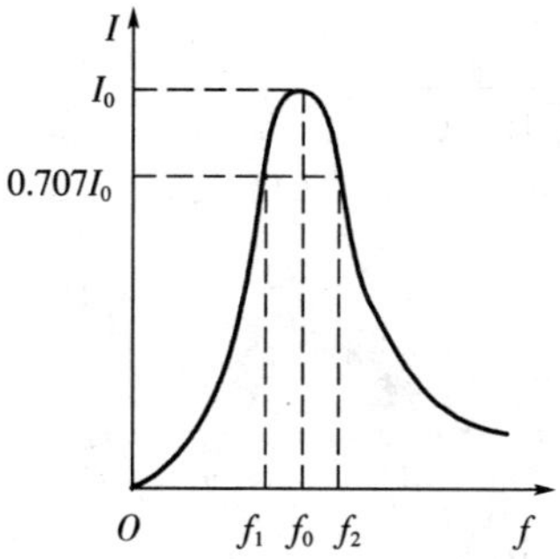

图 3-27　通频带宽度

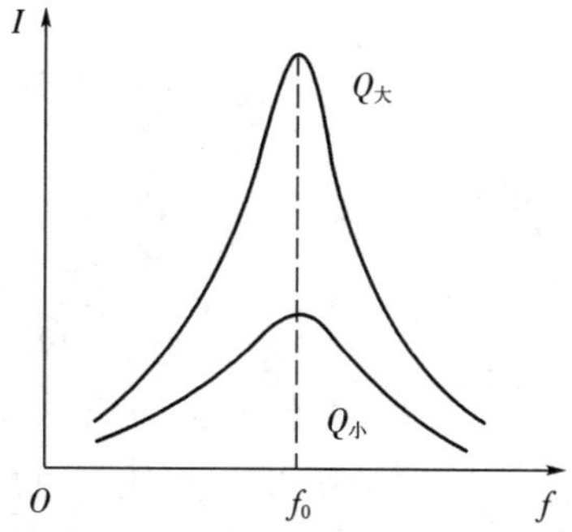

图 3-28　Q 与谐振曲线的关系

【例 3-10】　将一线圈($L = 4$mH，$R = 50\Omega$) 与电容器($C = 160$pF) 串联，接在 $U = 25$V 的电源上。(1) 当 $f_0 = 200$kHz 时发生谐振，求电流与电容器上的电压；(2) 当频率增加 10% 时，求电流与电容器上的电压。

【解】　(1) 当 $f_0 = 200$kHz 电路发生谐振时

$$X_L = 2\pi f_0 L = 2 \times 3.14 \times 200 \times 10^3 \times 4 \times 10^{-3}\,\Omega = 5\,000\Omega$$

$$X_C = \frac{1}{2\pi f_0 C} = \frac{1}{2 \times 3.14 \times 200 \times 10^3 \times 160 \times 10^{-12}}\Omega = 5\,000\Omega$$

$$I_0 = \frac{U}{R} = \frac{25}{50}\text{A} = 0.5\text{A}$$

$$U_C = X_C I_0 = 5\,000 \times 0.5\text{V} = 2\,500\text{V}(> U)$$

(2) 当频率增加 10% 时

$$X_L = 5\,500\Omega$$

$$X_C = 4\,500\Omega$$

$$|Z| = \sqrt{50^2 + (5\,500 - 4\,500)^2}\,\Omega \approx 1\,000\Omega(> R)$$

$$I = \frac{U}{|Z|} = \frac{25}{1\,000}\text{A} = 0.025\text{A}(< I_0)$$

$$U_C = X_C I = 4\,500 \times 0.025\text{V} = 112.5\text{V}(< 2\,500)$$

可见偏离谐振频率 10% 时，I 和 U_C 就大大减小。

【例 3-11】　某收音机的输入电路如图 3-26(a) 所示，线圈 L 的电感 $L = 0.3$mH，电阻 $R = 16\Omega$。今欲收听 640kHz 某电台的广播，应将可变电容 C 调到多少皮法？如在调谐回路中感应出电压 $U = 2\mu$V，试求这时回路中该信号的电流多大，并在线圈(或电容) 两端得出多大电压？

【解】 根据 $f=\dfrac{1}{2\pi\sqrt{LC}}$ 可得

$$640\times10^{3}=\frac{1}{2\times3.14\sqrt{0.3\times10^{-3}C}}$$

由此求出

$$C=204\text{pF}$$

这时

$$I=\frac{U}{R}=\frac{2\times10^{-6}}{16}\mu\text{A}=0.13\mu\text{A}$$

$$X_C=X_L=2\pi fL=2\times3.14\times640\times10^{3}\times0.3\times10^{-3}\Omega=1\,200\Omega$$

$$U_C=U_L=X_LI=1\,200\times0.13\times10^{-6}\text{V}=156\times10^{-6}\text{V}=156\mu\text{V}$$

2. 并联谐振

图 3-29 是线圈 RL 与电容器 C 并联的电路，其等效阻抗为

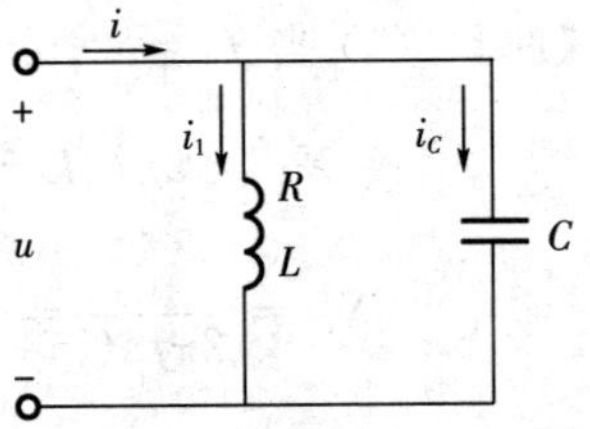

图 3-29 并联电路

$$Z=\frac{(R+\text{j}\omega L)\left(-\text{j}\dfrac{1}{\omega C}\right)}{R+\text{j}\omega L-\text{j}\dfrac{1}{\omega C}}$$

当 $\omega L\gg R$ 时，$Z\approx\dfrac{\text{j}\omega L\left(-\text{j}\dfrac{1}{\omega C}\right)}{R+\text{j}\omega L-\text{j}\dfrac{1}{\omega C}}$

$$=\frac{\dfrac{L}{C}}{R+\text{j}\left(\omega L-\dfrac{1}{\omega C}\right)}\tag{3-55}$$

当将电源角频率 ω 调到 ω_0 时，

$$\omega_0L=\frac{1}{\omega_0C},\quad \omega=\omega_0=\frac{1}{\sqrt{LC}}$$

或

$$f=f_0=\frac{1}{2\pi\sqrt{LC}}\tag{3-56}$$

时，发生并联谐振。

并联谐振具有下列特征：

(1) 由式(3-55)可知,谐振时电路的阻抗模为

$$|Z_0| = \frac{L}{RC} \qquad (3-57)$$

其值最大,因此在电源电压 U 一定的情况下,电流 I 将在谐振时达到最小值,即

$$I = I_0 = \frac{U}{|Z_0|}$$

阻抗模与电流的谐振曲线如图 3-30 所示。

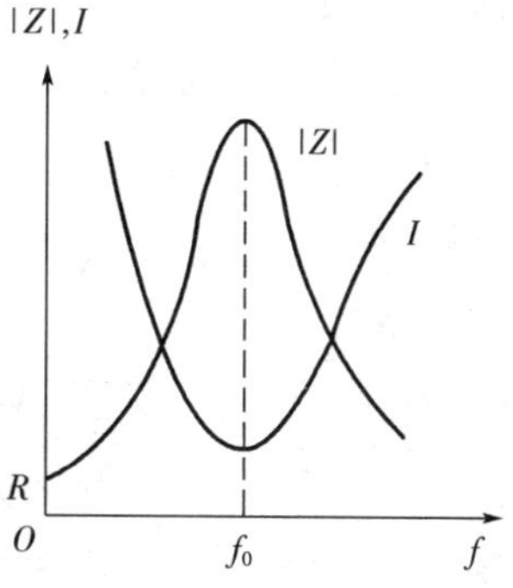

图 3-30 |Z|和 I 的谐振曲线

(2) 由于电源电压与电路中电流同相($\varphi = 0$),因此电路对电源呈现电阻性。谐振时电路的阻抗模 $|Z_0|$ 相当于一个电阻。

(3) 谐振时各并联支路的电流为

$$I_1 = \frac{U}{\sqrt{R^2 + (\omega_0 L)^2}} \approx \frac{U}{\omega_0 L}$$

$$I_C = \frac{U}{\frac{1}{\omega_0 C}}$$

因为

$$\omega_0 L \approx \frac{1}{\omega_0 C}, \omega_0 L \gg R, \text{即 } \varphi_1 \approx 90^\circ$$

所以由上列各式和图 3-31 的向量图可知

$$I_1 \approx I_C \gg I_0$$

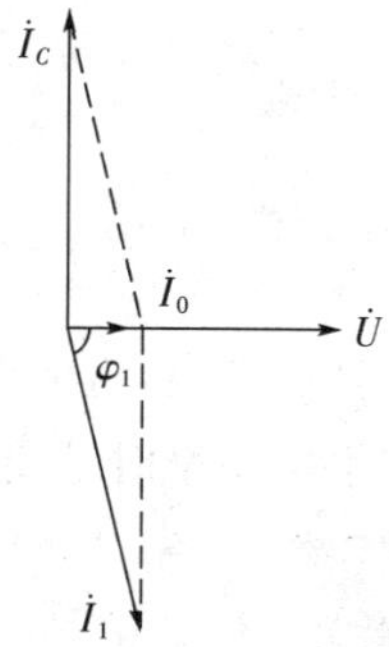

图 3-31 并联谐振时的相量图

即在谐振时并联支路的电流近于相等,而比总电流大许多倍。

I_C 或 I_1 与总电流 I_0 的比值为电路的品质因数

$$Q = \frac{I_1}{I_0} = \frac{1}{\omega_0 CR} = \frac{\omega_0 L}{R} \qquad (3-58)$$

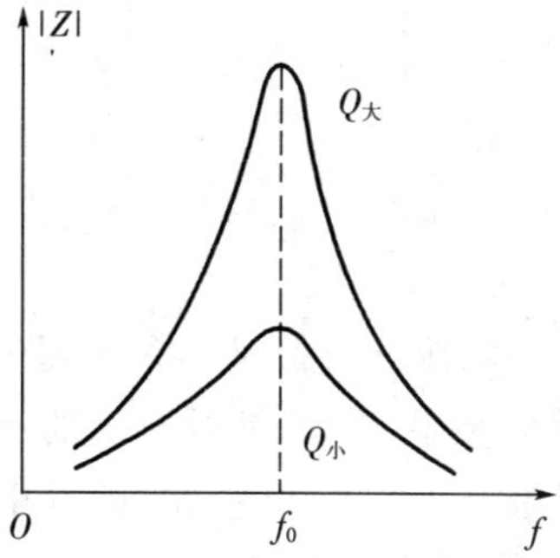

图 3-32 不同 Q 值时的阻抗模谐振曲线

即在谐振时,支路电流 I_C 或 I_1 是总电流 I_0 的 Q 倍,也就是谐振时电路的阻抗模为支路阻抗模的 Q 倍。在线圈 L 和 C 值不变时,R 值愈小,品质因数 Q 值愈大,阻抗模 $|Z_0|$ 也愈大,阻抗谐振曲线也愈尖锐(图 3-32),选择性也就愈强。

并联谐振在无线电工程和工业电子技术中也常应用。例如利用并联谐振时阻抗高的特点来选择信号或消除干扰。

【例 3-12】 图 3-29 所示的并联电路中，$L=0.25\text{mH}$，$R=25\Omega$，$C=85\text{pF}$。试求谐振角频率 ω_0、品质因数 Q 和谐振时电路的阻抗模 $|Z_0|$。

【解】 $$\omega_0 \approx \frac{1}{\sqrt{LC}} = \sqrt{\frac{1}{0.25\times10^{-3}\times85\times10^{-12}}}\text{rad/s}$$

$$= \sqrt{4.7\times10^{13}}\text{rad/s} = 6.86\times10^{6}\text{rad/s}$$

$$f_0 = \frac{\omega_0}{2\pi} = \frac{6.86\times10^{6}}{2\pi}\text{Hz} = 1\,100\text{kHz}$$

$$Q = \frac{\omega_0 L}{R} = \frac{6.86\times10^{6}\times0.25\times10^{-3}}{25} = 68.6$$

$$|Z_0| = \frac{L}{RC} = \frac{0.25\times10^{-3}}{25\times85\times10^{-12}}\Omega = 117\text{k}\Omega$$

3.7 功率因数的提高

大家都已知道，直流电路的功率等于电流与电压的乘积，但交流电路则不然。在计算交流电路的平均功率时还要考虑电压和电流的相位差 φ，即

$$P = UI\cos\varphi$$

上式中的 $\cos\varphi$ 是电路的功率因数。在前面已讲过，电压与电流间的相位差或电路的功率因数决定于电路(负载)的参数。只有在电阻负载(例如灯泡、电阻炉等)的情况下，电压和电流才同相，其功率因数为 1。对其他负载来说，其功率因数均介于 0 与 1 之间。

当电压与电流之间有相位差时，即功率因数不等于 1 时，电路中发生能量互换，出现无功功率 $Q=UI\sin\varphi$。这样就引起下面两个问题。

3.7.1 发电设备的容量不能充分利用

$$P = U_N I_N \cos\varphi$$

由上式可见，当负载的功率因数 $\cos\varphi<1$ 时，而发电机的电压和电流又不允许超过额定值，显然这时发电机所能发出的有功功率就减小了。功率因数愈低，发电机所发出的有功功率就愈小，而无功功率却愈大。无功功率愈大，即电路中能量互换的规模愈大，则发电机发出的能量就不能充分利用，其中有一部分就在发电机与负载之间进行互换。

例如容量为 1 000kV·A 的变压器，如果 $\cos\varphi=1$，即能发出 1 000kW 的有功功率，而在 $\cos\varphi=0.7$ 时，则只能发出 700kW 的功率。

3.7.2　增加线路和发电机绕组的功率损耗

当发电机的电压U和输出的功率P一定时，电流I与功率因数成反比，而线路和发电机绕组上的功率损耗ΔP则与$\cos\varphi$的平方成反比，即

$$\Delta P = rI^2 = \left(r\frac{P^2}{U^2}\right)\frac{1}{\cos^2\varphi}$$

式中r是发电机绕组和线路的电阻。

由上述可知，提高电网的功率因数对国民经济的发展有着极为重要的意义。功率因数的提高，能使发电设备的容量得到充分利用，同时也能使电能得到大量节约。也就是说，在同样的发电设备下能够多发电。

功率因数不高，根本原因就是由于电感性负载的存在。例如生产中最常用的异步电动机在额定负载时的功率因数约为 0.7 ～ 0.9，如果在轻载时其功率因数就更低。其他如工频炉、电焊变压器以及日光灯等负载的功率因数也都是较低的。电感性负载的功率因数之所以小于 1，是由于负载本身需要一定的无功功率。从经济技术观点出发，如何解决这个矛盾，也就是如何才能减少电源与负载之间能量的互换，而又使电感性负载能取得所需的无功功率，这就是我们所提出的要提高功率因数的实际意义。

按照供用电规则，高压供电的工业企业的平均功率因数不低于 0.95，其他单位不低于 0.9。

提高功率因数，常用的方法就是与电感性负载并联静电电容器（设置在用户或变电所中），其电路图和相量图如图 3－33 所示。

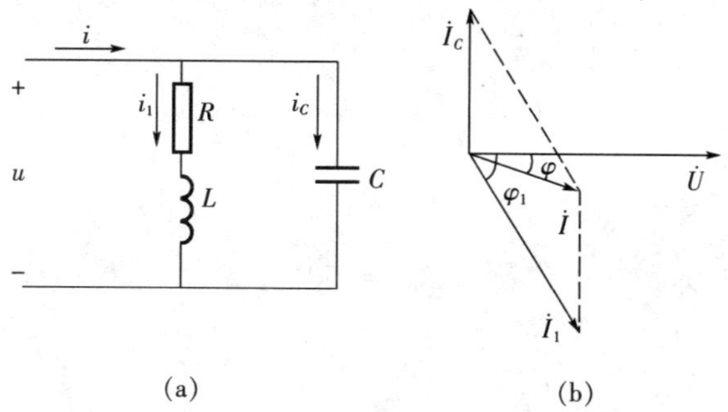

图 3－33　电容器与电感性负载并联以提高功率因数
（a）电路图　（b）相量图

并联电容器以后，电感性负载的电流 $I_1 = \dfrac{U}{\sqrt{R^2 + X_L^2}}$ 和功率因数 $\cos\varphi_1 = \dfrac{R}{\sqrt{R^2 + X_L^2}}$ 均未变化，这是因为所加电压和负载参数没有改变。但电压u和线圈电流i之间的相位差φ变小了，即$\cos\varphi$变大了。这里我们所讲的提高功率因数，是指提高电源或电网的功率因数，而不是指提高某个电感性负载的功率因数。

在电感性负载上并联了电容器以后，减少了电源与负载之间的能量互换。这时电感性负载所需的无功功率，大部分或全部都是就地供给（由电容器供给），就是说能量的互换现在主要或完全发生在电感性负载与电容器之间，因而使发电机容量能得到充分利用。

其次，由相量图可见，并联电容器以后线路电流也减少了，因而减少了功率损耗。应该注意，并联电容器以后有功功率并未改变，因为电容器是不消耗电能的。

【例 3-13】 有一电感性负载，其功率 $P = 22\text{kW}$，功率因数 $\cos\varphi_1 = 0.6$，接在电压 $U = 220\text{V}$ 的电源上，电源频率 $f = 50\text{Hz}$。(1) 如果将功率因数提高到 $\cos\varphi_1 = 0.95$，试求与负载并联的电容器的电容值和电容器并联前后的线路电流；(2) 如要将功率因数从 0.95 再提高到 1，试问并联电容器的电容值还需增加多少？

【解】 计算并联电容器的电容值，可从图 3-33 的相量图导出一个公式。由图可得

$$I_C = I_1 \sin\varphi_1 - I\sin\varphi = \left(\frac{p}{U\cos\varphi_1}\right)\sin\varphi_1 - \left(\frac{P}{U\cos\varphi}\right)\text{sins}\varphi$$

$$= \frac{P}{U}(\tan\varphi_1 - \tan\varphi)$$

又因

$$I_C = \frac{U}{X_C} = U\omega C$$

所以

$$U\omega C = \frac{P}{U}(\tan\varphi_1 - \tan\varphi)$$

由此得

$$C = \frac{P}{\omega U^2}(\tan\varphi_1 - \tan\varphi)$$

(1) $\cos\varphi_1 = 0.6$，即 $\varphi_1 = 53°$

因此所需电容值为

$$C = \frac{22 \times 10^3}{2\pi \times 50 \times 220}(\tan 53° - \tan 18°)F = 1\,443.2\mu\text{F}$$

电容器并联前的线路电流（即负载电流）为

$$I_1 = \frac{22}{U\cos\varphi_1} = \frac{22 \times 10^3}{220 \times 0.6}\text{A} = 166.7\text{A}$$

电容器并联后的线路电流为

$$I = \frac{P}{U\cos\varphi} = \frac{22 \times 10^3}{220 \times 0.95}\text{A} = 105.3\text{A}$$

(2) 如果将功率因数由 0.95 再提高到 1，则需要增加的电容值为

$$C = \frac{22 \times 10^3}{2\pi \times 50 \times 220^2}(\tan 18° - \tan 0°)\mathrm{F} = 469.9\mu\mathrm{F}$$

可见在功率因数已接近于 1 时再继续提高，则所需的电容值是很大的，因此一般不必提高到 1。

习　题

一、选择题

1. 在正弦交流电路中电感元件的电压与电流的关系为(　　)。

(A) $u = iX_L$　　(B) $u = L\frac{di}{dt}$　　(C) $i = L\frac{du}{dt}$

2. 在正弦交流电路中电容元件的电压与电流的关系为(　　)。

(A) $u = -iX_C$　　(B) $u = \frac{1}{C}\int i dt$　　(C) $u = C\frac{di}{dt}$

3. 感性电路的阻抗表达式为(　　)。

(A) $Z = R + X_L$　　(B) $Z = R + jX_L$　　(C) $Z = \sqrt{R^2 + X_L^2}$

4. 容性电路的阻抗表达式为(　　)。

(A) $Z = R - X_C$　　(B) $Z = R - jX_C$　　(C) $Z = \sqrt{R^2 - X_C^2}$

5. 在直流电路中，(　　)。

(A) 感抗为 0，容抗为 ∞　　(B) 感抗为 ∞，容抗为 0

(C) 感抗和容抗均为 0　　(D) 容抗为 ∞，没有电感 L

6. 在下列表达式中正确的是(　　)。

(A) $i = 4\sin(\omega t - 60°) = 4e^{-j60°}$　　(B) $i = 4\sin(\omega t - 60°) = \frac{4}{\sqrt{2}}\angle -60°$

(C) $i = \frac{4}{\sqrt{2}}e^{-j60°}$　　(D) $I = \frac{4}{\sqrt{2}}\angle -60°$　　(E) $\dot{I} = \frac{4}{\sqrt{2}}\angle -60°$

7. 在下列表达式中正确的是(　　)。

(A) $\frac{u_C}{i_C} = X_C$　　(B) $\frac{u_C}{i_C} = -jX_C$　　(C) $\frac{U_C}{I_C} = -jX_C$　　(D) $\frac{\dot{U}_C}{\dot{I}_C} = -jX_C$

8. 在下列表达式中正确的是(　　)。

(A) $\frac{u}{i} = z = \sqrt{R^2 + X^2}$　　(B) $\frac{U}{I} = Z = R + jx$

(C) $\frac{U}{I} = Z = \sqrt{R^2 + X^2}$　　(D) $\frac{\dot{U}}{\dot{I}} = Z = R + jX = z\angle\varphi$

9. 在下列表达式中正确的是(　　)。

(A) $P = P_1 + P_2 = I_1^2R_1 + I_2^2R_2$　　(B) $Q = Q_1 + Q_2 = I_1^2X_L + I_2^2X_C$

(C) $S = S_1 + S_2 = U_1I_1 + U_2I_2$　　(D) $S = I_1^2z_1 + I_2^2z_2$

10. 在图题所示电路中，电流表的读数为10A，电压表的读数为100V，开关S接通和断开时两表读数不变，可以判定(　　)。

(A) 电容器坏了　　　(B) $X_C = X_L$

(C) $X_C = \frac{1}{2}X_L$　　　(D) $X_C = 2X_L$

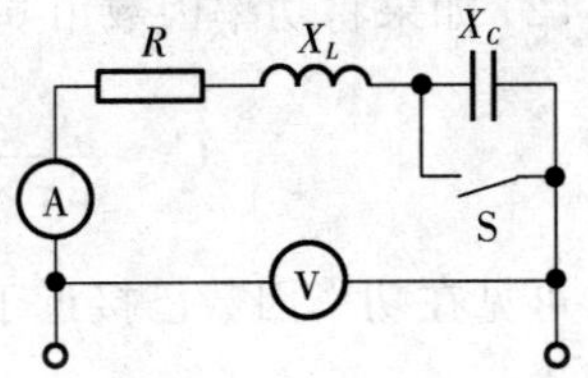

图 3-34　图题 10

二、计算题

3-1　图3-35所示的是时间 $t=0$ 时电压和电流的相量图，并已知 $U=220\text{V}, I_1=10\text{A}, I_2=5\sqrt{2}\text{A}$，试分别用三角函数式及复数式表示各正弦量。

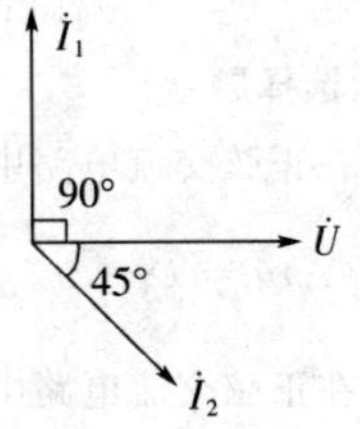

图 3-35　习题 3-1 图

3-2　已知正弦量 $\dot{U}=220\text{e}^{\text{j}30^\circ}\text{V}$ 和 $\dot{I}=(-4-\text{j}3)\text{A}$，试分别用三角函数式、正弦波形及相量图表示它们。如 $\dot{I}=(-4+\text{j}3)\text{A}$，则又如何？

3-3　已知通过线圈的电流 $i=10\sqrt{2}\sin 314t\text{A}$，线圈的电感 $L=70\text{mH}$（电阻忽略不计），设电源电压 u、电流 i 及感应电动势 e_L 的参考方向如图3-36所示，试分别计算在 $t=T/6, t=T/4, t=T/2$ 瞬间的电流、电压及电动势的大小，并在电路图上标出它们在该瞬间的实际方向，同时用正弦波形表示出三者之间的关系。

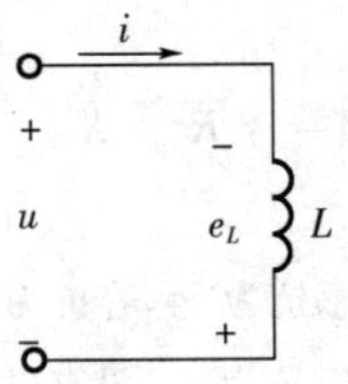

图 3-36　习题 3-3 图

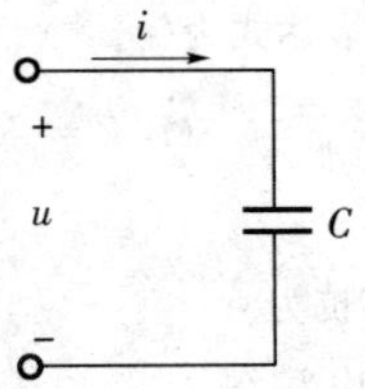

图 3-37　习题 3-4 图

3-4　在电容为 $64\mu\text{F}$ 的电容器两端加一正弦电压 $u=220\sqrt{2}\sin\omega t\ \text{V}$，设电压和电流的参考方向如图3-37所示，试计算在 $t=T/6, t=T/4, t=T/2$ 瞬间的电流和电压的大小。

3-5　有一CJ10—10A交流接触器，其线圈数据为380V、30mA、50Hz，线圈电阻1.6kΩ，试求线圈电感。

3-6　一个线圈接在 $U=120\text{V}$ 的直流电源上，$I=20\text{A}$；若接在 $f=50\text{Hz}, U=220\text{V}$ 的交流电源上，则 $I=28.2\text{A}$。试求线圈电阻及线圈电感。

3-7　有一JZ7型中间继电器，其线圈数据为380V、50Hz，线圈电阻2kΩ，线圈电感43.3H，试求线圈电流及功率因数。

3-8　日光灯管与镇流器串联接到交流电压上，可看作为R，L串联电路。如已知某灯管的等效电阻 $R_1=280\Omega$，镇流器的电阻和电感分别为 $R_2=20\Omega$ 和 $L=1.65\text{H}$，电源电压 $U=220\text{V}$，试求电路中的电流和灯管两端与镇流器上的电压。这两个电压加起来是否等于220V?电源频率为50Hz。

3-9　无源二端网络(图3-38)输入端的电压和电流为

$$u=220\sqrt{2}\sin(314t+20^\circ)\text{V}$$

$$i=4.4\sqrt{2}\sin(314t-33^\circ)\text{A}$$

试求此二端网络由两个元件串联的等效电路和元件的参数值，并求二

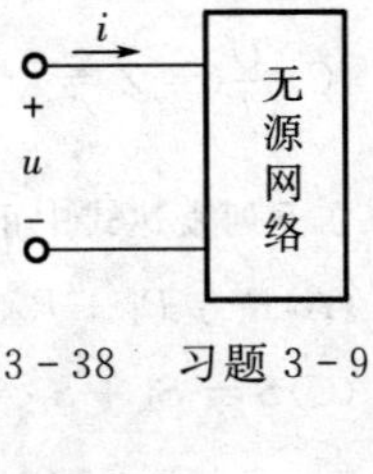

图 3-38　习题 3-9 图

端网络的功率因数及输入的有功功率和无功功率。

3-10　有一 RC 串联电路，电源电压为 u，电阻和电容上的电压分别为 u_R 和 u_C，已知电路阻抗模为 2 000Ω，频率为 1 000Hz，并设 u 和 u_C 之间的相位差为 30°，试求 R 和 C，并说明在相位上 u_C 和 u 超前还是滞后。

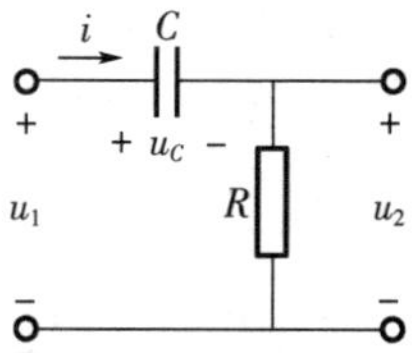

图 3-39　习题 3-11 图

3-11　图 3-39 是一移相电路。如果 $C = 0.01\mu F$，输入电压 $u_1 = \sqrt{2}\sin 6280t\,V$，今欲使输出电压 u_2 在相位上前移 60°，问应配多大的电阻 R？此时输出电压的有效值 U_2 等于多少？

3-12　图 3-40 是一移相电路。已知 $R = 100\Omega$，输入信号频率为 500Hz。如果输出电压 u_2 与输入电压 u_1 间的相位差为 45°，试求电容值。同上题比较，u_2 与 u_1 在相位上（滞后和超前）有何不同？

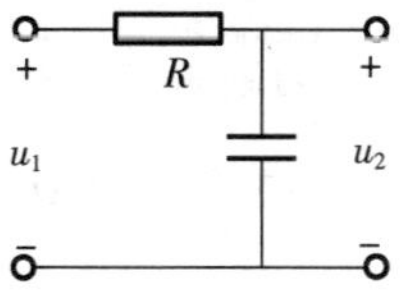

图 3-40　习题 3-12 图

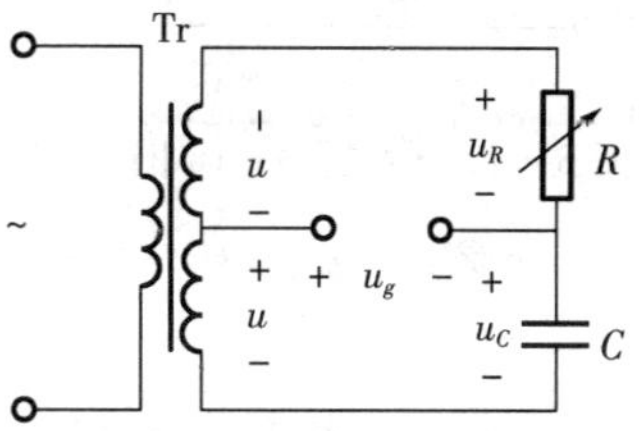

图 3-41　习题 3-13 图

3-13　图 3-41 所示的是桥式移相电路。当改变电阻 R 时，可改变控制电压 u_g 与电源电压 u 之间的相位差 θ，但电压 u_g 的有效值是不变的，试证明之。图中的 T_r 是一变压器。

3-14　有一 220V、600W 的电炉，不得不用在 380V 的电源上。欲使电炉的电压保持在 220V 的额定值，(1) 应和它串联多大的电阻？(2) 或应和它串联感抗为多大的电感线圈（其电阻可忽略不计）？(3) 从效率和功率因数上比较上述两法。串联电容器是否也可以？

3-15　在图 3-42 所示的各电路中，除 A_0 和 V_0 外，其余电流表和电压表的读数在图上都已标出（都是正弦量的有效值），试求电流表 A_0 或电压表 V_0 的读数。

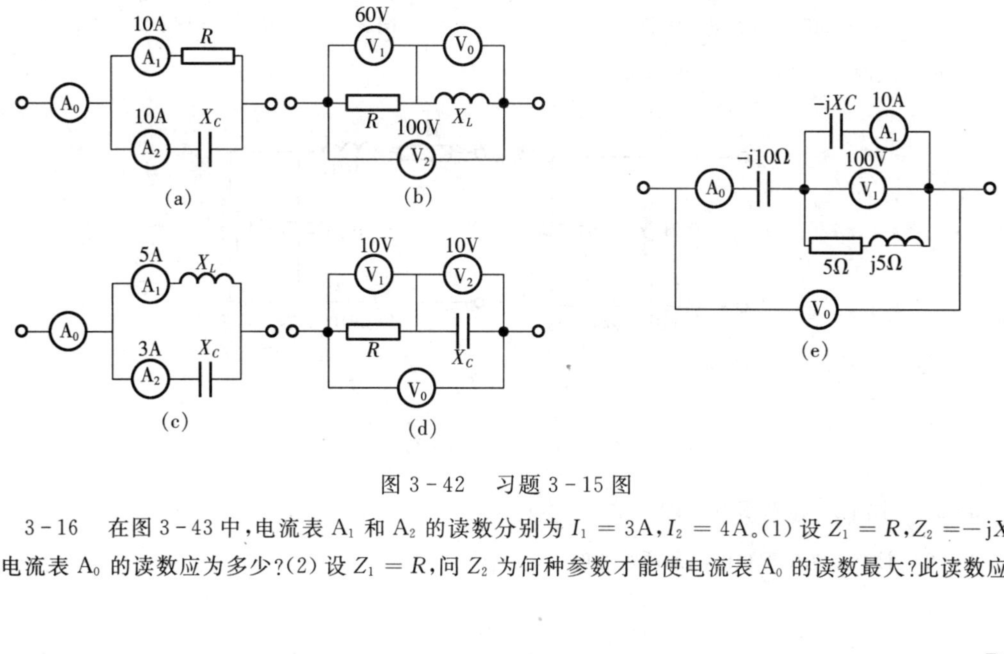

图 3-42　习题 3-15 图

3-16　在图 3-43 中，电流表 A_1 和 A_2 的读数分别为 $I_1 = 3A$，$I_2 = 4A$。(1) 设 $Z_1 = R$，$Z_2 = -jX_C$，则电流表 A_0 的读数应为多少？(2) 设 $Z_1 = R$，问 Z_2 为何种参数才能使电流表 A_0 的读数最大？此读数应为

多少?(3) 设 $Z_1 = jX_L$,问 Z_2 为何种参数才能使电流表 A_0 的读数最小?此读数应为多少?

3-17　图 3-44 所示电路,已知 $U = 200V, I_1 = 10A, I_2 = 10\sqrt{2}A, R_1 = 10\Omega, R_2 = X_L$。试求:$I, X_C, R_2, X_L$。

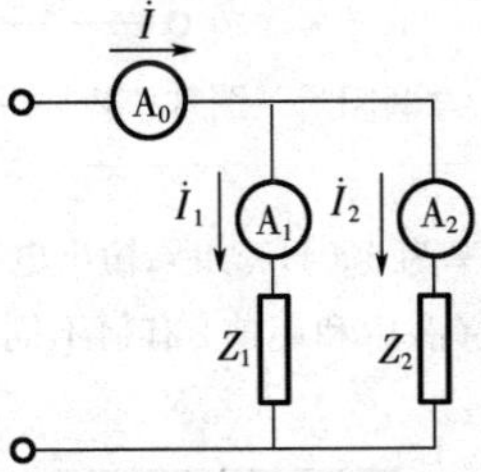

图 3-43　习题 3-16 图

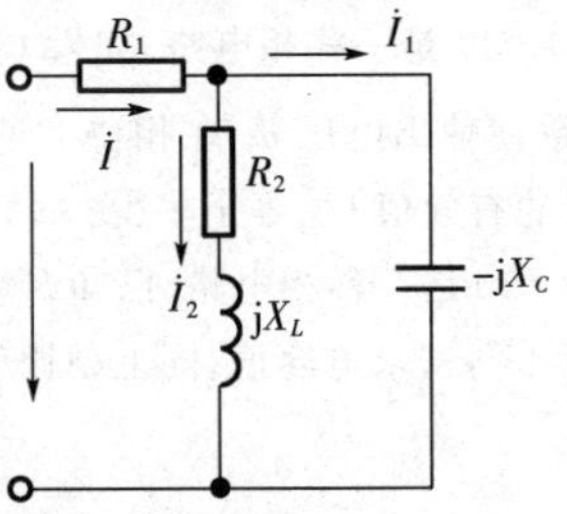

图 3-44　习题 3-17 图

3-18　图 3-45 所示电路,已知 $U = 220V, X_1 = 10\sqrt{3}\Omega, R_1 = 10\Omega, R_2 = 20\Omega$。试求:各个电流和平均功率。

3-19　在图 3-46 电路中,已知 $u = 220\sqrt{2}\sin 314t V, i_1 = 22\sin(314t - 45°)A, i_2 = 11\sqrt{2}\sin(314t + 90°)A$,试求各仪表读数及电路参数 R, L 和 C。

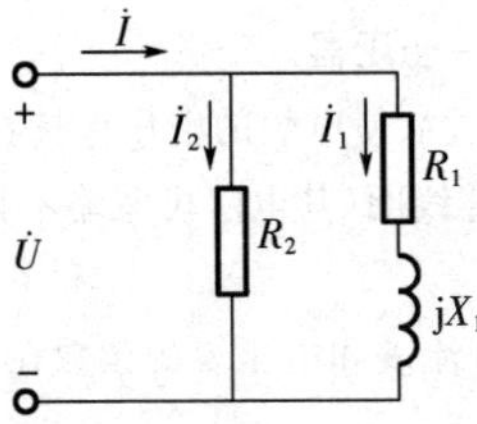

图 3-45　习题 3-18 图

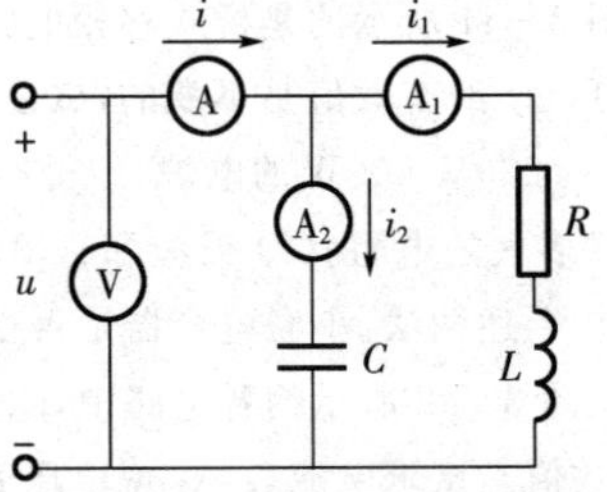

图 3-46　习题 3-19 图

3-20　求图 3-47 所示电路的阻抗 Z_{ab}。

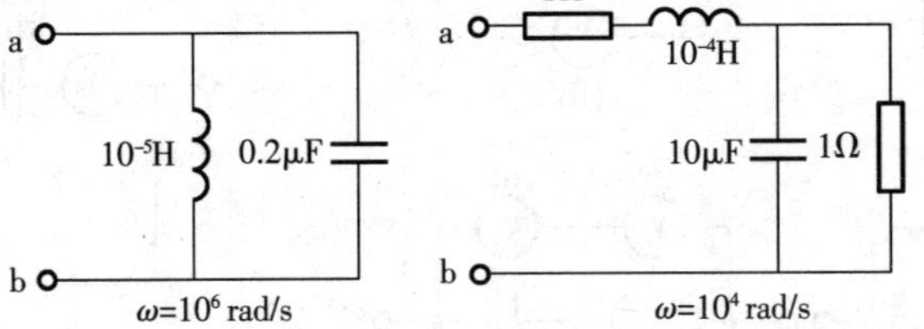

(a)　　(b)

图 3-47　习题 3-20 图

3-21　求图 3-48 两图中的电流 $\dot{I}$。

3-22　计算上题中理想电流源两端的电压。

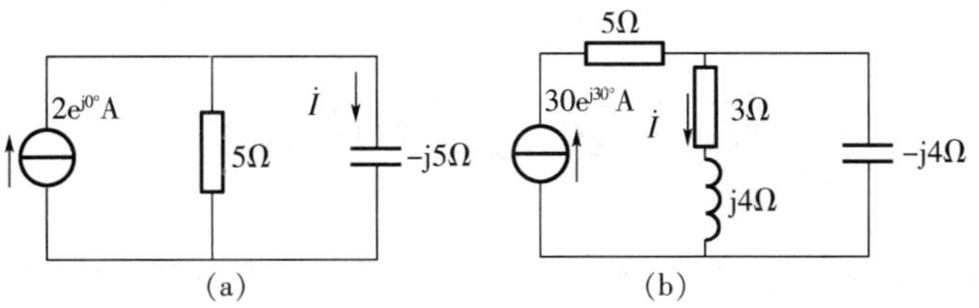

图 3 - 48　习题 3 - 21 图

3 - 23　在图 3 - 49 所示的电路中，已知 $\dot{U}_C = 1\angle 0°$ V，求 $\dot{U}$。

3 - 24　在图 3 - 50 所示的电路中，已知 $U_{ab} = U_{bc}$，$R = 10\Omega$，$X_C = \dfrac{1}{\omega C} = 10\Omega$，$Z_{ab} = R + jX_L$。试求 $\dot{U}$ 和 I 同相时 Z_{ab} 等于多少？

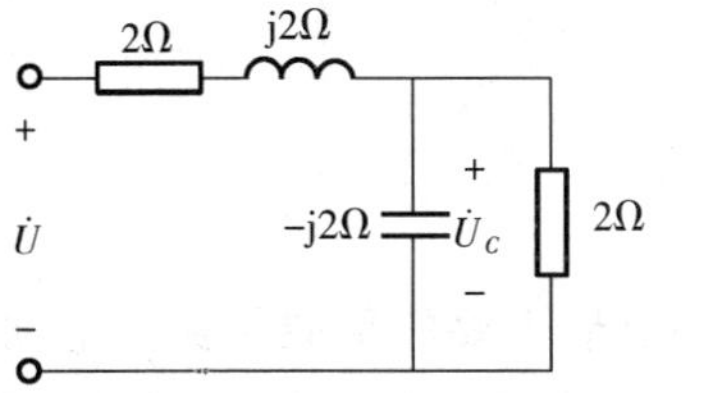

图 3 - 49　习题 3 - 23 图

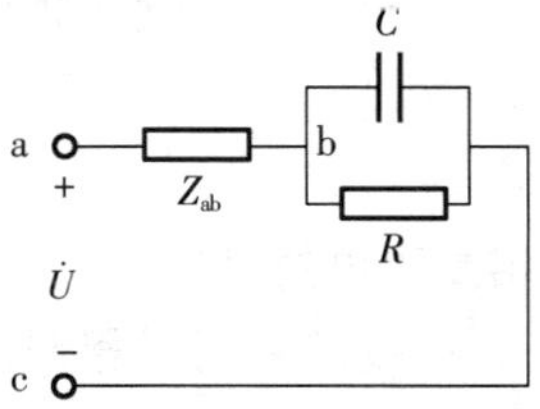

图 3 - 50　习题 3 - 24 图

3 - 25　某收音机输入电路的电感约为 0.3mH，可变电容器的调节范围为 25 ～ 360pF。试问能否满足收听中波段 535 ～ 1 605kHz 的要求。

3 - 26　有一 R，L，C 串联电路，它在电源频率 f 为 500Hz 时发生谐振。谐振时电流 I 为 0.2A，容抗 X_C 为 314Ω，并测得电容电压 U_C 为电源电压 U 的 20 倍。试求该电路的电阻 R 和电感 L。

3 - 27　有一 R，L，C 串联电路，接于频率可调的电源上，电源电压保持在 10V，当频率增加时，电流从 10mA(500Hz) 增加到最大值 60mA(1 000Hz)。试求：(1) 电阻 R，电感 L 和电容 C 的值；(2) 在谐振时，电容器两端的电压 U_C；(3) 谐振时磁场中和电场中的所储的最大能量。

3 - 28　在图 3 - 51 所示的电路中，$R_1 = 5\Omega$。调节电容 C 值使电路发生并联谐振，并此时测得：$I_1 = 10$A，$I_2 = 6$A，$U_Z = 113$V，电路总功率 $P = 1\ 140$W。求阻抗 Z。

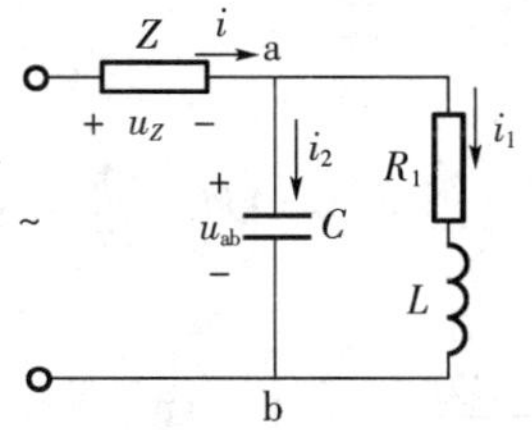

图 3 - 51　习题 3 - 28 图

3 - 29　今有 40W 的日光灯一盏，使用时灯管与镇流器(可近似地把镇流器看作纯电感) 串联在电压为 220V，频率为 50Hz 的电源上。已知灯管工作时属于纯电阻负载，灯管两端的电压等于 110V，试求镇流器的感抗与电感。这时电路的功率因数等于多少？若将功率因数提高到 0.8，问应并联多大电容。

第4章　三相电路

三相电路在生产和生活上应用最为广泛，目前人们难以离开三相交流电了。2008年在中国局部地区先后发生了罕见的雪灾和地震灾害，灾区的输电系统损毁严重，使供电、供水、通讯和运输等几乎瘫痪，给救援工作带来极大的困难，造成了人民生命和财产的重大损失。所以学好三相电路的意义是不言而喻的。本章介绍了三相交流电源的产生、三相电流及三相负载的联接方式。

4.1　三相交流电

4.1.1　三相交流电的表达

发电和输配电一般都采用三相制。在用电方面最主要的负载是交流电动机，而交流电动机多数是三相的。通常把频率相同、幅值相等、相位互差120°的，并且按正弦规律变化的三个电动势、电压或电流，统称为对称三相交流电，简称三相交流电。这三相交流电通常用A相、B相和C相来区分。

若以A相电压作为参考相量（初相等于零），则对称三相电压的瞬时值，即三角函数表达式为

$$\begin{cases} u_A = U_m \sin\omega t \\ u_B = U_m \sin(\omega t - 120°) \\ u_C = U_m \sin(\omega t - 240°) = U_m \sin(\omega t + 120°) \end{cases} \tag{4-1}$$

三相电压也可用相量表达为

$$\begin{cases} \dot{U}_A = U\angle 0° = U \\ \dot{U}_B = U\angle -120° = U\left(-\frac{1}{2} - \mathrm{j}\frac{\sqrt{3}}{2}\right) \\ \dot{U}_C = U\angle 120° = U\left(-\frac{1}{2} + \mathrm{j}\frac{\sqrt{3}}{2}\right) \end{cases} \tag{4-2}$$

三相电压如用正弦波形图和相量图表示，则如图4-1(a)、(b)所示。

从图4-1可看出，三相电压的瞬时值之和或相量之和都等于零，即

$$u_A + u_B + u_C = 0 \tag{4-3}$$

$$\dot{U}_A + \dot{U}_B + \dot{U}_C = 0 \tag{4-4}$$

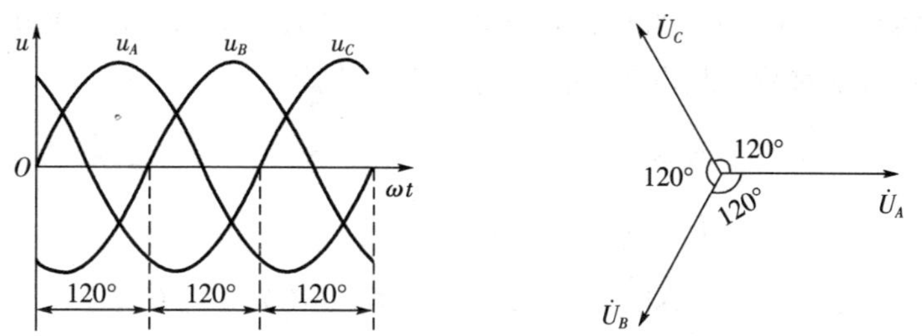

(a)　　　　　　　　　　　　(b)

图 4－1　三相电压的正弦波形图及相量图

(a) 三相电压的正弦波形图　(b) 三相电压的相量图

4.1.2　三相交流电的产生与联接

1. 三相交流电的产生

三相对称交流电是由三相交流发电机产生。三相交流发电机的结构示意图如图 4－2(a) 所示，其基本结构主要由定子和转子两部分组成。

定子是三相交流发电机的固定不动的部分，也称为电枢，主要由定子铁心和定子绕组构成。定子铁心由彼此绝缘的硅钢片叠成一定长度的圆筒形，其内圆周表面冲有槽，在槽中安装了三相定子绕组 AX、BY、CZ，每相绕组的匝数、形状等都相同，每相绕组的首端分别标记 A、B、C，对应末端分别标记 X、Y、Z，绕组的首端间，或末端间都彼此相隔 120° 空间角。图 4－2(b) 是其中 A 相绕组的示意图及其中电动势的正方向。

转子是三相交流发电机的转动的部分，也称为磁极，主要由转子铁心和转子励磁绕组构成。励磁绕组采用直流电励磁，在转子未旋转的情况下，其磁场是静止的。选择合适的磁极极面的形状和励磁绕组的布置情况，可使空气隙中的磁感应强度沿电枢内圆周表面按正弦规律分布。

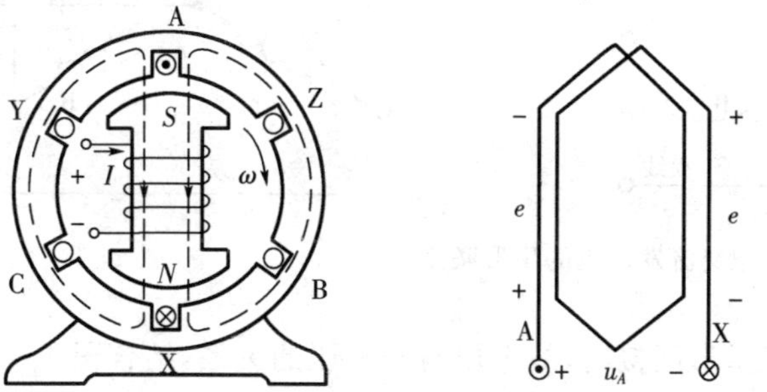

(a)　　　　　　　　　　　　(b)

图 4－2　三相交流发电机

(a) 三相交流发电机的结构示意图

(b) A 相绕组的示意图及其中电动势的正方向

当转子由原动机（如：水轮机、汽轮机、风轮机等）拖动，以匀角速度 ω 按顺时针方向旋转时，每相定子绕组依次被磁力线切割，在三个绕组 AX、BY、CZ 中，分别产生频率相同、幅值相等、相位互差 120° 的三个正弦电动势，分别用 e_A、e_B、e_C 表示，称为对称三相电动势。

每相电动势的正方向，规定为从每相绕组的末端指向首端。若以 A 相电动势作为参考相量（初相等于零），则对称三相电动势的瞬时值表达式为

$$\begin{cases} e_A = E_m \sin\omega t \\ e_B = E_m \sin(\omega t - 120^\circ) \\ e_C = E_m \sin(\omega t - 240^\circ) = E_m \sin(\omega t + 120^\circ) \end{cases} \tag{4-5}$$

2. 三相交流发电机的联接

(1) 三相交流发电机的星形联接

将三相交流发电机三相绕组的三个末端 X、Y、Z 接成一点，称该联接点为中性点或零点，用字母 N 表示，从中性点引出的导线，称为中性线或零线，用 N 表示。从三相绕组的三个首端 A、B、C 分别引出的三根导线，称为相线或端线，俗称火线，分别称为 A、B、C 三相，在电力母线中通常分别用黄、绿、红颜色标出，中性线则用黑色线标出。三相交流发电机的星形联接，如图 4－3 所示。

三相交流电，出现正幅值或相应零值的顺序称为相序。在此，相序是 $A \rightarrow B \rightarrow C$。

三相交流电有线电压和相电压之分。三相交流发电机任意两绕组首端间的电压，即两端线间的电压，称为线电压，其有效值分别用 U_{AB}、U_{BC}、U_{CA} 表示，或一般都用 U_l 表示。每相绕组首、末端间的电压，即端线与中性线间的电压，称为相电压，其有效值分别用 U_A、U_B、U_C 表示，或一般都用 U_p 表示。线电压与相电压的正方向的选择，如图 4－4 所示。

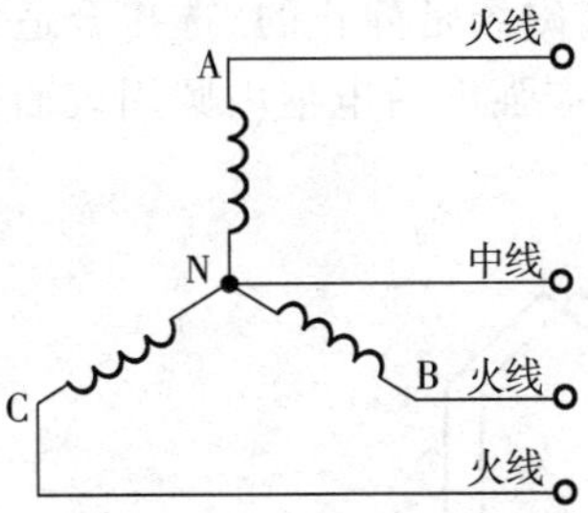

图 4－3　三相交流发动机的星形联接

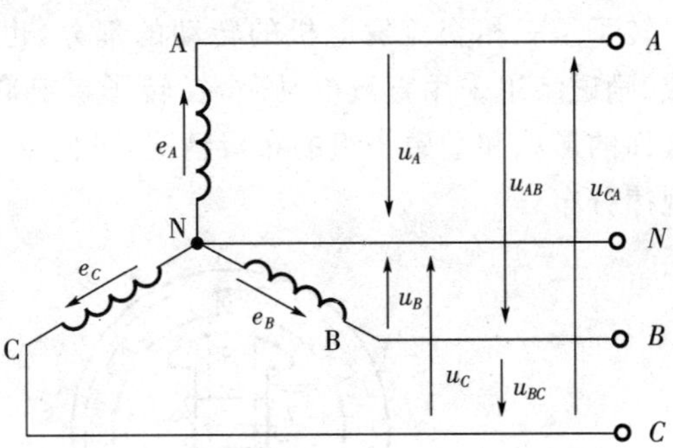

图 4－4　线电压与相电压的正方向

三相交流发电机星形联接时，线电压与相电压的关系，结合图 4－4 和选定的参考方向，根据基尔霍夫定律可得出

$$\begin{cases} \dot{U}_{AB} = \dot{U}_A - \dot{U}_B \\ \dot{U}_{BC} = \dot{U}_B - \dot{U}_C \\ \dot{U}_{CA} = \dot{U}_C - \dot{U}_A \end{cases} \tag{4-6}$$

由式(4－6) 可作出相电压和线电压的相量图，如图 4－5 所示。由图 4－5 可得出，线电压与相电压有效值间的大小关系为

$$\frac{1}{2}U_l = U_p \cos 30^\circ = \frac{\sqrt{3}}{2}U_p$$

即
$$U_l = \sqrt{3}U_p \tag{4-7}$$

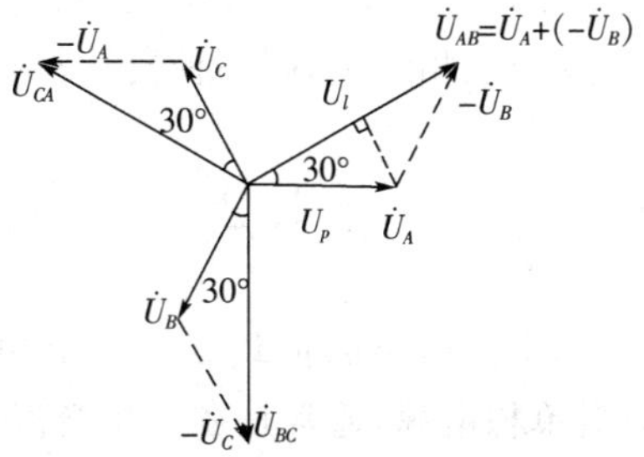

图 4－5　三相交流发电机星形联接时相电压和线电压的相量图

线电压在相位上比相应的相电压超前 30°，因此，线电压与相电压的相量关系为

$$\begin{cases} \dot{U}_{AB} = \sqrt{3}\dot{U}_A \angle 30^\circ \\ \dot{U}_{BC} = \sqrt{3}\dot{U}_B \angle 30^\circ \\ \dot{U}_{CA} = \sqrt{3}\dot{U}_C \angle 30^\circ \end{cases} \tag{4-8}$$

由于三相相电压是对称的，由式(4－8) 可知，其三相线电压也是对称的。

三相交流发电机(或三相电力变压器) 的三相绕组联接成星形时，可以提供两种不同的供配电电压，在我国低压供配电系统中，线电压大都为 380V，供给三相异步电动机等额定电压为 380V 的负载使用，相电压大部分为 220V，供给日光灯、节能灯等额定电压为 220V 的负载使用。

(2) 三相交流发动机的三角形联接

将三相交流发电机三相绕组的首端与末端依次相联，构成闭合回路，然后从三个联接点引出三根火线。

三相交流发电机的三角形联接，如图 4－6 所示。

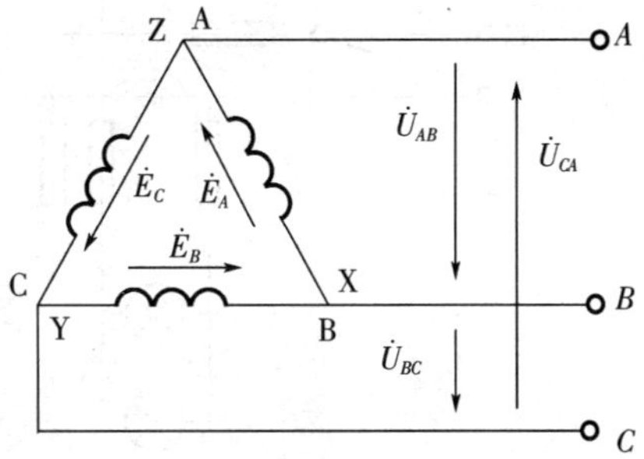

图 4－6　三相交流发电机的三角形联接

由图 4－6 可得出，三相交流发电机构成三角形联接时，线电压就是相应的相电压，线电压有效值与相电压有效值间的关系为

$$U_l = U_p \tag{4-9}$$

线电压在相位上与相应的相电压同相，因此，线电压与相电压的相量关系为

$$\begin{cases} \dot{U}_{AB} = \dot{U}_A \\ \dot{U}_{BC} = \dot{U}_B \\ \dot{U}_{CA} = \dot{U}_C \end{cases} \tag{4-10}$$

在实际中，三相交流发电机的三相绕组很少联接成三角形，通常都接成星形，而三相电力变压器的三相绕组，则两种接法都有。有关三相电力变压器将在相关的后续课程中介绍。

4.2 负载星形联结的三相电路

三相交流电路的负载可分为单相负载和三相负载。日光灯和节能灯、电视机等家用电器，只需单相电源，通常是在三相交流电中任取一相线和零线作为单相供电电源，这些使用单相电源的负载，称为单相负载。另一些负载，如三相交流电动机、大功率电热器等，需接上三相电压才能正常工作，这类负载称为三相负载。

三相电路中负载的连接方法有星形联结和三角形联结两种，本节讨论负载的星形联结。

图4-7所示的是三相四线制电路，设其线电压为380V。负载如何连接，应视其额定电压而定。通常电灯（单相负载）的额定电压为220V，因此要接在相线与中性线之间。电灯负载是大量使用的，不能集中接在某一相中，从总的线路来说，应当将它们尽量均匀地分配在各相之中，如图4-7所示。电灯的这种联结法称为星形联结。至于其他单相电动机、电炉、继电器吸引线圈等单相负载，该接在相线之间还是相线与中性线之间，应视额定电压是380V还是220V而定。如果有的负载的额定电压不等于220V和380V，则需用变压器。例如机床照明灯的额定电压为36V，就要用一个380V/36V的降压变压器。

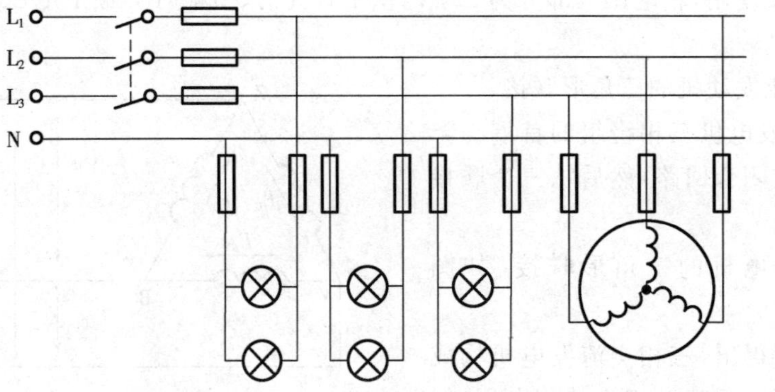

图4-7　电灯与电动机的星形联结

三相电动机的三个接线端总是与电源的三根相线相连。但电动机本身的三相绕组可以连成星形或三角形。它的连接方法在铭牌上标出，例如380V/Y联结或380V/△联结。

负载星形联结的三相四线制电路一般可用图4-8所示的电路表示。每相负载的阻抗模分别为$|Z_A|$，$|Z_B|$和$|Z_C|$。电压和电流的参考方向都已在图中标出。

三相电路中的电流也有相电流与线电流之分。每相负载中的电流称为相电流I_p，每根相线中的电流称为线电流I_l。在负载为星形联结时，显然，相电流等于线电流，即

$$I_p = I_l \tag{4-11}$$

对三相电路应该一相一相计算。

设电源相电压 $\dot{U}_A$ 为参考正弦量，则得

$$\dot{U}_A = U_A\angle 0°,\quad \dot{U}_B = U_B\angle -120°,\quad \dot{U}_C = U_C\angle 120°$$

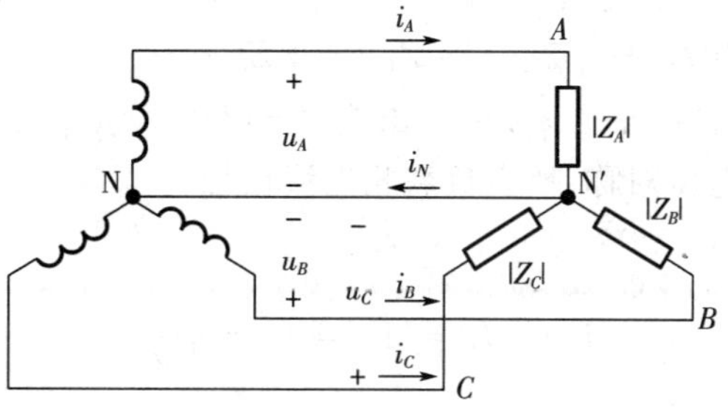

图 4-8　负载星形联结的三相四线制电路

图 4-8 的电路中，电源相电压即为每相负载电压。于是每相负载中的电流可分别求出，即

$$\begin{cases}\dot{I}_A = \dfrac{\dot{U}_A}{Z_A} = \dfrac{U_A\angle 0°}{|Z_A|\angle\varphi_A} = I_A\angle -\varphi_A \\[2ex] \dot{I}_B = \dfrac{\dot{U}_B}{Z_B} = \dfrac{U_B\angle -120°}{|Z_B|\angle\varphi_B} = I_B\angle -120° - \varphi_B \\[2ex] \dot{I}_C = \dfrac{\dot{U}_C}{Z_C} = \dfrac{U_C\angle 120°}{|Z_C|\angle\varphi_C} = I_C\angle 120° - \varphi_C\end{cases} \tag{4-12}$$

式中，每相负载中电流的有效值分别为

$$I_A = \frac{U_A}{|Z_A|},\quad I_B = \frac{U_B}{|Z_B|},\quad I_C = \frac{U_C}{|Z_C|} \tag{4-13}$$

各相负载的电压与电流之间的相位差分别为

$$\varphi_A = \arctan\frac{X_A}{R_A},\quad \varphi_B = \arctan\frac{X_B}{R_B},\quad \varphi_C = \arctan\frac{X_C}{R_C} \tag{4-14}$$

中性线中的电流可以按照图 4-8 中所选定的参考方向，应用基尔霍夫电流定律得出，即

$$\dot{I}_N = \dot{I}_A + \dot{I}_B + \dot{I}_C \tag{4-15}$$

电压和电流的相量图如图 4-9 所示。作相量图时，先画出以 $\dot{U}_A$ 为参考相量的电源相电

压 $\dot{U}_A$,$\dot{U}_B$,$\dot{U}_C$ 的相量图;而后逐相按照式(4－13)和式(4－14)画出各相电流 $\dot{I}_A$,$\dot{I}_B$,$\dot{I}_C$ 的相量图;再由式(4－15)画出中性线电流 $\dot{I}_N$ 的相量图。

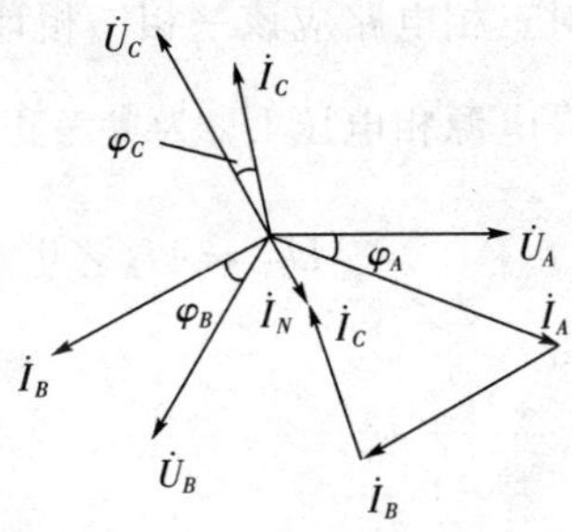

图 4－9　负载星形联结时电压和电流的相量图

现在来讨论图 4－8 所示电路中负载对称的情况。所谓负载对称,就是指各相阻抗相等,即 $Z_A = Z_B = Z_C = Z$ 或阻抗模和相位角相等,即 $|Z_A| = |Z_B| = |Z_C| = |Z| = |R + jX|$ 和 $\varphi_A = \varphi_B = \varphi_C = \varphi$,由式(4－13)或(4－14)可见,因为相电压对称,所以负载相电流也是对称的,即

$$I_A = I_B = I_C = I_p = \frac{U_p}{|Z|}$$

$$\varphi_A = \varphi_B = \varphi_C = \varphi = \arctan\frac{X}{R}$$

因此,这时中性线电流等于零,即

$$\dot{I}_N = \dot{I}_A + \dot{I}_B + \dot{I}_C = 0$$

相电压和相电流的相量图如图 4－10 所示。

中性线中既然没有电流通过,中性线就不需要了。因此图 4－8 所示的电路就变为图 4－11 所示的电路,这就是三相三线制电路。三相三线制电路在生产上的应用特别广泛,因为生产上通常所见的三相电动机的三相负载一般都是对称的。

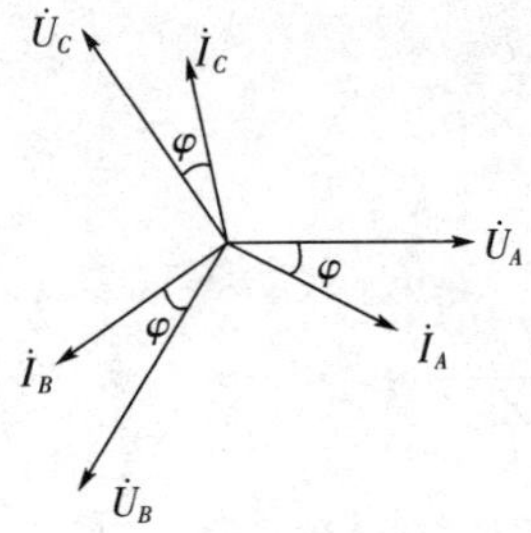

图 4－10　对称负载星形联结时相电压和相电流的相量图

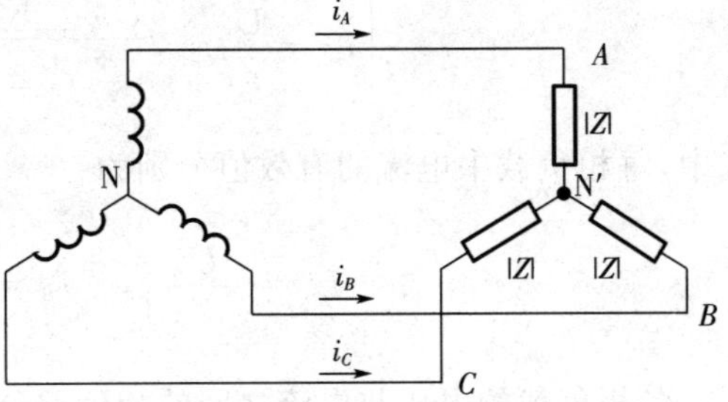

图 4－11　对称负载星形联结的三相三线制电路

【例 4－1】　星形联接的对称三相四线制电路,已知线电压 $U_l = 380\text{V}$,每相负载阻抗为 $Z = (10 + j10)\Omega$,试求各相电流和线电流。

【解】　三相四线制电路的相电压为

$$U_p = \frac{U_l}{\sqrt{3}} = \frac{380}{\sqrt{3}}\text{V} = 220\text{V}$$

由于是对称的星形负载联接，所示各相电流和线电流是相等的。

令 $\dot{U}_A = 220\angle 0^\circ \text{V}$，则 A 相负载的相(线)电流为

$$\dot{I}_A = \frac{\dot{U}_A}{Z_A} = \frac{220\angle 0^\circ}{10+\text{j}10}\text{A} \approx 15.6\angle -45^\circ \text{ A}$$

根据对称关系得 $\dot{I}_B = \dot{I}_A\angle -120^\circ \approx 15.6\angle -165^\circ \text{ A}$

$$\dot{I}_C = \dot{I}_A\angle +120^\circ \approx 15.6\angle 75^\circ \text{ A}$$

关于负载不对称①的三相电路，下面举几个例子来分析一下。

【例 4-2】 在图 4-12 所示电路中，电源电压对称，每相电压 $U_p = 220\text{V}$；负载是额定电压为 220V 的电灯组，在额定电压下其电阻分别为 $R_A = 5\Omega$，$R_B = 10\Omega$，$R_C = 20\Omega$。试求负载相电压、负载电流及中性线电流。

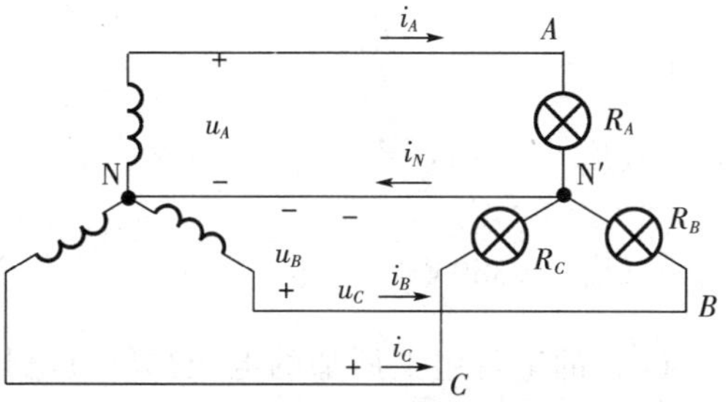

图 4-12　例 4-2 的电路

【解】 在负载不对称而有中性线(其上电压降可忽略不计)的情况下，负载相电压和电源相电压相等，也是对称的，其有效值为 220V。

本题如用复数计算，求中性线电流较为容易。先计算各相电流

$$\dot{I}_A = \frac{\dot{U}_A}{R_A} = \frac{220\angle 0^\circ}{5}\text{A} = 44\angle 0^\circ \text{ A}$$

$$\dot{I}_B = \frac{\dot{U}_B}{R_B} = \frac{220\angle -120^\circ}{10}\text{A} = 22\angle -120^\circ \text{ A}$$

$$\dot{I}_C = \frac{\dot{U}_C}{R_C} = \frac{220\angle 120^\circ}{20}\text{A} = 11\angle 120^\circ \text{ A}$$

根据图中电流的参考方向，中性线电流

$$\dot{I}_N = \dot{I}_A + \dot{I}_B + \dot{I}_C = (44\angle 0^\circ + 22\angle -120^\circ + 11\angle 120^\circ)\text{A}$$

① 负载不对称一般是由于下列原因造成的：(1) 在电源端、负载端或连接导线的任何处某一相发生短路或断路；(2) 照明负载或其他单相负载难于安排对称。

$$\approx [44+(-11-j19.1)+(-5.5+j9.53)]\text{A}$$

$$=(27.5-j9.57)\text{A}$$

$$\approx 29.1\angle -19^\circ\ \text{A}$$

【例 4-3】 在上例中,(1)A 相短路时;(2)A 相短路而中性线又断开时(图 4-13),试求各相负载上的电压。

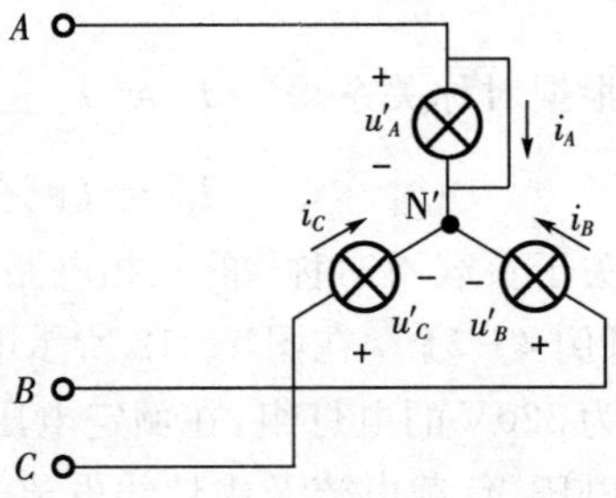

图 4-13 例 4-3 的电路

【解】 (1) 此时 A 相短路电流很大,将 A 相中的熔断器熔断,而 B 相和 C 相未受影响,其相电压仍为 220V。

(2) 此时负载中性点 N' 即为 A,因此各相负载电压为

$$\dot{U}'_A=0,\quad U'_A=0$$

$$\dot{U}'_B=\dot{U}_{BA},\quad U'_B=380\text{V}$$

$$\dot{U}'_C=\dot{U}_{CA},\quad U'_C=380\text{V}$$

在这种情况下,B 相与 C 相的电灯组上所加的电压都超过电灯的额定电压(220V),这是不允许的。

【例 4-4】 在例 4-2 中,(1)A 相断开时;(2)A 相断开而中性线也断开时(图 4-14),试求各相负载上的电压。

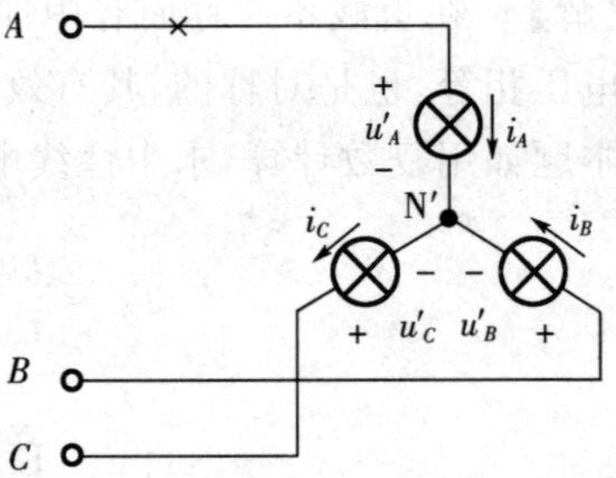

图 4-14 例 4-4 的电路

【解】 (1)A 相断开时,B 相和 C 相未受影响。

(2) 这时电路已成为单相电路,即 B 相的电灯组和 C 相的电灯组串联,接在线电压 $U_{BC}=380\text{V}$ 的电源上,两相电流相同。至于两相电压如何分配,决定于两相的电灯组电阻。如果 B 相的电阻比 C 相的电阻小,则其相电压低于电灯的额定电压,而 C 相的电压可能高于电灯的额定电压。这是不允许的。

从上面所举的几个例题可以看出

(1) 负载不对称而又没有中性线时,负载的相电压就不对称。当负载的相电压不对称时,势必引起有的相的相电压过高,高于负载的额定电压;有的相的相电压过低,低于负载的额定电压。这都是不允许的。三相负载的相电压必须对称。

(2) 中性线的作用就在于使星形联结的不对称负载的相电压对称。为了保证负载的相电压对称,就不应让中性线断开。因此,中性线(指干线)内不接入熔断器或闸刀开关。

4.3　负载三角形联结的三相电路

负载的三角形联接如图 4－15 所示，三相负载 Z_{AB}、Z_{BC}、Z_{CA} 联接成三角形，每相负载分别接在电源的两根相线间，所以每相负载的相电压 U_p 等于电源的线电压 U_l，即

$$U_p = U_l \tag{4-16}$$

由于三相电源线电压总是对称的，因而无论三相负载是否对称，负载的相电压也总是对称的，即

$$U_{AB} = U_{BC} = U_{CA} = U_l = U_p \tag{4-17}$$

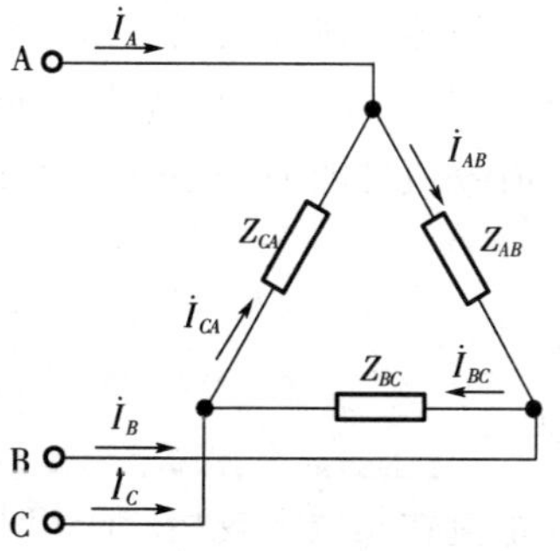

图 4－15　负载三角形联结的三相电路

当三相负载的额定电压等于三相电源线电压时，该负载应当采用三角形联接。

在三相负载作三角形联接时，其相电流和线电流是不一样的。

各相负载的相电流为

$$\begin{cases} \dot{I}_{AB} = \dfrac{\dot{U}_{AB}}{Z_{AB}} \\ \dot{I}_{BC} = \dfrac{\dot{U}_{BC}}{Z_{BC}} \\ \dot{I}_{CA} = \dfrac{\dot{U}_{CA}}{Z_{CA}} \end{cases} \tag{4-18}$$

各相负载的相电压与相电流的相位差为

$$\begin{cases} \varphi_{AB} = \arctan \dfrac{X_{AB}}{R_{AB}} \\ \varphi_{BC} = \arctan \dfrac{X_{BC}}{R_{BC}} \\ \varphi_{CA} = \arctan \dfrac{X_{CA}}{R_{CA}} \end{cases} \tag{4-19}$$

式(4－19) 中，R_{AB}、R_{BC}、R_{CA} 及 X_{AB}、X_{BC}、X_{CA} 分别为各相负载的电阻及电抗。

根据图 4－15 和基尔霍夫电流定律得出，各相线路中的线电流为

$$\begin{cases} \dot{I}_A = \dot{I}_{AB} - \dot{I}_{CA} \\ \dot{I}_B = \dot{I}_{BC} - \dot{I}_{AB} \\ \dot{I}_C = \dot{I}_{CA} - \dot{I}_{BC} \end{cases} \tag{4-20}$$

若负载对称，也就是 $Z_{AB}=R_{AB}+jX_{AB}=Z_{BC}=R_{BC}+jX_{BC}=Z_{CA}=R_{CA}+jX_{CA}=Z=R+jX$，即 $R_{AB}=R_{BC}=R_{CA}=R$，$X_{AB}=X_{BC}=X_{CA}=X$，所以 $\varphi_{AB}=\varphi_{BC}=\varphi_{CA}=\varphi=\arctan\dfrac{X}{R}$。因线电压和相电压都是对称的，所以负载的相电流也是对称的。

作三相感性对称负载三角形联接时的电压、电流相量图如图 4-16 所示。线电流相量图是根据式(4-20)作出的，显然线电流也是对称的。由图 4-16 所示的相量图可得出线电流与相电流有效值之间的关系是

$$\frac{1}{2}I_l=I_p\cos30^\circ$$

即

$$I_l=\sqrt{3}I_p \tag{4-21}$$

线电流在相位上较相应的相电流滞后 30°，它们的相量关系是

$$\begin{cases}\dot{I}_A=\sqrt{3}\dot{I}_{AB}\angle-30^\circ\\ \dot{I}_B=\sqrt{3}\dot{I}_{BC}\angle-30^\circ\\ \dot{I}_C=\sqrt{3}\dot{I}_{CA}\angle-30^\circ\end{cases} \tag{4-22}$$

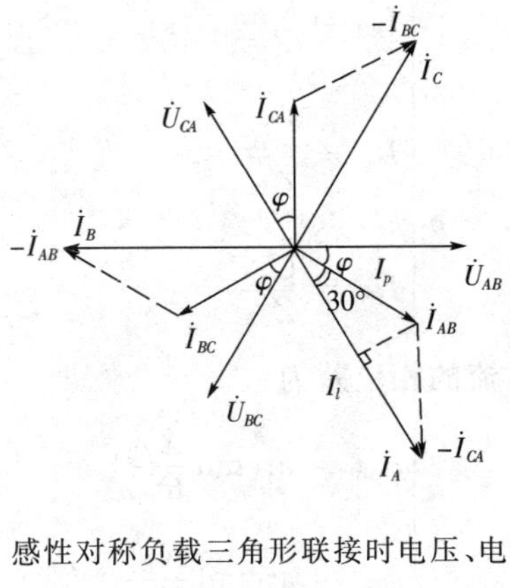

图 4-16　感性对称负载三角形联接时电压、电流的相量图

4.4　三相功率

三相电路的有功功率和无功功率，不论负载是星形联接还是三角形联接，分别等于各相有功功率和无功功率之和，若以 P_A、P_B、P_C 分别表示 A、B、C 各相的有功功率，Q_A、Q_B、Q_C 分别表示 A、B、C 各相的无功功率，即三相电路的有功功率为

$$P=P_A+P_B+P_C=U_{Ap}I_{Ap}\cos\varphi_A+U_{Bp}I_{Bp}\cos\varphi_B+U_{Cp}I_{Cp}\cos\varphi_C \tag{4-23}$$

三相电路的无功功率为

$$Q=Q_A+Q_B+Q_C=U_{Ap}I_{Ap}\sin\varphi_A+U_{Bp}I_{Bp}\sin\varphi_B+U_{Cp}I_{Cp}\sin\varphi_C \tag{4-24}$$

式中，U_{Ap}、U_{Bp}、U_{Cp} 及 I_{Ap}、I_{Bp}、I_{Cp} 为对应相的相电压及相电流；φ_A、φ_B、φ_C 分别为对应相的负载相电压和相电流的相位差。

三相电路的视在功率为

$$S = \sqrt{P^2 + Q^2} \tag{4-25}$$

当负载是对称负载时，$P_A = P_B = P_C = U_p I_p \cos\varphi_p$，$Q_A = Q_B = Q_C = U_p I_p \sin\varphi_p$，此时三相电路的功率为

$$\begin{cases} P = 3U_p I_p \cos\varphi_p \\ Q = 3U_p I_p \sin\varphi_p \\ S = 3U_p I_p \end{cases} \tag{4-26}$$

式中，U_p 和 I_p 为负载相电压和相电流，所以式(4－26) 称为三相功率相参数式。

若三相负载为星形联接时

$$U_p = \frac{U_l}{\sqrt{3}} \qquad I_p = I_l$$

若三相负载为三角形联接时

$$U_p = U_l \qquad I_p = \frac{I_l}{\sqrt{3}}$$

无论三相负载为星形联接或为三角形联接，则三相电路的功率为

$$\begin{cases} P = \sqrt{3} U_l I_l \cos\varphi \\ Q = \sqrt{3} U_l I_l \sin\varphi \\ S = \sqrt{3} U_l I_l \end{cases} \tag{4-27}$$

式中，U_l 和 I_l 为线路的线电压和线电流，所以式(4－27) 称为三相功率线参数式。

【例 4－5】 有一对称三相负载 $Z = (6 + j8)\Omega$，三相电源线电压为 380V。求负载阻抗联接成星形和三角形两种情况下的有功功率、无功功率和视在功率。($\tan53° = \frac{4}{3}$，$\sin53° = 0.8$，$\cos53° = 0.6$)

【解】 (1) 负载星形联接时，相电流等于相应的线电流

$$I_p = I_l = \frac{U_p}{|Z|} = \frac{\frac{380}{\sqrt{3}}}{|6 + j8|} \text{A} \approx 22\text{A}$$

由 $Z = (6 + j8)\Omega$，得出阻抗角 $\varphi = \arctan\frac{8}{6} = \arctan\frac{4}{3} \approx 53°$。则有

$$P=\sqrt{3}U_lI_l\cos\varphi=\sqrt{3}\times380\times22\times\cos53^\circ\text{W}\approx8.69\text{kW}$$

$$Q=\sqrt{3}U_lI_l\sin\varphi=\sqrt{3}\times380\times22\times\sin53^\circ\text{var}\approx11.58\text{kvar}$$

$$S=\sqrt{P^2+Q^2}\approx14.48\text{kVA}$$

(2) 负载三角形联接时，每相电流

$$I_P=\frac{U_l}{|Z|}=\frac{380}{|6+\text{j}8|}\text{A}=38\text{A}$$

线电流为

$$I_l=\sqrt{3}I_p=\sqrt{3}\times38\text{A}\approx66\text{A}$$

$$P=\sqrt{3}U_lI_l\cos\varphi=\sqrt{3}\times380\times66\times\cos53^\circ\text{W}\approx26.06\text{kW}$$

$$Q=\sqrt{3}U_lI_l\sin\varphi=\sqrt{3}\times380\times66\times\sin53^\circ\text{var}\approx34.75\text{kvar}$$

$$S=\sqrt{P^2+Q^2}\approx43.44\text{kVA}$$

由以上例题分析可以看出，在相同的电源电压作用下，同一负载联接成三角形是联接成星形时功率的 3 倍。因此三角形联接消耗的有功功率就是星形的 3 倍。无功功率和视在功率也有同样的结论，这表明负载的功率，与其联接方式有关。

习　题

4-1　什么叫对称三相电压，欲将发电机（或三相变压器）的三相绕组联成星形，如果误将绕组的 X、Y、C 联成一点（中点），是否可以获得对称三相相电压和线电压，为什么？

4-2　什么是三相负载、单相负载和单相负载的三相连接？三相交流电动机有三根电源线接到电源的 A,B,C 三端，称为三相负载，电灯有两根电源线，为什么不称为两相负载，而称单相负载？

4-3　有一次某楼电灯发生故障，第二层和第三层楼的所有电灯突然都暗淡下来，而第一层楼的电灯亮度未变，试问这是什么原因？这楼的电灯是如何联结的？同时又发现第三层楼的电灯比第二层楼的还要暗些，这又是什么原因？画出电路图。

4-4　当发电机的三相绕组联成星形时，设线电压 $u_{AB}=380\sqrt{2}\sin(\omega t-30^\circ)$V，试写出相电压 u_A 的三角函数式。

4-5　某三层楼房安装照明电灯，接在三相四线制电源上，若每层楼取用一相电源，每层楼安装 220V、40W 电灯 110 盏，求各相电流、线电流及中性线电流。若 A 相改为 220V、110W 电灯 110 盏，其他两相不变，求此时各相电流、线电流及中性线电流（输电线的阻抗忽略不计）。

4-6　有一台三相异步电动机，其绕组三角形联接至线电压 $U_l=380$V 的三相交流电源上，从电源取用的有功功率 $P=2.8$kW，功率因数 $\cos\varphi=0.84$，试求电动机的线电流和相电流。

4-7　阻抗为 $Z=(30+\text{j}40)\Omega$ 的三相对称负载，试计算在下列两种情况下负载的相电流、线电流以及负载所消耗的功率：

(1) 负载联接成星形后接于线电压 $U_l = 380V$ 的三相对称电源上；

(2) 负载联接成三角形后接于线电压 $U_l = 220V$ 的三相对称电源上。

4-8　在图 4-17 中，对称负载联成三角形，已知电源电压 $U_l = 220V$，电流表读数 $I_l = 17.3A$，三相功率 $P = 4.5kW$，试求：

(1) 每相负载的电阻和感抗；

(2) 当 AB 相断开时，图中各电流表的读数和总功率 P；

(3) 当 A 线断开时，图中各电流表的读数和总功率 P。

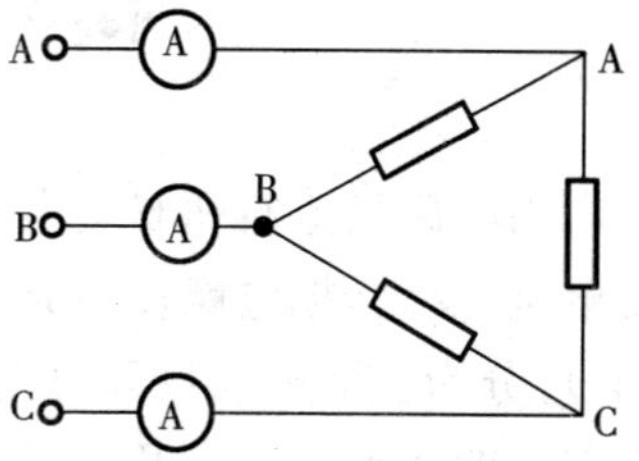

图 4-17　题 4-8 图

4-9　在图 4-18 中，电源线电压 $U_l = 380V$。(1) 如果图中各相负载的阻抗模都等于 10Ω，是否可以说负载是对称的？(2) 试求各相电流，并用电压与电流的相量图计算中性线电流。如果中性线电流的参考方向选定得同电路图上所示的方向相反，则结果有何不同？(3) 试求三相平均功率 P。

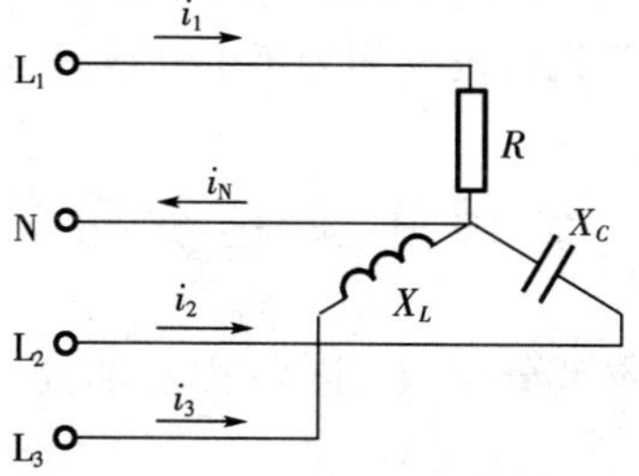

图 4-18　题 4-9 图

第5章 异步交流电动机

利用电磁场进行机械能与电能互换的装置称为电机。把机械能转换成电能的电机，称为发电机。反之，把电能转换成机械能的电机称为电动机。电动机按照它所耗用的电能种类不同，可分为交流电动机和直流电动机。交流电动机还可分为异步电动机和同步电动机。

在工业生产上主要用的是交流电动机，特别是三相异步电动机，它被广泛地用来驱动各种金属切削机床、起重机、锻压机、传送带、铸造机械、功率不大的通风机及水泵等。有的生产机械只装配着一台电动机，如单轴钻床；有的需要好几台电动机，如某些机床的主轴、刀架、横梁以及润滑油泵和冷却油泵等都是由单独的电动机来驱动的。常见的M7120平面磨床就由三台电动机来驱动的。本章先讨论三相异步电动机，然后简要介绍单相异步电动机。

5.1 三相异步电动机的构造

三相异步电动机由两个基本部分组成：定子（固定部分）和转子（旋转部分）。图5-1所示的是三相异步电动机的构造。

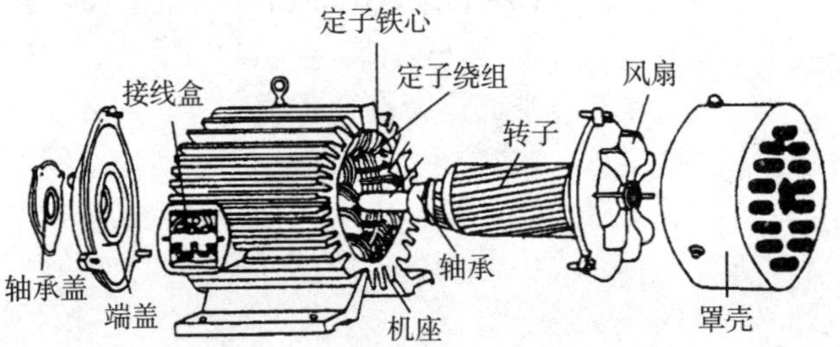

图5-1 三相异步电动机的构造

三相异步电动机的定子由机座和装在机座内的圆筒形铁心以及其中的三相定子绕组组成。机座是用铸铁或铸钢制成的，铁心是由互相绝缘的硅钢片叠压成的。铁心的内圆周表面冲有槽（图5-2），用以放置对称三相绕组U_1U_2、V_1V_2、W_1W_2，有的接成星形，有的接成三角形。

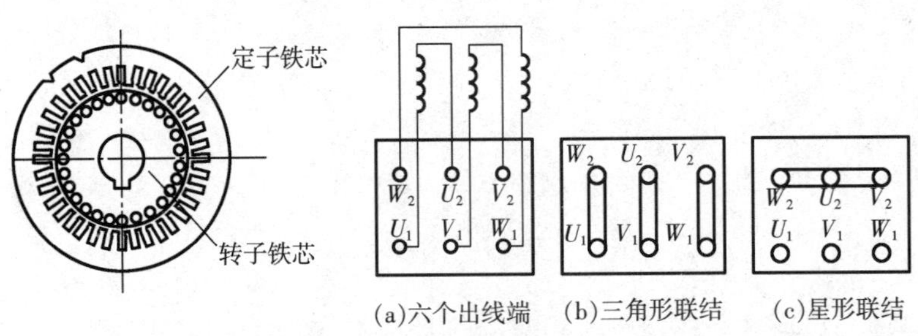

图5-2 定子与转子的铁心片以及绕组的三角形和星形联结

三相异步电动机的转子根据构造上的不同分为两种型式：笼型和绕线型。转子铁心是圆柱状，也用硅钢片叠压成，表面冲有槽（图 5-2）。铁心装在转轴上，轴上加机械负载。

笼型的转子绕组做成鼠笼状，就是在转子铁心的槽中放铜条，其两端用端环联接（图 5-3）。或者在槽中浇铸铝液，铸成一鼠笼（图 5-4），这样便可以用比较便宜的铝来代替铜，同时制造也快。因此，目前中小型笼型电动机的转子很多是铸铝的。笼型异步电动机的“鼠笼”是它的构造特点，易于识别。

图 5-3　笼型转子

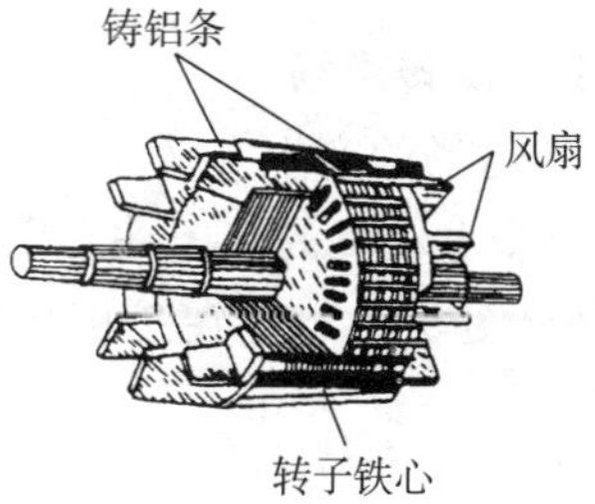

图 5-4　铸铝的笼型转子

绕线型异步电动机的构造如图 5-5 所示，它的转子绕组同定子绕组一样，也是三相的，作星形联结。它每相的始端联接在三个铜制的滑环上，滑环固定在转轴上。环与环，环与转轴都互相绝缘。在环上用弹簧压着碳质电刷。绕线型异步电动机的启动电阻和调速电阻是借助于电刷同滑环和转子绕组连接的。通常就是根据绕线型异步电动机具有三个滑环的构造特点来辨认它的。

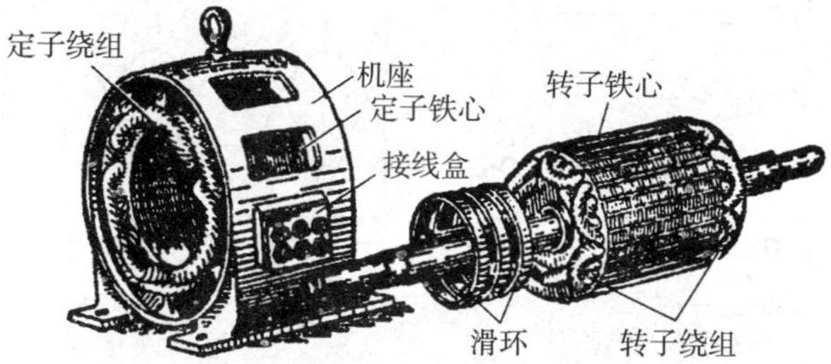

图 5-5　绕线型异步电动机的构造

笼型与绕线型只是在转子的构造上不同，它们的工作原理是一样的。

笼型电动机由于构造简单，价格低廉，工作可靠，使用方便，成为生产上应用得最广泛的一种电动机。

5.2　三相异步电动机的转动原理

图 5-6 所示的是一个装有手柄的蹄形磁铁，磁极间放有一个可以自由转动的、由铜条组成的转子。铜条两端分别用铜环连接起来，形似鼠笼，作为笼型转子。磁极和转子之间没有机械联系。当摇动磁极时，发现转子跟着磁极一起转动。摇得快，转子转得也快；摇得慢，

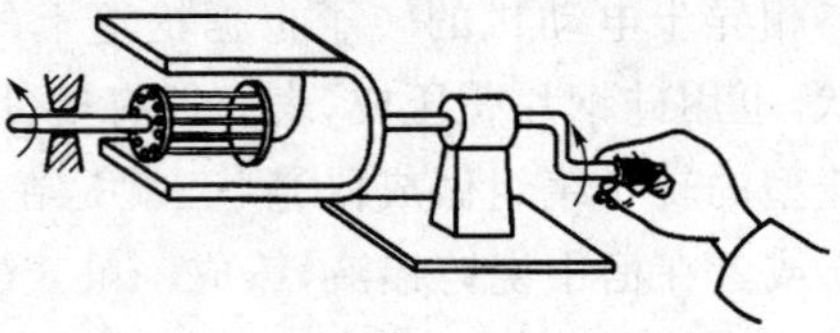
图 5-6　异步电动机转子转动的演示

转子转得也慢；反摇，转子马上反转。从这一演示得出两点启示：第一，有一个旋转的磁场；第二，转子跟着磁场转动。异步电动机转子转动的道理是与上述演示相似的。那么，在三相异步电动机中，磁场从何而来，又怎么还会旋转呢？下面就首先来讨论这个问题。

5.2.1　旋转磁场

1. 旋转磁场的产生

三相异步电动机的定子铁心中放有三相对称绕组 U_1U_2，V_1V_2 和 W_1W_2。设将三相绕组联接成星形(图 5-7)，接在三相电源上，绕组中便通入三相对称电流

$$i_1 = I_m \sin\omega t$$

$$i_2 = I_m \sin(\omega t - 120^\circ)$$

$$i_3 = I_m \sin(\omega t + 120^\circ)$$

其波形如图 5-7 所示。取绕组始端到末端的方向作为电流的参考方向。在电流的正半周时，其值为正，其实际方向与参考方向一致；在负半周时，其值为负，其实际方向与参考方向相反。

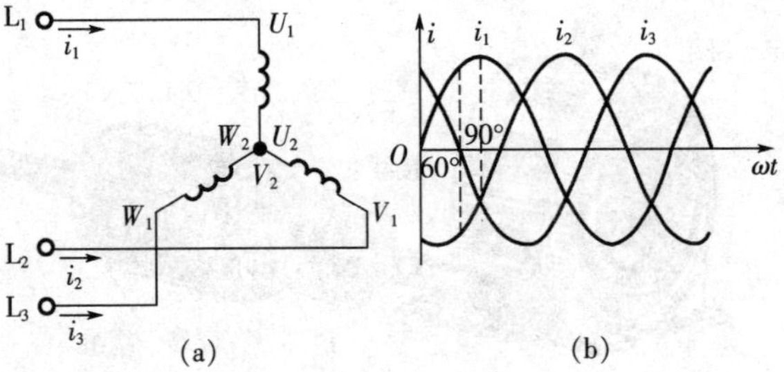

图 5-7　三相对称电流

在 $\omega t = 0$ 的瞬时，定子绕组中的电流方向如图 5-8(a) 所示。这时 $i_1 = 0$；i_2 是负的，其方向与参考方向相反，即自 V_2 到 V_1；i_3 是正的，其方向与参考方向相同，即自 W_1 到 W_2。将每相电流所产生的磁场相加，便得出三相电流的合成磁场。在图 5-8(a)，合成磁场轴线的方向是自上而下的。

图 5-8(b) 所示的是 $\omega t = 60^\circ$ 时定子绕组中电流的方向和三相电流的合成磁场的方向。这时的合成磁场已在空间转过了 60°。

同理可得，在 $\omega t = 90^\circ$ 时的三相电流的合成磁场比 $\omega t = 60^\circ$ 时的合成磁场在空间又转过了 30°，如图 5-8(c) 所示。

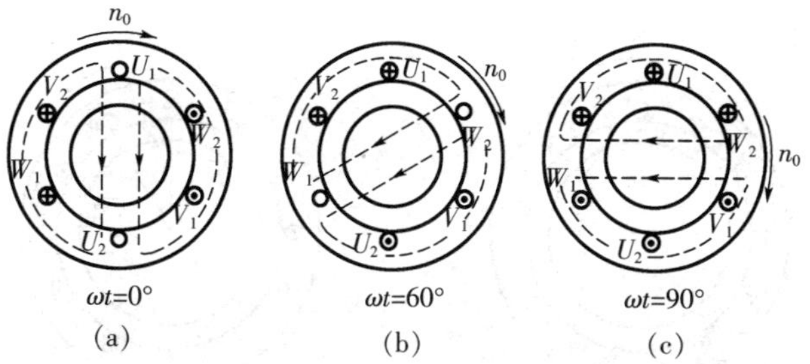

图 5-8　三相电流产生的旋转磁场（$p=1$）

由上可知，当定子绕组中通入三相电流后，它们共同产生的合成磁场是随电流的交变而在空间不断地旋转着，这就是旋转磁场。这旋转磁场同磁极在空间旋转（图 5-6）所起的作用是一样的。

2. 旋转磁场的转向

只要将同三相电源联接的三根导线中的任意两根的一端对调位置，例如将电动机三相定子绕组的 V_1 端改与电源 L_3 相连，W_1 与 L_2 相连，则旋转磁场就反转了（图 5-9）。分析方法与前相同。

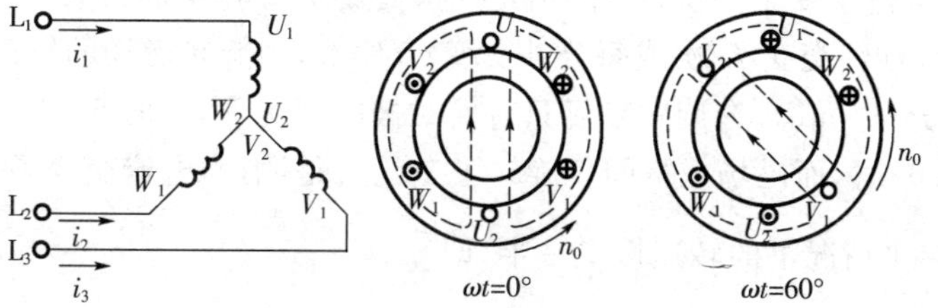

图 5-9　旋转磁场的反转

3. 旋转磁场的极数

三相异步电动机的极数就是旋转磁场的极数。旋转磁场的极数和三相绕组的安排有关。在如图 5-8 所示的情况下，每组绕组只有一个线圈，绕组的始端之间相差 120° 空间角，则产生的旋转磁场具有一对极，即 $p=1$（p 是磁极对数）。如将定子绕组安排得如图 5-10 那样，即每组绕组由两个线圈串联，绕组的始端之间相差 60° 空间角，则产生的旋转磁场具有两对极，即 $p=2$，如图 5-11 所示。

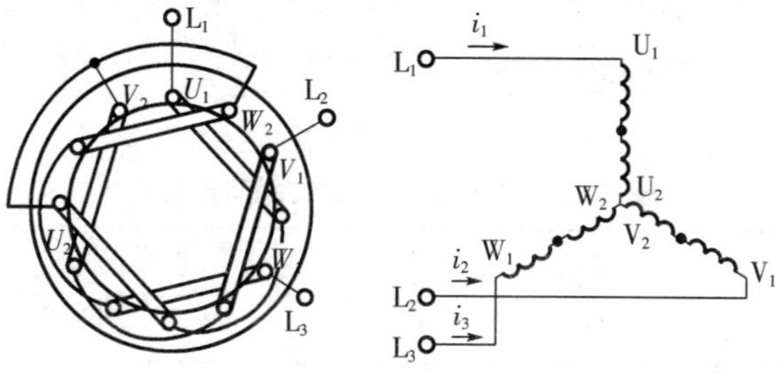

图 5-10　产生四极旋转磁场的定子绕组

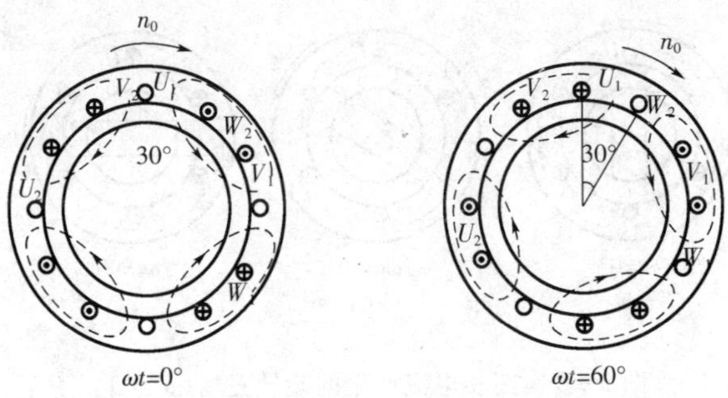

图 5-11　三相电流产生的旋转磁场($p = 2$)

同理,如果要产生三对极,即 $p = 3$ 的旋转磁场,则每相绕组必须有均匀安排在空间的串联的三个线圈,绕组的始端之间相差 $40°\left(\frac{120°}{p}\right)$空间角。

4. 旋转磁场的转速

至于三相异步电动机的转速,它与旋转磁场的转速有关,而旋转磁场的转速决定于磁场的极数。在一对极的情况下,由图 5-8 可见,当电流从 $\omega t = 0$ 到 $\omega t = 60°$ 时,磁场在空间也旋转了 60°。当电流交变了一次(一个周期) 时,磁场恰好在空间旋转了一转。设电流的频率为 f_1,即电流每秒钟交变 f_1 次或每分钟交变 $60f_1$ 次,则旋转磁场的转速为 $n_0 = 60f_1$。转速的单位为转每分(r/min)。在旋转磁场只有两对极的情况下,由图 5-11 可见,当电流也从 $\omega t = 0$ 到 $\omega t = 60°$ 时,而磁场在空间仅旋转了 30°。就是说,当电流交变了一次时,磁场仅旋转了半转,比 $p = 1$ 情况下的转速慢了一半,即 $n_0 = \frac{60f_1}{2}$。

同理,在三对极的情况下,电流交变一次,磁场在空间仅旋转了$\frac{1}{3}$转,只是 $p = 1$ 情况下的转速的三分之一,即 $n_0 = \frac{60f_1}{3}$。

由此推知,当旋转磁场具有 p 对极时,磁场的转速为

$$n_0 = \frac{60f_1}{p} \tag{5-1}$$

因此,旋转磁场的转速 n_0 决定于电流频率 f_1 和磁场的极对数 p,而后者又决定于三相绕组的安排情况。对某一异步电动机而言,f_1 和 p 通常是一定的,所以磁场转速 n_0 是个常数。

在我国,工频 $f_1 = 50$Hz,于是由式(5-1) 可得出对应于不同极对数 p 的旋转磁场转速 n_0(转每分),见表 5-1。

表 5-1　三相异步电动机的同步转速

p	1	2	3	4	5	6
n_0(r/min)	3 000	1 500	1 000	750	600	500

5.2.2　电动机的转动原理

图5-12是三相异步电动机转子转动的原理图，图中 N、S 表示两极旋转磁场，转子中只示出两根导条(铜或铝)。当旋转磁场向顺时针方向旋转时，其磁通切割转子导条，导条中就感应出电动势。电动势的方向由右手定则确定。在这里应用右手定则时，可假设磁极不动，而转子导条向逆时针方向旋转切割磁通，这与实际上磁极顺时针方向旋转时磁通切割转子导条是相类似的。

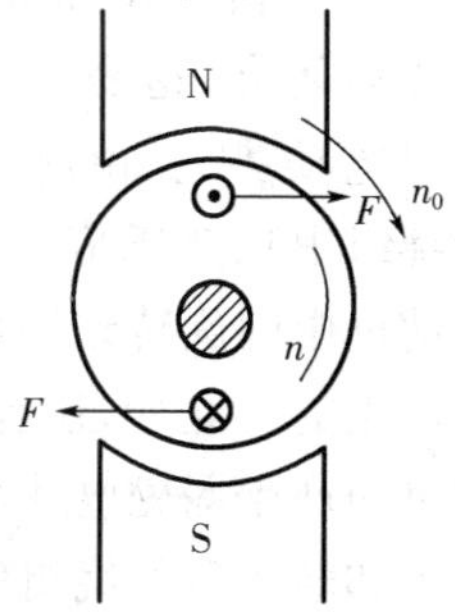

图5-12　转子转动的原理图

在电动势的作用下，闭合的导条中就有电流。电流与旋转磁场相互作用，而使转子导条受到电磁力 F。电磁力的方向可应用左手定则来确定。由电磁力产生电磁转矩，转子就转动起来。由图5-12可见，转子转动的方向和磁极旋转的方向相同。这就是图5-6的演示中转子跟着磁场转动；当旋转磁场反转时，电动机也跟着反转。

5.2.3　转差率

由图5-12可见，电动机转子转动的方向与磁场旋转的方向相同，但转子的转速 n 不可能达到与旋转磁场的转速 n_0 相等，即 $n < n_0$。因为，如果两者相等，则转子与旋转磁场之间就没有相对运动，因而磁通就不切割转子导条，转子电动势、转子电流以及转矩也就都不存在。这样，转子就不可能继续以 n_0 的转速转动。因此，转子转速与磁场转速之间必须要有差别。这就是异步电动机名称中异步的由来。而旋转磁场的转速 n_0 常称为同步转速。

我们用转差率 s 来表示转子转速 n 与磁场转速 n_0 相差的程度，即

$$s = \frac{n_0 - n}{n_0} \tag{5-2}$$

转差率是异步电动机的一个重要的物理量。转子转速愈接近磁场转速，则转差率愈小。由于三相异步电动机的额定转速与同步转速相近，所以它的转差率很小。通常异步电动机在额定负载时的转差率约为1% ～ 9%。

当 $n = 0$ 时(启动初始瞬间)，$s = 1$，这时转差率最大。

式(5-2)也可写为

$$n = (1 - s)n_0 \tag{5-3}$$

【例5-1】　有一台三相异步电动机，其额定转速 $n = 1\,440$r/min。试求电动机的极数和额定负载时的转差率。电源频率 $f_1 = 50$Hz。

【解】　由于电动机的额定转速接近而略小于同步转速，而同步转速对应于不同的极对数有一系列固定的数值。显然，与1 440r/min最相近的同步转速 $n_0 = 1\,500$r/min，与此相应的磁极对数 $p = 2$ 为四极电机。因此，额定负载时的转差率为

$$s = \frac{n_0 - n}{n_0} \times 100\% = 4\%$$

5.3 三相异步电动机的电路分析

图 5-13 是三相异步电动机的每相电路图。当定子绕组接上三相电源电压(相电压为 u_1)时,则有三相电流(相电流为 i_1)通过。定子三相电流产生旋转磁场,其磁通通过定子和转子铁心而闭合。这磁场不仅在转子每相绕组中要感应出电动势 e_2(由此产生电流 i_2),而且在定子每相绕组中也要感应出电动势 e_1(实际上三相异步电动机中的旋转磁场是由定子电流和转子电流共同产生的)。此外,还有漏磁通,在定子绕组和转子绕组中产生漏磁电动势 $e_{\sigma1}$ 和 $e_{\sigma2}$。

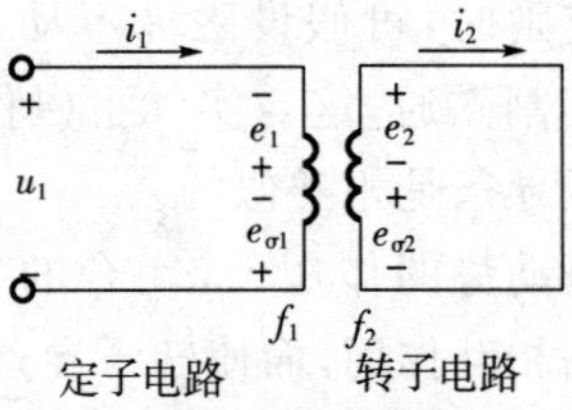

图 5-13 三相异步电动机的每相电路图

定子和转子每相绕组的匝数分别为 N_1 和 N_2。

5.3.1 定子电路

定子每相电路的电压方程

$$u_1 = R_1 i_1 + (-e_{\sigma1}) + (-e_1) = R_1 i_1 + L_{\sigma1}\frac{\mathrm{d}i_1}{\mathrm{d}t} + (-e_1) \tag{5-4}$$

如用相量表示,则为

$$\dot{U}_1 = R_1\dot{I}_1 + (-\dot{E}_{\sigma1}) + (-\dot{E}_1) = R_1\dot{I}_1 + \mathrm{j}X_1\dot{I}_1 + (-\dot{E}_1) \tag{5-5}$$

式中,R_1 和 X_1 分别为定子每相绕组的电阻和感抗(漏磁感抗)。

式(5-5)前两相忽略,可得出

$$\dot{U}_1 \approx -\dot{E}_1$$

和

$$E_1 = 4.44 f_1 N_1 \Phi_1 \approx U_1 \tag{5-6}$$

式中,Φ 是通过每相绕组的磁通最大值,在数值上它等于旋转磁场的每级磁通;f_1 是 e_1 的频率。因为旋转磁场和定子间的相对转速为 n_0,所以

$$f_1 = \frac{pn_0}{60} \tag{5-7}$$

即等于电源或定子电流的频率。

5.3.2 转子电路

转子每相电路的电压方程为

$$e_2 = R_2 i_2 + (-e_{\sigma2}) = R_2 i_2 + l_{\sigma2}\frac{\mathrm{d}i}{\mathrm{d}t} \tag{5-8}$$

如用相量表示，则为

$$\dot{E}_2 = R_2\dot{I}_2 + (-\dot{E}_{\sigma 2}) = R_2\dot{I}_2 + jX_2\dot{I}_2 \quad (5-9)$$

式中，R_2 和 X_2 分别为转子每相绕组的电阻和感抗（漏磁感抗）。

上式中转子电路的各个物理量对电动机的性能都有影响，现分述如下。

1. 转子频率 f_2　因为旋转磁场和转子间的相对转速为$(n_0 - n)$，所以转子频率

$$f_2 = \frac{p(n_0 - n)}{60}$$

上式也可写成

$$f_2 = \frac{n_0 - n}{n_0} \times \frac{pn_0}{60} = sf_1 \quad (5-10)$$

可见转子频率 f_2 与转差率 s 有关，也就是与转速 n 有关。

在 $n = 0$，即 $s = 1$ 时（电动机启动初始瞬间），转子与旋转磁场间的相对转速最大，转子导条被旋转磁通切割得最快。所以这时 f_2 最高，即 $f_2 = f_1$。异步电动机在额定负载时，$s = 1\% \sim 9\%$，则 $f_2 = 0.5 \sim 4.5\text{Hz}(f_1 = 50\text{Hz})$。

2. 转子电动势 E_2　转子电动势 e_2 的有效值为

$$E_2 = 4.44f_2N_2\phi = 4.44sf_1N_2\phi \quad (5-11)$$

在 $n = 0$，即 $s = 1$ 时，转子电动势为

$$E_{20} = 4.44f_1N_2\phi \quad (5-12)$$

这时 $f_2 = f_1$，转子电动势最大。

由上两式可得出

$$E_2 = sE_{20} \quad (5-13)$$

可见转子电动势 E_2 与转差率 s 有关。

3. 转子感抗 X_2　与转子频率 f_2 有关，即

$$X_2 = 2\pi f_2L_{\sigma 2} = 2\pi sf_1L_{\sigma 2} \quad (5-14)$$

在 $n = 0$，即 $s = 1$ 时，转子感抗为

$$X_{20} = 2\pi f_1L_{\sigma 2} \quad (5-15)$$

这时 $f_2 = f_1$，转子感抗最大。

由上两式可得出

$$X_2 = sX_{20} \quad (5-16)$$

可见转子感抗 X_2 与转子率 s 有关。

4. 转子电流 I_2　转子每相电路的电流可由式(5-9)得出，即

$$I_2 = \frac{E_2}{\sqrt{R_2^2 + X_2^2}} = \frac{sE_{20}}{\sqrt{R_2^2 + (sX_{20})^2}} \tag{5-17}$$

可见转子电流 I_2 也与转差率 s 有关。当 s 增大，即转速 n 降低，转子与旋转磁场间的相对旋速 $(n_0 - n)$ 增加，转子导体切割磁通的速度提高，于是 E_2 增加，I_2 也增加。I_2 随 s 变化的关系可用图 5-14 的曲线表示。当 $s = 0$，即 $n_0 - n = 0$，$I_2 = 0$；当 s 很小时，$R_2 \geqslant sX_{20}$，$I_2 \approx \frac{sE_{20}}{R_2}$，$I_2$ 即与 s 近似地成正比；当 s 接近 1 时，$sX_{20} \gg R_2$，$I_2 \approx \frac{E_{20}}{X_{20}}$。

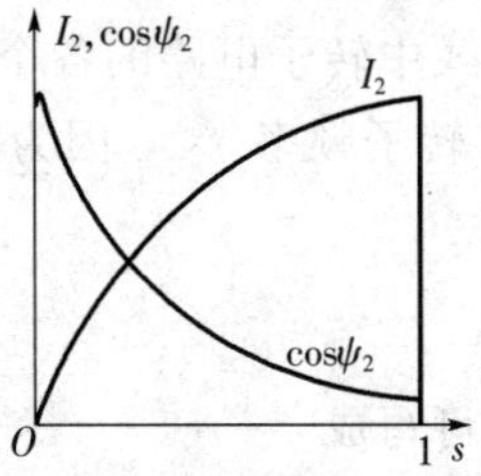

图 5-14　I_2 和 $\cos\varphi_2$ 与转差率 S 的关系

5. 转子电路的功率因数 $\cos\varphi_2$

由于转子有漏磁通，相应的感抗为 X_2，因此 $\dot{I}_2$ 比 $\dot{E}_2$ 滞后 φ_2 角。因而转子电路的功率因数为

$$\cos\varphi_2 = \frac{R_2}{\sqrt{R_2^2 + X_2^2}} = \frac{R_2}{\sqrt{R_2^2 + (sX_{20})^2}} \tag{5-18}$$

它也与转差率 s 有关。当 s 增大时，X_2 也增大，于是 φ_2 增大，即 $\cos\varphi_2$ 减小。$\cos\varphi_2$ 随 s 的变化关系也体现在图 5-14 中。当 s 很小时，$R_2 \geqslant sX_{20}$，$\cos\varphi_2 \approx 1$；当 s 接近 1 时，$\cos\varphi_2 = \frac{R_2}{sX_{20}}$，即两者之间近似地有双曲线的关系。

由上述可知，转子电路的各个物理量，如电动势、电流、频率、感抗及功率因数等与转差率有关，亦即与转速有关。这是学习三相异步电动机时应注意的一个特点。

5.4　三相异步电动机的转矩与机械特性

电磁转矩 T(以下简称转矩)是三相异步电动机的最重要的物理量之一，机械特性是它的主要特性。对电动机进行分析往往离不开它们。

5.4.1　转矩公式

异步电动机的转矩是由旋转磁场的每极磁通 ϕ 与转子电流 I_2 相互作用而产生的。但因转子电路是电感性的，转子电流 $\dot{I}_2$ 比转子电动势 $\dot{E}_2$ 滞后 ψ_2 角。

因

$$T = \frac{P_\phi}{\Omega_0} = \frac{P_\phi}{\frac{2\pi n_0}{60}}$$

电磁转矩与电磁功率 P_ϕ 成正比，和讨论有功功率一样，也要引入 $\cos\psi_2$，于是得出

$$T = K_T \phi I_2 \cos\psi_2 \tag{5-19}$$

式中，K_T 是一常数，它与电动机的结构有关。

由式(5-19)可见，转矩除与 ϕ 成正比外，还与 $I_2\cos\psi_2$ 成正比。

再根据式(5-6)，式(5-17)及式(5-18)可知

$$\phi = \frac{E_1}{4.44 f_1 N_1} \approx \frac{U_1}{4.44 f_1 N_1} \propto U_1$$

$$I_2 = \frac{sE_{20}}{\sqrt{R_2^2 + (sX_{20})^2}} = \frac{s(4.44 f_1 N_2 \phi)}{\sqrt{R_2^2 + (sX_{20})^2}}$$

$$\cos\psi_2 = \frac{R_2}{\sqrt{R_2^2 + (sX_{20})^2}}$$

由于 I_2 和 $\cos\psi_2$ 与转差率 s 有关，所以转矩 T 也与 s 有关。

如果将上列三式代入式(5-19)，则得出转矩的另一个表示式

$$T = K \frac{sR_2 U_1^2}{R_2^2 + (sX_{20})^2} \tag{5-20}$$

式中，K 是一常数。

由上式可见，转矩 T 还与定子每相电压 U_1 的平方成比例，所以当电源电压有所变动时，对转矩的影响很大。此外，转矩 T 还受转子电阻 R_2 的影响。

5.4.2 机械特性曲线

在一定的电源电压 U_1 和转子电阻 R_2 之下，转矩与转差率的关系曲线 $T = f(s)$ 或转速与转矩的关系曲线 $n = f(T)$，称为电动机的机械特性曲线。它可根据式(5-19)并参照图5-14得出，如图5-15所示。图5-16的 $n = f(T)$ 曲线可从图5-15得出。只需将 $T = f(s)$ 曲线顺时针方向转过90°，再将表示 T 的横轴移下即可。

研究机械特性的目的是为了分析电动机的运行性能。在机械特性曲线上我们要讨论三个转矩。

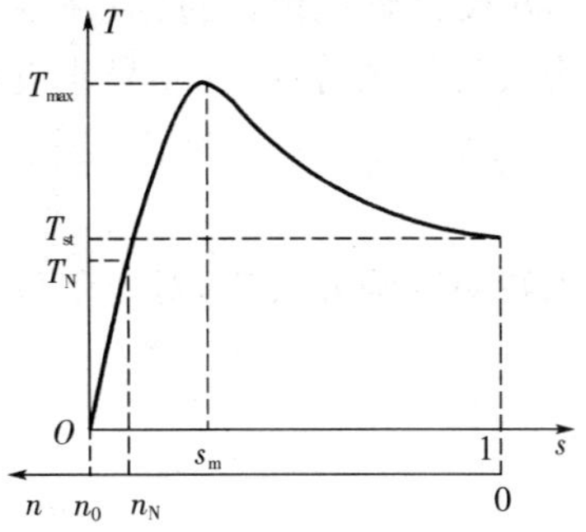

图5-15 三相异步电动机的 $T = f(s)$ 曲线

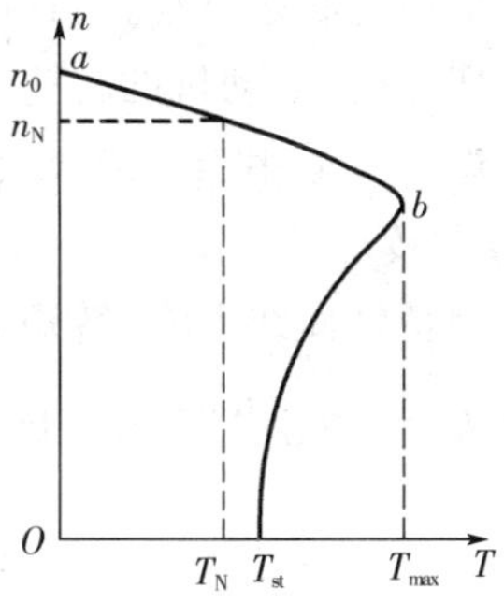

图5-16 三相异步电动机的 $n = f(T)$ 曲线

1. 额定转矩 T_N

在等速转动时，电动机的转矩 T 必须与阻转矩 T_C 相平衡，即

$$T_C = T$$

阻转矩主要是机械负载转矩 T_2。此外，还包括空载损耗转矩（主要是机械损耗转矩）T_0。由于 T_0 很小，常可忽略，所以

$$T = T_2 + T_0 \approx T_2 \tag{5-21}$$

并由此得

$$T \approx T_2 = \frac{P_2}{\dfrac{2\pi n}{60}}$$

式中，P_2 是电动机轴上输出的机械功率。上式中转矩的单位是牛·米（N·m）；功率的单位是瓦（W）；转速的单位是转每分（r/min）。功率如用千瓦为单位，则得出

$$T = 9\,550\,\frac{P_2}{n} \tag{5-22}$$

额定转矩是电动机在额定负载时的转矩，它可从电动机铭牌上的额定功率（输出机械功率）和额定转速应用式(5-22)求得。

例如某普通车床的主轴电动机（Y132M－4 型）的额定功率为 7.5kW，额定转速为 1 440r/min，则额定转矩为

$$T = 9\,550\,\frac{P_{2N}}{n_N} = 9\,550 \times \frac{7.5}{1\,440}\text{N}\cdot\text{m} = 49.7\text{N}\cdot\text{m}$$

通常三相异步电动机都工作在图 5-16 所示特性曲线的 ab 段。当负载转矩增大（譬如车床切削时的吃刀量加大，起重机的起重量加大）时，在最初瞬间电动机的转矩 $T < T_C$，所以它的转速 n 开始下降。随着转速的下降，由图 5-16 可见，电动机的转矩增加了，因为这时 I_2 增加的影响超过 $\cos\psi_2$ 减小的影响（参见图 5-14 和式 5-19）。当转矩增加到 $T_C = T$ 时，电动机在新的稳定状态下运行，这时转速较前变低。但是，ab 段比较平坦，当负载在空载与额定值之间变化时，电动机的转速变化不大。这种特性称为硬的机械特性。三相异步电动机的这种硬特性非常适用于一般金属切削机床。

2. 最大转矩 T_{max}

从机械特性曲线上看，转矩有一个最大值，称为最大转矩或临界转矩。对应于最大转矩的转差率为 s_m，它由 $\dfrac{dT}{ds}$ 求得，即

$$\frac{dT}{ds} = \frac{d}{ds}\left[K\,\frac{sR_2U_1^2}{R_2^2 + (sX_{20})^2}\right] = 0$$

得

$$s = s_m = \pm \frac{R_2}{X_{20}} \quad \text{（取正值）}$$

得

$$s_m = \frac{R_2}{X_{20}} \tag{5-23}$$

再将 s_m 代入式(5－20)，则得

$$T_{\max} = K\frac{U_1^2}{2X_{20}} \tag{5-24}$$

由上列两式可见，$T_{\max}$ 与 U_1^2 成正比，而与转子电阻 R_2 无关；s_m 与 R_2 有关，R_2 愈大，s_m 也愈大。

上述关系表示在图 5－17 和图 5－18 中。

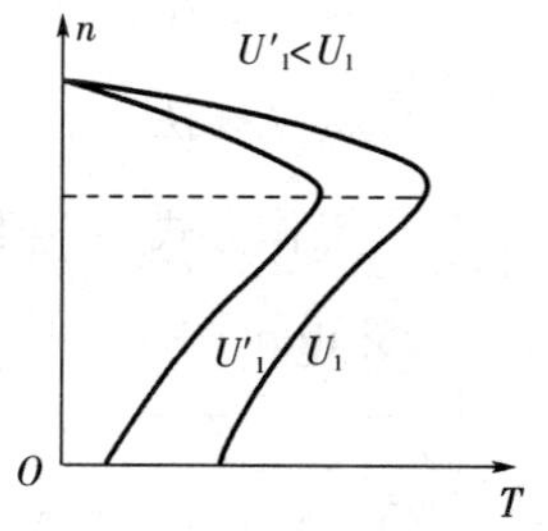

图 5－17　对应于不同电源电压 U_1 的 $n=f(T)$ 曲线(R_2 = 常数)

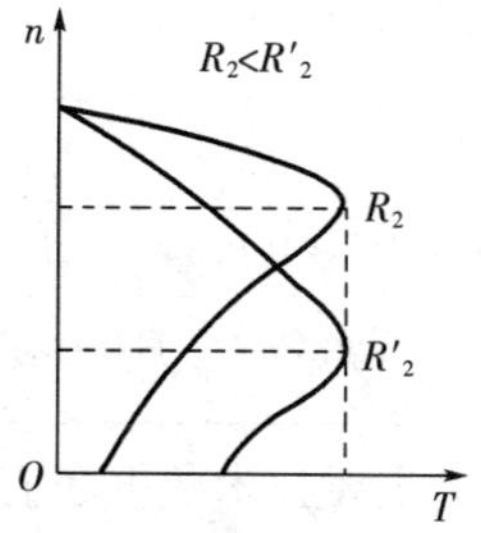

图 5－18　对应于不同转子电阻 R_2 的 $n=f(T)$ 曲线(U_1 = 常数)

当负载转矩超过最大转矩时，电动机就带不动负载了，发生所谓闷车现象。闷车后，电动机的电流马上升高六七倍，电动机严重过热，以致烧坏。

另外一个方面，也说明电动机的最大过载可以接近最大转矩。如果过载时间较短，电动机不至于立即过热，是允许的。因此，最大转矩也表示电动机短时容许过载能力。电动机的额定转矩 T_N 比 $T_{\max}$ 要小，两者之比称为过载系数 λ，即

$$\lambda = \frac{T_{\max}}{T_N} \tag{5-25}$$

一般三相异步电动机的过载系数为 1.8 ～ 2.2。在选用电动机时，必须考虑可能出现的最大负载转矩，而后根据所选电动机的过载系数算出电动机的最大转矩，它必须大于最大负载转矩。否则，就要重选电动机。

3. 启动转矩 T_{st}

电动机刚启动($n=0, s=1$)时的转矩称为启动转矩。将 $s=1$ 代入式(5－20)即得出

$$T_{st} = K\frac{R_2U_1^2}{R_2^2+X_{20}^2} \tag{5-26}$$

由上式可见，T_{st} 与 U_1^2 及 R_2 有关。当电源电压 U_1 降低时，启动转矩会减小(图 5－17)。

当转子电阻适当增大时，启动转矩会增大(图 5 - 18)。由式(5 - 24)、式(5 - 25) 及式(5 - 26) 可推出：当 $R_2 = X_{20}$ 时，$T_{st} = T_{\max}$，$s_m = 1$。但继续增大 R_2 时，T_{st} 就要随着减少，这时 $s_m > 1$。

5.5 三相异步电动机的使用

5.5.1 三相异步电动机的铭牌数据

要正确使用电动机，必须要看懂铭牌。今以 Y132M－4 型电动机为例，来说明铭牌上各个数据的意义。

三相异步电动机					
型号	Y132M－4	功　率	7.5kW	频　率	50Hz
电压	380V	电　流	15.4A	接　法	Δ
转速	1 440r/min	绝缘等级	B	工作方式	连续
年　月　编号				××电机厂	

此外，它的主要技术数据还有：功率因数 0.85，效率 87%。

1. 型号

为了适应不同用途和不同工作环境的需要，电动机制成不同的系列，每种系列用各种型号表示。型号说明，例如

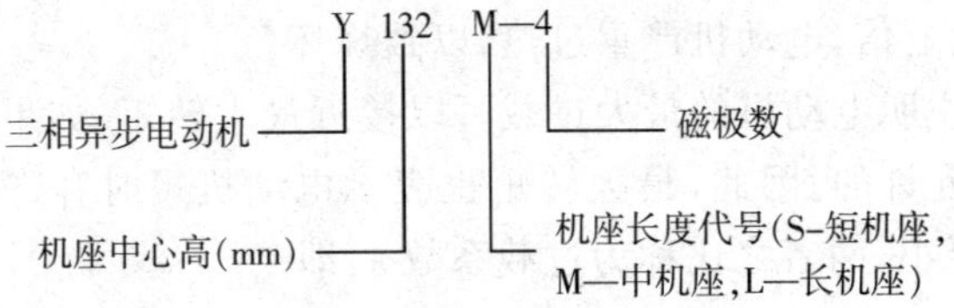

异步电动机的产品名称代号及其汉字意义摘录于表 5 - 2 中。

表 5 - 2　异步电动机产品名称代号

产品名称	新代号	汉字意义	老代号
异步电动机	Y	异	J,JO
绕线型异步电动机	YR	异绕	JR,JRO
防爆型异步电动机	YB	异爆	JB,JBS
高启动转矩异步电动机	YQ	异起	JO,JQO

2. 接法

这是指定子三相绕组的接法。一般笼型电动机的接线盒中有六根引出线，标有 U_1，V_1，W_1，U_2，V_2，W_2，其中：

U_1，U_2 是第一相绕组的两端(旧标号是 D_1，D_4)；

V_1，V_2 是第二相绕组的两端(旧标号是 D_2，D_5)；

W_1，W_2 是第三相绕组的两端(旧标号是 D_3，D_6)。

如果 U_1，V_1，W_1 分别为三相绕组的始端(头)，则 U_2，V_2，W_2 是相应的末端(尾)。这六个引出线端在接电源之前，相互间必须正确连接。连接方法有星形联结和三角形联结两种(图 5－19)。通常三相异步电动机自 3kW 以下者，联结成星形；自 4kW 以上者，联结成三角形。

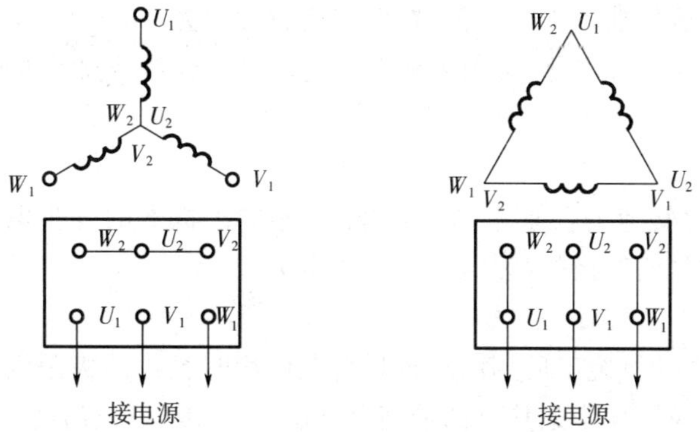

图 5－19 定子绕组的星形联结和三角形联结

3. 电压

铭牌上所标的电压值是指电动机在额定运行时定子绕组上应加的线电压值。一般规定电动机的电压不应高于或低于额定值的 5%。当电压高于额定值时，磁通将增大(因 $U_1 \approx 4.44 f_1 N_1 \phi$)。若所加电压较额定电压高出较多，这将使励磁电流大大增加，电流大于额定电流，使绕组过热。同时，由于磁通的增大，铁损(与磁通平方成正比)也就增大，使定子铁心过热。但常见的是电压低于额定值。这时引起转速下降，电流增加。如果在满载或接近满载的情况下，电流的增加将超过额定值，使绕组过热，还必须注意，在低于额定电压下运行时，和电压平方成正比的最大转矩 T_{max} 会显著地降低，这对电动机的运行也是不利的。三相异步电动机的额定电压有 380V、3 000V 及 6 000V 等多种。

4. 电流

铭牌上所标的电流值是指电动机在额定运行时定子绕组的线电流值。当电动机空载时，转子转速接近于旋转磁场的转速，两者之间相对转速很小，所以转子电流近似为零，这时定子电流几乎全为建立旋转磁场的励磁电流。

5. 功率与效率

铭牌上所标的功率值是指电动机在额定运行时轴上输出的机械功率值。输出功率与输入功率不等，其差值等于电动机本身的损耗功率，包括铜损、铁损及机械损耗等。所谓效率 η，就是输出功率与输入功率的比值。

如以 Y132M－4 型电动机为例：

输入功率　$P_1 = \sqrt{3}U_l I_l \cos\varphi = \sqrt{3} \times 380 \times 15.4 \times 0.85\text{W} = 8.6\text{kW}$

输出功率　$P_2 = 7.5\text{kW}$

效　　率　$\eta = \frac{P_2}{P_1} = \frac{7.5}{8.6} \times 100\% = 87\%$

一般笼型电动机在额定运行时的效率约为 72%～93%。

6. 功率因数

因为电动机是电感性负载，定子相电流比相电压滞后一个 φ 角，$\cos\varphi$ 就是电动机的功率因数。三相异步电动机的功率因数较低，在额定负载时约为 0.7～0.9，而在轻载和空载时更低，空载时只有 0.2～0.3。因此，必须正确选择电动机的容量，防止“大马拉小车”，并力求缩短空载的时间。

7. 转速

由于生产机械对转速的要求不同，需要生产不同磁极数的异步电动机，因此有不同的转速等级。最常用的是四个极的（$n_0 = 1\,500\text{r/min}$）。

8. 绝缘等级

绝缘等级是按电动机绕组所用的绝缘材料在使用时容许的极限温度来分级的。所谓极限温度，是指电机绝缘结构中最热点的最高容许温度。B 级，极限温度为 130℃。

5.5.2　三相异步电动机的启动

交流异步电动机常用的启动方法有直接启动和降压启动两种。

1. 直接启动

直接启动就是利用闸刀开关或接触器将电动机直接接到具有额定电压的电源上。这种启动方法虽然简单，但如上所述，由于启动电流较大，将使线路电压下降，影响负载正常工作。

一台电动机能否直接启动，有一定规定。有的地区规定：用电单位如有独立的变压器，则在电动机启动频繁时，电动机容量小于变压器容量的 20% 时允许直接启动；如果电动机不经常启动，它的容量小于变压器容量的 30% 时允许直接启动。如果没有独立的变压器（与照明公用），电动机直接启动时所产生的电压降不应超过 5%。

2. 降压启动

如果电动机直接启动时所引起的线路电压降较大，必须采用降压启动。就是在启动时降低加在电动机定子绕组上的电压，以减小启动电流。笼型电动机的降压启动常用下面几种方法：

(1) 星形－三角形（Y－Δ）换接启动

如果电动机在工作时其定子绕组是连接成三角形的，那么在启动时可把它接成星形，等到转速接近额定值时再换接成三角形联结。这样，在启动时就把定子每相绕组上的电压降到正常工作电压的 $\frac{1}{\sqrt{3}}$。降压启动时，线电流降为直接启动的 $\frac{1}{3}$。

(2) 自耦降压启动

自耦降压启动是利用三相自耦变压器将电动机在启动过程中的端电压降低，自耦变压器备有抽头，以便得到不同的电压(例如为电源电压的 73%，64%，55%)，根据对启动转矩的要求而选用。

自耦降压启动适用于容量较大的或正常运行时为星形联结不能采用星三角启动器的笼型异步电动机。

5.5.3　三相异步电动机的调速

调速就是在同一负载下能得到不同的转速，以满足生产过程的要求。例如各种切削机床的主轴运动随着工件与刀具的材料、工件直径、加工工艺的要求及走刀量的大小等的不同，要求有不同的转速，以获得最高的生产率和保证加工质量。如果采用电气调速，就可以大大简化机械变速机构。

在讨论异步电动机的调速时，首先从研究公式出发。下式表明，改变电动机的转速有

$$n = (1-s)n_0 = (1-s)\frac{60f_1}{p}$$

三种可能，即改变电源频率 f_1、极对数 p 及转差率 s。前两者是笼型电动机的调速方法，后者是绕线型电动机的调速方法。现分别讨论如下。

1. 变频调速

近年来变频调速技术发展很快，目前主要采用如图 5-20 所示的变频调速装置，它主要由整流器、中间直流环节、逆变器和控制回路组成。整流器先将频率 f 为 50Hz 的三相交流电变换为直流电，再由逆变器变换为频率 f_1 可调、电压有效值 u_1 也可调的三相交流电，供给三相笼型电动机。由此可得到电动机的无级变速，并具有硬的机械特性。

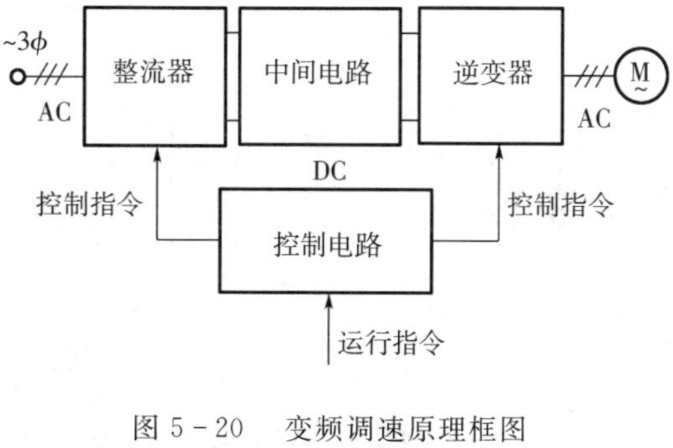

图 5-20　变频调速原理框图

通常有下列两种变频调速方式：

(1) 在 $f_1 < f_{1N}$，即低于额定转速调速时，应保持$\frac{U_1}{f_1}$的比值近于不变，也就是两者要成比例地同时调节。由 $U_1 \approx 4.44 f_1 N_1 \phi$ 和 $T = K_T \phi I_2 \cos\psi_2$ 两式可知，这时磁通 ϕ 和转矩 T 也都近似不变。这是恒转矩调速。

如果把转速调低时，$U_1 = U_{1N}$ 保持不变，在减小 f_1 时磁通 ϕ 则将增加。这就会使磁路饱

和(电动机磁通一般设计在接近铁心磁饱和点),从而增加励磁电流和铁损,导致电机过热,这是不允许的。

(2) 在 $f_1 > f_{1N}$,即高于额定转速调速时,应保持 $U_1 \approx U_{1N}$。这时磁通 ϕ 和转矩 T 都将减小。转速增大,转矩减小,将使功率近于不变。这是恒功率调速。如果把转速调高时,$\frac{U_1}{f_1}$ 的比值不变,在增加 f_1 的同时 U_1 也要增加。U_1 超过额定电压也是不允许的。频率调节范围一般为 $0.5 \sim 320\text{Hz}$。

目前在国内由于逆变器中的开关元件(可关断晶闸管、大功率晶体管和功率场效应管等)的制造水平不断提高,笼型电动机的变频调速技术的应用也就日益广泛。目前国内变频调速器生产厂家较多。

2. 变极调速

由式 $n_0 = \frac{60f_1}{p}$ 可知,如果极对数 p 减小一半,则旋转磁场的转速 n_0 便提高一倍,转子转速 n 差不多也提高一倍。因此改变 p 可以得到不同的转速。如何改变极对数呢?这同定子绕组的接法有关。

图 5-21 所示的是定子绕组的两种接法。把 U 相绕组分成两半:线圈 $U_{11}U_{21}$ 和 $U_{12}U_{22}$。图 5-21(a) 中是两个线圈串联,得出 $p = 2$。图 5-21(b) 中是两个线圈反并联(头尾相联),得出 $p = 1$。在换极时,一个线圈中的电流方向不变,而另一个线圈中的电流必须改变方向。

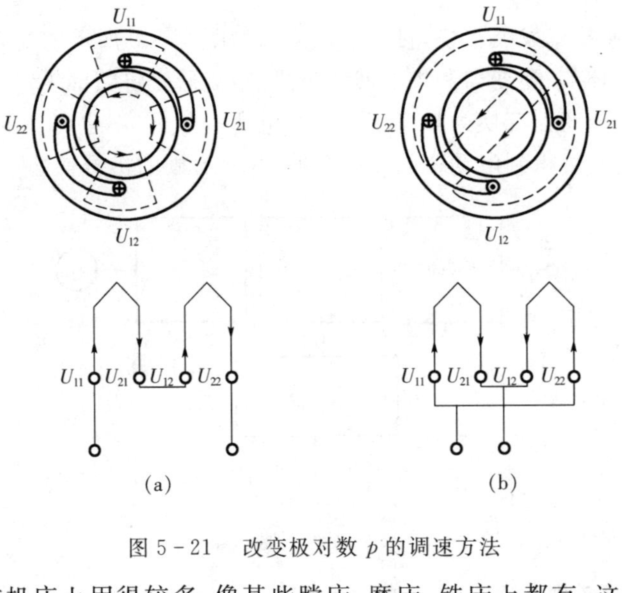

图 5-21　改变极对数 p 的调速方法

双速电动机在机床上用得较多,像某些膛床、磨床、铣床上都有。这种电动机的调速是有级的。

3. 变转差率调速

只要在绕线型电动机的转子电路中接入一个调速电阻,如图 5-22 所示,改变电阻的大小,就可得到平滑调速。譬如增大调速电阻时,转差率 s 上升,而转速 n 下降。这种调速方法的优点是设备简单，投资少，但能量损耗较大。

这种调速方法广泛应用于起重设备中。

5.5.4　三相异步电动机的制动

因为电动机的转动部分有惯性，所以把电源切断后，电动机还会继续转动一定时间而后停止。为了缩短辅助工时，提高生产机械的生产率，往往要求电动机能够迅速停车和反转。这就需要对电动机制动。对电动机制动，也就是要求它的转矩与转子的转动方向相反。这时的转矩称为制动转矩。异步电动机的制动常用下列几种方法。

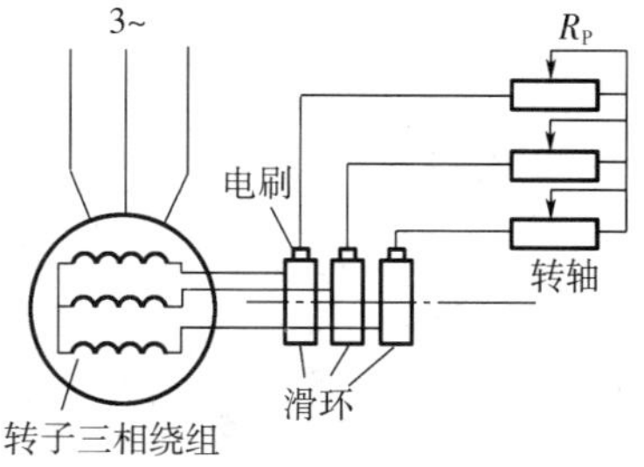

图 5－22　绕线型电动机示意图

1. 能耗制动

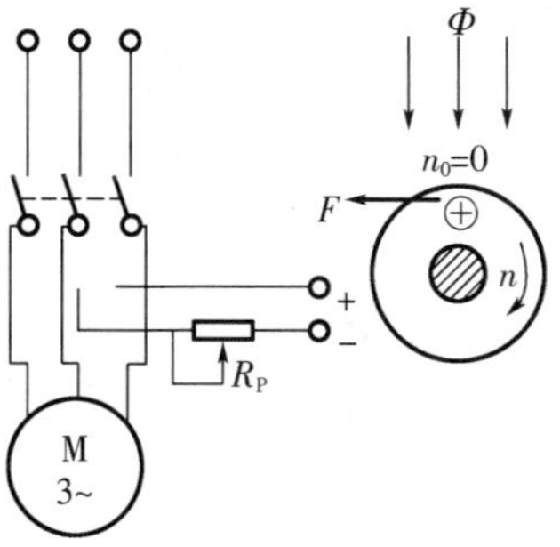

图 5－23　能耗制动

这种制动方法就是在切断三相电源的同时，接通直流电源（图 5－23），使直流电流通入定子绕组。直流电流的磁场是固定不动的，而转子由于惯性继续在原方向转动。根据右手定则和左手定则不难确定这时的转子电流与固定磁场相互作用产生的转矩的方向。它与电动机转动的方向相反，因而起制动的作用。制动转矩的大小与直流电流的大小有关。直流电流的大小一般为电动机额定电流的 0.5 ～ 1 倍。

因为这种方法是用消耗转子的动能（转换为电能）来进行制动的，所以称为能耗制动。这种制动能量消耗小，制动平稳，但需要直流电源。在有些机床中采用这种制动方法。

2. 反接制动

在电动机停车时，可将接到电源的三根导线中的任意两根的一端对调位置，使旋转磁场反向旋转，而转子由于惯性仍在原方向转动。这时的转矩方向与电动机的转动方向相反（图 5－24），因而起制动的作用。当转速接近零时，利用某种控制电器将电源自动切断，否则电动机将会反转。

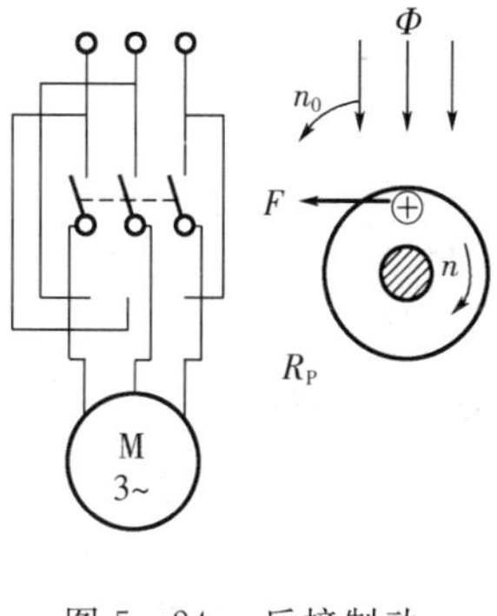

图 5－24　反接制动

由于在反接制动时旋转磁场与转子的相对转速（n_0+n）很大，因而电流较大。为了限制电流，对功率较大的电动机进行制动时必须在定子电路（笼型）或转子电路（绕线型）中接入电阻。

这种制动比较简单，效果较好，但能量消耗较大。对有些中型车床和铣床主轴的制动采用这种方法。

3. 发电回馈制动

当转子的转速 n 超过旋转磁场的转速 n_0 时，这时的转矩也是制动的（图 5－25）。当起重

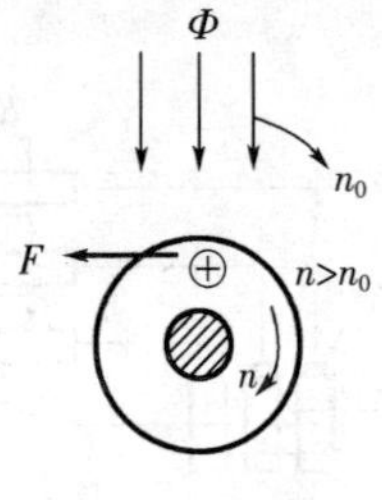

图 5-25　发电反馈制动

机快速下放重物时，就会发生这种情况。这时重物拖动转子，使其转速 $n > n_0$，重物受到制动等速下降。实际上这时电动机已转入发电机运行，将重物的位能转换为电能而反馈到电网里去，所以称为发电机回馈制动。另外，当将多速电动机从高速调到低速的过程中，也自然发生这种制动。因为刚将极对数 p 加倍时，磁场转速立即减半，但由于惯性，转子转速只能逐渐下降，因此就出现 $n > n_0$ 的情况。

5.6　单相异步电动机

单相异步电动机常用于功率不大的电动工具(如电钻、搅拌器等)和众多的家用电器(如洗衣机、电冰箱、电风扇、抽排油烟机等)中。

下面介绍两种常用的单相异步电动机，它们都采用笼型转子，但定子有所不同。

5.6.1　电容分相式异步电动机

图 5-26 所示的是电容分相式异步电动机。在它的定子中放置一个启动绕组 B，它与工作绕组 A 在空间相隔 90°。绕组 B 与电容器串联，使两个绕组中的电流在相位上近于相差 90°，这就是分相。这样，在空间相差 90° 的两个绕组，分别通有在相位上相差 90°(或接近 90°)的两相电流，也能产生旋转磁场。

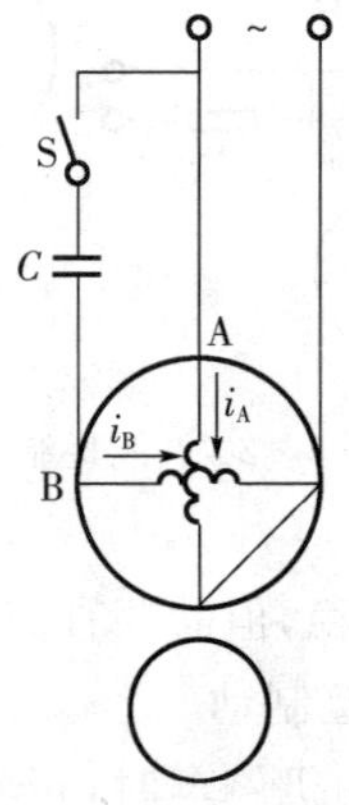

图 5-26　电容分相式异步电动机

设两相电流为

$$i_A = I_{Am}\sin\omega t$$

$$i_B = I_{Bm}\sin(\omega t + 90^\circ)$$

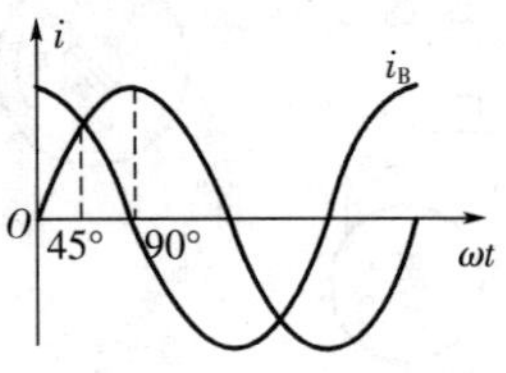

图 5-27　两相电流

它们的正弦曲线如图 5-27 所示。我们只要回忆一下三相电流是如何产生旋转磁场的，从图 5-28 中就可理解到两相电流所产生的合成磁场也是在空间旋转的。在这旋转磁场的作用下，电动机的转子就转动起来。在接近额定转速时，有的借助离心力的作用把开关 S 断开(在启动时是靠弹簧使其闭合的)，以切断启动绕组。有的采用启动继电器把它的吸引线圈串联在工作绕组的电路中。在启动时由于电流较大，继电器动作，其动合触点闭合，将启动绕组与电源接通，随着转速的升高，工作绕组中电流减小，当减小到一定值时，继电器复位，切断启动绕组。也有在电动机运行时不断开启动绕组(或仅切除部分电容)以提高功率因数和增大转矩。

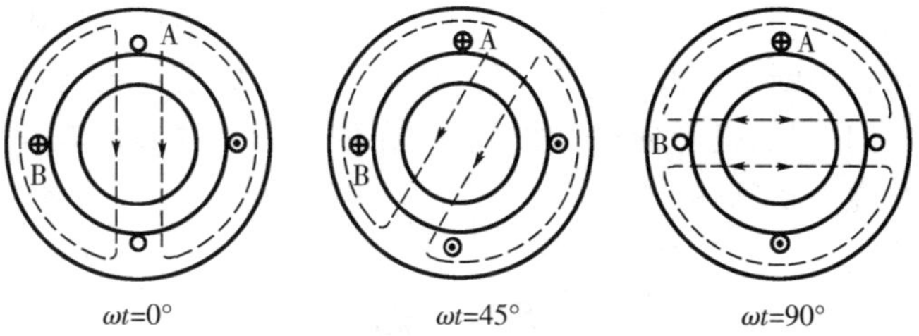

图 5-28　两相旋转磁场

除用电容来分相外，也可用电感和电阻来分相。工作绕组的电阻小，匝数多（电感大）；启动绕组的电阻大，匝数少，以达到分相的目的。改变电容器 C 的串联位置，可使单相异步电动机反转。在图 5-29 中，将开关 S 合在位置 1，电容器 C 与 B 绕组串联，电流 i_B 较 i_A 超前近 90°；当将 S 切换到位置 2，电容器 C 与 A 绕组串联，i_A 较 i_B 超前近 90°。这样就改变了旋转磁场的转向，从而实现电动机的反转。洗衣机中的电动机就是由定时器的转换开关来实现这种自动切换的。

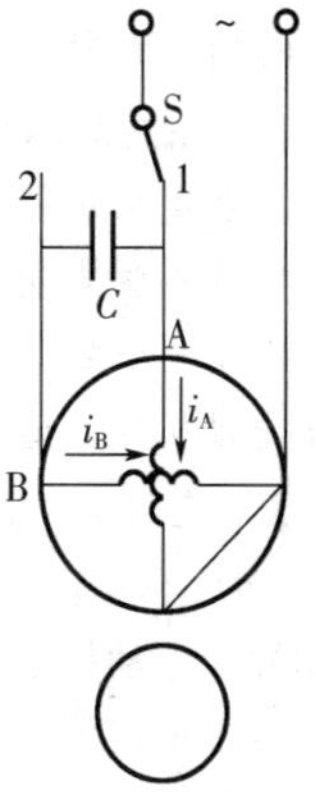

图 5-29　实现正反转的电路

5.6.2　罩极式异步电动机

罩极式异步电动机的结构如图 5-30 所示。单相绕组绕在磁极上，在磁极的约 $\frac{1}{3}$ 部分套一短路铜环。在图 5-31 中，ϕ_1 是励磁电流 i 产生的磁通，ϕ_2 是 i 产生的另一部分磁通（穿过短路铜环）和短路铜环中的感应电流所产生的磁通的合成磁通。由于短路环中的感应电流阻碍穿过短路环磁通的变化，使 ϕ_1 和 ϕ_2 之间产生相位差，ϕ_2 滞后于 ϕ_1。当 ϕ_1 达到最大值时，ϕ_2 尚小；而当 ϕ_1 减小时，ϕ_2 才增大到最大值。这相当于在电动机内形成一个向被罩部分移动的磁场，它便使笼型转子产生转矩而启动。

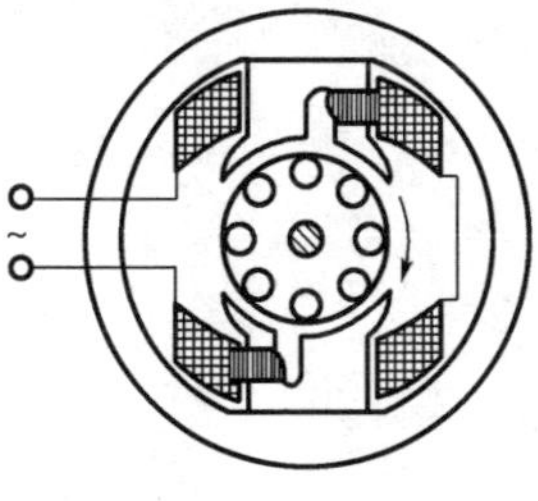

图 5-30　罩极式单相异步电动机的结构图

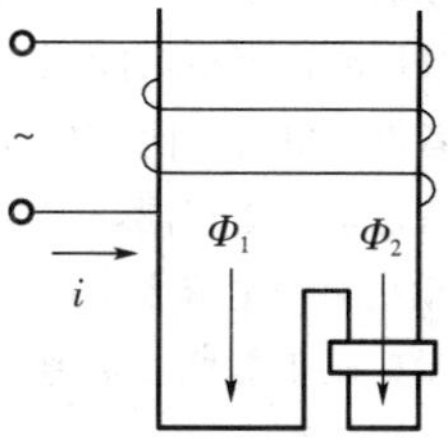

图 5-31　罩极式电动机的移动磁场

罩极式单相异步电动机结构简单，工作可靠，但启动转矩较小。常用于对启动转矩要求不高的设备中，如风扇、吹风机等。

三相电动机接到电源的三根导线中由于某种原因断开了一线，就成为单相电动机运行。如果在启动时就断了一线，则不能启动，只听到嗡嗡声。这时电流很大，时间长了，电机就被烧坏。如果在运行中断了一线，则电动机仍将继续转动。若此时还带动额定负载，则势必超过额定电流。时间一长，也会使电动机烧坏。在使用三相异步电动机时，加装过载保护装置，这部分内容将在下章阐述。

习　题

一、选择与填空

1. 下列说法中错误的是（　　）。

(A) 三相对称绕组通入三相对称电流可产生旋转磁场

(B) 两相对称绕组通入两相对称电流可产生旋转磁场

(C) 单相绕组通入单相电流可产生旋转磁场

2. 三相异步电动机修理后定子每相绕组匝数增加了20%，后果是（　　）。

(A) 性能不受影响　(B) 空载电流减小，改善电机性能

(C) 磁通减小20%，转矩下降，性能变差

3. 异步电动机铭牌值为：$U_N = 380\text{V}/220\text{V}$，接法 Y/Δ，$I_N = 6.3\text{A}/10.9\text{A}$。当额定运行时每相绕组电压 U_P 和电流 I_P 为（　　）。

(A)380V，6.3A　(B)220V，6.3A　(C)220V，10.9A　(D)380V，10.9A

4. 三相异步电动机运行时输出功率大小取决于（　　）。

(A) 定子电流的大小　(B) 电源电压高低

(C) 轴上阻力转矩大小　(D) 额定功率大小

5. 电动机的额定功率 P_N 是指（　　）。

(A) 电源输入的电功率　(B) 电动机内部消耗的所有功率

(C) 转子中电磁功率　(D) 转子轴上输出的机械功率

6. 电网电压下降10%，电动机在恒转矩负载下工作，稳定后的状态为（　　）。

(A) 转矩减小，转速下降，电流增大

(B) 转矩不变，转速下降，电流增大

(C) 转矩减小，转速不变，电流减小

7. 三相异步电动机空载启动和满载启动比较（　　）。

(A) 启动转矩和启动电流均相同

(B) 空载启动转矩小，启动电流也小

(C) 两者启动电流相同，空载启动转矩小

(D) 两者启动转矩相同，空载启动电流小

8. 异步电动机启动电流大是因为（　　）。

(A) 启动时轴上静摩擦阻力转矩大

(B) 因为 $\dot{U}_1 = \dot{I}_1 r_1 + \text{j}\dot{I}_1 X_1 - \dot{E}_1$，启动时 ϕ 还未产生，$E_1 = 0$

(C) $n = 0$，$s = 1 \gg s_N$，E_2 和 I_2 很大

9. 三相异步电动机定子绕组 U_1—U_2，V_1—V_2，W_1—W_2 在空间可以顺时针排列互差120°，若通以电流 $i_A = I_m \sin(\omega t)\text{A}$，$i_B = I_m \sin(\omega t + 120°)\text{A}$，$i_C = I_m \sin(\omega t + 240°)\text{A}$，则旋转磁场以______方向旋转。若转子以顺时针方向转动，则电动机工作在______状态。

10. 三相异步电动机额定转速 $n_N = 1\,440\text{r/min}$，磁极对数 $P =$ ______，旋转磁场转速 $n_1 =$ ______，转

差率 $s_N =$ ______，额定状态转子电流频率 $f_2 =$ ______。

二、计算题

5-1　有一四极三相异步电动机，额定转速 $n_N = 1\,440$r/min，转子每相电阻 $R_2 = 0.02\Omega$，感抗 $X_{20} = 0.08\Omega$，转子电动势 $E_{20} = 20$V，电源频率 $f = 50$Hz。试求该电动机启动时及在额定转速运行时的转子电流 I_2。

5-2　有一台四极、50Hz、1 425r/min 的三相异步电动机，转子电阻 $R_2 = 0.02\Omega$，感抗 $X_{20} = 0.08\Omega$，$E_1/E_{20} = 10$，当 $E_1 = 220$V 时，试求：(1) 电动机启动初始瞬间，转子每相电路的电动势 E_{20}，电流 I_{20} 和功率因数 $\cos\varphi_{20}$；(2) 额定转速时的 E_2 和 $I_2\cos\varphi_2$。比较在上述两种情况下转子电路的各个物理量（电动势、频率、感抗、电流及功率因数）的大小。

5-3　已知 Y100L－4 型异步电动机的某些额定技术数据如下：

2.2kW	380V	Y 联接
1 420r/min	$\cos\varphi = 0.82$	$\eta = 81\%$

试计算：(1) 相电流和线电流的额定值及额定负载时的转矩；(2) 额定转差率及额定负载时的转子电流频率。设电源频率为 50Hz。

5-4　有台三相异步电动机，其额定转速为 1 470r/min，电源频率为 50Hz。在(a) 启动瞬间；(b) 转子转速为同步转速的 2/3 时；(c) 转差率为 0.02 时三种情况下，试求：(1) 定子旋转磁场对定子的转速；(2) 定子旋转磁场对转子的转速；(3) 转子旋转磁场对转子的转速；(4) 转子旋转磁场对定子的转速；(5) 转子旋转磁场对定子旋转磁场的转速。

5-5　有 Y112M－2 型和 Y160MI－8 型异步电动机各一台，额定功率都是 4kW，但前者额定转速为 2 890r/min，后者为 720r/min。试比较它们的额定转矩，并由此说明电动机的极数、转速及转矩三者之间的大小关系。

5-6　已知 Y132S－4 型三相异步电动机的额定技术数据如下：

功率	转速	电压	效率	功率因数	I_{ST}/I_N	T_{ST}/T_N	T_{max}/T_N
5.5kW	1 440r/min	380V	85.5%	0.84	7	2.2	2.2

电源频率为 50Hz。试求额定状态下的转差率 s_N，电流 I_N 和转矩 T_N，以及启动电流 I_{st}，启动转矩 T_{st}，最大转矩 T_{max}。

5-7　Y18OL－6 型电动机的额定功率为 15kW，额定转速为 970r/min，频率为 50Hz，最大转矩为 295.36N·m。试求电动机的过载系数 λ。

5-8　某四极三相异步电动机的额定功率为 30kW，额定电压为 380V，三角形联接，频率为 50Hz。在额定负载下运行时，其转差率为 0.02，效率为 90%，线电流为 57.5A，试求：(1) 转子旋转磁场对转子的转速；(2) 额定转矩；(3) 电动机的功率因数。

5-9　有一短时运行的三相异步电动机，折算到轴上的转矩为 130N·m，转速为 730r/min，试求电动机的功率。取过载系数 $\lambda = 2$。

第6章　继电接触器控制系统

6.1　常用控制电器

6.1.1　组合开关(转换开关)

组合开关因其可实现多组触头组合，故有组合开关之称，实际上是转换开关的一种形式。它在机械电气设备中用于电源引入开关，也可用来直接控制小容量三相异步电动机非频繁的启动、停止或正反转，还可用来控制局部照明电路。

组合开关由动触头、静触头、方形转轴、手柄、定位机构和外壳组成。HZ10系列的外观和结构如图6-1所示，组合开关有多对静触头和动触头，它的静触头分别固定在数层绝缘座内，当转动手柄时，每层的动触头随方形转轴一起转动，并使静触头插入或脱离相应的动触头，实现接通或断开电路。

图6-1　组合开关的外观和结构图

1—静触片　2—动触片　3—绝缘垫板　4—凸轮

5—弹簧　6—转轴　7—手柄　8—绝缘杆　9—接线柱

组合开关的电气符号如图6-2所示，文字符号为QS。

目前，国内常用的组合开关有HZ10、HZ15等系列。引进产品中有德国SIEMENS公司的3LB、3ST系列等。

HZ10系列组合开关的主要技术数据如表6-1所示。

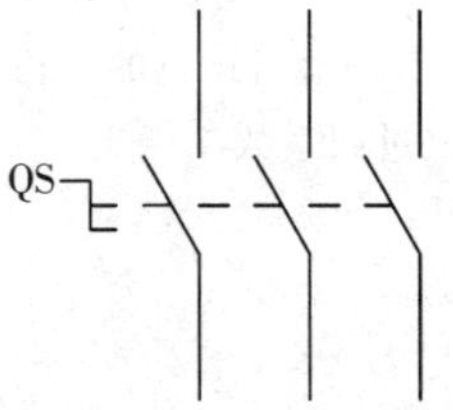

图6-2　组合开关的电气符号

表 6-1　HZ10 系列组合开关的主要技术数据

<table>
<tr><th rowspan="3">型　号</th><th rowspan="3">额定电压（V）</th><th rowspan="3">额定电流（A）</th><th rowspan="3">极数</th><th colspan="2">极限操作电流[①]（A）</th><th colspan="2">可控制电动机最大容量和额定电流[①]</th><th colspan="4">额定电压及额定电流下的通断次数</th></tr>
<tr><th rowspan="2">接通</th><th rowspan="2">分断</th><th rowspan="2">容量（kW）</th><th rowspan="2">额定电流（A）</th><th colspan="2">AC(cosφ)</th><th colspan="2">直流时间常数(s)</th></tr>
<tr><th>≥0.8</th><th>≥0.3</th><th>≤0.0025</th><th>≤0.01</th></tr>
<tr><td rowspan="2">HZ10－10</td><td rowspan="5">AC380，DC220</td><td>6</td><td>单极</td><td rowspan="2">94</td><td rowspan="2">62</td><td rowspan="2">3</td><td rowspan="2">7</td><td rowspan="4">20 000</td><td rowspan="4">10 000</td><td rowspan="4">20 000</td><td rowspan="4">10 000</td></tr>
<tr><td>10</td><td rowspan="4">2，3</td></tr>
<tr><td>HZ10－25</td><td>25</td><td>155</td><td>108</td><td>5.5</td><td>12</td></tr>
<tr><td>HZ10－60</td><td>60</td><td rowspan="2"></td><td rowspan="2"></td><td rowspan="2"></td><td rowspan="2"></td></tr>
<tr><td>HZ10－100</td><td>100</td><td>10 000</td><td>5 000</td><td>10 000</td><td>5 000</td></tr>
</table>

① 均指三极组合开关。

6.1.2　按钮

按钮在电器控制电路中用于手动发出控制信号，用来接通或断开小电流控制电路，实现对电气设备的运行控制。

按钮由按钮帽、桥式触头、静触头、复位弹簧和外壳组成，其结构示意图如图 6-3 所示。自然状态下，桥式触头接通常闭触头，断开常开触头。当手指按下按钮帽时，常闭触头先断开，后再接通常开触头。

按钮的电气符号如图 6-4 所示，文字符号为 SB。

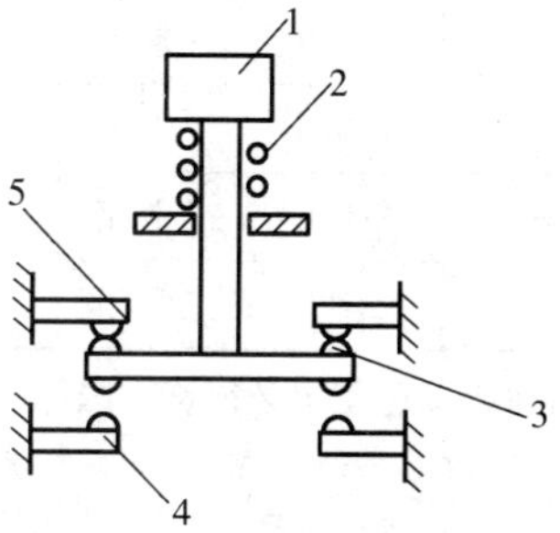

图 6-3　按钮的结构示意图
1－按钮帽　2－复位弹簧　3－桥式触头
4－常开静触头　5－常闭静触头

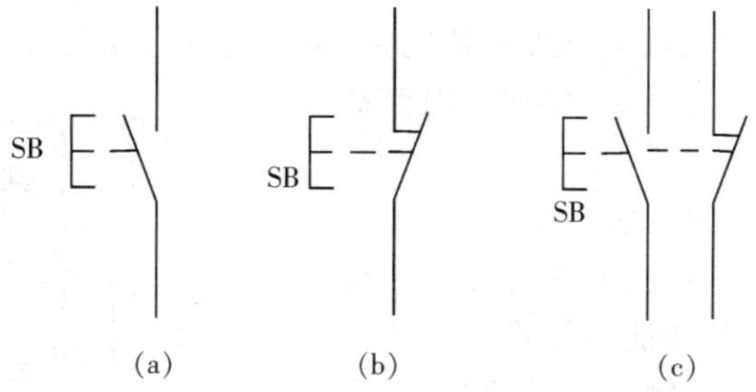

图 6-4　按钮的电气符号
(a) 常开按钮　(b) 常闭按钮　(c) 复式按钮

在机械电气设备中，常用的按钮有 LA2、LA10、LA18、LA19、LA20、LA25 等系列，其中 LA25 系列按钮是 20 世纪 80 年代开发的通用型更新换代产品，其主要技术数据如表 6-2 所示。引进的按钮产品有 LAY 系列等。

表 6-2　LA25 系列按钮的主要技术数据

型　号	触头组合	按钮帽颜色[①]	型　号	触头组合	按钮帽颜色
LA25—10	一常开	白 绿 黄 蓝 橙 黑 红	LA25—33	三常开　三常闭	白 绿 黄 蓝 橙 黑 红
LA25—01	一常闭		LA25—40	四常开	
LA25—11	一常开　一常闭		LA25—04	四常闭	
LA25—20	二常开		LA25—41	四常开　一常闭	
LA25—02	二常闭		LA25—14	一常开　四常闭	
LA25—21	二常开　一常闭		LA25—42	四常开　二常闭	
LA25—12	一常开　二常闭		LA25—24	二常开　四常闭	
LA25—22	二常开　二常闭		LA25—50	五常开	
LA25—30	三常开		LA25—05	五常闭	
LA25—03	三常闭		LA25—51	五常开　一常闭	
LA25—31	三常开　一常闭		LA25—15	一常开　五常闭	
LA25—13	一常开　三常闭		LA25—60	六常开	
LA25—32	三常开　二常闭		LA25—06	六常闭	
LA25—23	二常开　三常闭				

① 按钮帽颜色使用必须符合国标 GB4025 规定。如:“急停”和“停止”按钮必须是红色,“启动”按钮是绿色等。

6.1.3　交流接触器

交流接触器是一种用来自动接通和断开主电路、大容量控制电路的控制电器,其主要控制对象是电动机,也可用于其他电力负载,如电热器、电焊机、电炉、变压器及电容器等。交流接触器不仅可用来接通或断开带负荷电路,每小时可合断几百上千次;而且能实现远距离控制,还具有失压和欠压保护功能,因而被广泛使用。

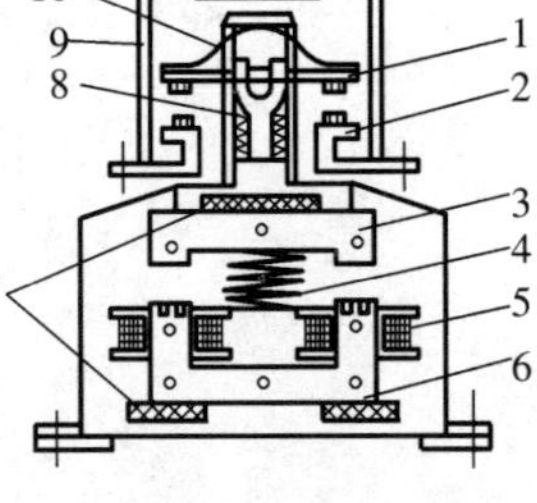

图 6-5　交流接触器的结构示意图

1—桥式动触头　2—静触头　3—动铁心
4—缓冲弹簧　5—电磁线圈　6—静铁心
7—垫毡　8—触点弹簧　9—灭弧罩
10—触点压力簧片

交流接触器有电磁机构、触头系统、灭弧系统和其他部分等组成。其中电磁机构由电磁线圈、铁心和衔铁等组成,其功能是操作触点的闭合和断开;触头系统包括主触点和辅助触点,主触点可以通断较大的电流,用于主电路;辅助触点通断较小的电流(一般不超过 10A),用于控制电路。容量在 10A 以上的接触器都有灭弧装置,常采用纵缝灭式或栅片结构。其他部分包括弹簧、传动机构、接线柱及外壳等。交流接触器的结构示意图如图 6-5 所示。

交流接触器的工作原理：当线圈通电后，线圈电流产生磁场，使静铁心产生电磁吸力将衔铁吸合，衔铁带动动触桥向下运动，使动断触点断开，动合触点闭合。当线圈断电时，电磁吸力消失，衔铁在弹簧的作用下释放，各触点又恢复到原来位置。

交流接触器的电气符号如图 6－6 所示，文字符号为 KM。

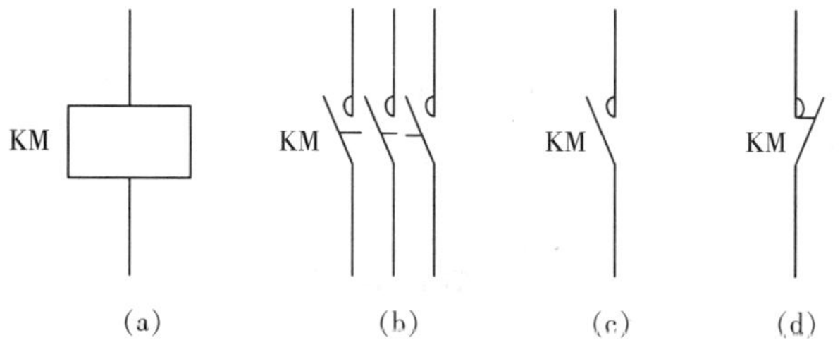

图 6－6　交流接触器的电气符号

(a) 线圈　(b) 主触点　(c) 辅助常开触点　(d) 辅助常闭触点

国内常用的交流接触器有 CJ10、CJ12、CJ20、CJ24、CJX1、CJX2 等系列，其中 CJ20 和 CJ24 系列交流接触器是 20 世纪 80 年代开发的新产品，分别替代了 CJ10 和 CJ12 系列。引进生产的交流接触器有：德国 SIEMENS 公司的 3TB 和 3TF 系列、德国 BBC 公司的 B 系列、法国 TE 公司的 LC1 和 LC2 系列等。

CJ10 系列交流接触器的主要技术数据如表 6－3 所示。

表 6－3　CJ10 系列交流接触器的主要技术数据

型　号	额定电流(A)		额定操作频率(次 /h)	可控电动机最大容量(kW)		
	主触点	辅助触点		220V	380V	500V
CJ10－5	5	5	600	1.2	2.2	2.2
CJ10－10	10	5	600	2.2	4	4
CJ10－20	20	5	600	5.5	10	10
CJ10－40	40	5	600	11	20	20
CJ10－60	60	5	600	17	30	30
CJ10－100	100	5	600	3	50	50
CJ10－150	150	5	600	43	75	75

6.1.4　中间继电器

在继电接触式控制系统中，为了解决交流接触器触头不够用的矛盾，专门生产了一种有多对触头的继电器，用它来作中间控制环节，以便转换、传递信号或同时控制多个电路，故称之为中间继电器。也可直接用它来控制小容量电动机或其他电气执行元件。

中间继电器的结构与交流接触器的结构相似，只是电磁系统小些，触头数目多些。

中间继电器的选择主要依据控制电路的电压等级，同时还要考虑触点的数量、种类与容量满足控制线路的要求。

中间继电器的电气符号如图 6－7 所示，文字符号为 KA。

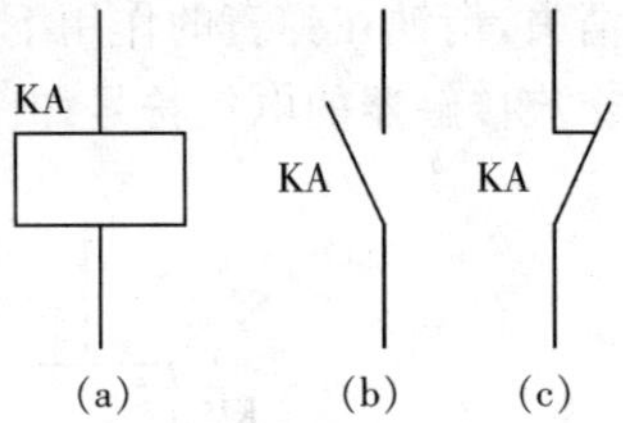

图 5－7　中间继电器的电气符号

(a) 线圈　(b) 常开触点　(c) 常闭触点

国内常用的中间继电器有 JZ7、JZ8（交、直流）及 JZ14、JZ15、JZ17（交、直流）等系列。引进产品有：德国 SIEMENS 公司的 3TH、3RH 系列和 BBC 公司的 K 系列；法国 TE 公司的 RSB、RXL 和 RXM 系列等。

JZ7、JZ8 系列的中间继电器主要技术数据如表 6－4 所示。

表 6－4　JZ7、JZ8 系列的中间继电器主要技术数据

型　号	线圈参数			触点参数			动作时间 (s)	操作频率 (次/h)
	额定电压(V)		消耗功率	触点数	最大断开容量			
	AC	DC			感性负载	阻性负载		
JZ7－44	12、24、36、48、110、127、220、380、420、440、500		12VA	4 开 4 闭	cosφ＝0.4 L/R＝5ms AC 380V，5A AC 500V，3.5A DC 220V，0.5A	AC 380V，5A AC 500V，3.5A DC 220V，1A		1 200
J27－62				6 开 2 闭				
JZ7－80				8 开(常开)				
JZ8－□□/J□ JZ8－□□/JS□ JZ8－□□/JD□ JZ8－□□/Z□ JZ8－□□/ZS□ JZ8－□□/ZD□	110、127、220、380		交流 10VA 直流 7.5W	6 开 2 闭 4 开 4 闭 2 开 6 闭			0.05	2 000

注：□□ 可替代数字 26、44 和 62。

6.1.5　热继电器

热继电器是对电动机进行过载保护的一种自动电器。它能在电动机过载时自动切断电源，使电动机停车。

1. 热继电器的基本结构及工作原理

热继电器是利用电流的热效应而动作的电器，热继电器主要由热元件、双金属片和触头三部分组成，它的结构原理图如图 6－8 所示。

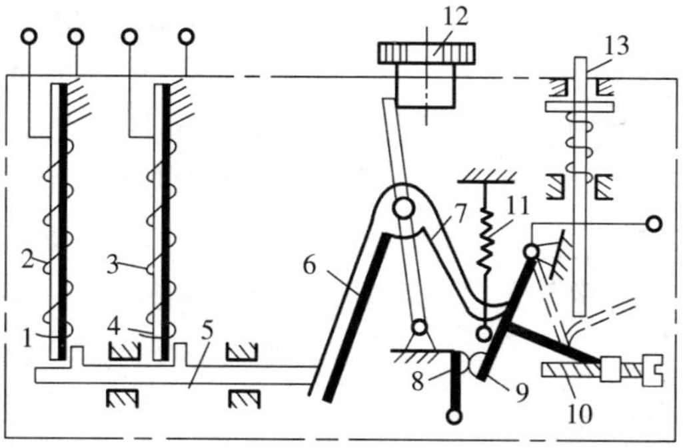

图 6-8　热继电器的结构原理图

1、4—双金属片　2、3—发热元件　5—导板

6—温度补偿片　7—推杆　8—静触头　9—动触头

10—螺钉　11—弹簧　12—凸轮　13—复位按钮

热元件由一段电阻阻值不大的电阻丝做成，串接于电动机的主电路中。双金属片是热继电器的温度检测元件，它由两种不同膨胀系数的金属片用机械碾压成一体。图中，当主电路中电动机发生过载时，电流超过容许值而使双金属片受热，它便向右弯曲，推动导板使常闭触点断开。常闭触点是接在电动机控制电路中的，切断控制电路而使接触器的线圈断电，继而断开主电路的电动机电源，起到保护电动机的作用。

由于热惯性，热继电器不能作短路保护。因为发生短路事故时，我们要求电路立即断开，而热继电器是不能立即断开的。但是这个热惯性也是合乎我们要求的，在电动机启动或短时过载时，热继电器不会动作，从而可避免电动机的不必要停车。

热继电器动作后，经过一段时间的冷却即能自动或手动按下复位按钮复位。热继电器动作电流的调节可以借助旋转凸轮于不同位置来实现。

在三相异步电动机电路中，一般采用两相结构的热继电器，即在两相主电路中串接热元件。如果三相交流电源严重不平衡、电动机绕组内部短路或绝缘不良等故障，出现电动机某一相的线电流比其他两相要高，而这一相没有串接热元件的话，热继电器也不能起到过载保护作用，因而需要采用三相结构的热继电器。

2. 断相保护的热继电器

对于定子绕组为 △ 联结的三相异步电动机，其必须采用带断相保护的热继电器。因为将热继电器的热元件串接在 △ 联结的电动机的电源进线中，并且按电动机的额定电流来选择热继电器，当电源发生缺相时，故障线电流达到额定电流时，在电动机绕组内部，电流较大的那一相绕组的故障相电流将超过额定相电流。但由于热元件串接在电源进线中，所以热继电器不会动作，但对电动机来说就会产生过热现象，长期运行时将使电动机损坏。

为了对 △ 联结的电动机进行断相保护，必须将三个热元件分别串接在电动机的每相绕组中。这时热继电器的整定电流值按每相绕组的额定电流来选择。但是这种接线复杂、麻烦，且导线也较粗。针对我国生产的三相笼型电动机、功率在 4kW 或以上者大都采用 △ 联结，为解决这类电动机的断相保护，专门设计了带有断相保护装置的三相结构热继电器。

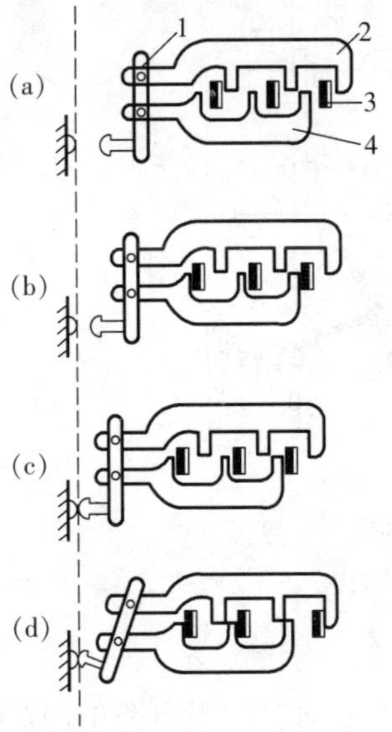

图 6-9　断相保护的热继电器结构示意图

(a) 断电　(b) 正常运行　(c) 过载　(d) 单相断电

1—杠杆　2—上导板　3—双金属片　4—下导板

JR16 系列为断相保护热继电器。断相保护结构如图 6-9 所示。

图中元件 3 为双金属片，虚线表示动作位置，图 6-9(a) 为断电时的位置。当电流为额定电流时，三个热元件正常发热，其端部均向左弯曲并推动上、下导板同时左移，但到不了动作线，继电器常开触头不会动作，如图 6-9(b) 所示。当电流过载到达整定的电流时，双金属片弯曲较大，把导板和杠杆推到动作位置，继电器触头动作，如图 6-9(c) 所示。当一相(设 V 相) 断路时，V 相热元件温度由原来正常发热状态下降，双金属片由弯曲状态伸直，推动上导板右移；同时由于 U、W 相电流较大，故推动下导板向左移，使杠杆扭转，继电器动作，起到断相保护功能，如图 6-9(d) 所示。

热继电器的选择主要是根据电动机的额定电流来确定其型号及规格。热继电器热元件的额定电流 I_{RT} 应接近或略大于电动机的额定电流 I_N，即

$$I_{RT} = (0.95 \sim 1.05) I_N \tag{6-1}$$

如遇到下列情况，选择热继电器的整定电流要比电动机额定电流高一些，以便进行保护。

(1) 电动机负载惯性转矩非常大，启动时间长；

(2) 电动机所带动的设备，不允许任意停电；

(3) 电动机拖动的为冲击性负载，如冲床、剪床等设备。

热继电器的电气符号如图 6-10 所示，文字符号为 FR。国内常用的热继电器有 JR0、JR15、JR16 及 JR20 等系列，其中 JR20 热继电器为 20 世纪 80 年代更新换代产品，250A 以上的都配有专门的速饱和电流互感器，其一次绕组串接于电动机主电路中，二次绕组与热元件串联；引进的热继电器产品有德国 BBC 公司的 T 系列、德国 SIEMENS 公司的 3UA5 和 3UA6 系列、法国 TE 公司的 LR1—D 系列等。

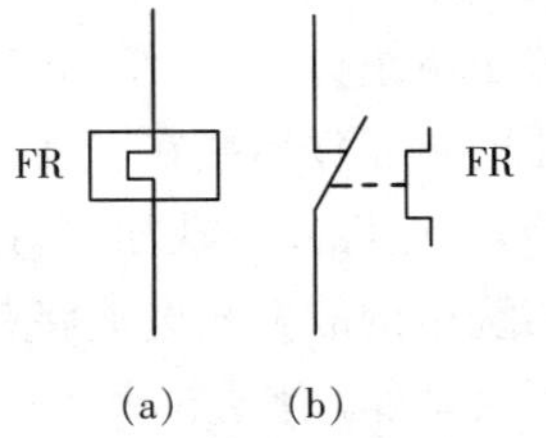

图 6-10　热继电器的电气符号

(a) 发热元件　(b) 常闭触点

JR20 系列的热继电器主要技术数据如表 6-5 所示。

表 6-5　JR20 系列的热继电器主要技术数据

型　号	额定电压（V）	额定电流（A）	相数	热元件 最小规格（A）	热元件 最大规格（A）	热元件 挡数	断相保护	温度补偿	触头数量
JR20	660V	6.3	3	0.1 ~ 0.15	5 ~ 7.4	14	无	有	1 常开 1 常闭
		16		3.5 ~ 5.3	14 ~ 18	6	有		
		32		8 ~ 12	28 ~ 36	6			
		63		16 ~ 24	55 ~ 71	6			
		160		33 ~ 47	144 ~ 176	9			
		250		83 ~ 125	167 ~ 250	4			
		400		130 ~ 195	267 ~ 400	4			
		630		200 ~ 300	420 ~ 630	4			

6.1.6　熔断器

熔断器是一种最简便的而且有效的保护电器，在电路中主要起过载延时和短路保护作用。

熔断器主要由熔体和安装熔体的绝缘管（绝缘座）组成。熔体的结构形式是熔片或熔丝，熔体用电阻率较高的易熔合金制成，例如铅锡合金等；或用截面积很小的良导体制成，例如铜、银等。在使用中，熔体串接于被保护的电路中，线路在正常工作情况下，熔断器中的熔体不熔断。当电路发生短路故障时，熔体被瞬时熔断而切断电路，起到保护作用。

熔断器的种类很多，其结构也不同，主要有插入式、螺旋式、无填料密闭管式、有填料密闭管式、快速、自复熔断器等。其中插入式熔断器常用于低压分支电路的短路保护；螺旋式熔断器的熔体上端盖有一熔断指示器，一旦熔体熔断，指示器马上弹出，可透过瓷帽上的玻璃孔观察到，它常用于机床电气控制设备中；无填料密闭管式熔断器常用于低压电力网或成套配电设备中；有填料密闭管式熔断器的绝缘管内装有石英砂作填料，用来冷却和熄灭电弧，它常用于大容量的电力网或配电设备中。常用的四种熔断器的结构图如图 6-11 所示。

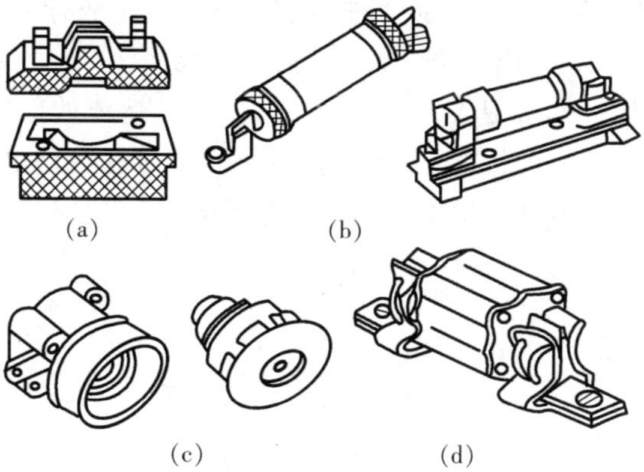

图 6-11　熔断器的结构图

(a) 瓷插式熔断器　(b) 无填料密闭管式熔断器　(c) 螺旋式熔断器　(d) 有填料密闭管式熔断器

熔断器的电气符号如图 6-12 所示,文字符号为 FU。

国内常用的插入式熔断器有 RC1A 系列;螺旋式熔断器有 RL1、RL2、RL6、RL7 等系列,其中 RL6、RL7 系列熔断器为 20 世纪 80 年代更新产品,可分别取代 RL1、RL2 系列;无填料密闭管式熔断器有 RM1、RM10 等系列;有填料密闭管式熔断器有 RT0、RT12、RT14、RT15 等系列,引进产品中有德国 AGC 公司的 NT 和 NGT 系列等。

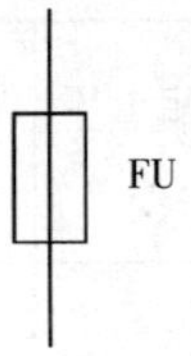

图 6-12　熔断器的电气符号

RL1 系列的熔断器主要技术数据如表 6-6 所示。

表 6-6　RL1 系列的熔断器主要技术数据

型　号	熔断器额定电流(A)	熔体额定电流(A)	AC380V 时极限分断能力(A,有效值)
RL1－15	15	2,4,5,6,10,15	2 000
RL1－60	60	20,25,30,35,40,50,60	5 000
RL1－100	100	60,80,100	
RL1－200	200	100,125,150,200	

熔断器的选择主要是熔断器类型的选择和熔体额定电流的确定。

(1) 熔断器类型的选择

根据负载的保护特性和短路电流的大小来选择熔断器的类型。例如,电动机过载保护用的熔断器采用具有锌质熔体和铅锡合金熔体的熔断器。对于车间配电网路的保护熔断器,如果短路电流较大,就要选用分断能力大的熔断器,有时甚至还需要选用有限流作用的熔断器,如 RT0 系列熔断器。在经常会发生故障的地方,应考虑选用"可拆式"熔断器,如 RC1A、RL1、RM7、RM10 等系列产品。

(2) 熔体额定电流的确定

在选择和计算熔体电流时,应区别两种负载情况:一种是有冲击电流的负载,如电动机;另一种是负载电流比较平稳的情况,如一般照明电路。

用熔断器保护电动机时,要达到过载保护的目的,其熔体的额定电流尽可能接近电动机的额定电流,但又为保证电动机能正常启动,熔断器在通过启动电流时不应当动作。综合以上要求,通常对笼型感应电动机取熔体的额定电流为

$$I_{eR}=(1.5\sim 2.5)I_N \tag{6-2}$$

式中,I_N 为电动机的额定电流,单位为 A。

在轻载启动或启动时间较短的情况下,上式中的系数取 1.5;而在较重负载下启动或启动次数较多和启动时间较长的情况下,系数取 2.5。

如果数台电动机共用一个总的熔断器来保护,则熔体的额定电流为

$$I_{eR}=(1.5\sim 2.5)I_{N\max}+\sum I_N \tag{6-3}$$

式中，I_{Nmax} 为容量最大的一台电动机的额定电流，单位为 A。

$\sum I_N$ 为其余各台电动机额定电流之和，假如其中还有照明电路，则将该电路的额定电流也计入 $\sum I_N$ 内，单位为 A。

在负载电流比较平稳的场合，基本上可按额定负载电流来确定熔体的额定电流。

6.1.7 自动空气断路器

自动空气断路器又称自动开关，它可以接通或分断正常工作电流，也能自动分断过载或短路电流，分断能力强，具有短路、过载和失压保护功能，广泛地应用在低压配电电路、电气控制电路中。

它的结构形式很多，主要有万能式和塑料外壳式两种。图 6－13 所示的是自动空气断路器的工作示意图。主触头 3 是常开触头，靠操作手柄 10 或闭合电磁铁 9 合闸，锁扣 7 将自由脱扣机构 6 扣住，保持主触头闭合，自由脱扣机构 6 由锁扣 7、脱扣半轴 12、断开弹簧 11 和一套连杆机构等组成。过电流脱扣器 17 的线圈串联于主电路，在主电路电流为正常值时，衔铁处于打开位置，当任何一相主电路的电流超过其动作整定值时，衔铁被向上吸合，衔铁上的顶板推动脱扣杆 13，使脱扣半轴 12 反时针方向转动，导致自由脱扣机构脱扣，在断开弹簧的作用下，使主触头分断。分励脱扣器 15 是由控制电源供电的，其线圈可根据操作人员的命令或继电保护信号而通电，使衔铁向上运动，推动脱扣杆，使主触头分断。欠电压脱扣器 18 的线圈在主电压正常时，衔铁吸合，当主电路内电压消失或降低至一定数值以下时，衔铁释放，主触头分断。当电源电压恢复正常后，必须重新合闸后才能工作，实现了失压保护。

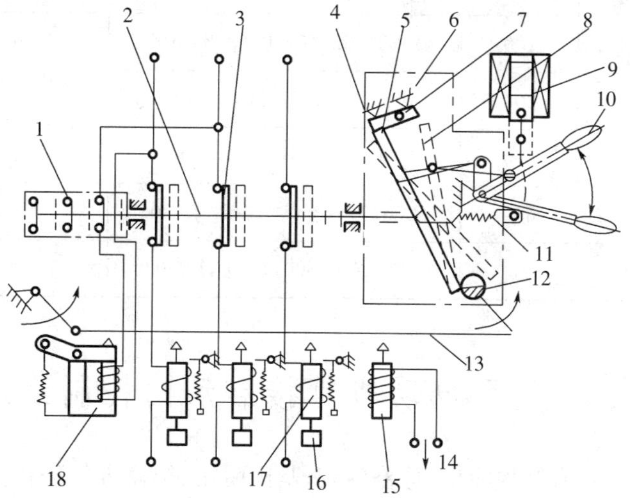

图 6－13　自动空气断路器的工作示意图

1－辅助触头　2－传动杆　3－主触头　4－自由脱扣位置　5－闭合位置
6－自由脱扣器　7－锁扣　8－再扣位置　9－闭合电磁铁　10－操作手柄
11－断开弹簧　12－脱扣半轴　13－脱钩杆　14－接控制电源　15－分励脱扣器
16－延时装置　17－过电流脱扣器　18－欠电压脱扣器

自动空气断路器的电气符号如图6-14所示，文字符号为QF。

国内常用的自动空气断路器有DZ、DW等系列，其主要技术数据如表6-7所示。

选择自动空气断路器应考虑其主要技术参数：额定电压、额定电流和允许切断的极限电流等。自动空气断路器脱扣器的额定电流应等于或大于负载允许的长期平均电流；极限分断能力要大于或等于电路最大短路电流。各脱扣器的电流整定应遵循以下原则

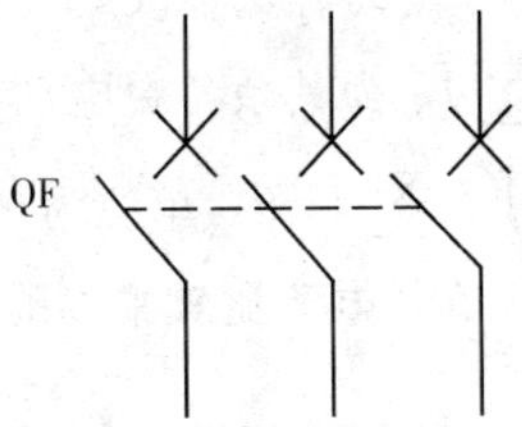

图6-14　自动空气短路器的电气符号

(1) 电磁脱扣器的瞬时脱扣整定电流应大于负载正常工作时的尖峰电流；保护电动机时，电磁脱扣器的瞬时脱扣整定电流为电动机启动电流的1.7倍。

(2) 热脱扣器的整定电流应与被控对象(负载)额定电流相等。

(3) 欠电压脱扣器的整定电压应等于主电路的额定电压。

表6-7　DZ系列的自动空气断路器主要技术数据

型　号	额定电压(V)	额定电流(A)	过电流脱扣器额定电流(A)	交流短路分断能力峰值(kA)	操作频率(次/h)
DZ10－100	380	100	15,20,25,30,40,50,60,80,100	3.5,4.7,7.0	60,30,30
DZ10－250	380	250	100,140,150,170,200,250	17.7	30
DZ10－600	380	600	200,250,350,400,500,600	23.5	
DZ20－100	380	100	16,20,32,40,50,63,80,100	14～18	120
DZ20－200	380	200	100,125,160,180,200,225	25	
DZ10－400	380	400	200,250,315,350,400	25	60
DZ20－630	380	630	250,315,350,400,500,630	25	
DZ20－1250	380	1250	630,700,800,1 000,1 250	30	30

6.2　笼型电动机直接启动的控制线路

三相笼型电动机具有结构简单、价格便宜、坚固耐用、维修方便等优点，因而在工业、农业等多行业得到了广泛的应用。

三相笼型电动机的启动方式有全压直接启动和降压启动两种。直接启动是将三相额定电压交流电直接通入笼型电动机进行启动。直接启动的启动电流为电动机额定电流的4～7倍，当大容量的电动机启动时会使电网电压明显下降，而影响在同一电网中工作的其他负载的正常工作，所以通常对容量小于10kW的笼型电动机可采用直接启动方式。

6.2.1　直接启动控制线路的组成及工作原理

笼型电动机直接启动的控制线路一般采用组合开关 QS，交流接触器 KM，按钮 SB，热继电器 FR 及熔断器 FU 等几种低压控制电器。其控制线路原理图如图 6－15 所示。

该控制线路分为主电路和控制电路两部分组成。

主电路：

三相电源 —— 组合开关 QS —— 熔断器 FU1 —— 交流接触器 KM1(主触点) —— 热继电器 FR(热元件) —— 笼型电动机 M

主电路是电气控制线路中大电流通过的部分。

控制电路：

相线 L1 —— 熔断器 FU2 —— 热继电器 FR(常闭触点) —— 按钮 SB1(常闭触点) ——
—— 按钮 SB2(常开触点) ——┐
—— KM1(辅助常开触点) ——┘—— KM1(线圈) ——
相线 L2 ——

控制电路是电气控制线路中小电流通过的部分，控制电路的功率很小，因而可以通过小功率的控制电路来控制较大功率的笼型电动机。

控制线路的工作原理如下

先合上组合开关 QS，三相交流电源引入到控制电路中。

按下起动按钮 SB2 —— KM1 线圈通电 ——┬— KM1 的三个主触点闭合 ——┐
└— KM1 辅助常开触点(与 SB2 并联)闭合 ——┘——

笼型电动机 M1 启动并持续运转。

按下停止按钮 SB1 —— KM1 线圈断电 ——┬— KM1 的三个主触点断开 ——
└— KM1 辅助常开触点(与 SB2 并联)断开 ——

笼型电动机 M1 停车。

并联在启动按钮 SB2 两端的交流接触器辅助常开触点称为自锁触点。其作用是：当松开 SB2 后，其仍然闭合，使 KM1 的线圈保持通电，KM1 的三个主触点维持闭合，从而笼型电动机 M1 得以持续运转。

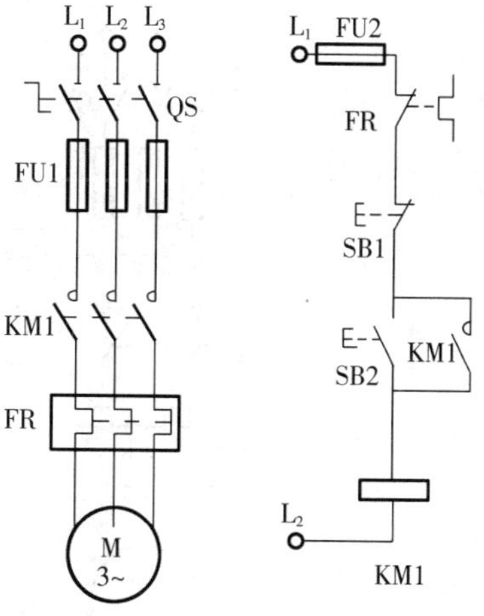

图 6－15　笼型电动机的直接启动控制线路原理图

6.2.2　直接启动控制线路的保护环节

图 6－15 所示直接启动控制线路具有下列保护环节

1. 短路保护

熔断器 FU1、FU2 用作电路的短路保护。当电路发生短路事故时，熔体立即熔断，切断电源，电动机停车。

2. 过载保护

热继电器FR用作电动机的过载保护。当电动机发生过载、堵转或缺相时,FR的热元件发热,将其常闭触点断开,则使交流接触器线圈断电,KM主触点断开,切断电动机的电源,实现电动机停车。

3. 欠压(零压)保护

欠压(零压)保护是依靠启动按钮的复位功能和接触器本身的电磁机构来实现的。当电动机正在运行时,若因某种原因导致电源电压过分下降或断电时,交流接触器的动铁心释放而使主触点断开,切断电动机的电源,电动机停车,同时KM自锁触点恢复常开。当电源电压恢复正常时,如果不重新按下启动按钮,则电动机不会自行启动。

控制电路具有欠压(零压)保护功能后,有下列一些好处:

(1) 防止电压过分下降时,电动机低压运行;

(2) 避免电动机同时,启动而造成电源电压过分下降;

(3) 防止电源电压恢复正常时,电动机突然启动可能造成设备损坏和人身事故。

6.3 笼型电动机正反转的控制线路

机械设备往往要求运动部件可以实现两个相反方向的运行,如工作台前进与后退,主轴的正转与反转,起重机的提升与下降等等。这些两个相反方向的运动通常是依靠拖动它们的电动机正反转来实现的。我们通过学习三相异步电动机的工作原理后已经知道,只要将接到电动机的任意两根电源相线对调一下,即可实现电动机的正反转。因而,只需用两个交流接触器就能实现这一要求。电动机正转时,控制正转接触器工作;当反转接触器工作时,实现了对调两根电源相线,从而电动机反转。

用两个接触器实现电动机的正反转控制线路原理图如图6-16所示。

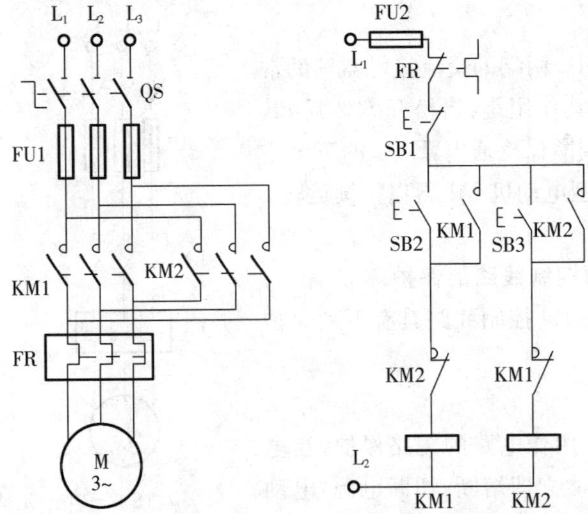

图6-16 笼型电动机的正反转控制线路原理图

在主电路中，采用两个交流接触器，即正转用交流接触器 KM1、反转用交流接触器 KM2。当 KM1 的主触点闭合，通入电动机的电源相序为 L1、L2、L3，电动机正转；当 KM2 的主触点闭合，通入电动机的电源相序为 L3、L2、L1，电动机反转。

若 KM1 和 KM2 两个接触器同时工作，主触点同时闭合，那么从图 6-16 中可以见到，将 L1 和 L2 两根电源相线短路了，使主电路的熔断器熔体熔断，造成电路故障。所以正反转控制线路中必须保证两个接触器不能同时工作，通常在控制电路中，将 KM1 和 KM2 的辅助常闭触点分别串接在 KM2 和 KM1 的工作线圈电路中，构成互相制约关系。即 KM1 工作时，电动机正转，KM1 的辅助常闭触点断开来切断 KM2 线圈的电路，使得 KM2 不可能通电，这种互相制约关系称为互锁，这种互锁方式称为“电气互锁”。这两个辅助常闭触点称为互锁触点。

图 6-16 所示的控制线路中，按下正转启动按钮 SB2，KM1 线圈通电，电动机正转。要使电动机反转，必须按下停止按钮 SB1 后，KM1 线圈断电，互锁触点 KM1 闭合，才能再按反转启动按钮 SB3，电动机才能反向启动。可见，这种线路的缺点是操作不方便。

如图 6-17 所示的控制电路，增加采用复式按钮用作触点互锁，这种互锁方式称为“机械互锁”，可以实现正转与反转之间的直接切换。当电动机正转时，按下反转启动按钮 SB3，它的常闭触点先断开，而使正转接触器的线圈 KM1 断电，主触点 KM1 断开。与此同时，串接在反转控制电路中的常闭触点 KM1 恢复闭合，反转接触器 KM2 的线圈通电，KM2 的主触点闭合，电动机立即反转起来。这种电路既有“电气互锁”，又有“机械互锁”，从而保证了电路可靠地工作。若控制电路中仅用复合按钮进行互锁，而不用接触器的互锁触点互锁，电路工作也是不可靠的。因为在实际工作中，可能由于负载短路或大电流长期作用，接触器的主触点被强烈的电弧“熔焊”在一起，或者接触器的机构失灵，使动铁心发生卡住，总是处在吸合状态，这都可能使主触点不能断开。若此时另一接触器动作，就会造成电源发生短路故障。

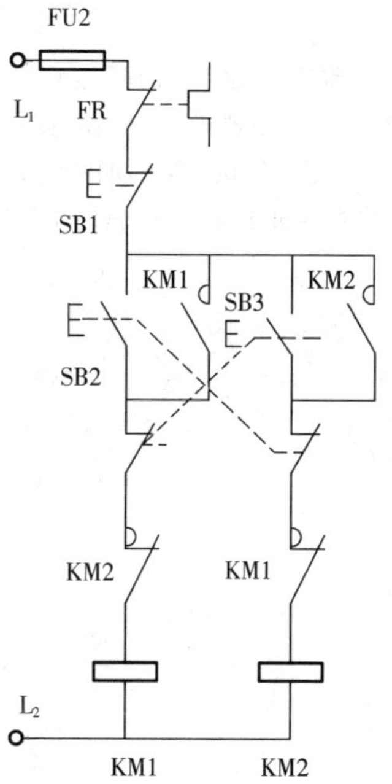

图 6-17　笼型电动机的正－反－停控制电路原理图

习　　题

6-1　组合开关的结构有哪些？有什么用途？

6-2　选择交流接触器时，主要考虑交流接触器的哪些主要额定参数？

6-3　中间继电器与交流接触器有什么差异？在什么条件下中间继电器也可以用来启动电动机？

6-4　热继电器主要有哪几部分电气符号？用途与熔断器是否相同？直流电机的保护电路能否使用热

继电器？

6-5　叙述熔断器的额定电流和熔体额定电流的不同之处。

6-6　在电气控制线路中采用低压断路器作电源引入开关，电源电路是否还要用熔断器作短路保护？控制电路是否还要用熔断器作短路保护？

6-7　试画出三相笼型异步电动机既能连续工作，又能点动工作的继电接触器控制线路。

6-8　分析图 6-18 各电路运行的结果，指出存在的错误之处，并改正。

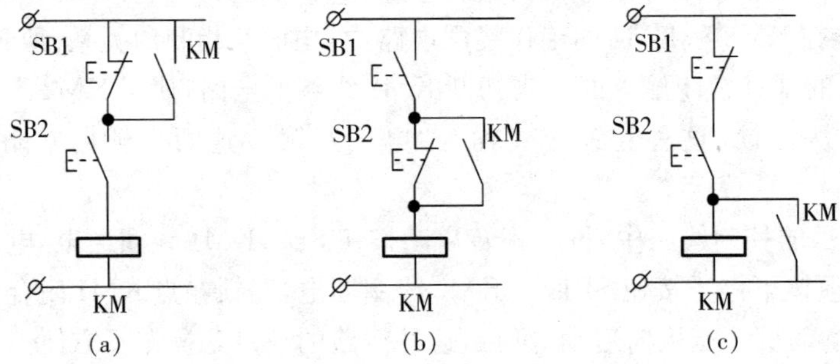

图 6-18　题 6-8 的图

6-9　叙述“自锁”、“互锁”电路的定义。

6-10　在接触器正反转控制电路中，若正、反向控制的接触器同时通电，会发生什么现象？

6-11　三台笼型异步电动机 M_1、M_2、M_3，要求按照一定顺序启动，即 M_1 启动后 M_2 才能启动，M_2 启动后 M_3 才能启动，同时停止。试绘出控制线路。

第 7 章　二极管和三极管

本章首先介绍半导体中的载流子和半导体的导电规律，接着讨论半导体器件的核心环节——PN 结，并重点讨论二极管和三极管的物理结构、工作原理、特性曲线和主要参数以及二极管和三极管的基本电路；在此基础上，对稳压二极管和光电子器件的特性与应用也给予了简要的介绍。在半导体基础知识方面，着重阐述一些基本概念。对半导体器件，按"管为路用"的原则，重点介绍它们的外部特性，以便能正确使用和合理选择这些器件。

7.1　半导体的导电特性

导电能力介乎导体和绝缘体之间的物质称为半导体，如硅、锗、硒以及大多数金属氧化物和硫化物都是半导体。很多半导体的导电能力在不同条件下有很大的差别。例如有些半导体(如钴、锰、镍等的氧化物) 对温度的反应特别灵敏，环境温度升高时，它们的导电能力要增强很多。利用这种特性就做成了各种热敏电阻。又如有些半导体(如锡、铅等的硫化物与硒化物) 受到光照时，它们的导电能力变得很强；当无光照时，又变得像绝缘体那样不导电。利用这种特性就做成了各种光敏电阻。另外，如果在纯净的半导体中掺入某种微量的杂质，它的导电能力就会有显著增加。例如，在纯硅中掺入百万分之一的硼后，硅的电阻率就从大约 $2\times10^{3}\,\Omega\cdot\mathrm{m}$ 降低到 $4\times10^{-3}\,\Omega\cdot\mathrm{m}$ 左右。利用这种特性就做成了各种不同用途的半导体器件，如二极管、三极管、场效应管及晶闸管等。

半导体的上述这些特点说明，半导体的导电机理必然不同于其他物质。为了理解这些特点，必须了解半导体物质的内部结构和导电机理。

7.1.1　本征半导体

在电子器件中，用得最多的材料是锗和硅。图 7 - 1 是锗和硅的原子结构图，它们都是四价元素，在原子结构中，最外层轨道上有四个价电子。物质的化学性质是由价电子决定的，半导体的导电性质也与价电子有关，因此，价电子是我们要研究的对象。半导体与金属和许多绝缘体一样，均具有晶体结构，将锗或硅材料提纯(去掉无用杂质) 并形成单晶体后，所有原子便基本上整齐排列，其立体结构图与平面示意图分别如图 7 - 2 和图 7 - 3 所示。半导体一般都具有这种晶体结构，所以半导体也称为晶体，这就是晶体管名称的由来。

本征半导体是一种完全纯净的、具有晶体结构的半导体。

在本征半导体的晶体结构中，每一个原子与相邻的四个原子结合。每一原子的一个价电子与另一原子的一个价电子组成一个电子对。这对价电子是每两个相邻原子共有的，它们把相邻的原子结合在一起，构成所谓共价键的结构。

但是，半导体共价键中的价电子并不像在绝缘体中被束缚得那样紧，在获得一定能量(温度增高或受光照) 后，即可挣脱原子核的束缚(电子受到激发)，成为自由电子。温度愈高，晶体中产生的自由电子便愈多。

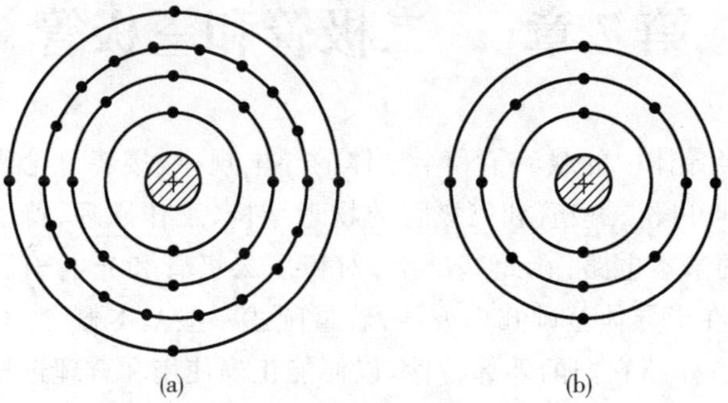

图 7 - 1　锗和硅的原子结构

(a) 锗 Ge　(b) 硅 Si

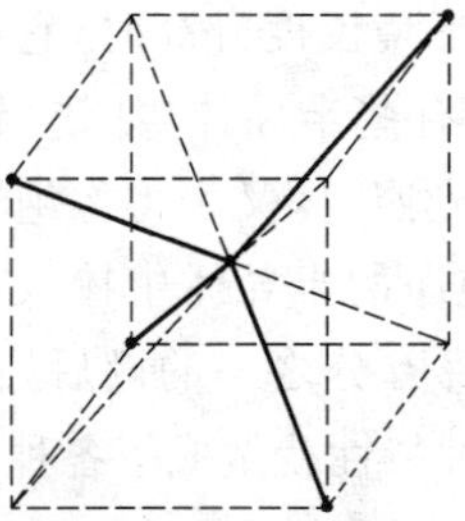

图 7 - 2　晶体中原子的排列方式

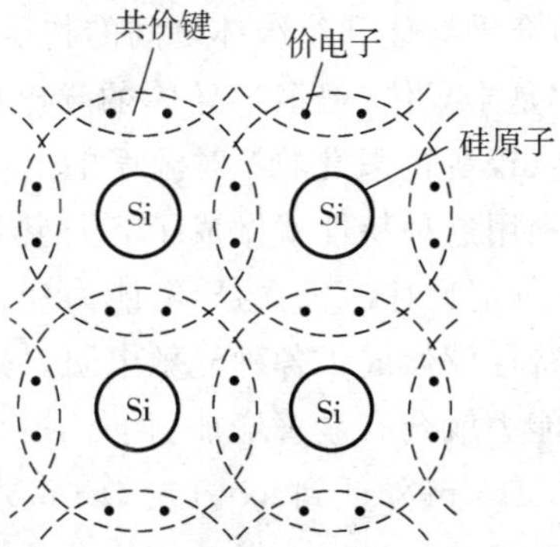

图 7 - 3　硅单晶体中的共价键结构

当电子挣脱共价键的束缚成为自由电子后，共价键中就留下一个空位，称为空穴。在外电场的作用下，邻近价电子就可填补到这个空位上，而在这个电子原来的位置上，又留下新的空位，以后其他电子又可转移到这个新的空位中，如图 7 - 4 所示。如此继续下去，就好像空穴在运动。而空穴运动的方向与价电子运动的方向相反，因此空穴运动相当于正电荷的运动，我们认为空穴是一种带正电荷的载流子。

因此，在半导体中存在两种载流子：带负电荷的自由电子和带正电荷的空穴。当半导体两端被施加外电压时，半导体中将出现两部分电流：一是自由电子做定向运动所形成的电子电流，一是仍被原子核束缚的价电子（注意：不是自由电子）递补空穴所形成的空穴电流。在半导体中，同时存在着电子导电和空穴导电，这是半导体导电方式的最大特点，也是半导体和金属在导电原理上的本质差别。

本征半导体中的自由电子和空穴总是成对出现，同时又不断复合。温度愈高，载流子数目愈多，导电性能也就愈好。所以，温度对半导体器件性能的影响很大。

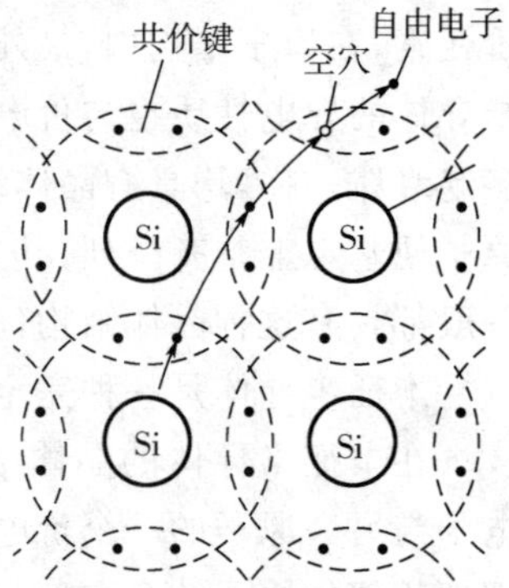

图 7 - 4　空穴和自由电子的形成

7.1.2　N 型半导体和 P 型半导体

本征半导体的导电能力是很弱的，但如果在其中掺入微量的杂质（某种元素），就会使掺杂后的半导体的导电性能大大增强。掺入杂质的半导体称为杂质半导体，有 N 型和 P 型两类。

1. N 型半导体

在硅（或锗）的晶体中掺入磷（或其他五价元素），磷原子的最外层有五个价电子（图 7-5）。掺杂后磷原子就替代了晶格中某些硅原子，它的五个价电子中有四个与周围的硅原子结成共价键，多余的一个价电子处在共价键之外。磷原子对这个多余的价电子束缚力较弱，在室温下它就可以被激发成自由电子，同时磷原子变成带正电荷的离子（图 7-6）。这种杂质半导体中电子的浓度是同一温度下本征半导体中电子的浓度的很多倍，这就大大增强了半导体的导电能力，我们把这种杂质半导体称为 N 型半导体。在 N 型半导体中电子的浓度远大于空穴的浓度，所以称电子为多数载流子（简称多子），空穴称为少数载流子（简称少子）。

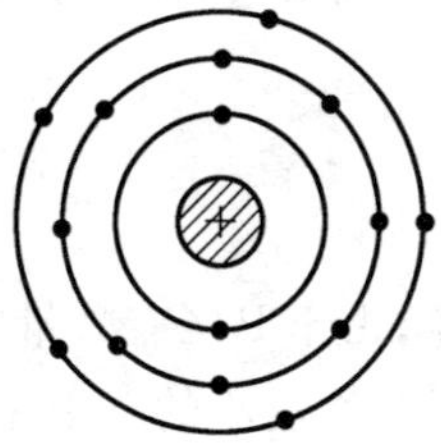

图 7-5　磷原子的结构

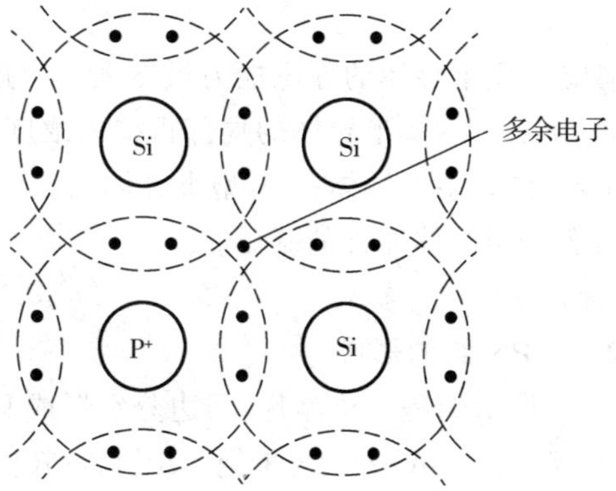

图 7-6　硅晶体中掺磷后出现自由电子

例如在室温 27℃ 时，每立方厘米纯净的硅晶体中约有自由电子或空穴 1.5×10^{10} 个，掺杂后成为 N 型半导体，其自由电子数目可增加几十万倍。由于自由电子增多而增加了复合的机会，空穴数目便减少到每立方厘米 2.3×10^{5} 个以下。故在 N 型半导体中，自由电子是多数载流子，而空穴则是少数载流子。

2. P 型半导体

在硅（或锗）的晶体中掺入微量的硼（或其他三价元素），每个硼原子的最外层只有三个价电子（图 7-7）。硼原子的三个价电子与周围的硅原子形成共价键时，出现一个空穴（图 7-8）。当相邻共价键上的电子受到热振动或在其他激发条件下获得能量时，就有可能填补这个空位，使硼原子成为不能移动的负离子。这种杂质半导体中空穴是多子，而电子是少子，称为 P 型半导体。

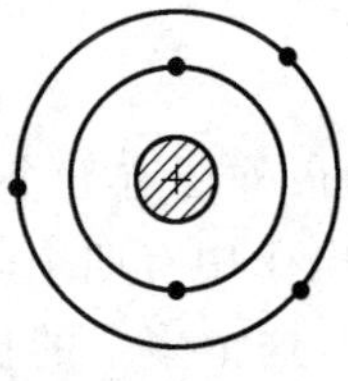

图 7-7　硼原子的结构

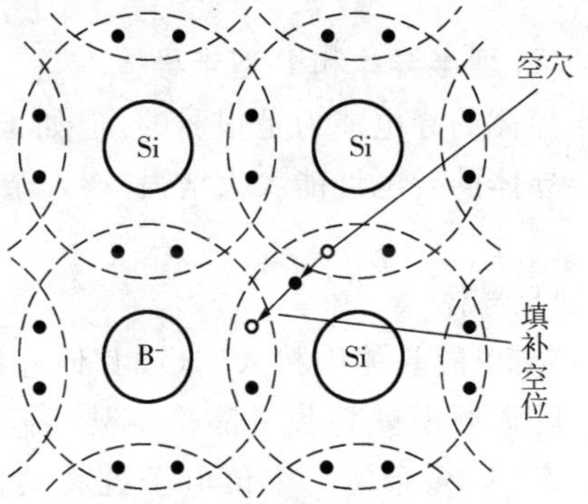

图 7-8　硅晶体中掺硼后出现空穴

应注意，不论是 N 型半导体还是 P 型半导体，虽然它们都有一种载流子占多数，但是整个晶体仍然是不带电的。

7.2　PN 结及其单向导电性

P 型或 N 型半导体的导电能力虽然大大增强，但并不能直接用来制造半导体器件。通常是在一块 N 型（P 型）半导体的局部再掺入浓度较大的三价（五价）杂质，使其变为 P 型（N 型）半导体。在 P 型半导体和 N 型半导体的交界面就形成一个特殊的薄层，称为 PN 结。PN 结是构成各种半导体器件的基础。

7.2.1　PN 结的形成

图 7-9 所示的是一块晶片，两边分别形成 P 型和 N 型半导体。由于 P 区有大量空穴（浓度大），而 N 区的空穴极少（浓度小），因此空穴要从浓度大的 P 区向浓度小的 N 区扩散。

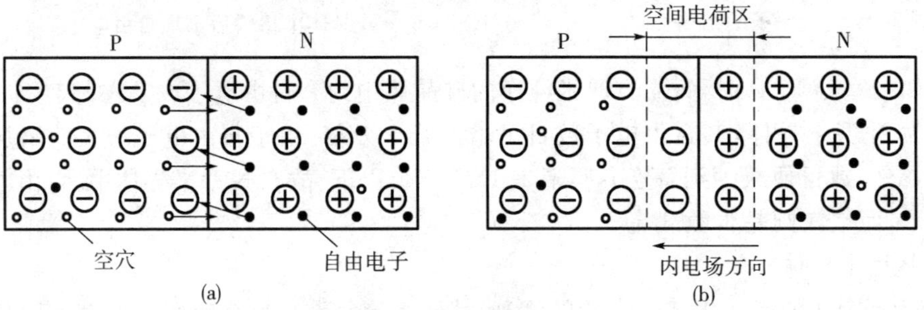

图 7-9　PN 结的形成

首先是交界面附近的空穴扩散到 N 区，在交界面附近的 P 区留下一些带负电的三价杂质离子，形成负空间电荷区。同样，N 区的自由电子要向 P 区扩散，在交界面附近的 N 区留下带正电的五价杂质离子，形成正空间电荷区。这样，在 P 型半导体和 N 型半导体交界面的两侧就形成了一个空间电荷区，这个空间电荷区就是 PN 结。

形成空间电荷区的正负离子虽然带电，但是它们不能移动，不参与导电，而在这区域内载流子极少，所以空间电荷区的电阻率很高。此外，这区域内多数载流子已扩散到对方并复合掉了，或者说消耗尽了，所以空间电荷区有时称为耗尽层。

正负空间电荷在交界面两侧形成一个电场，称为内电场，其方向从带正电的 N 区指向带负电的 P 区，如图 7-9(b) 所示。由 P 区向 N 区扩散的空穴在空间电荷区将受到内电场的阻力，而由 N 区向 P 区扩散的自由电子也将受到内电场的阻力，即内电场对多数载流子(P 区的空穴和 N 区的自由电子) 的扩散运动起阻挡作用，所以空间电荷区又称为阻挡层。

空间电荷区的内电场对多数载流子的扩散运动起阻挡作用，这是一个方面。但另一方面，内电场对少数载流子(P 区的自由电子和 N 区的空穴) 则可推动它们越过空间电荷区，进入对方。少数载流子在内电场作用下有规则的运动称为漂移运动。扩散和漂移是互相联系又是互相矛盾的。在开始形成空间电荷区时，多数载流子的扩散运动占优势。但在扩散运动进行的过程中，空间电荷区逐渐加宽，内电场逐步加强。于是在一定条件下(例如温度一定时)，扩散运动和漂移运动达到动态平衡。也就是如图 7-10 中所示的那样，P 区的空穴(多数载流子) 向右扩散的数量与 N 区的空穴(少数载流子) 向左漂移的数量相等；对自由电子来说也是这样。达到平衡后，空间电荷区的宽度基本上稳定下来，PN 结就处于相对稳定的状态。

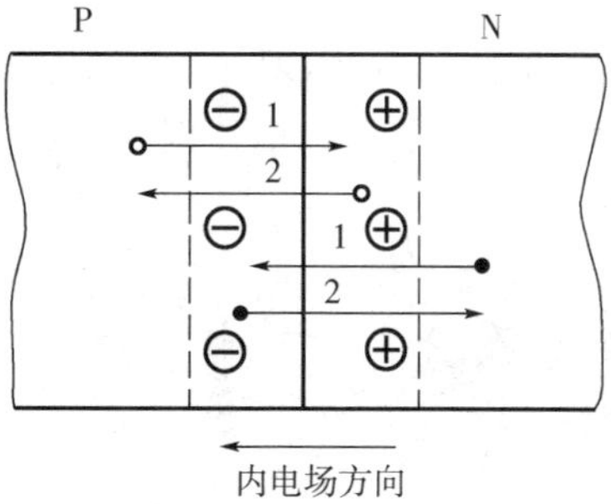

图 7-10 扩散运动与漂移运动达到平衡

1—多数载流子扩散运动的方向； 2—少数载流子漂移运动的方向

7.2.2 PN 结的单向导电性

在 PN 结上加正向电压，即 P 区接电源正极，N 区接电源负极[图 7-11(a)]。由图可见，外电场与内电场的方向相反，因此扩散与漂移运动的平衡被破坏。外电场驱使 P 区的空穴进入空间电荷区抵消一部分负空间电荷，同时 N 区的自由电子进入空间电荷区抵消一部分正空间电荷。于是，整个空间电荷区变窄，内电场被削弱，多数载流子的扩散运动增强，形成较大的扩散电流(正向电流)。在一定范围内，外电场愈强，正向电流(由 P 区流向 N 区的电流) 愈大，这时 PN 结呈现的电阻很低。外电源不断地向半导体提供电荷，使电流得以维持。

当在 PN 结加反向电压，即 P 区接电源负极，N 区接电源正极[图 7-11(b)] 时，则外电场与内电场方向一致，这也破坏了扩散与漂移运动的平衡。外电场驱使空间电荷区两侧的空穴和自由电子移走，使得空间电荷增加，空间电荷区变宽，内电场增强，使多数载流子的扩散运动难于进行。但另一方面，内电场的增强也加强了少数载流子的漂移运动，在外电场的作用下，N区中的空穴越过PN结进入P区，P区中的自由电子越过PN结进入N区，在电路中形成了反向电流（由N区流向P区的电流）。由于少数载流子数量很少，因此反向电流不大，即PN结呈现的反向电阻很高。又因为少数载流子是由于价电子获得热能（热激发）挣脱共价键的束缚而产生的，环境温度愈高，少数载流子的数量愈多，所以，温度对反向电流的影响很大。

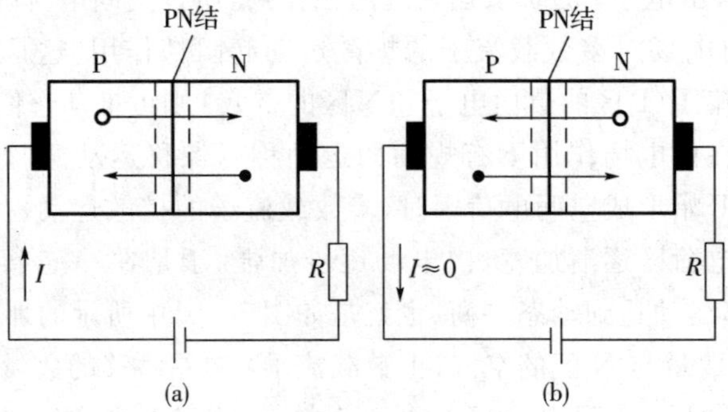

图7-11 PN结的单向导电性

(a) 加正向电压 (b) 加反向电压

由以上分析可知，PN结具有单向导电性，即在PN结上加正向电压时，PN结电阻很低，正向电流较大（PN结处于导通状态）；加反向电压时，PN结电阻很高，反向电流很小（PN结处于截止状态）。

7.3 二极管

7.3.1 基本结构

将PN结引出两个电极引线和管壳，就成为二极管。按管芯结构分，二极管可分为点接触型、面接触型和平面型三类。点接触型二极管如图7-12(a)所示。它的PN结结面积很小（结电容小），因此不能通过较大电流和承受高的反向电压，但其高频性能好，故一般适用于高频和小电流整流的工作，也可用作数字电路中的开关元件。面接触型二极管（一般为硅管）如图7-12(b)所示。它的PN结结面积大（结电容大），故可通过较大电流，但其工作频率较低，一般用作整流。平面型二极管如图7-12(c)所示，可用作大功率整流管和数字电路的开关管。图7-12(d)是二极管的表示符号。

图7-13是常见的二极管的外形图。

7.3.2 伏安特性

二极管既然是一个PN结，当然具有单向导电性，其伏安特性曲线如图7-14所示。由图可见，当外加正向电压很低时，外电场还不足以克服PN结的内电场，因而这时的正向电流几乎为零。当正向电压超过一定数值后，内电场被大大削弱，电流增加很快。这个一定数值的正向电压称为死区电压或开启电压，其大小与材料及环境温度有关。通常，硅管的死区电压约为 0.5V，锗管约为 0.1V。导通时的正向压降，硅管约为 0.6 ～ 0.8V，锗管约为 0.2 ～ 0.3V。

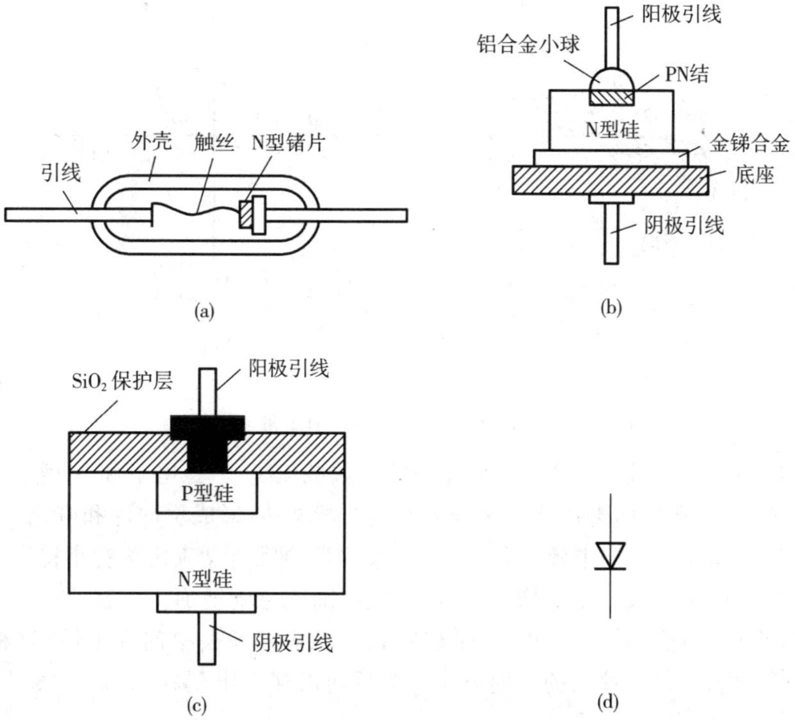

图 7-12　半导体二极管

(a) 点接触型二极管　(b) 面接触型二极管　(c) 平面型二极管　(d) 表示符号

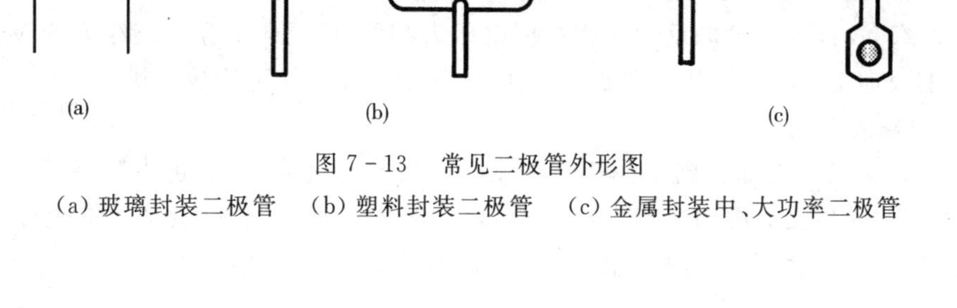

图 7-13　常见二极管外形图

(a) 玻璃封装二极管　(b) 塑料封装二极管　(c) 金属封装中、大功率二极管

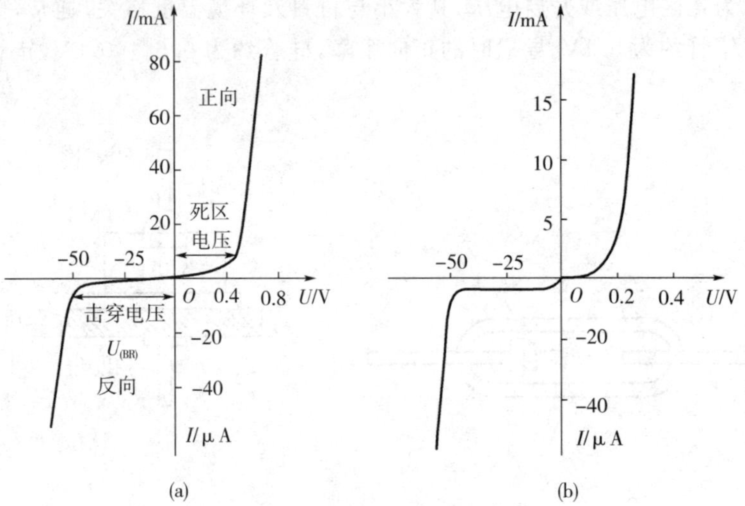

图 7-14 二极管的伏安特性曲线

(a)2CZ52A 硅二极管 (b)2AP2 锗二极管

在二极管上加反向电压时，P 型半导体中的少数载流子——电子和 N 型半导体中的少数载流子——空穴，在反向电压作用下很容易通过 PN 结，形成反向饱和电流。但由于少数载流子的数目很少，所以反向电流是很小的。一般硅管的反向电流比锗管小得多。

温度升高时，由于少数载流子增加，反向电流将随之急剧增加。

当外加反向电压过高时，反向电流将突然增大，二极管失去单向导电性，这种现象称为击穿。产生击穿时加在二极管上的反向电压称为反向击穿电压 $U_{(BR)}$。

7.3.3 主要参数

二极管的特性除用伏安特性曲线表示外，还可用一些数据来说明，这些数据就是二极管的参数。二极管的主要参数有下面几个。

1. 最大整流电流 I_{OM}

它是指二极管长时间运行时允许通过的最大正向平均电流。点接触型二极管的最大整流电流在几十毫安以下。面接触型二极管的最大整流电流较大，如 2CZ52A 型硅二极管的最大整流电流为 100mA。实际应用时，二极管的平均电流不能超过此值，并要满足散热条件，否则会烧坏二极管。

2. 反向工作峰值电压 U_{RWM}

它是保证二极管不被击穿而给出的反向峰值电压，一般是反向击穿电压的一半或三分之二。如 2CZ52A 硅二极管的反向工作峰值电压为 25V，而反向击穿电压约为 50V。点接触型二极管的反向工作峰值电压一般是数十伏，面接触型二极管可达数百伏。

3. 反向峰值电流 I_{RM}

它是指在二极管上加反向工作峰值电压时的反向电流值。此值越小，二极管的单向导电性越好，并且此值受温度的影响大，在高温运行时要特别注意。硅管的反向电流较小，一般在几个微安以下。锗管的反向电流较大，为硅管的几十到几百倍。

二极管的应用范围很广，主要都是利用它的单向导电性。它可用于整流、检波、限幅、元件保护以及在数字电路中作为开关元件等。

【例 7－1】 图 7－15(a) 中的 R 和 C 构成一微分电路。当输入电压 u_I 如图 7－15(b) 中所示时，试画出输出电压 u_o 的波形。设 $u_{c(0)}=0$。

【解】 在 $0 \sim t_1$ 期间，电容器很快被充电，其上电压为 U，极性如图中所示。这时 u_o 为零，u_R 为一正尖脉冲。在 $t_1 \sim t_2$ 期间，u_I 在 t_1 瞬间由 U 下降到零，在 t_2 瞬间又由零上升到 U。在 t_1 瞬间，电容器经 R 和 R_L 分两路放电，二极管 D 导通，u_R 和 u_o 均为负尖脉冲。

在 t_2 瞬间，u_I 只经过 R 对电容器充电，u_R 为一正尖脉冲；这时二极管截止，u_o 为零。输出电压 u_o 的波形如图 7－15(b) 所示。

在这里，二极管起检波作用，除去正尖脉冲。

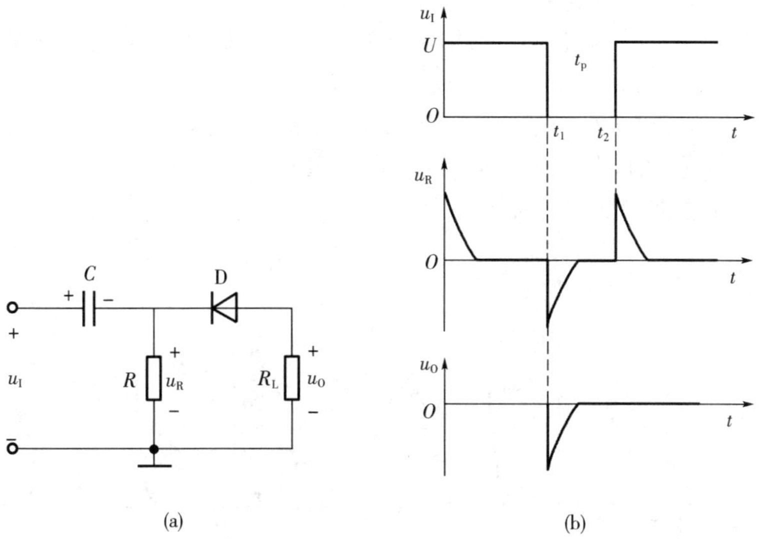

图 7－15 例 7－1 图

【例 7－2】 在图 7－16 中，输入端 A 的电位 $V_A=+3V$，B 的电位 $V_B=0V$，求输出端 Y 的电位 V_Y。电阻 R 接负电源 $-12V$。

【解】 因为 A 端电位比 B 端电位高，所以 D_A 优先导通。如果二极管的正向压降是 0.3V，则 $V_Y=+2.7V$。当 D_A 导通后，D_B 上加的是反向电压，因而截止。

在这里，D_A 起钳位作用，把 Y 端的电位钳住在 $+2.7V$；D_B 起隔离作用，把输入端 B 和输出端 Y 隔离开来。

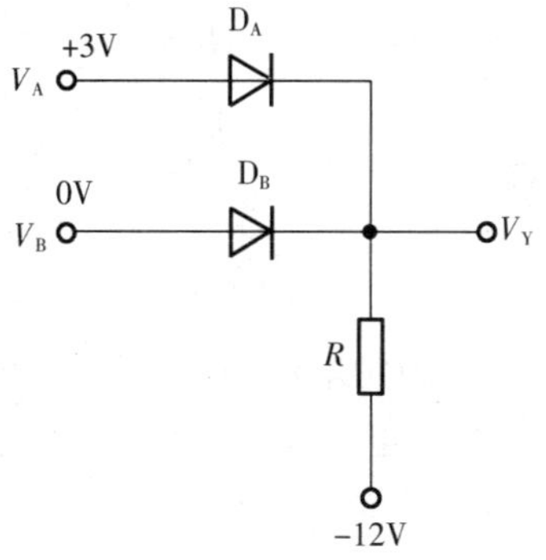

图 7－16 例 7－2 图

7.4 稳压二极管

稳压二极管是一种用特殊工艺制造的的面接触型半导体硅二极管。由于它在电路中与适当数值的电阻配合后能起稳定电压的作用，故称为稳压二极管。其表示符号如图 7－17 所示。

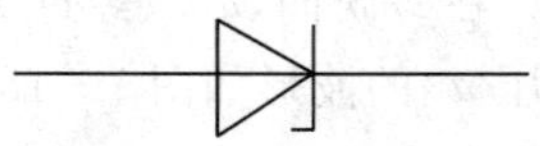

图 7－17　稳压二极管表示符号

稳压二极管的伏安特性曲线与普通二极管的类似，如图 7－18 所示，其差异是稳压二极管的反向特性曲线比较陡。

稳压二极管工作于反向击穿区。但是击穿并不一定意味着管子的损坏，只要我们采取适当的措施限制通过管子的电流，就能保证管子不因过热而烧坏。当反向电压增高到击穿电压时，在击穿状态下，流过管子的电流在一定范围内变化时，管子的两端电压变化很小，利用这一点可以达到“稳压”的效果。稳压二极管的 PN 结（二极管）的电击穿是可逆的。当去掉反向电压之后，稳压管又恢复正常。

稳压二极管的主要参数有下面几个：

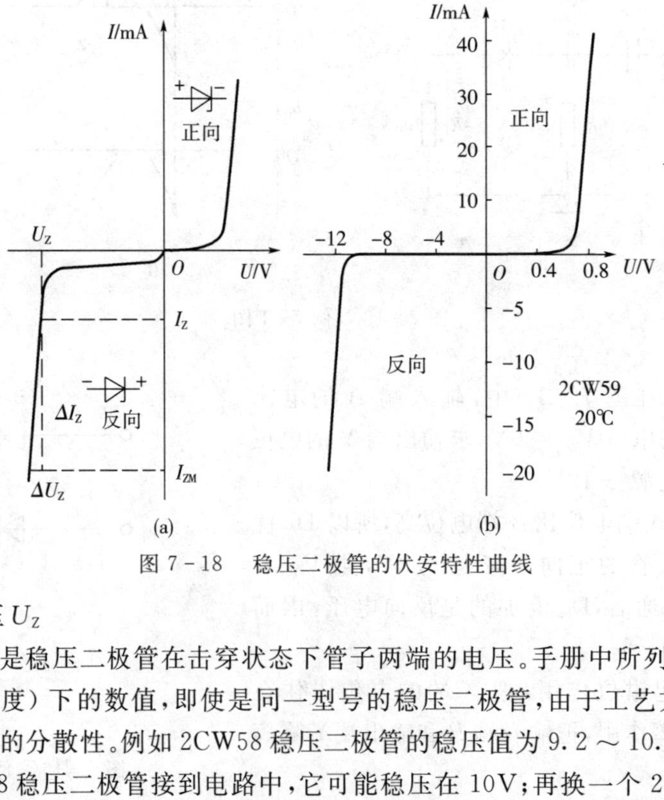

图 7－18　稳压二极管的伏安特性曲线

1. 稳定电压 U_Z

稳定电压就是稳压二极管在击穿状态下管子两端的电压。手册中所列的都是在一定条件（工作电流、温度）下的数值，即使是同一型号的稳压二极管，由于工艺方面和其他原因，稳压值也有一定的分散性。例如 2CW58 稳压二极管的稳压值为 9.2 ～ 10.5V。这就是说，如果把一个 2CW58 稳压二极管接到电路中，它可能稳压在 10V；再换一个 2CW58 稳压管，则可能稳压在 10.5V。

2. 电压温度系数 α_U

这个系数说明稳压值受温度变化影响的大小。其数值为温度每升高 1℃ 时稳定电压值的相对变化量。例如 2CW59 稳压二极管的电压温度系数是 0.095 %/℃，就是说温度每增加 1℃，它的稳压值将升高 0.095%，假如在 20℃ 时的稳压值是 11V，那么在 50℃ 时的稳压值将是

$$\left[11+\frac{0.095}{100}(50-20)\times 11\right]\mathrm{V}\approx 11.3\mathrm{V}$$

一般来说，低于 6V 的稳压二极管，它的电压温度系数是负的；高于 6V 的稳压二极管，电压温度系数是正的；而在 6V 左右的管子，稳压值受温度的影响就比较小。因此，选用稳定电压为 6V 左右的稳压管，可得到较好的温度稳定性。

3. 动态电阻 r_Z

动态电阻是指稳压二极管两端电压和通过稳压二极管的电流两者的变化量的比值，即

$$R_Z=\frac{\Delta U_Z}{\Delta I_Z} \tag{7-1}$$

稳压二极管的反向伏安特性曲线愈陡，则动态电阻愈小，稳压性能愈好。

4. 稳定电流 I_Z

稳压二极管的稳定电流只是一个参考数值，设计选用时要根据具体情况（例如工作电流的变化范围）来考虑。但对每一种型号的稳压二极管，都规定有一个最大稳定电流 I_{ZM}。

5. 最大允许耗散功率 P_{ZM}

稳压二极管不致发生热击穿的最大功率损耗 $P_{ZM}=U_Z I_{ZM}$。

【例 7-3】 在图 7-19 中，通过稳压管的电流 I_Z 等于多少？R 是限流电阻，其值是否合适？

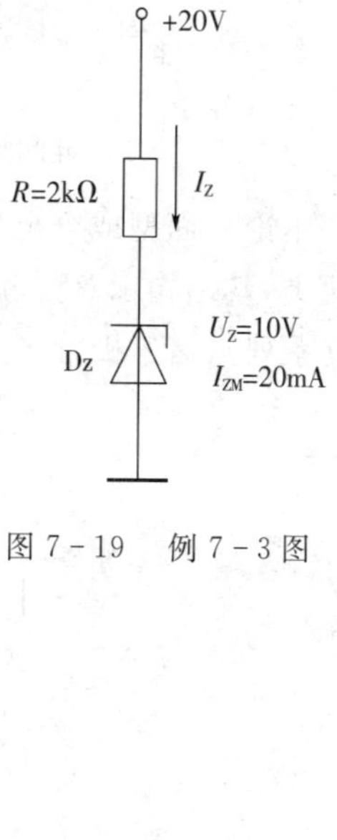

图 7-19　例 7-3 图

【解】 $I_Z=\frac{20-10}{2\times 10^3}\mathrm{A}=5\times 10^{-3}\mathrm{A}=5\mathrm{mA}$

$I_Z<I_{ZM}$，电阻值合适。

7.5　三 极 管

半导体三极管，是最重要的一种半导体器件。它的放大作用和开关作用促使电子技术飞跃发展。三极管的特性是通过特性曲线和工作参数来分析研究的。但是为了更好地理解和熟悉管子的外部特性，首先要简单介绍管子内部的结构和载流子的运动规律。

7.5.1　基本结构

三极管的结构，目前最常见的有平面型和合金型两类（图 7-20）。硅管主要是平面型，锗管都是合金型。常见三极管的外形如图 7-21 所示。

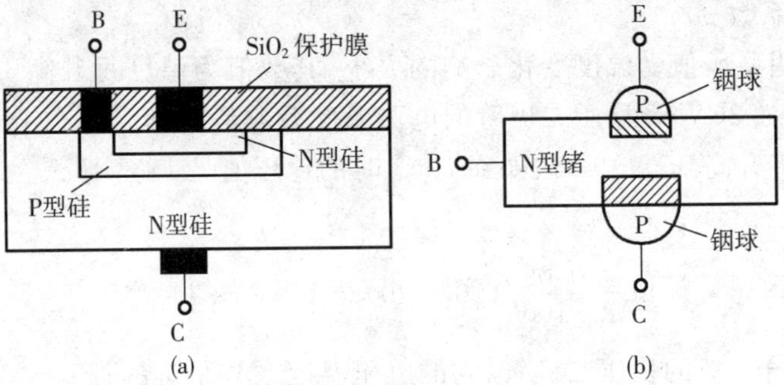

图 7 - 20　三极管的结构

(a) 平面型　(b) 合金型

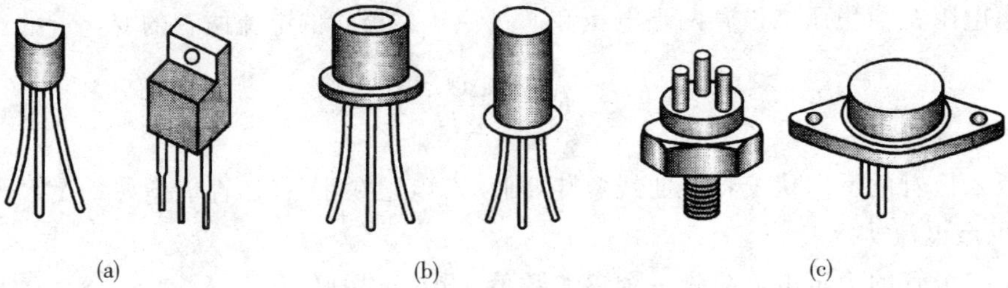

图 7 - 21　常见三极管的外形图

(a) 硅酮塑料封装　(b) 金属封装小功率管　(c) 金属封装大功率管

不论平面型或合金型，都分成 NPN 或 PNP 三层，因此又把三极管分为 NPN 型和 PNP 型两类，其结构示意图和表示符号如图 7 - 22 所示。当前国内生产的硅三极管多为 NPN 型（3D 系列），锗三极管多为 PNP 型（3A 系列）。

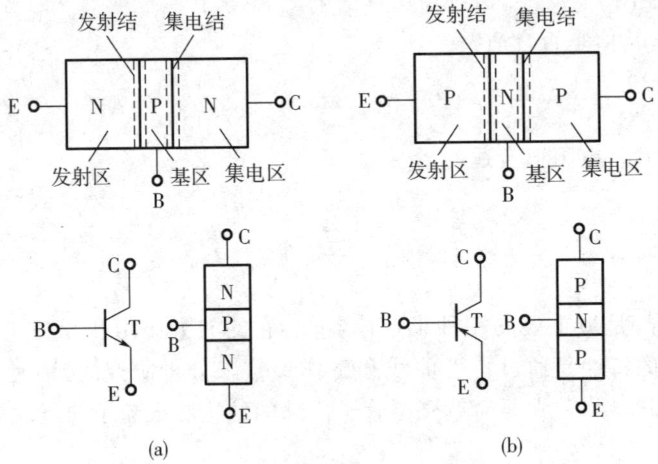

图 7 - 22　三极管的结构示意图和表示符号

(a)NPN 型三极管　(b)PNP 型三极管

每一类都分成基区、发射区和集电区，分别引出基极 B、发射极 E 和集电极 C。每一类都有两个 PN 结。基区和发射区之间的结称为发射结，基区和集电区之间的结称为集电结。三极管在制造工艺上的特点有：发射区是高浓度掺杂区，基区很薄且杂质浓度低，集电结面积大。这样能保证三极管具有电流放大作用。

NPN 型和 PNP 型三极管的工作原理类似，仅在使用时电源极性联接不同而已。下面以 NPN 型三极管为例来分析讨论。

7.5.2　电流分配和放大原理

为了了解三极管的放大原理和其中电流的分配，我们先做一个实验，实验电路如图 7 - 23 所示。把三极管接成两个电路：基极电路（称为输入回路）和集电极电路（称为输出回路）。由于输入和输出回路以发射极为公共端，所以称为共发射极电路（简称共射电路）。为了体现放大作用，首先必须保证有载流子运动，因此发射结要正向偏置，这一条由电源 E_B 的极性实现；其次，集电极电流必须是由发射区越过基区来的电子流所形成，而不是集电区本身的多子运动，这才能体现基极的控制作用。所以集电结要反向偏置，电源 E_C 的极性实现了这一要求。

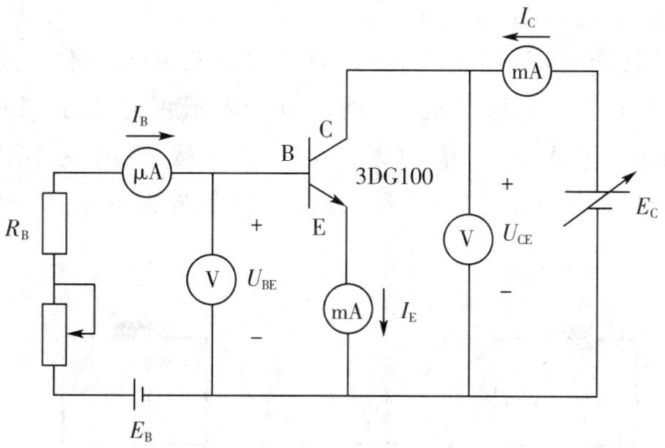

图 7 - 23　三极管电流及放大电路

设 $E_C = 6V$，改变可变电阻 R_B，则基极电流 I_B、集电极电流 I_C 和发射极电流 I_E 都发生变化。电流方向如图 7 - 23 所示。测量结果列于表 7 - 1 中。

表 7 - 1　三极管电流测量电路

I_B/mA	0	0.02	0.04	0.06	0.08	0.10
I_C/mA	$<$0.001	0.70	1.50	2.30	3.10	3.95
I_E/mA	$<$0.001	0.72	1.54	2.36	3.18	4.05

由此实验的测量结果可得出如下结论：

(1) 三电极电流关系为：$I_E = I_C + I_B$

(2) I_C 和 I_E 比 I_B 大得多。从表中数据可知，I_C 与 I_B 的比值分别为

$$\bar{\beta} = \frac{I_C}{I_B} = \frac{1.50}{0.04} = 37.5, \qquad \bar{\beta} = \frac{I_C}{I_B} = \frac{2.30}{0.06} = 38.3$$

$$\beta = \frac{\Delta I_C}{\Delta I_B} = \frac{2.30 - 1.50}{0.06 - 0.04} = \frac{0.8}{0.02} = 40$$

$$\Delta I_C \gg \Delta I_B$$

(3) 当 $I_B = 0$(将基极开路) 时,$I_C = I_{CEO}$,表中 $I_{CEO} < 0.001\text{mA} = 1\mu\text{A}$。

(4) 要使三极管起放大作用,发射结必须正向偏置,而集电结必须反向偏置。

下面用载流子在三极管内部的运动规律来解释上述结论。

1. 发射区向基区注入电子

对NPN型管而言,由于发射结处于正向偏置,发射区自由电子的扩散运动加强,不断扩散到基区,并不断从电源补充进电子,形成发射极电流 I_E。基区的多数载流子(空穴) 也要向发射区扩散,但由于基区的空穴浓度比发射区的自由电子的浓度小得多,因此空穴电流很小,可以忽略不计(在图 7-24 中未画出)。

2. 电子在基区中的扩散与复合

从发射区扩散到基区的自由电子起初都聚集在发射结附近,靠近集电结的自由电子很少,形成了浓度上的差别。在扩散过程中,自由电子不断与空穴(P 型基区中的多数载流子) 相遇而复合。由于基区接电源 E_B 的正极,基区中受激发的价电子不断被电源拉走,形成电流 I_{BE}(图 7-24),它基本上等于基极电流 I_B,所以基极电流就是电子在基区和空穴复合的电流。在中途被复合掉的电子越多,扩散到集电结的电子就越少,这不利于三极管的放大作用。为此,基区就要做得很薄,基区掺杂浓度要很小,这是放大的内部条件。

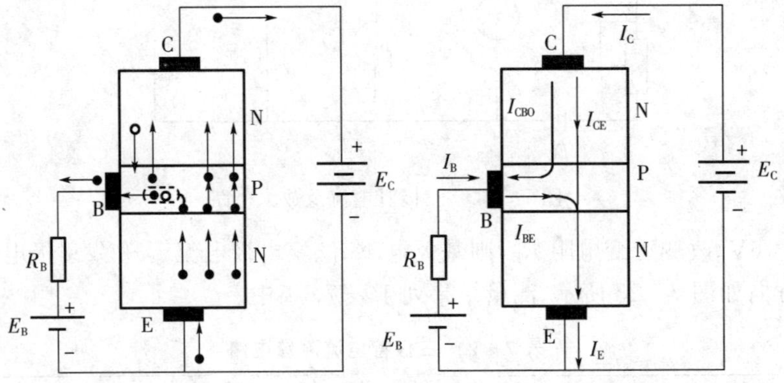

图 7-24　三极管中的电流

3. 集电区收集扩散过来的电子

由于集电结反向偏置,集电结内电场增强,它对多数载流子的扩散运动起阻挡作用,阻挡集电区(N 型) 的自由电子向基区扩散,但可将从发射区扩散到基区并到达集电区边缘的自由电子拉入集电区,从而形成电流 I_{CE},它基本上等于集电极电流 I_C。

除此以外,由于集电结反向偏置,集电区的少子(空穴) 和基区的少子(电子) 将向对方运动,形成电流 I_{CBO}。这电流数值很小,它构成集电极电流 I_C 和基极电流 I_B 的一小部分,但受温度影响很大,并与外加电压的大小关系不大。

上述的三极管中的载流子运动和电流分配描绘在图 7-24 中。

如上所述，从发射区扩散到基区的电子中只有很小一部分在基区复合，绝大部分到达集电区。也就是构成发射极电流 I_E 的两部分中，I_{BE} 部分是很小的，而 I_{CE} 部分所占的百分比是大的。这个比值用 $\bar{\beta}$ 表示

$$\bar{\beta}=\frac{I_{CE}}{I_{BE}}=\frac{I_C-I_{CBO}}{I_B+I_{CBO}}\approx\frac{I_C}{I_B} \tag{7-2}$$

通过实测还可知道，在三极管中，不仅 I_C 比 I_B 大得多，而且当调节可变电阻 R_B 使 I_B 有一个微小的变化时，将会引起 I_C 大得多的变化。

图 7-25 所示的是起放大作用时 NPN 型三极管和 PNP 型三极管中电流实际方向和发射结与集电结的实际极性（图 7-23 中如换用 PNP 型管，则电源 E_C 和 E_B 要反接）。发射结上加的是正向电压，要使三极管起放大作用时，集电结上加的就是反向电压。此外还可看到：对 NPN 型管而言，U_{CE} 和 U_{BE} 都是正值；而对 PNP 型管而言，它们都是负值。

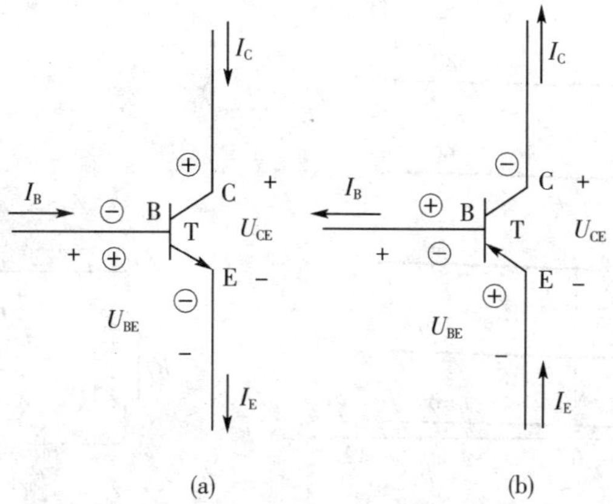

图 7-25　电流方向和发射结与集电结的极性
(a)NPN 型晶体管　(b)PNP 型晶体管

7.5.3　特性曲线

三极管的特性曲线是用来表示该三极管各极电压和电流之间相互关系的，它反映出三极管的性能，是分析放大电路的重要依据。最常用的是共发射极接法时的输入特性曲线和输出特性曲线。这些特性曲线可以通过如图 7-23 的实验电路进行测绘。

1. 输入特性曲线

输入特性曲线是指当集－射极电压 U_{CE} 为常数时，输入电路中基极电流 I_B 与基－射极电压 U_{BE} 之间的关系曲线 $I_B=f(U_{BE})$，如图 7-26 所示。对硅管而言，当 $U_{CE}\geqslant 1V$ 时，集电结已反向偏置，而基区又很薄，可以把从发射区扩散到基区的电子中的绝大部分拉入集电区。此后 U_{CE} 对 I_B 就不再有明显的影响。就是说，$U_{CE}>1V$ 后的输入特性曲线基本上是重

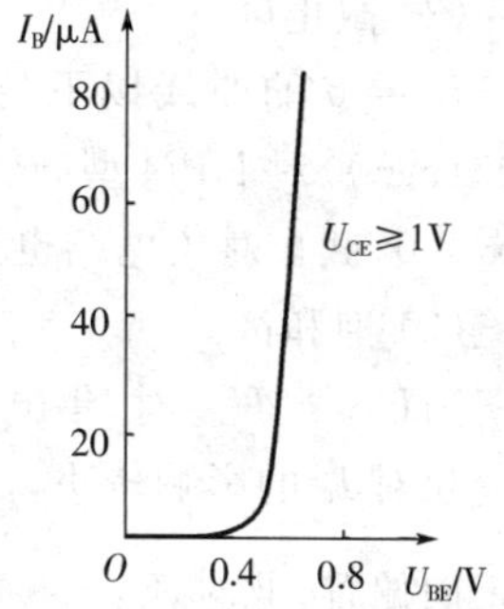

图 7-26　3DG100 三极管的输入特性曲线

合的。所以，通常只画出 $U_{CE} \geqslant 1V$ 的一条输入特性曲线。由图 7-26 可见，和二极管的伏安特性一样，三极管输入特性也有一段死区。只有在发射结外加电压大于死区电压时，三极管才会出现 I_B。硅管的死区电压约为 0.5V，锗管的死区电压约为 0.1V。在正常工作情况下，NPN 型硅管的发射结电压 $U_{BE} = (0.6 \sim 0.7)V$，PNP 型锗管的发射结电压 $U_{BE} = (-0.2 \sim -0.3)V$。

2. 输出特性曲线

输出特性曲线是指当基极电流 I_B 一定的情况下，三极管的输出回路(集电极电路)中集电极电流 I_C 与集－射极电压 U_{CE} 之间的关系曲线 $I_C = f(U_{CE})$。在不同的 I_B 下，可得出不同的曲线，所以三极管的输出特性曲线是一组曲线，如图 7-27 所示。

通常把三极管的输出特性曲线分为三个工作区(图 7-27)，也就是三极管有三种工作状态。今结合图 7-28 的电路来分析(集电极电路中接有电阻 R_C)。

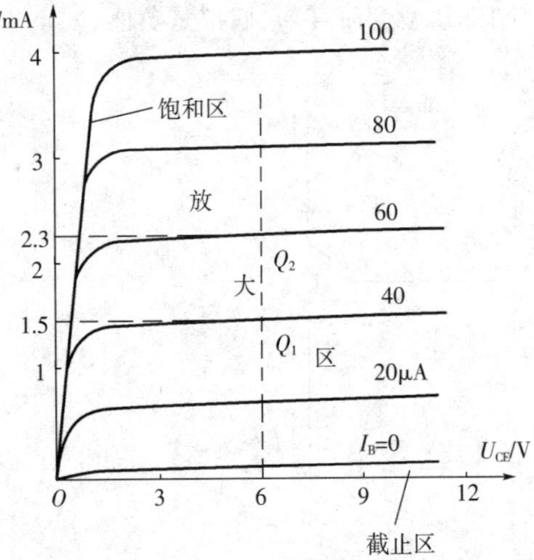

图 7-27　3DG100 三极管的输出特性曲线

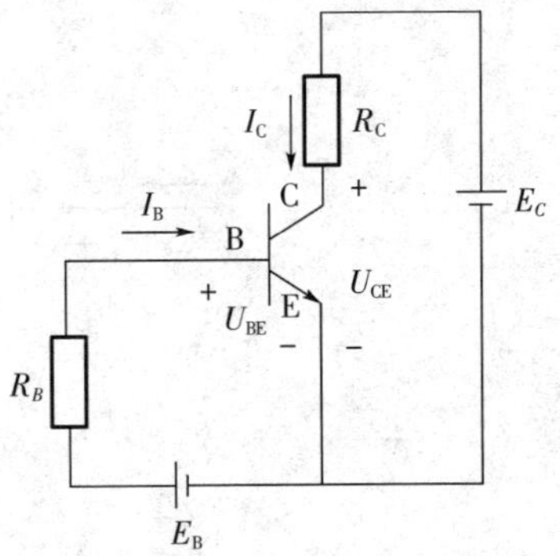

图 7-28　共发射极电路

(1) 放大区

输出特性曲线的近于水平部分是放大区。在放大区有 $I_C = \bar{\beta} I_B$，也称为线性区，具有恒流特性。在放大区，发射结处于正向偏置，集电结处于反向偏置，三极管工作处于放大状态。

(2) 截止区

$I_B = 0$ 的曲线以下的区域称为截止区。$I_B = 0$ 时，$I_C = I_{CEO}$。(在表 7-1 中，$I_{CEO} < 0.001mA$)。对 NPN 型硅管而言，当 $U_{BE} < 0.5V$ 时即已开始截止，但是为了截止可靠，常使 $U_{BE} \leqslant 0$。截止时集电结也处于反向偏置($U_{BC} < 0$)。此时，$I_C \approx 0$，$U_{CE} \approx U_{CC}$。

(3) 饱和区

当 $U_{CE} < U_{BE}$ 时，集电结处于正向偏置($U_{BC} > 0$)，三极管工作于饱和状态。在饱和区，I_B 的变化对 I_C 的影响较小，两者不成正比，放大区的 $\bar{\beta}$ 不能适用于饱和区。饱和时，发射结也处于正向偏置。此时，$U_{CE} \approx 0V$，$I_C \approx \frac{U_{CC}}{R_C}$。

由此可知，当三极管饱和时，$U_{CE} \approx 0$，发射极与集电极之间如同一个开关的接通，其间电阻很小，当三极管截止时，$I_C \approx 0$，发射极与集电极之间如同一个开关的断开，其间电阻很大。可见，三极管除了有放大作用外，还有开关作用。

图 7-29 所示的就是三极管三种工作状态的电压和电流。

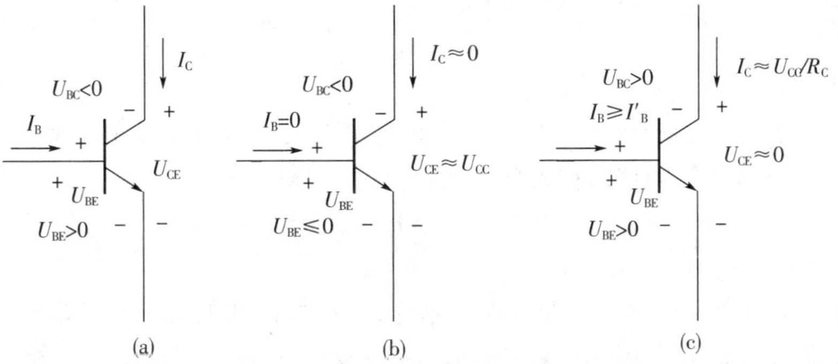

图 7-29　三极管三种工作状态的电压和电流

(a) 放大　(b) 截止　(c) 饱和

【例 7-4】　在图 7-30 的电路中，$U_{CC}=6V$，$R_C=3k\Omega$，$R_B=10k\Omega$，$\bar{\beta}=25$，当输入电压 U_I 分别为 3V、1V 和 −1V 时，三极管处于何种工作状态？

【解】　由图 7-29(c) 可知，三极管饱和时集电极电流近似为

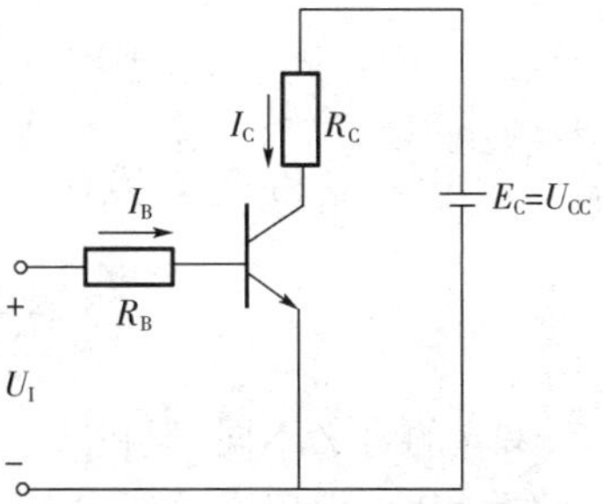

图 7-30　例 7-4 图

$$I_C \approx \frac{U_{CC}}{R_C} = \frac{6}{3\times 10^3}A = 2\times 10^{-3}A = 2mA$$

三极管刚饱和时的基极电流为

$$I'_B = \frac{I_C}{\bar{\beta}} = \frac{2}{25}mA = 0.08mA = 80\mu A$$

(1) 当 $U_I = 3V$ 时，

$$I_B = \frac{U_I - U_{BE}}{R_B} = \frac{3-0.7}{10\times 10^3}A = 230\times 10^{-6}A = 230\mu A > I'_B$$

三极管已处于深度饱和状态。

(2) 当 $U_I = 1V$ 时，

$$I_B = \frac{U_I - U_{BE}}{R_B} = \frac{1-0.7}{10\times 10^3}A = 30\times 10^{-6}A = 30\mu A < I'_B$$

三极管处于放大状态。

(3) 当 $U_I = -1V$ 时，三极管可靠截止。

7.5.4　主要参数

三极管的特性除用特性曲线表示外，还可用一些数据来说明，这些数据就是三极管的参数。三极管的参数也是设计电路、选用三极管的依据。主要参数有下面几个：

1. 电流放大系数 $\bar{\beta}$,β

如上所述,当三极管接成共发射极电路时,在静态(无输入信号)时集电极电流 I_C 与基极电流 I_B 的比值称为共发射极静态电流(直流)放大系数

$$\bar{\beta}=\frac{I_C}{I_B}$$

当三极管工作在动态(有输入信号)时,基极电流的变化量为 ΔI_B,它引起集电极电流的变化量为 ΔI_C。ΔI_C 与 ΔI_B 的比值称为动态电流(交流)放大系数

$$\beta=\frac{\Delta I_C}{\Delta I_B}$$

由于三极管的输出特性曲线是非线性的,只有在特性曲线的近于水平部分,I_C 随 I_B 成正比地变化,β 值才可认为是基本恒定的。

【例 7-5】 从图 7-27 所给出 3DG100 三极管的输出特性曲线上,

(1) 计算 Q_1 点处的 $\bar{\beta}$;

(2) 由 Q_1 和 Q_2 两点,计算 β。

【解】 (1) 在 Q_1 点处,$U_{CE}=6\text{V}$,$I_B=40\mu\text{A}=0.04\text{mA}$,$I_C=1.5\text{mA}$,故

$$\bar{\beta}=\frac{I_C}{I_B}=\frac{1.5}{0.04}=37.5$$

(2) 由 Q_1 点和 Q_2 两点($U_{CE}=6\text{V}$),

$$\beta=\frac{\Delta I_C}{\Delta I_B}=\frac{2.3-1.5}{0.06-0.04}=\frac{0.8}{0.02}=40$$

$\bar{\beta}$ 和 β 的含义不同,但在特性曲线近于平行等距并且 I_{CEO} 较小的情况下,两者数值接近。今后在估算时,常用 $\bar{\beta}\approx\beta^*$ 这个近似关系。

由于制造工艺的分散性,即使同一型号的三极管,β 值也有很大差别。常用的三极管的 β 值在 $20\sim200$ 之间。

2. 集-基极反向截止电流 I_{CBO}

I_{CBO} 是当发射极开路时由于集电结处于反向偏置,集电区和基区中的少数载流子的漂移运动所形成的电流。I_{CBO} 受温度的影响大。在室温下,小功率锗管的 I_{CBO} 约为几微安到几十微安,小功率硅管在 $1\mu\text{A}$ 以下。I_{CBO} 越小越好。硅管在温度稳定性方面胜于锗管。因为 I_{CBO} 与发射结无关,所以通过图 7-31 的电路(将发射极开路)可以测量。

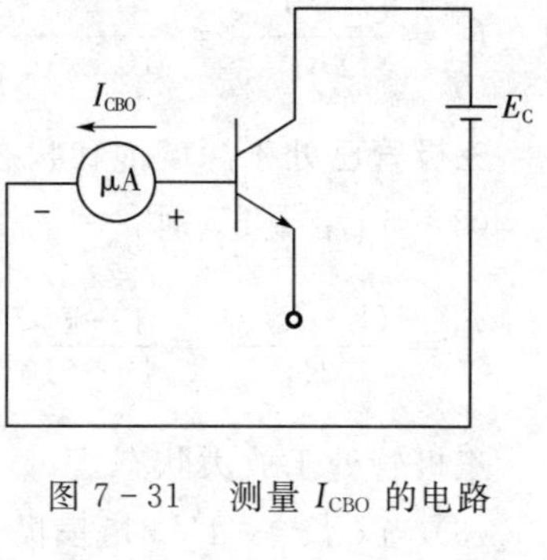

图 7-31 测量 I_{CBO} 的电路

3. 集-射极反向截止电流 I_{CEO}

I_{CEO} 也已在前面讲过,它是当 $I_B=0$(将基极开路)、集电结处于反向偏置和发射结处于

* 在手册中一般用 h_{FE} 代表 $\bar{\beta}$,用 h_{fe} 代表 β。

正向偏置时的集电极电流。又因为它好像是从集电极直接穿透三极管而到达发射极的，所以又称为穿透电流，如图 7 - 32 所示。硅管的 I_{CEO} 约为几微安，其值越小越好。

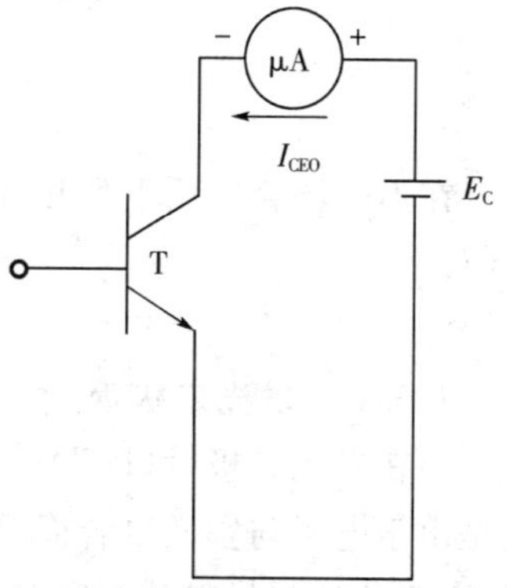

图 7　32　测量 I_{CEO} 的电路

由式(7 - 2) 可得

$$I_C = \bar{\beta} I_B + (1+\bar{\beta}) I_{CBO} = \bar{\beta} I_B + I_{CEO}$$

式中

$$I_{CEO} = (1+\bar{\beta}) I_{CBO}$$

在一般情况下，$\beta I_B \gg I_{CEO}$，故

$$I_C \approx \bar{\beta} I_B$$

$$I_E = I_C + I_B \approx (1+\bar{\beta}) I_B$$

由于 I_{CBO} 受温度影响很大，当温度上升时，I_{CBO} 增加很快，而 I_{CEO} 增加得也快，I_C 也就相应增加。所以三极管的温度稳定性很差。这是它的一个主要缺点。I_{CBO} 愈大、β 愈高的管子，稳定性愈差。因此，在选管时，要求 I_{CBO} 尽可能小些，而 β 以不超过 200 为宜。

4. 集电极最大允许电流 I_{CM}

集电极电流 I_C 超过一定值时，三极管的 β 值要下降。β 值下降到正常数值的三分之二时的集电极电流，称为集电极最大允许电流 I_{CM}。因此，在使用三极管时，I_C 超过 I_{CM} 并不一定会使三极管损坏，但以降低 β 值为代价。

5. 集 - 射极反向击穿电压 $U_{(BR)CEO}$

基极开路时，加在集电极和发射极之间的最大允许电压，称为集 - 射极反向击穿电压 $U_{(BR)CEO}$。当三极管的集 - 射极电压 U_{CE} 大于 $U_{(BR)CEO}$ 时，I_{CEO} 突然大幅度上升，说明三极管已被击穿。手册中给出的 $U_{(BR)CEO}$ 一般是常温(25℃)时的值，三极管在高温下，其 $U_{(BR)CEO}$ 值将要降低，使用时应特别注意。

6. 集电极最大允许耗散功率 P_{CM}

P_{CM} 表示集电结上允许损耗功率的最大值。超过此值就会使管子性能变坏或烧毁。P_{CM} 主要受结温 T_j 的限制，一般来说，锗管允许的结温约为 70℃ ～ 90℃，硅管约为 150℃。根据管子的 P_{CM} 值，由

$$P_{CM} = I_C \cdot U_{CE}$$

可在三极管的输出特性曲线上作出 P_{CM} 曲线，它是一条双曲线。

由 I_{CM}，$U_{(BR)CEO}$，P_{CM} 三者共同确定三极管的安全工作区，如图 7 - 33 所示。

以上所讨论的几个参数，其中 β 和 I_{CBO}(I_{CEO}) 是表明三极管优劣的主要指标；I_{CM}、$U_{(BR)CEO}$ 和 P_{CM} 都是极限参数，用来说明三极管的使用限制。

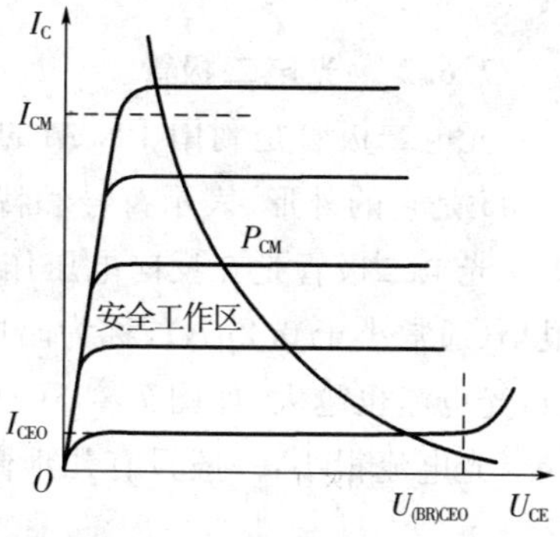

图 7 - 33　三极管的安全工作区

7.6 光电器件

在不少场合应用下列几种光电器件进行显示、报警、耦合和控制，本节仅对它们作简要介绍。

7.6.1 发光二极管

当在发光二极管(LED)* 上加正向电压并有足够大的正向电流时，就能发出清晰的光。这是由于电子与空穴复合而释放能量的结果。光的颜色视做成 PN 结的材料和发光的波长而定，而波长与材料的浓度有关。如采用磷砷化镓，则可发出红光或黄光；采用磷化镓，则发出绿光。

发光二极管的工作电压为 1.5 ~ 3V，工作电流为几毫安到十几毫安，寿命很长，一般作显示用。常用的有 2EF 等系列。图 7-34 是它的外形图和表示符号。

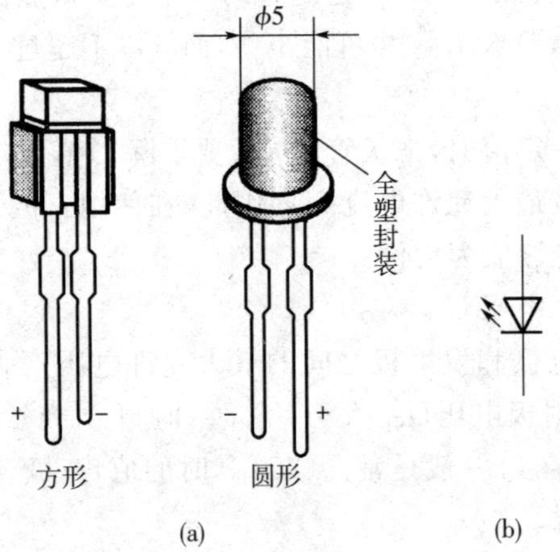

图 7-34 发光二极管

(a) 外形 (b) 符号

7.6.2 光电二极管

光电二极管是利用 PN 结的光敏特性，将接收到的光的变化转换为电流的变化。图 7-35 是它的外形、表示符号和特性曲线。

光电二极管是在反向电压作用下工作的。当无光照时，和普通二极管一样，其反向电流很小(通常小于 0.2μA)，称为暗电流。当有光照时，产生的反向电流称为光电流。照度 E 越强，光电流也越大，如图 7-35(c) 所示。常用的光电二极管有 2AU、2CU 等系列。

光电流很小，一般只有几十微安，应用时须进行放大。

* LED 是英文 Light Emitting Diode 的缩写。

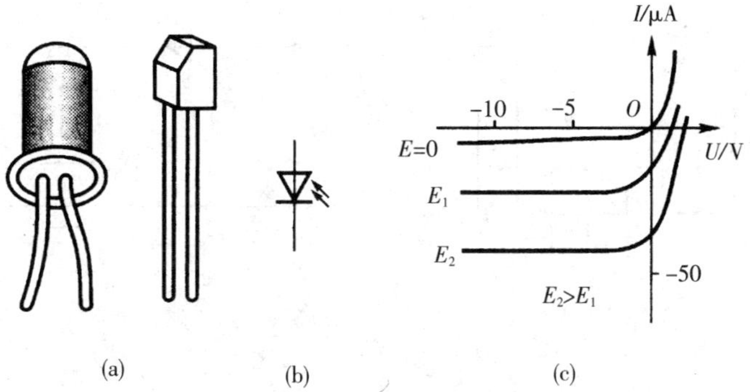

图 7-35　光电二极管

(a) 外形　(b) 符号　(c) 伏安特性曲线

7.6.3　光电晶体管

普通三极管是用基极电流 I_B 的大小来控制集电极电流，而光电晶体管是用入射光照度 E 的强弱来控制集电极电流的。因此两者的输出特性曲线相似，只是用 E 来代替 I_B。当无光照时，集电极电流 I_{CEO} 很小，称为暗电流。有光照时的集电极电流称为光电流，一般约为零点几毫安到几个毫安。常用的光电晶体管有 3AU、3DU 等系列。图 7-36 是它的外形、符号和输出特性曲线。

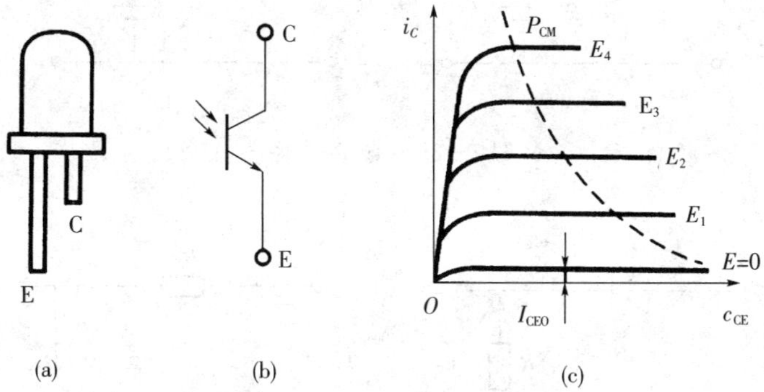

图 7-36　光电晶体管

(a) 外形　(b) 符号　(c) 输出特性曲线

习　　题

7-1　图 7-37 (a) 是输入电压 u_I 的波形。试画出对应于 u_I 的输出电压 u_O，电阻 R 上电压 u_R 和二极管 D 上电压 u_D 的波形，并用基尔霍夫电压定律检验各电压之间的关系。二极管的正向压降可忽略不计。

7-2　在图 7-38 的各电路图中，$E=5\text{V}$，$u_i=10\sin\omega t\,\text{V}$，二极管的正向压降可忽略不计，试分别画出输出电压 u_O 的波形。

7-3　在图 7-39 所示的两个电路中，已知 $u_i=30\sin\omega t\,\text{V}$，二极管的正向压降可忽略不计，试分别画出输出电压 u_0 的波形。

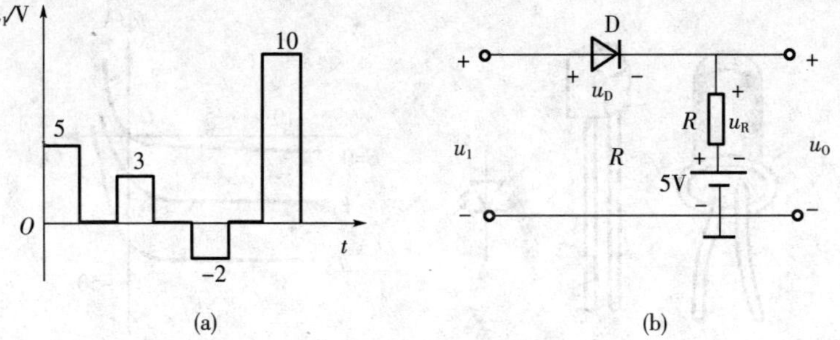

图 7 - 37 题 7 - 1 图

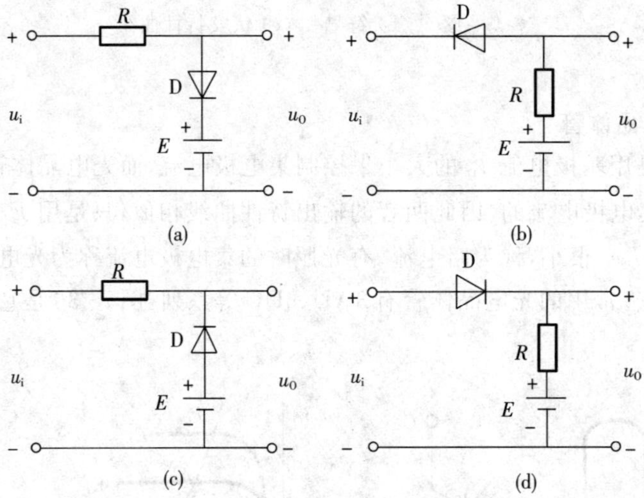

图 7 - 38 题 7 - 2 图

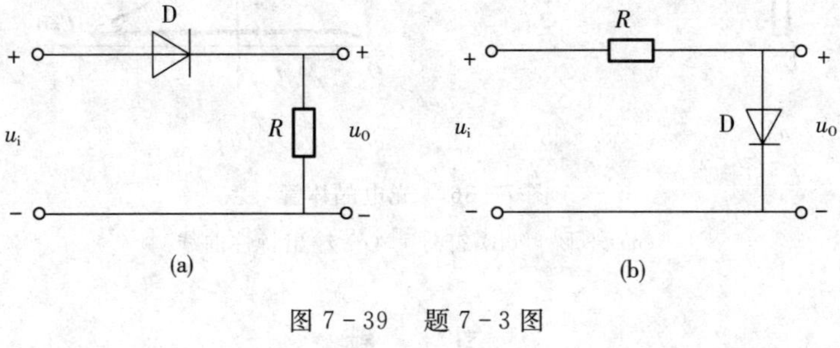

图 7 - 39 题 7 - 3 图

7 - 4 在图 7 - 40 中，试求下列几种情况下输出端 Y 的电位 V_Y 及各元件(R、D_A、D_B) 中通过的电流：(1)$V_A = V_B = 0V$；(2)$V_A = +3V, V_B = 0V$；(3) $V_A = V_B = +3V$。二极管的正向压降可忽略不计。

7 - 5 在图 7 - 41 中，试求下列几种情况下输出端电位 V_Y 及各元件中通过的电流：(1) $V_A = +10V$，$V_B = 0V$；(2) $V_A = +6V, V_B = +5.8V$；(3) $V_A = V_B = +5V$。设二极管的正向电阻为零，反向电阻为无穷大。

7 - 6 在图 7 - 42 中，$E = 10V$，$e = 30\sin\omega t V$。试用波形图表示二极管上电压 u_D。

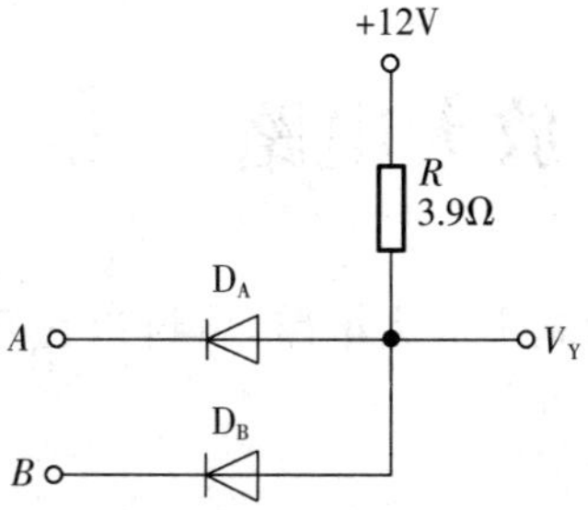

图 7－40　　题 7－4 图

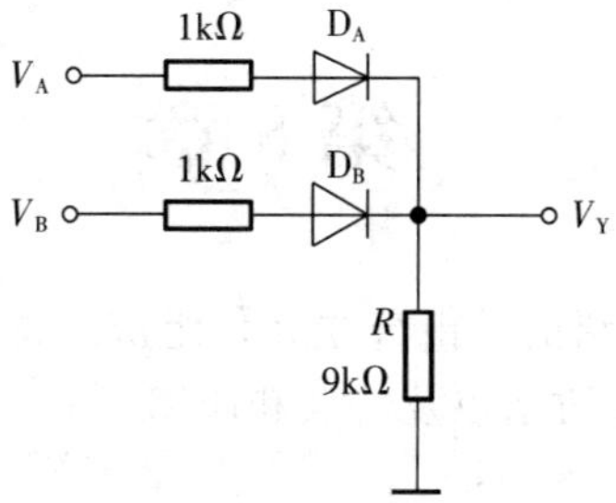

图 7－41　题 7－5 图

7－7　在图 7－43 中，$E = 20V$，$R_1 = 900\Omega$，$R_2 = 1\,100\Omega$。稳压二极管 D_Z 的稳定电压 $U_z = 10V$，最大稳定电流 $I_{ZM} = 8mA$。试求稳压二极管中通过的电流 I_Z，是否超过 I_{ZM}？如果超过，怎么办？

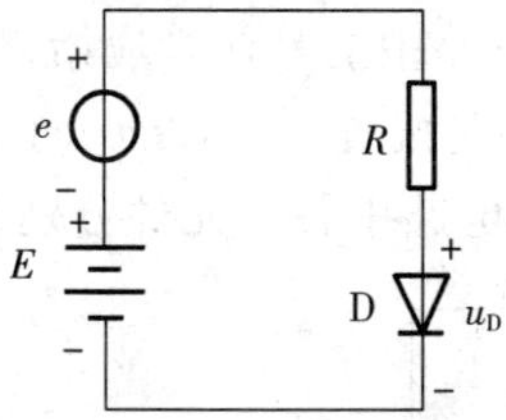

图 7－42　　题 7－6 图

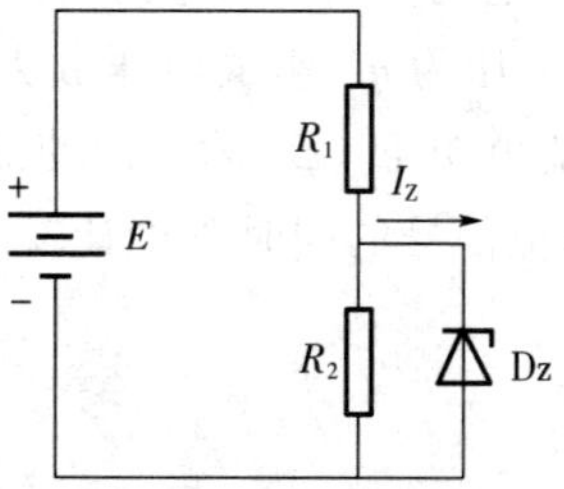

图 7－43　题 7－7 图

7－8　有两个稳压管 D_{Z1} 和 D_{Z2}，其稳定电压分别为 5.5V 和 8.5V，正向压降都是 0.5V。如果要得到 0.5V、3V、6V、9V 和 14V 几种稳定电压，这两个稳压二极管（还有限流电阻）应该如何连接？画出各个电路。

7－9　有两个三极管分别接在电路中，今测得它们管脚的电位（对"地"）分别如下表所列。

管脚	1	2	3
电位（V）	4	3.4	9

管脚	1	2	3
电位（V）	−6	−2.3	−2

试判别管子的三个管脚，并说明是硅管还是锗管，是 NPN 型还是 PNP 型。

7－10　某一三极管的 $P_{CM} = 100mW$，$I_{CM} = 20mA$，$U_{(BR)CEO} = 15V$，试问在下列几种情况下，哪种是正常工作？（1）$U_{CE} = 3V$，$I_C = 10mA$；（2）$U_{CE} = 2V$，$I_C = 40$ mA；（3）$U_{CE} = 6V$，$I_C = 20mA$。

7－11　如何用万用电表判断出一个三极管是 NPN 型还是 PNP 型？如何判断出管子的三个管脚？又如何通过实验来区别是锗管还是硅管？

第8章　基本放大电路

本章所介绍的是由分立元件组成的部分常用基本放大电路，将讨论它们的电路结构、工作原理、分析方法以及特点和应用。

8.1　共发射极放大电路的组成

图8-1是NPN三极管构成的共发射极接法的基本交流放大电路。输入端接交流信号源（通常可用一个电动势 e_s 与电阻 R_S 组成的电压源等效表示），输入电压为 u_i；输出端接负载电阻 R_L，输出电压为 u_o。组成电压放大器的基本原则，电路中的晶体管应始终处于放大工作状态。外加直流电源 E_c、E_B 的作用使晶体管的发射结正向偏置，集电结反向偏置。同时要求电路在放大模拟信号的同时不能让输出信号出现失真。电路中各个元件分别起如下作用：

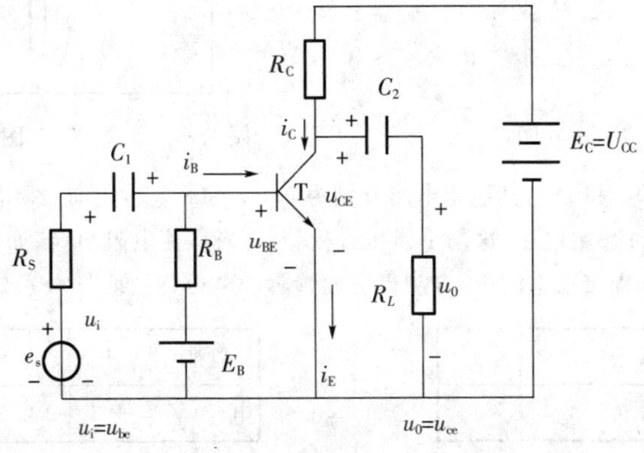

图8-1　共发射极基本交流放大电路

晶体管T　晶体管是放大电路中的放大元件，利用它的电流放大作用，在集电极获得放大了的电流，这电流受输入信号的控制。如果从能量观点来看，输入信号的能量是较小的，而输出的能量是较大的，但这不是说放大电路把输入的能量放大了。能量是守恒的，不能放大，输出的较大能量是来自直流电源 E_C。也就是能量较小的输入信号通过晶体管的控制作用，去控制电源 E_C 所供给的能量，以在输出端获得一个能量较大的信号。这就是放大作用的实质，而晶体管也可以说是一个控制元件。

集电极电源 E_C　电源 E_C 除为输出信号提供能量外，它还保证集电结处于反向偏置，以使晶体管起到放大作用。E_C 一般为几伏到几十伏。

集电极负载电阻 R_C　集电极负载电阻简称集电极电阻，它主要是将集电极电流的变化变换为电压的变化，以实现电压放大。R_C 的阻值一般为几千欧到几十千欧。

基极电源 E_B 和基极电阻 R_B　它们的作用是使发射结处于正向偏置，并提供大小适当的基极电流 I_B，以使放大电路获得合适的工作点。R_B 的阻值一般为几十千欧到几百千欧。

耦合电容 C_1 和 C_2　它们一方面起到隔直作用，C_1 用来隔断放大电路与信号源之间的直流通路，而 C_2 则用来隔断放大电路与负载之间的直流通路，使三者之间无直流联系，互不影响。另一方面又起到交流耦合作用，保证交流信号畅通无阻地经过放大电路，沟通信号源、放大电路和负载三者之间的交流通路。通常要求耦合电容上的交流压降小到可以忽略不计，即对交流信号可视作短路；因此电容值要取得较大，对交流信号频率其容抗近似为零。C_1 和 C_2 的电容值一般为几微法到几十微法，用的是有极性电容器，联接时需要注意其极性。

在图 8-1 的放大电路中，用了两个直流电源 E_C 和 E_B，使用不方便。实际上可将 R_B 的一端改接到 E_C 的正极上，这样 E_B 可以省去，只用 E_C 供电，由它来兼管 E_B 的任务。此外，在放大电路中，通常把公共端接"地"，设其电位为零，作为电路中其他各点电位的参考点。同时为了简化电路的画法，习惯上常不画电源的符号 E_C，而只在联接其正极的一端标出它对"地"的电压值 U_{CC} 和极性（"+"或"−"）。如忽略电源 E_C 的内阻，则 $U_{CC}=E_C$。因此，通常的画法如图 8-2 所示。

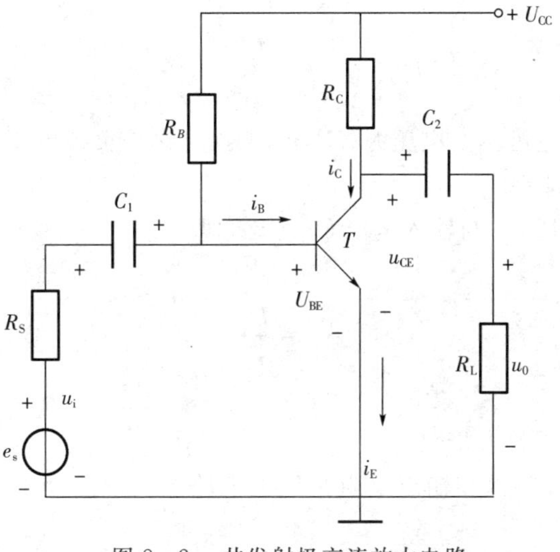

图 8-2　共发射极交流放大电路

图 8-3 是扩音机示意图。话筒是信号源，它将语音转换为电信号，它可用一电压源（$\dot{E}_S$，R_S）表示。扬声器是负载，它将电信号还原为语音，用等效电阻 R_L 表示。图 8-4 是放大电路示意图。

图 8-3　扩音机示意图

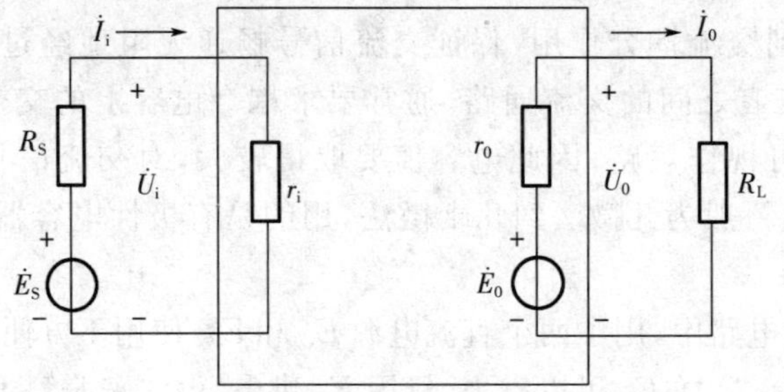

图 8-4　放大电路示意图

放大电路的输入端用一个等效电阻 r_i 表示，它称为放大电路的输入电阻，是信号源的负载，即

$$r_i = \frac{\dot{U}_i}{\dot{I}_i}$$

放大电路的输出端也可用一电压源($\dot{E}_0$，r_0) 表示，它是负载电阻 R_L 的电源，其内阻 r_0 称为放大电路的输出电阻。

放大电路的输出电压 $\dot{U}_0$ 与输入电压 $\dot{U}_i$ 之比，即

$$A_u = \frac{\dot{U}_0}{\dot{U}_i}$$

称为放大电路的电压放大倍数。

电压放大倍数、输入电阻和输出电阻是放大电路的三个主要的性能指标，它们将在后续内容中进行分析计算。

8.2　放大电路的静态分析

对放大电路可分静态和动态两种情况来分析。静态是当放大电路没有输入信号时的工作状态；动态则是有输入信号时的工作状态。静态分析是要确定放大电路的静态值(直流值)I_B，I_C 和 U_{CE}，放大电路的放大信号质量与其静态值的关系甚大。动态分析是要确定放大电路的电压放大倍数 A_u、输入电阻 r_i 和输出电阻 r_0 等。本节先讨论放大电路静态分析的基本方法。

由于放大电路中电压和电流的名称较多，符号不同，今列成表 8-1，以便区别。

表 8-1　放大电路中电压和电流的符号

名称	静态值	交流分量		总电压或总电流		直流电源	
		瞬时值	有效值	瞬时值	平均值	电动势	电压
基极电流	I_B	i_b	I_b	i_B	$I_{B(AV)}$		
集电极电流	I_C	i_c	I_c	i_C	$I_{C(AV)}$		
发射极电流	I_E	i_e	I_e	i_E	$I_{E(AV)}$		
集－射极电压	U_{CE}	u_{ce}	U_{ce}	u_{CE}	$U_{CE(AV)}$		
基－射极电压	U_{BE}	u_{be}	U_{be}	u_{BE}	$U_{BE(AV)}$		
集电极电源						E_C	U_{CC}
基极电源						E_B	U_{BB}
发射极电源						E_E	U_{EE}

8.2.1　用放大电路的直流通路确定静态值

静态值既然是直流，就可用交流放大电路的直流通路来分析计算。图 8-5 是图 8-2 所示放大电路的直流通路。画直流通路时，电容 C_1 和 C_2 可视作开路。

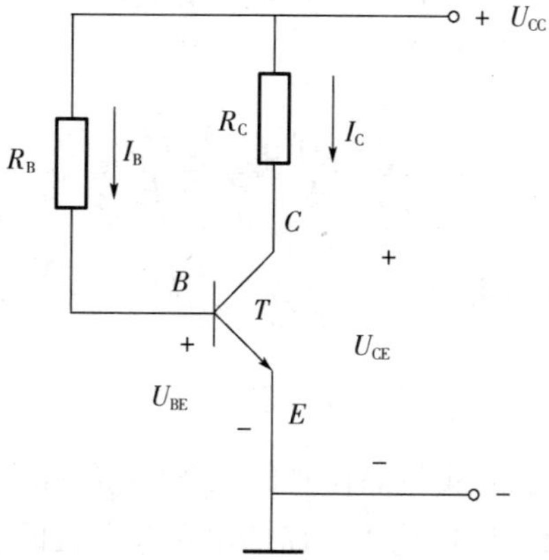

图 8-5　图 8-2 放大电路的直流通道

由图 8-5 的直流通路，可得出静态时的基极电流

$$I_B = \frac{U_{CC} - U_{BE}}{R_B} \approx \frac{U_{CC}}{R_B} \tag{8-1}$$

由于 U_{BE}（硅管约为 0.6～0.8V）比 U_{CC} 小得多，故可忽略不计。由 I_B 可得出静态时的集电极电流

$$I_C = \bar{\beta} I_B + I_{CEO} \approx \bar{\beta} I_B \approx \beta I_B \tag{8-2}$$

静态时的集－射极电压则为

$$U_{CE} = U_{CC} - R_C I_C \tag{8-3}$$

【例 8-1】 在图 8-2 中，已知 $U_{CC}=12V$，$R_C=4k\Omega$，$R_B=300k\Omega$，$\beta=50$，试求放大电路的静态值。

【解】 根据图 8-5 的直流通路可得出

$$I_B \approx \frac{U_{CC}}{R_B}=\frac{12}{300\times 10^3}=0.04\times 10^{-3}A=0.04mA=40\mu A$$

$$I_C \approx \bar{\beta} I_B=50\times 0.04mA=2mA$$

$$U_{CE}=U_{CC}-R_C I_C=[12-(4\times 10^3)\times(2\times 10^{-3})]V=4V$$

8.2.2 用图解法确定静态值

通常分析放大电路有两种方法，即图解法与估算法。前面已介绍了用估算法求放大电路静态值。也可以用图解法来确定，并能直观地分析和了解静态值的变化对放大电路工作的影响。电路的工作情况由直流负载线与非线性元件的伏安特性曲线的交点确定。这个交点称为静态工作点，它既符合非线性元件上的电压与电流的关系，同时也符合电路中电压与电流的关系。

在图 8-5 的直流通路中，晶体管与集电极负载电阻 R_C 串联后接于电源 U_{CC}，我们可列出

$$U_{CE}=U_{CC}-R_C I_C$$

或

$$I_C=-\frac{1}{R_C}U_{CE}+\frac{U_{CC}}{R_C} \tag{8-4}$$

这是一个直线方程，其斜率为 $\tan\alpha=-\frac{1}{R_C}$，在横轴上的截距为 U_{CC}，在纵轴上的截距为 $\frac{U_{CC}}{R_C}$。这一直线很容易在图 8-6 上作出。因为它是由直流通路得出的，且与集电极负载电阻 R_C 有关，故称为直流负载线。负载线与晶体管的某条（由 I_B 确定）输出特性曲线的交点 Q，称为放大电路的静态工作点，由它确定放大电路的电压和电流的静态值。

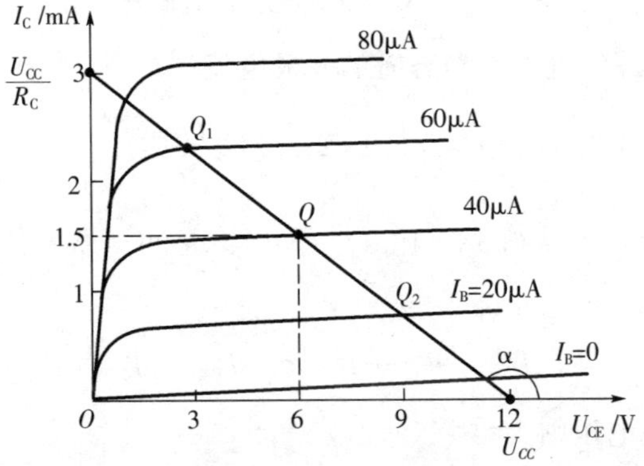

图 8-6 用图解法确定放大电路的静态工作点

由图 8-6 可见，基极电流 I_B 的大小不同，静态工作点在负载线上的位置也就不同。根据对晶体管工作状态的要求不同，要有一个相应不同的合适的工作点，这可通过改变 I_B 的大小来获得。因此，I_B 很重要，它确定晶体管的工作状态，通常称它为偏置电流，简称偏流。产生偏流的电路，称为偏置电路，在图 8-5 中，其路径为 $U_{CC} \rightarrow R_B \rightarrow$ 发射结 $\rightarrow$ "地"。R_B 称为偏置电阻。通常是通过改变 R_B 的阻值来调整偏流 I_B 的大小。

【例 8-2】 在图 8-2 所示的放大电路中，已知 $U_{CC} = 12V$，$R_C = 4k\Omega$，$R_B = 300k\Omega$。晶体管的输出特性曲线已给出(图 8-6)。(1) 作直流负载线；(2) 求静态值。

【解】 (1) 根据图 8-5 的直流通路，有

$$U_{CE} = U_{CC} - R_C I_C$$

可得出

$$I_C = 0 \text{ 时} \quad U_{CE} = U_{CC} = 12V$$

$$U_{CE} = 0 \text{ 时} \quad I_C = \frac{U_{CC}}{R_C} = \frac{12}{4 \times 10^3} A = 3mA$$

就可在图 8-6 的晶体管输出特性曲线上作出直流负载线。

(2) 根据式(8-1) 可算出

$$I_B \approx \frac{U_{CC}}{R_B} = \frac{12}{300 \times 10^3} A = 0.04mA = 40\mu A$$

由此得出静态工作点 Q(图 8-6)，静态值为

$$I_B = 40\mu A \qquad I_C = 1.5mA \qquad U_{CE} = 6V$$

用图解法求静态值的一般步骤如下：给出晶体管的输出特性曲线组 → 作出直流负载线 → 由直流通路求出偏流 → 得出合适的静态工作点 → 找出静态值。

8.3　放大电路的动态分析

为了清楚地表示电流和电压的直流分量、交流分量和单向脉动量，常用字母的大写或小写以及下标字母符号来加以区别，以便于对电路的分析。在电子电路中，代表三极管各电量的文字符号规定如表 8-1 所示。当放大电路有输入信号时，晶体管的各个电流和电压都含有直流分量和交流分量。直流分量一般即为静态值，由上节所述的静态分析来确定。动态分析是在静态值确定后分析信号的传输情况，考虑的只是电流和电压的交流分量(信号分量)。微变等效电路法和图解法是动态分析的两种基本方法。

8.3.1　微变等效电路法

放大电路有交流输入信号输入时的工作状态称为动态。所谓放大电路的微变等效电路，就是把非线性元件晶体管所组成的放大电路等效为一个线性电路，也就是把晶体管线性化，等效为一个线性元件。这样，就可像处理线性电路那样来处理晶体管放大电路。线性

化的条件，就是晶体管在小信号（微变量）情况下工作。这才能在静态工作点附近的小范围内用直线段近似地代替晶体管的特性曲线。

1. 晶体管的微变等效电路

如何把晶体管线性化，用一个等效电路来代替，这是首先要讨论的。我们从共发射极接法晶体管的输入特性和输出特性两方面来分析讨论。

图8-7(a)是晶体管的输入特性曲线，是非线性的。但当输入信号很小时，在静态工作点Q附近的工作段可认为是直线。当U_{CE}为常数时，ΔU_{BE}与ΔI_B之比

$$r_{be}=\left.\frac{\Delta U_{BE}}{\Delta I_B}\right|_{U_{CE}}=\left.\frac{u_{be}}{i_b}\right|_{U_{CE}} \tag{8-5}$$

称为晶体管的输入电阻，它表示晶体管的输入特性。对于小信号微变量，可用电压和电流的交流分量来代替。在交流小信号的情况下，r_{be}是一常数，由它确定u_{be}和i_b之间的关系。因此，晶体管的输入电路可用r_{be}等效代替，如图8-8所示。

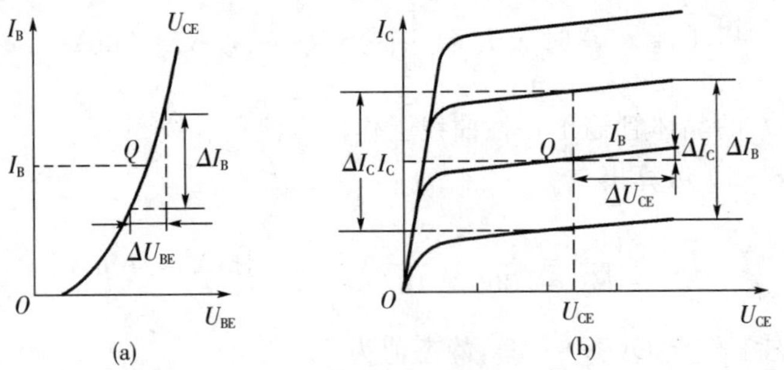

图8-7　从晶体管的特性曲线求r_{be}，β和r_{ce}

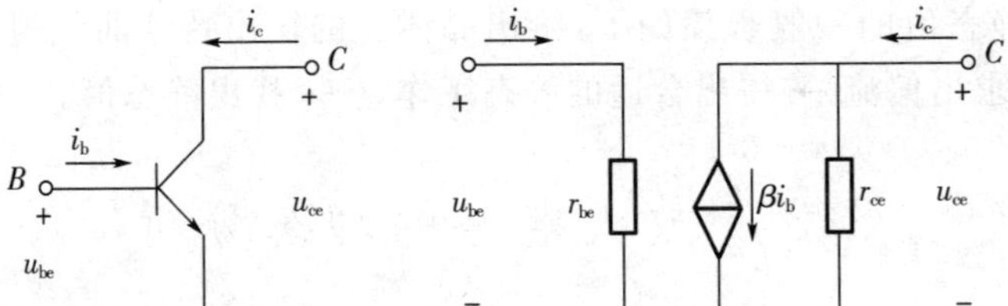

图8-8　晶体管及其微变等效电路

低频小功率晶体管的输入电阻常用下式估算

$$r_{be}=r_{bb'}+(1+\beta)\frac{26(\text{mV})}{I_E(\text{mA})} \tag{8-6}$$

式中I_E是发射极电流的静态值，右边第一项常取$r_{bb'}$为晶体管基区的体电阻，一般在100～300(Ω)，本教材示例中取200(Ω)。r_{be}一般为几百欧到几千欧。它是对交流而言的一个动态电阻，在手册中常用h_{ie}代表。

图8-7(b)是晶体管的输出特性曲线组，在线性工作区是一组近似等距离的平行直线。当U_{CE}为常数时，ΔI_C与ΔI_B之比

$$\beta = \frac{\Delta I_C}{\Delta I_B}\bigg|_{U_{CE}} = \frac{i_c}{i_B}\bigg|_{U_{CE}} \tag{8-7}$$

即为晶体管的电流放大系数。在小信号的条件下，β 是一常数，由它确定 i_c 受 i_b 控制的关系。因此，晶体管的输出电路可用一受控电流源 $i_c = \beta i_b$ 代替，以表示晶体管的电流控制作用。当 $i_b = 0$ 时，βi_b 不复存在，所以它不是一个独立电源，而是受输入电流 i_b 控制的受控电源。

此外，在图 8-7(b) 中还可见到，晶体管的输出特性曲线不完全与横轴平行。当 I_B 为常数时，ΔU_{CE} 与 ΔI_C 之比

$$r_{ce} = \frac{\Delta U_{CE}}{\Delta I_C}\bigg|_{I_B} = \frac{u_{ce}}{i_c}\bigg|_{I_B} \tag{8-8}$$

称为晶体管的输出电阻。在小信号的条件下，r_{ce} 也是一个常数。如果把晶体管输出电路看作电流源，r_{ce} 也就是电源的内阻，故在等效电路中与受控电流源 βi_b 并联。由于 r_{ce} 的阻值很高，约为几十千欧到几百千欧，所以在后面的微变等效电路中都把它忽略不计。

图 8-8(b) 就是我们得出的晶体管微变等效电路。

2. 放大电路的微变等效电路

由晶体管的微变等效电路和放大电路的交流通路可得出放大电路的微变等效电路，如上所述，静态值可由直流通路确定，而交流分量则由相应的交流通路来分析计算。图 8-9(a) 是图 8-2 所示交流放大电路的交流通路。对交流分量讲，电容 C_1 和 C_2 可视作短路；同时，一般直流电源的内阻很小，可以忽略不计，对交流讲直流电源也可以认为是短路的。据此就可画出交流通路。再把交流通路中的晶体管用它的微变等效电路代替，即为放大电路的微变等效电路，如图 8-9(b) 所示。电路中的电压和电流都是交流分量，标出的是参考方向。

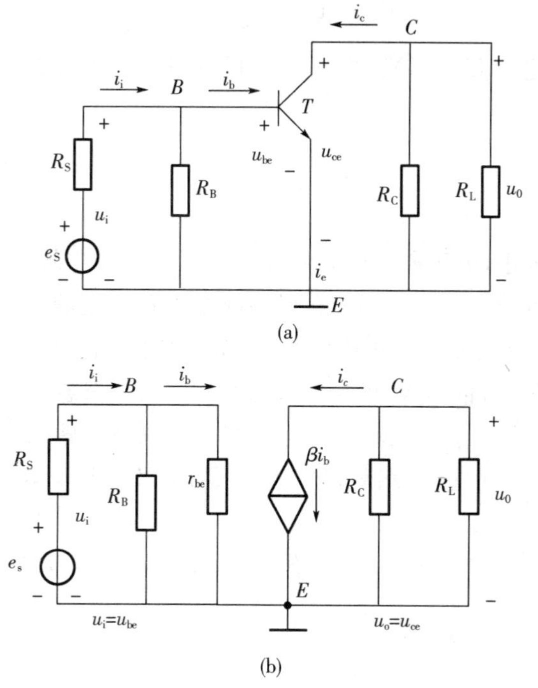

图 8-9　图 8-2 所示交流放大电路的交流通路(a) 及其微变等效电路(b)

3. 电压放大倍数的计算

下面以图 8-2 的交流放大电路为例用它的微变等效电路[图 8-9(b)]来计算电压放大倍数。设输入的是正弦信号,图 8-9(b) 中的电压和电流都可用相量表示,如图 8-10 所示。

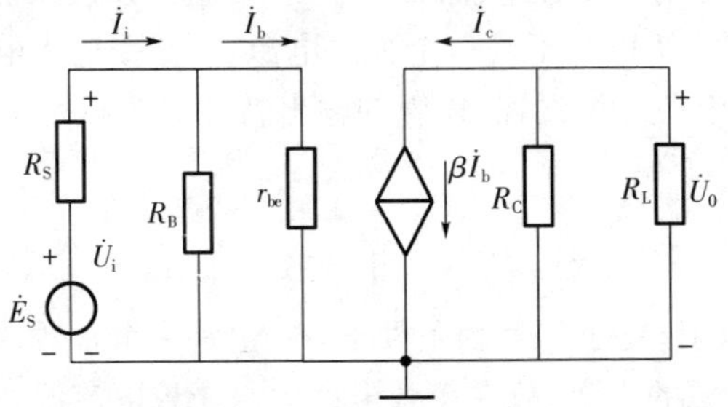

图 8-10　微变等效电路

根据图 8-10 可列出

$$\dot{U}_i = r_{be}\dot{I}_b$$

$$\dot{U}_0 = -R'_L\dot{I}_c = -\beta R'_L\dot{I}_b$$

式中

$$R'_L = R_C \,//\, R_L$$

故放大电路的电压放大倍数

$$A_u = \frac{\dot{U}_0}{\dot{U}_i} = -\beta\frac{R'_L}{r_{be}} \tag{8-9}$$

上式中的负号表示输出电压 $\dot{U}_0$ 与输入电压 $\dot{U}_i$ 的相位相反。当放大电路输出端开路(未接 R_L)时,

$$A_u = -\beta\frac{R_C}{r_{be}} \tag{8-10}$$

比接 R_L 时高。可见 R_L 愈小,电压放大倍数愈低。

A_u 除与 R_L 有关外,还与β和r_{be} 有关。在保持静态值 I_E 一定的条件下,由式(8-6)可见,β大的管子其r_{be} 也大,但两者不是成正比地增大,而是随着β的增大r_{be} 值也在增大,但是增大得愈来愈少。也就是随着β的增大,电压放大倍数增大得愈来愈少。当β足够大时,电压放大倍数几乎与β无关。此外,在β一定时,只要稍把 I_E 增大一些,就能使电压放大倍数在一定范围内有明显的提高,而往往选用β值较高的管子反而达不到这个效果。但是 I_E 的增大是有限度的。

【例 8-3】　在图 8-2 中,$U_{CC} = 12V$,$R_C = 4k\Omega$,$R_B = 300k\Omega$,$\beta = 50$,$R_L = 4k\Omega$。试求电压放大倍数 A_u。

【解】　在例 8-1 中已求出

$$I_C = 2mA \approx I_E$$

由式(8-6)

$$r_{be} \approx 200\Omega + (1+50)\frac{26(mV)}{2(mA)} = 0.863k\Omega$$

故

$$A_u = -\beta\frac{R'_L}{r_{be}} = -50 \times \frac{2}{0.863} = -115.9$$

式中

$$R'_L = R_C /\!/ R_L = 2k\Omega$$

4. 放大电路输入电阻的计算

一个放大电路的输入端总是与信号源(或前级放大电路)相连的,其输出端总是与负载(或后级放大电路)相连的。因此放大电路与信号源和负载之间(或前级放大电路和后级放大电路之间),都是互相联系、互相影响的。

放大电路对信号源(或对前级放大电路)来说,是一个负载,可用一个电阻来等效代替。这个电阻是信号源的负载电阻,也就是放大电路的输入电阻 r_i,即

$$r_i = \frac{\dot{U}_i}{\dot{I}_i} \tag{8-11}$$

它是对交流信号而言的一个动态电阻。

如果放大电路的输入电阻较小,第一,将从信号源取用较大的电流,从而增加信号源的负担;第二,经过信号源内阻 R_S 和 r_i 的分压,使实际加到放大电路的输入电压 $\dot{U}_i$ 减小,从而减小输出电压;第三,后级放大电路的输入电阻,就是前级放大电路的负载电阻,从而将会降低前级放大电路的电压放大倍数。因此,通常希望放大电路的输入电阻能高一些。

以图 8-2 的放大电路为例,其输入电阻可从它的微变等效电路(图 8-10)计算:

$$r_i = R_B /\!/ r_{be} \approx r_{be} \tag{8-12}$$

实际上 R_B 的阻值比 r_{be} 大得多,因此,这一类放大电路的输入电阻基本上等于晶体管的输入电阻,是不高的。注意:r_i 和 r_{be} 意义不同,不能混淆。在电压放大倍数 A_u 的式子中,是 r_{be} 不是 r_i。

5. 放大电路输出电阻的计算

放大电路对负载(或对后级放大电路)来说,是一个信号源,其内阻即为放大电路的输出电阻 r_0,它也是一个动态电阻。

如果放大电路的输出电阻较大(相当于信号源的内阻较大),当负载变化时,输出电压的变化较大,也就是放大电路带负载的能力较差。因此,通常希望放大电路输出级的输出电阻低一些。

放大电路的输出电阻可在信号源短路($U_i = 0$)和输出端开路的条件下求得。现以图 8-2 的放大电路为例,从它的微变等效电路(图 8-10)看,当 $U_i = 0$,$I_b = 0$ 时,βI_b 和 I_C 也为

零。共发射极放大电路的输出电阻是从放大电路的输出端看进去的一个电阻。因为晶体管的输出电阻 r_{ce}（也和受控电流源 $\beta\dot{I}_b$ 并联）很高，在图中已略去，故

$$r_0 \approx R_C \tag{8-13}$$

R_C 一般为几千欧，因此共发射极放大电路的输出电阻较高。

通常计算 r_0 时可将信号源短路（$U_i = 0$，但要保留信号源内阻），将 R_L 取去，在输入端加一交流电压 $\dot{U}_0$，以产生一个电流 $\dot{I}_0$。则放大电路的输出电阻为

$$r_0 = \frac{\dot{U}_0}{\dot{I}_0} \tag{8-14}$$

下例是计算 r_0 的另一种方法。

【例 8-4】 有一放大电路（图 8-2），测得其输出端的开路电压的有效值 $U_{oc} = 4V$，当接上负载电阻 $R_L = 6k\Omega$ 时，输出电压下降为 $U_{oL} = 3V$。试求该放大电路的输出电阻。

【解】 放大电路对负载来说，是一信号源，可用等效电动势 $\dot{E}_0$ 和内阻 r_o 表示，如图 8-11 所示。等效电源的内阻即为放大电路的输出电阻，也就是从放大电路的输出端看进去的一个等效电阻。

输出端开路时

$$\dot{U}_{oc} = \dot{E}_0$$

输出端接上负载电阻 R_L 时

$$\dot{U}_{oL} = \frac{\dot{E}_0 R_L}{r_0 + R_L}$$

由上列两式可得出

$$r_o = \left(\frac{\dot{U}_{oC}}{\dot{U}_{oL}} - 1\right) R_L$$

这表明通过实验（或计算），得出放大电路输出端开路时的输出电压 $\dot{U}_{oc}$ 和接上负载电阻 R_L 时的输出电压 $\dot{U}_{oL}$，而后利用上式也能算出放大电路的输出电阻。

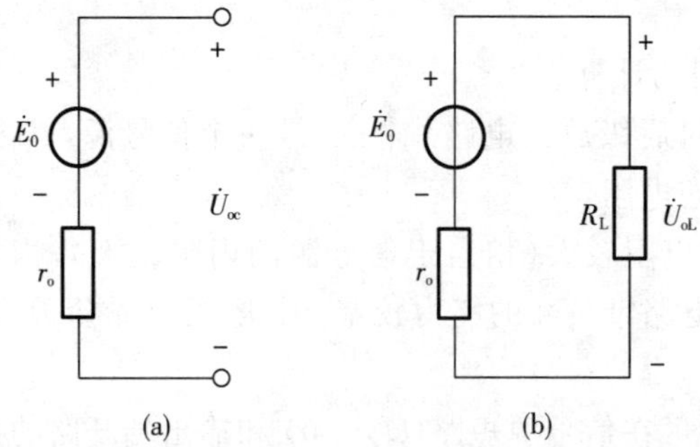

图 8-11

在本例中，

$$r_o = \left(\frac{4}{3} - 1\right) \times (6 \times 10^3)\Omega = 2 \times 10^3 \Omega = 2\text{k}\Omega$$

利用微变等效电路对放大电路进行动态分析和计算，非常简便，对较为复杂的电路也能适用，但它不能确定静态工作点。

8.3.2　图解法

对放大电路的动态分析也可以应用图解法，就是利用晶体管的特性曲线在静态分析的基础上，用作图的方法来分析各个电压和电流交流分量之间的传输情况和相互关系。

1. 交流负载线

直流负载线反映静态时电流 I_C 和电压 U_{CE} 的变化关系，由于耦合电容 C_2 的隔直作用，负载电阻 R_L 不加考虑，故其斜率 $\tan\alpha = -\frac{1}{R_C}$。交流负载线反映动态时电流 i_c 和电压 u_{ce} 的变化关系，由于对交流信号 C_2 可视作短路，R_L 与 R_C 并联，故其斜率为 $\tan\alpha' = -\frac{1}{R'_L}$。因为 $R'_L < R_C$，所以交流负载线比直流负载线要陡些。当输入信号为零时，放大电路仍应工作在静态工作点 Q，可见交流负载线也要通过 Q 点。根据上述两点，可作出例 8-3 的放大电路的交流负载线，如图 8-12 所示。

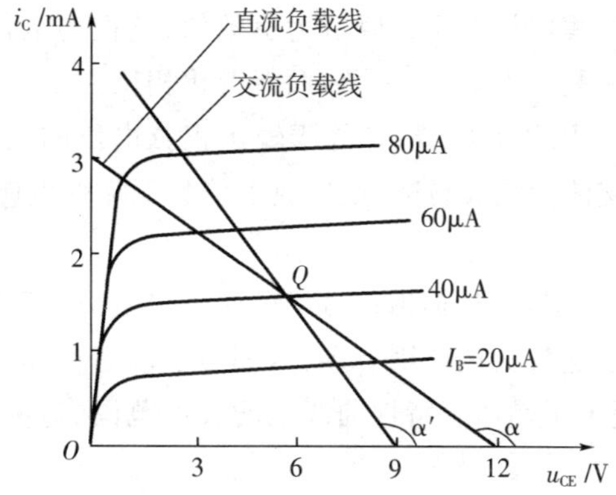

图 8-12　直流负载线和交流负载线

2. 图解分析

由图 8-13 的图解分析可得出下列几点：

(1) 交流信号的传输情况：

$$u_i(\text{即 } u_{be}) \rightarrow i_b \rightarrow i_c \rightarrow u_o(\text{即 } u_{ce})$$

(2) 电压和电流都含有直流分量和交流分量，即

$$u_{BE} = U_{BE} + u_{be} \qquad i_B = I_B + i_b$$

$$i_C = I_C + i_c \qquad u_{CE} = U_{CE} + u_{ce}$$

由于电容 C_2 的隔直作用，u_{CE} 的直流分量 U_{CE} 不能到达输出端，只有交流分量 u_{CE} 能通过 C_2 构成输出电压 u_o。

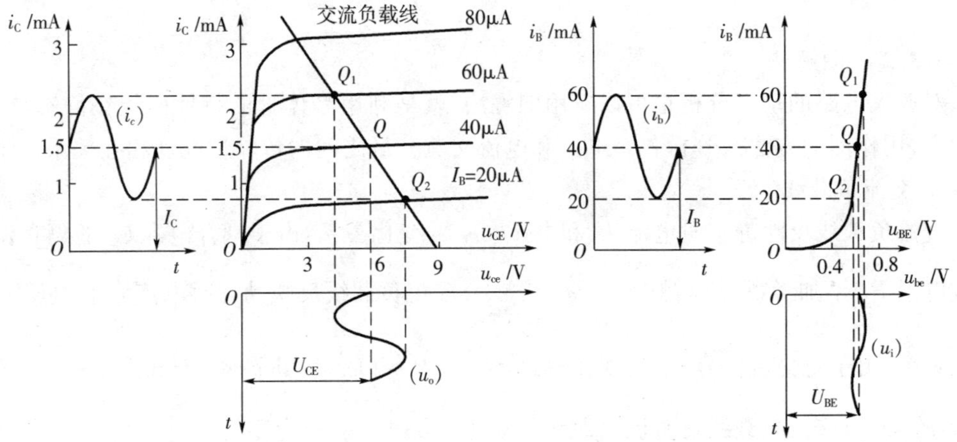

图 8－13　交流放大电路有输入信号时的图解分析

(3) 输入信号电压 u_i 和输出电压 u_o 相位相反。如设公共端发射极的电位为零，那么，基极的电位升高为正数值时，集电极的电位降低为负数值；基极的电位降低为负数值时，集电极的电位升高为正数值。一高一低，一正一负，两者变化相反。

(4) 从图上也可计算电压放大倍数，它等于输出正弦电压的幅值与输入正弦电压的幅值之比。R_L 的阻值愈小，交流负载线愈陡，电压放大倍数下降得也愈多。

3. 非线性失真

对放大电路有一基本要求，就是输出信号尽可能不失真。所谓失真，是指输出信号的波形不像输入信号的波形。引起失真的原因有多种，如由于静态工作点不合适或者信号太大，使放大电路的工作范围超出了晶体管特性曲线上的线性范围。这种失真通常称为非线性失真。

在图 8－14(a) 中，静态工作点 Q_1 的位置太低，即使输入的是正弦电压，但在它的负半周，晶体管进入截止区工作，i_B、u_{CE} 和 u_{CE}(i_C 图中未画出) 都严重失真了，i_B 的负半周和 u_{CE} 的正半周被削平。这是由于晶体管的截止而引起的，故称为截止失真。

在图 8－14(b) 中，静态工作点 Q_2 太高，在输入电压的正半周，晶体管进入饱和区工作，这时 i_B 可以不失真，但是 u_{CE} 和 i_C 都严重失真了。这是由于晶体管的饱和而引起的，故称为饱和失真。

因此，要放大电路不产生非线性失真，必须要有一个合适的静态工作点，工作点 Q 应大致选在交流负载线的中点。此外，输入信号 u_i 的幅值不能太大，以避免放大电路的工作范围超过特性曲线的线性范围。在小信号放大电路中，此条件一般都能满足。

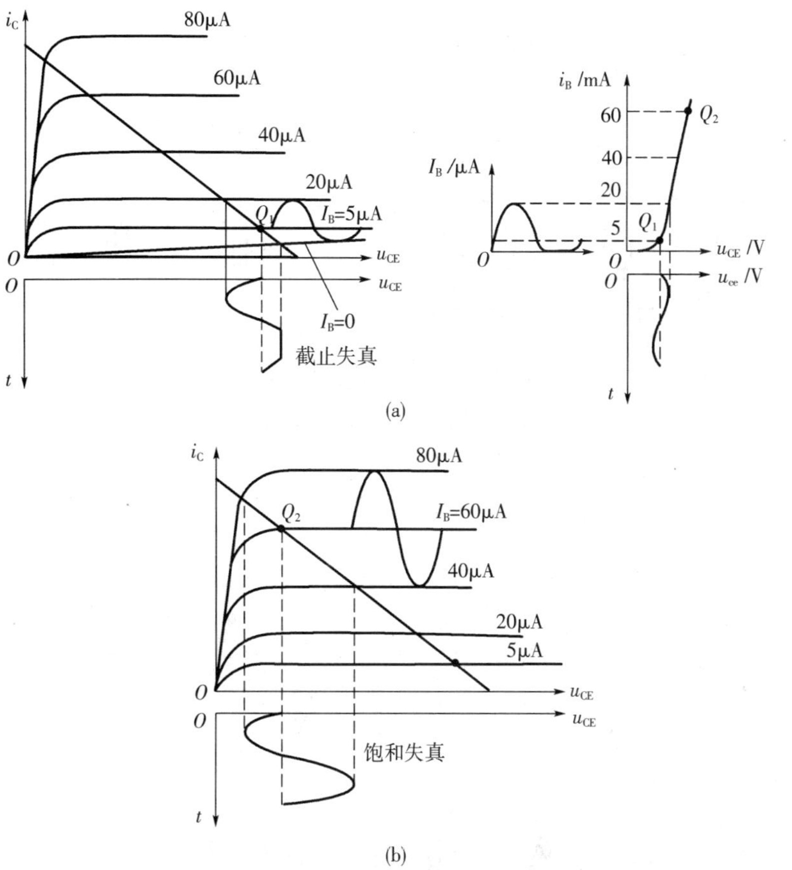

图 8-14　工作点不合适引起输出电压波形失真

8.4　静态工作点的稳定

前面说过，放大电路应有合适的静态工作点，以保证有较好的放大效果，并且不引起非线性失真。但由于某些原因，例如温度的变化，将使集电极电流的静态值 I_C 发生变化，从而影响静态工作点的稳定性。如果当温度升高后偏置电流 I_B 能自动减小以限制 I_C 的增大，静态工作点就基本稳定。

上面所讲的放大电路(图 8-2) 中，偏置电流

$$I_B = \frac{U_{CC} - U_{BE}}{R_B}$$

当 R_B 一经选定后，I_B 也就基本固定不变。这种称为固定偏置放大电路，它不能稳定静态工作点。

为此，常采用图 8-15(a) 所示的分压式偏置放大电路，其中 R_{B1} 和 R_{B2} 构成偏置电路。由 8-15(b) 所示的直流通路可列出

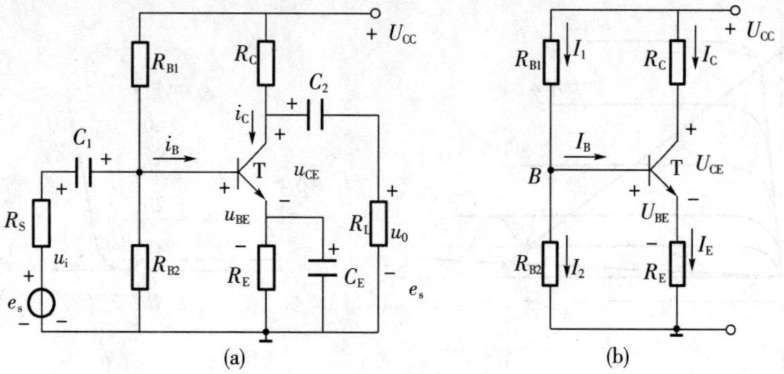

图 8-15　分压式偏置放大电路

(a) 放大电路　(b) 直流通路

$$I_1 = I_2 + I_B$$

若使

$$I_2 \gg I_B \tag{8-15}$$

则

$$I_1 \approx I_2 \approx \frac{U_{CC}}{R_{B1} + R_{B2}}$$

基极电位

$$V_B = R_{B2} I_2 \approx \frac{R_{B2}}{R_{B1} + R_{B2}} U_{CC} \tag{8-16}$$

可认为 V_B 与晶体管的参数无关，不受温度影响，而仅为 R_{B1} 和 R_{B2} 的分压电路所固定。引入发射极电阻 R_E 后，由图 8-15(b) 可列出

$$U_{BE} = V_B - V_E = V_B - R_E I_E \tag{8-17}$$

若使

$$V_B \gg U_{BE} \tag{8-18}$$

则

$$I_C \approx I_E = \frac{V_B - U_{BE}}{R_E} \approx \frac{V_B}{R_E} \tag{8-19}$$

也可认为 I_C 不受温度影响。

因此，只要满足式(8-15)和式(8-18)两个条件，V_B 和 I_E 或 I_C 就与晶体管的参数几乎无关，不受温度变化的影响，从而静态工作点能得以基本稳定。

根据上述两个条件，似乎 I_2 和 V_B 愈大愈好。其实不然，还要考虑到其他影响。I_2 不能太大，否则，R_{B1} 和 R_{B2} 就要取得较小，这不但要增加功率损耗，而且从信号源取用较大的电流，使信号源的内阻压降增加，加在放大电路输入端的电压 u_i 减小。一般 R_{B1} 和 R_{B2} 为几十千欧，基极电位 V_B 也不能太高。否则，由于发射极电位 $V_E(\approx V_B)$ 增高而使 u_{CE} 相对地减小(U_{CC} —

定），因而缩小了放大电路输出电压的变化范围。因此，对硅管而言，在估算时一般可选取 $I_2=(5\sim10)I_B$ 和 $V_B=(5\sim10)U_{BE}$。

这种电路能稳定工作点的实质是：由式(8－17)可知，例如因温度增高而引起 I_C 增大时，发射极电阻 R_E 上的电压就会使 U_{BE} 减小，从而使 I_B 自动减小以限制 I_C 的增大，工作点得以稳定。R_E 愈大，稳定性能愈好。但不能太大，否则将使发射极电位 V_E 升高，因而减小输出电压的幅值。R_E 在小电流情况下为几百欧到几千欧，在大电流情况下为几欧到几十欧。

此外当发射极电流的交流分量 i_e 流过 R_E 时，也会产生交流压降，使 u_{be} 减小，从而降低电压放大倍数。为此可在 R_E 两端并联一个电容值较大的电容 C_E 使交流旁路。C_E 称为交流旁路电容，其值一般为几十微法到几百微法。

【例 8－5】 在图 8－15(a) 的分压式偏置放大电路中，已知 $U_{CC}=12V$，$R_C=2k\Omega$，$R_E=2k\Omega$，$R_{B1}=20k\Omega$，$R_{B2}=10k\Omega$，$R_L=6k\Omega$，晶体管的 $\bar{\beta}=37.5$。(1) 试求静态值；(2) 画出微变等效电路；(3) 计算该电路的 A_u，r_i 和 r_o。

【解】 (1) $V_B\approx\dfrac{R_{B2}}{R_{B1}+R_{B2}}U_{CC}=\dfrac{10}{20+10}\times12V=4V$

$$I_C\approx I_E=\frac{V_B-U_{BE}}{R_E}=\frac{4-0.6}{2\times10^3}A=1.7mA$$

$$I_B\approx\frac{I_C}{\bar{\beta}}=\frac{1.7}{37.5}mA=0.045mA$$

$$U_{CE}\approx U_{CC}-(R_C+R_E)I_C=[12-(2+2)\times10^3\times1.7\times10^{-3}]V=5.2V$$

(2) 微变等效电路如图 8－16 所示。

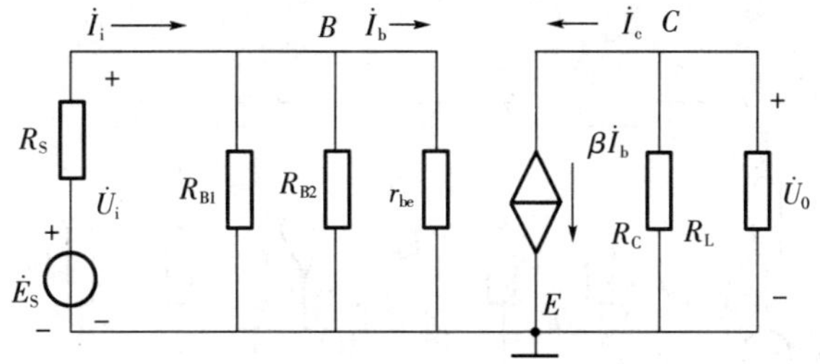

图 8－16　图 8－15(a) 电路的微变等效电路

(3) $r_{be}\approx200+(1+\bar{\beta})\dfrac{26}{I_E}=[200+(1+37.5)\times\dfrac{26}{1.7}]\Omega=0.79k\Omega$

$$A_u=-\beta\frac{R'_L}{r_{be}}=-37.5\times\frac{1.5}{0.79}=-71.2$$

式中

$$R'_L=\frac{R_CR_L}{R_C+R_L}=\frac{2\times6}{2+6}k\Omega=1.5k\Omega$$

$$r_i=R_{B1}\,/\!/\,R_{B2}\,/\!/\,r_{be}\approx r_{be}=0.79k\Omega$$

$$r_o \approx R_C = 2\text{k}\Omega$$

【例 8-6】 在上例中，如图 8-15(a) 中的 R_E 未全被 C_E 旁路，而尚留一段 R''_E，$R''_E = 0.2\text{k}\Omega$（图 8-17）。(1) 试求静态值；(2) 画出微变等效电路；(3) 计算该电路的 A_u，r_i 和 r_o，并与上例比较。

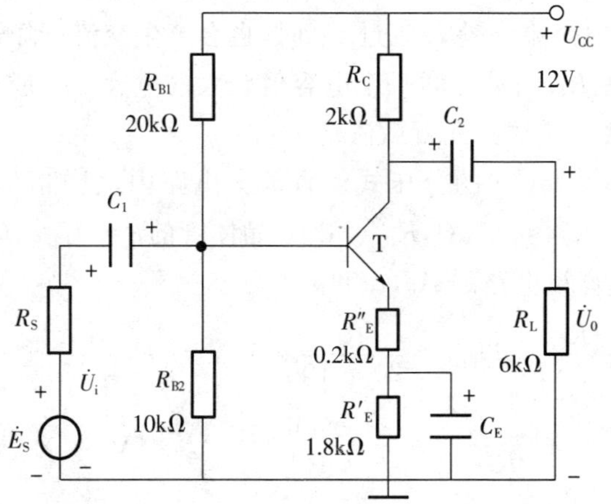

图 8-17 例 8-6 的图

【解】 (1) 静态值和 r_{be} 与例 8-5 相同。

(2) 微变等效电路如图 8-18 所示。

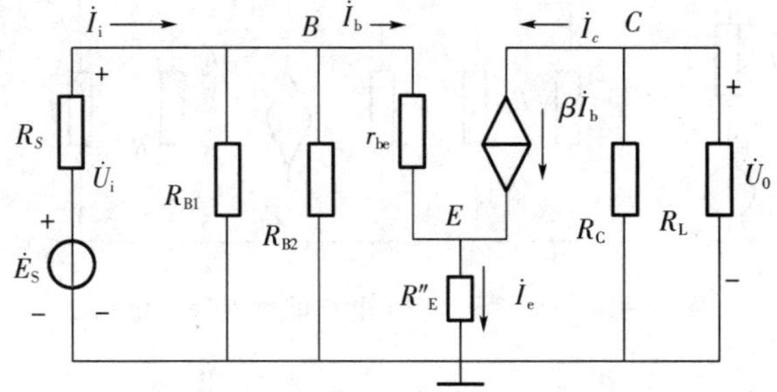

图 8-18 例 8-6 的微变等效电路

(3) 由图 8-18 可写出

$$\dot{U}_i = r_{be}\dot{I}_b + R''_E\dot{I}_e = r_{be}\dot{I}_b + (1+\beta)R''_E\dot{I}_b$$

$$= [r_{be} + (1+\beta)R''_E]\dot{I}_b$$

$$\dot{U}_0 = -R'_L\dot{I}_c = -\beta R'_L\dot{I}_b$$

故电压放大倍数为

$$A_u = \frac{\dot{U}_o}{\dot{U}_i} = -\frac{\beta R'_L}{r_{be} + (1+\beta)R''_E} \tag{8-20}$$

将所给数据代入，则得

$$A_u = -37.5 \times \frac{1.5}{0.79 + (1+37.5) \times 0.2} = -6.63$$

$$r_i = R_{B1} \mathbin{/\!/} R_{B2} \mathbin{/\!/} [r_{be} + (1+\beta)R''_E] = 3.74\text{k}\Omega$$

$$r_o \approx R_C = 2\text{k}\Omega$$

留有一段发射极电阻而未被 C_E 旁路，此即在放大电路中引入了串联电流负反馈，虽然电压放大倍数降低了，但改善了放大电路的工作性能，其中包括提高了放大电路的输入电阻。

8.5　差分放大电路

在工业控制中还常遇到另外一些信号，例如用热电偶测量炉温，由于炉温变化很慢，所以热电偶给出的就是一个缓慢变化的电压信号。这种缓慢变化的信号不能采用阻容耦合，只能用直接耦合的多级放大电路来放大，即把前级的输出端直接接到后级的输出端，图 8-19 所示的电路就是其中一种。发射极电阻 R_{E2} 用来确定两级合适的工作点，即

$$R_{E2} = \frac{U_{CE1} - U_{BE2}}{I_{E2}} \tag{8-21}$$

直接耦合放大电路的最大问题是零点漂移。

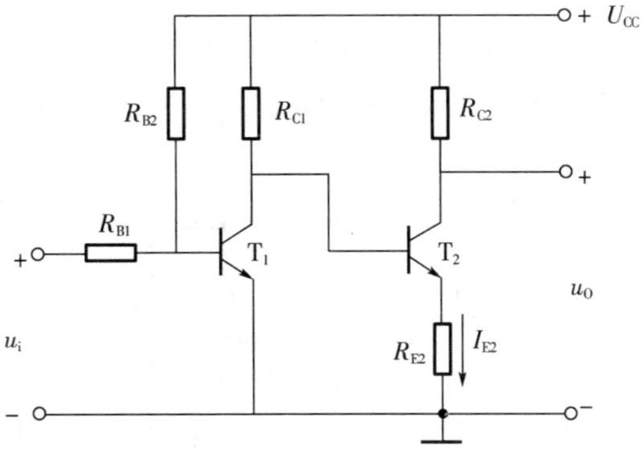

图 8-19　两级直接耦合放大电路

一个理想的直接耦合放大电路，当输入信号为零时，其输出电压应保持不变（不一定是零）。但实际上，把一个多级直接耦合放大电路的输入端短接（$u_i = 0$），测其输出端电压时，却如图 8-20 中记录仪所显示的那样，它并不保持恒值，而在缓慢地、无规则地变化着，这种现象就称为零点漂移。

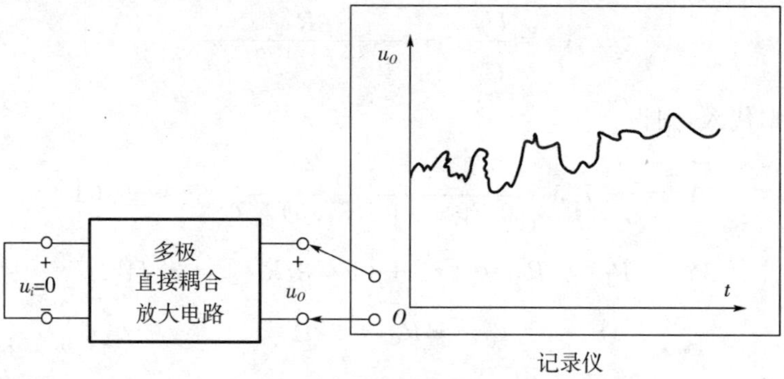

图 8－20　零点漂移现象

当放大电路输入信号后，这种漂移就伴随着信号共存于放大电路中，两者都在缓慢地变动着，一真一假，互相纠缠在一起，难于分辨。如果当漂移量大到足以和信号量相比时，放大电路就更难工作了。因此，必须查明产生漂移的原因，并采取相应的抑制漂移的措施。

引起零点漂移的原因很多，如晶体管参数（I_{CBO}，U_{BE}，β）随温度的变化，电源电压的波动，电路元件参数的变化等，其中温度的影响是最严重的。因而零点漂移也称为温度漂移（温漂）。在多级放大电路的各级的漂移当中，又以第一级的漂移影响最为严重。由于直接耦合，第一级的漂移被逐级放大，以致影响到整个放大电路的工作。所以，抑制漂移要着重于第一级。

在直接耦合放大电路中抑制零点漂移最有效的电路结构是差分放大电路。因此要求较高的多级直接耦合放大电路（如集成运算放大器）的第一级广泛采用这种电路。

8.5.1　差分放大电路的工作原理

图 8－21 是用两个晶体管组成的差分放大原理电路。信号电压 u_{i1} 和 u_{i2} 由两管基极输入，输出电压 u_o 则取自两管的集电极之间。电路结构对称，在理想的情况下，两管的特性及对应电阻元件的参数值都相同，因而它们的静态工作点也必然相同。通常采用集成差分对管，如 BG319 等。

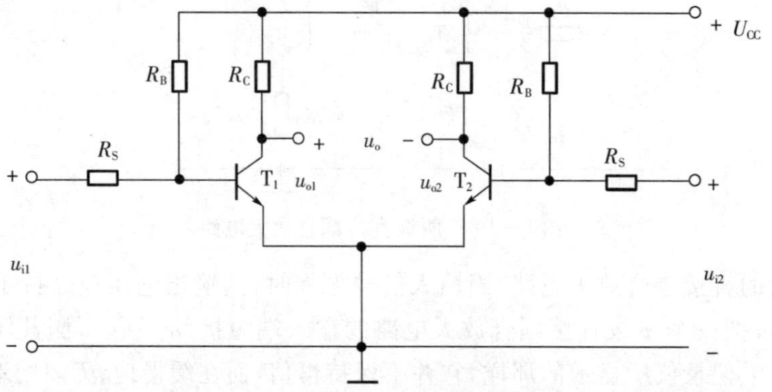

图 8－21　基本差动放大原理电路

若从信号的输入输出进行分类，可以把差放电路分为双入双出，双入单出，单入双出，单入单出四种方式。实际应用中，可以根据需要灵活选择输入和输出方式。这里将主要分析双入双出差动放大电路的工作原理。

1. 零点漂移的抑制

在静态时，$u_{i1}=u_{i2}=0$，即在图8-21中将两边输入端短路，由于电路的对称性，两边的集电极电流相等，集电极电位也相等，即

$$I_{C1}=I_{C2}，\quad V_{C1}=V_{C2}$$

故输出电压

$$u_o=V_{C1}-V_{C2}=0$$

当温度升高时，两管的集电极电流都增大了，集电极电位都下降了，并且两边的变化量相等，即

$$\Delta I_{C1}=\Delta I_{C2}，\quad \Delta V_{C1}=\Delta V_{C2}$$

虽然每个管都产生了零点漂移，但是，由于两集电极电位的变化是相同的，所以输出电压依然为零，即

$$u_o=V_{C1}+\Delta V_{C1}-(V_{C2}+\Delta V_{C2})=\Delta V_{C1}-\Delta V_{C2}=0$$

零点漂移完全被抑制了。对称差分放大电路对两管所产生的同向漂移（不管是什么原因引起的）都具有抑制作用，这是它的突出优点。

2. 信号输入

当有信号输入时，对称差分放大电路（图8-21）的工作情况可以分为下列几种输入方式来分析。

（1）共模输入

两个输入信号电压的大小相等，极性相同，即$u_{i1}=u_{i2}$，这样的输入称为共模输入。在共模输入信号的作用下，对于完全对称的差分放大电路来说，显然两管的集电极电位变化相同（$\Delta V_{C1}=\Delta V_{C2}$），因而输出电压等于零，所以它对共模信号没有放大能力，亦即放大倍数为零。实际上，前面讲到的差分放大电路对零点漂移的抑制就是该电路抑制共模信号的一个特例。因为折合到两个输入端的等效漂移电压如果相同，就相当于给放大电路加了一对共模信号①。所以，差分电路抑制共模信号能力的大小，也反映出它对零点漂移的抑制水平。这一作用是很有实际意义的。

（2）差模输入

两个输入电压的大小相等，而极性相反，即$u_{i1}=-u_{i2}$，这样的输入称为差模输入。设$u_{i1}>0$，$u_{i2}<0$，则u_{i1}使T_1的集电极电流增大了Δi_{c1}，T_1的集电极电位（即其输出电压）因而减低了Δv_{c1}（负值）；而u_{i2}却使T_2的集电极电流减小了Δi_{c2}，T_2的集电极电位因而增高了

---

① 设u_{od}为输出端漂移电压，$|A_u|$为电压放大倍数，则折合到输入端的等效漂移电压为$u_{id}=\frac{u_{od}}{|A_u|}$

Δv_{c2}（正值）。这样，两个集电极电位一增一减，呈现异向变化，其差值即为输出电压

$$u_o = V_{C1} - V_{C2}$$

例如，$\Delta v_{c1} = -1V$，$\Delta v_{c2} = 1V$，则

$$u_o = -1 - 1 = -2(V)$$

可见，在差模输入信号的作用下，差分放大电路的输出电压为两管各自输出电压变化量的两倍。

(3) 比较输入

两个输入信号电压既非共模，又非差模，它们的大小和相对极性是任意的，这种输入常作为比较放大（或称差分放大）来运用，在自动控制系统中是常见的。

例如 u_{i1} 是给定信号电压（或称基准电压），u_{i2} 是一个缓慢变化的信号（如反映炉温的变化）或是一个反馈信号，两者在放大电路的输入端进行比较后，得出偏差值（$u_{i1} - u_{i2}$），差值电压经放大后，输出电压为

$$u_o = A_u(u_{i1} - u_{i2}) \tag{8-22}$$

其值仅与偏差值有关，而不需要反映两个信号本身的大小。不仅输出电压的大小与偏差值有关，而且它的极性与偏差值也有关系。在图 8-21 中，如果 u_{i2} 和 u_{i1} 极性相同，并设 u_o 的参考方向如图中所示，当 $u_{i2} > u_{i1}$ 时，则 $u_o > 0$；当 $u_{i2} = u_{i1}$（共模）时，则 $u_o = 0$；而当 $u_{i2} < u_{i1}$ 时，则 $u_o < 0$，即其极性改变，而极性的改变反映了某个物理量向相反方面变化的情况，例如在炉温控制中反映炉温的升高和降低。由式(8-22)看来，式中 A_u 应为负值。

此外，有时为了便于分析和处理，可以将这种既非共模、又非差模的信号分解为共模分量和差模分量。例如 u_{i1} 和 u_{i2} 是两个极性相同的输入信号，设 $u_{i1} = 10mV$，$u_{i2} = 6mV$。可以将 u_{i1} 和 u_{i2} 分解为 8mV 与 2mV 之和，即 $u_{i1} = 8mV + 2mV$，而把 u_{i2} 分解为 8mV 与 2mV 之差，即 $u_{i2} = 8mV - 2mV$。这样，就可认为 8mV 是输入信号中的共模分量，即 $u_{i1} = u_{i2} = 8mV$；而 $+2mV$ 和 $-2mV$ 则为差模分量，即 $u_{id1} = 2mV$，$u_{id2} = -2mV$。于是可得出

$$u_{i1} = u_{ic1} + u_{id1}$$

$$u_{i2} = u_{ic2} + u_{id2}$$

并由此可求出输入信号的共模分量和差模分量。

8.5.2 典型差分放大电路

上面讲到，差分放大电路所以能抑制零点漂移，是由于电路的对称性。实际完全对称的理想情况并不存在；所以单靠提高电路的对称性来抑制零点漂移是有限度的。另外，上述差分电路的每个管的集电极电位的漂移并未受到抑制，如果采用单端输出（输出电压从一个管的集电极与"地"之间取出），漂移根本无法抑制。为此常采用的是图 8-22 所示的电路，在这个电路中多加了电位器 R_P、发射极电阻 R_E 和负电源 $-U_{EE}$。

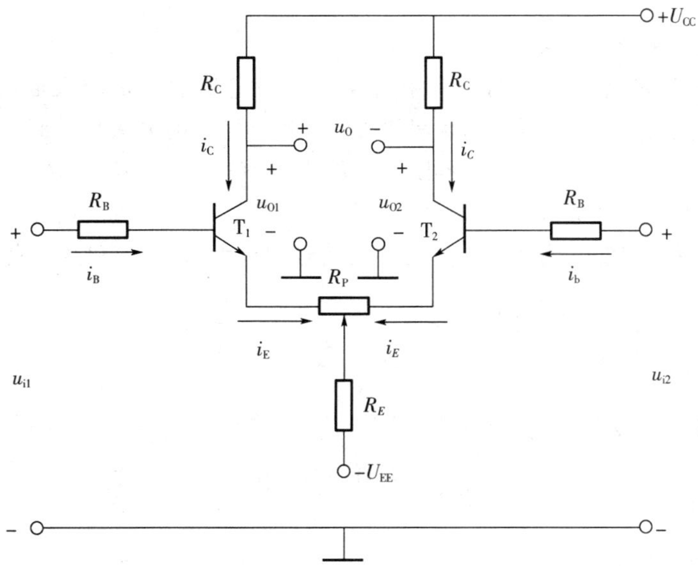

图 8 - 22　典型差动放大电路

R_E 的主要作用是限制每个管子的漂移范围，进一步减小零点漂移，稳定电路的静态工作点。例如当温度升高使 I_{C1} 和 I_{C2} 均增加时，则有如下的抑制漂移的过程：

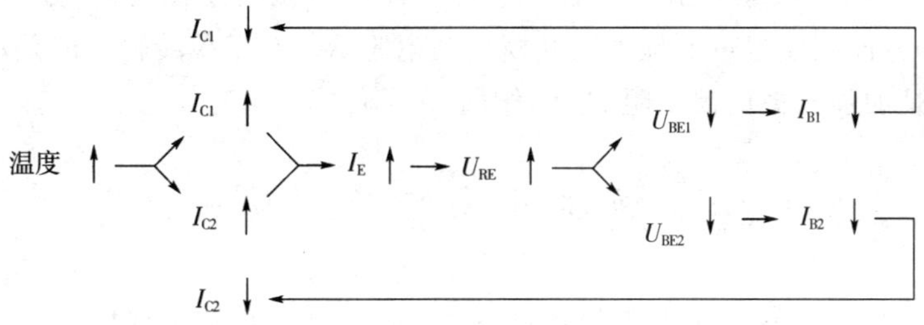

可见，由于 R_E 上电压 U_{R_E} 的增高，使每个管子的漂移得到抑制。对零点漂移的抑制，也反映了对共模信号的抑制能力。当差分电路输入共模信号时，对它的抑制过程与上述相似。因此 R_E 也称为共模抑制电阻。

那么 R_E 对要放大的差模信号有没有影响呢?由于差模信号使两管的集电极电流产生异向变化，只要电路的对称性足够好，两管电流一增一减，其变化量相等，通过 R_E 中的电流就近似不变，它对差模信号不起作用。因此，R_E 基本上不影响差模信号的放大效果。

R_E 能区别对待共模信号和差模信号，这正是我们所期望的。差分放大电路就是要放大差模信号和抑制共模信号。虽然，R_E 愈大，抑制共模信号的作用愈显著；但是，在 $+U_{CC}$ 一定时，过大的 R_E 会使集电极电流过小，要影响静态工作点和电压放大倍数。为此，接入负电源 $-U_{EE}$ 来抵消 R_E 两端的直流压降，从而获得合适的静态工作点。电位器 R_P 是调零用的，在静态时用它来将输出电压调为零。

8.5.3 共模抑制比

对差分放大电路来说，差模信号是有用信号，要求对它有较大的放大倍数；而共模信号是需要抑制的，因此对它的放大倍数要越小越好。对共模信号的放大倍数越小，就意味着零点漂移越小，抗共模干扰能力越强，当用作比较放大时，就越能准确、灵敏地反映出信号的偏差值。为了全面衡量差分放大电路放大差模信号和抑制共模信号的能力，通常引用共模抑制比 K_{CMRR} 来表征。其定义为放大电路对差模信号的放大倍数 A_d 和对共模信号的放大倍数 A_c 之比，即

$$K_{CMRR} = \frac{A_d}{A_c} \tag{8-23}$$

或用对数形式表示

$$K_{CMRR} = 20\lg \frac{A_d}{A_c}(\text{dB})$$

其表示单位为分贝(dB)。

显然，共模抑制比越大，差分放大电路分辨所需要的差模信号的能力越强，而受共模信号的影响越小。对于双端输出差动电路，若电路完全对称，则 $A_c = 0$，$K_{CMRR} \to \infty$，这是理想情况。而实际情况是，电路完全对称并不存在，共模抑制比也不可能趋于无穷大。如理想运算放大器理想差模电压放大倍数 $A_d = \infty$，实际上 $A_d \geqslant 80\text{dB}$ 即可。

从原则上看，提高双端输出差动放大电路共模抑制比的途径是：一方面要使电路参数尽量对称，另一方面则应尽可能地加大共模反馈电阻 R_E。对于单端输出的差动电路来说，主要的手段只能是加强共模反馈电阻 R_E 的作用。

8.6 场效应晶体管及其放大电路

场效晶体管是一种较新型的半导体器件，其外形与普通晶体管相似，但两者的控制特性却截然不同。普通晶体管是电流控制元件，它的输入电阻较低，仅有 $10^2 \sim 10^4\,\Omega$。场效应管则是电压控制元件，它的输出电流决定于输入端电压的大小，基本上不需要信号源提供电流，所以它的输入电阻很高，可高达 $10^9 \sim 10^{14}\,\Omega$。当要求放大电路输入电阻更大的情况下，往往采用场效应管构成的放大电路。和晶体管组成的放大电路一样，场效应管也可构成共源、共漏和共栅三种组态的放大电路。此外，场效应管还具有其他优点，所以现在已被广泛应用于放大电路和数字电路中。

场效晶体管按其结构的不同可分为结型场效应管和绝缘栅场效应管两种类型。在本书中只简单介绍后一种场效晶体管。

8.6.1 绝缘栅场效晶体管

绝缘栅场效晶体管按其工作状态可以分为增强型与耗尽型两类，每类又有 N 沟道和 P 沟道之分。下面简单说明它们的工作原理。

1. 增强型绝缘栅场效晶体管

图 8-23 是 N 沟道增强型绝缘栅场效晶体管的结构示意图。用一块杂质浓度较低的 P 型薄硅片作为衬底，其上扩散两个相距很近的高掺杂 N^+ 型区，并在硅片表面生成一层薄薄的二氧化硅绝缘层。再在两个 N^+ 型区之间的二氧化硅的表面及两个 N^+ 型区的表面分别安置三个电极：栅极 G(g)、源极 S(s) 和漏极 D(d)。由图可见，栅极和其他电极及硅片之间是绝缘的，所以称为绝缘栅场效晶体管，或称为金属 — 氧化物 — 半导体场效晶体管，简称 MOS* 场效晶体管。

从图 8-23 可见，N^+ 型漏区和 N^+ 型源区之间被 P 型衬底隔开，漏极和源极之间是两个背靠背的 PN 结，当栅－源电压 $U_{GS}=0$ 时，不管漏极和源极之间所加电压的极性如何，其中总有一个 PN 结是反相偏置的，反相电阻很高，漏极电流近似为零。

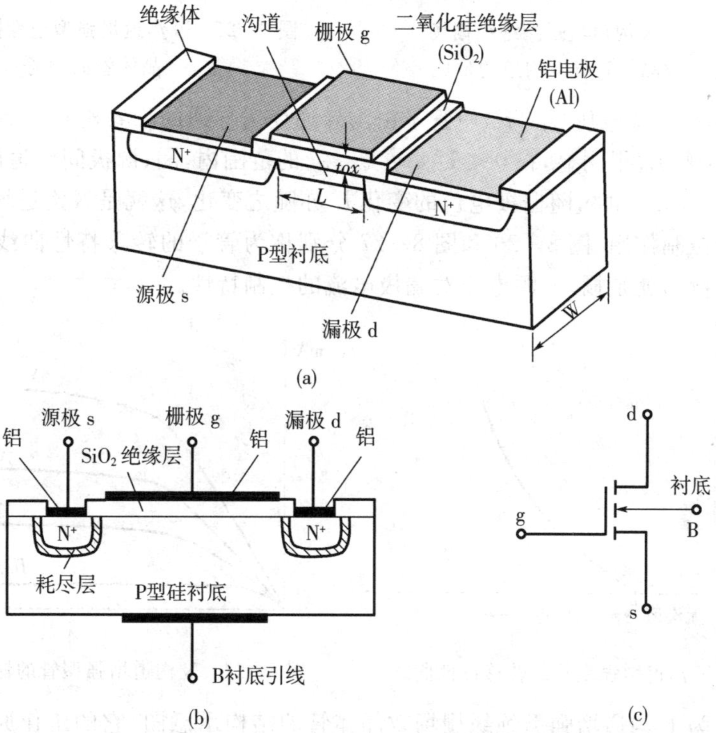

图 8-23　N 沟道增强型绝缘栅场效晶体管的结构及其表示符号

(a) 结构　(b) 简图(纵剖面图)　(c) 电路符号

如果在栅极和源极之间加正向电压 U_{GS}，情况就会发生变化。在 U_{GS} 的作用下，产生了垂直于衬底表面的电场。由于二氧化硅绝缘层很薄，因此即使 U_{GS} 很小(如只有几伏)，也能产生很强的电场强度[可达($10^5 \sim 10^6$)V/cm]，P 型衬底中的电子受到电场力的吸引到达表层，填补空穴形成负离子的耗尽层；当 U_{GS} 大于一定值时，还在表面形成一个 N 型层(图 8-24)，通常称它为反型层。它就是沟通源区和漏区的 N 型导电沟道(与 P 型衬底间被耗尽

*　MOS 是英文 Metal Oxide Semiconductor 的缩写。

层绝缘)。U_{GS} 正值愈高,导电沟道愈宽。形成导电沟道后,在漏—源电压 U_{DS} 的作用下,将产生漏极电流 I_D,管子导通(图 8-25)。

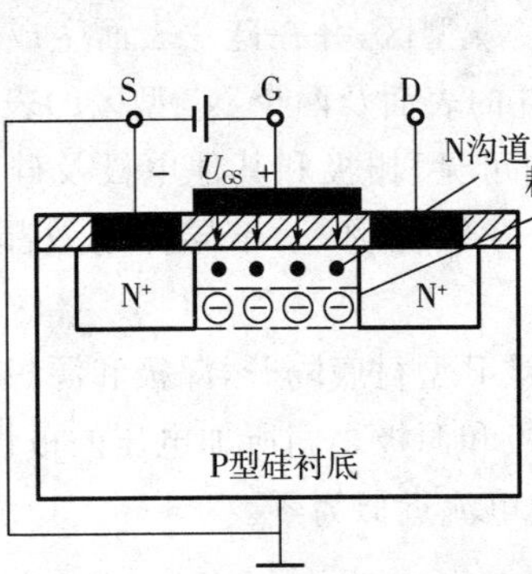

图 8-24　N 沟道增强型绝缘栅场效晶体管导电沟道的形成

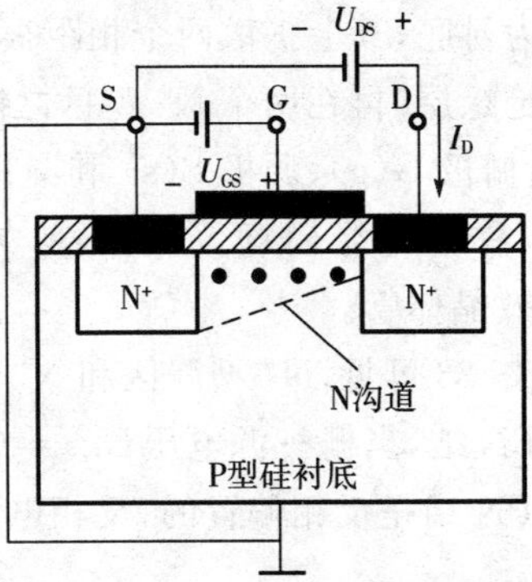

图 8-25　N 沟道增强型绝缘栅场效晶体管的导通

在一定的漏—源电压 U_{DS} 下,使管子由不导通变为导通的临界栅——源电压称为开启电压,用 $U_{GS(th)}$ 表示。很明显,在 $0 < U_{GS} < U_{GS(th)}$ 的范围内,漏、源极间沟道尚未联通,$I_D \approx 0$。只有当 $U_{GS} > U_{GS(th)}$ 时,随栅极电位的变化 I_D 亦随之变化,这就是 N 沟道增强型绝缘场效晶体管的栅极控制作用。图 8-26 和图 8-27 分别称为管子的转移特性曲线和输出特性曲线。所谓转移特性,就是栅—源电压对漏极电流的控制特性。

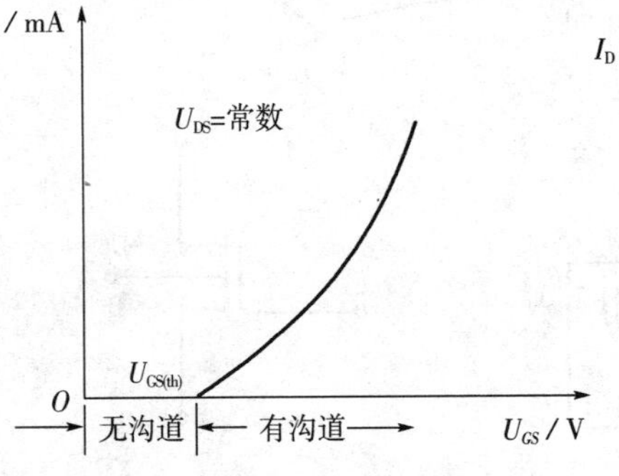

图 8-26　N 沟道增强型管的转移特性曲线

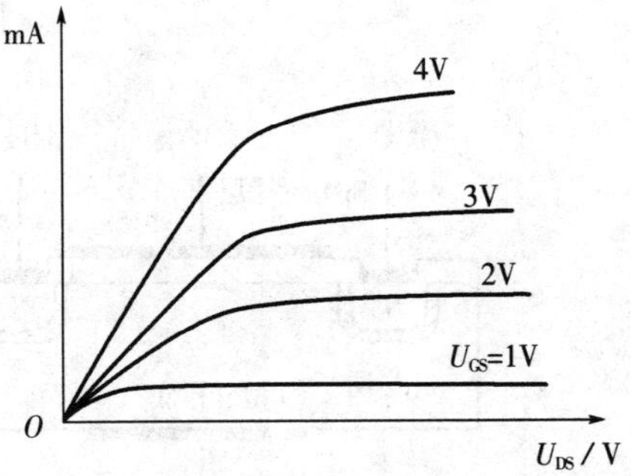

图 8-27　N 沟道增强型管的输出特性曲线

图 8-28 为 P 沟通增强型绝缘栅场效晶体管的结构示意图。它的工作原理与前一种相似,只是要调换电源的极性,电流的方向也相反。

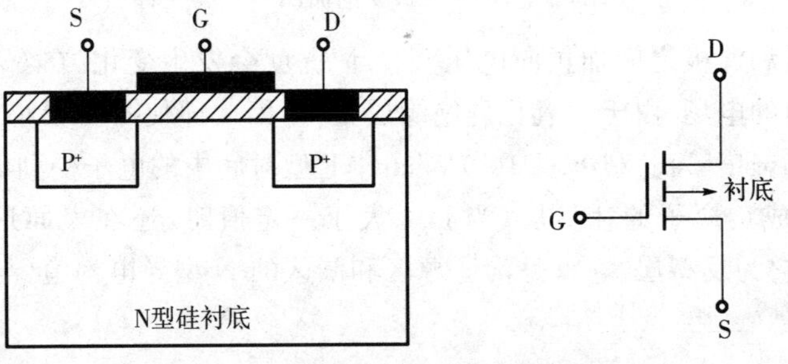

图 8-28　P 沟通增强型绝缘栅场效晶体管的结构及其表示符号

2. 耗尽型绝缘栅场效晶体管

上述的增强型绝缘栅场效管只有当 $U_{GS} > U_{GS(th)}$ 时才形成导电沟道，如果在制造管子时就使它具有一个原始导电沟道，这种绝缘栅场效应管就属于耗尽型，以与增强型区别。图 8－29 是 N 沟道耗尽型绝缘栅场效晶体管的结构示意图。在制造时，在二氧化硅绝缘层中渗入大量的正离子，因而在两个 N^+ 型区之间便感应出较多电子，形成原始导电沟道。与增强型相比，它的结构变化不大，但其控制特性却有明显改进。在 U_{DS} 为常数的条件下，当 $U_{GS} = 0$ 时，漏、源极间已可导通，流过的是原始导电沟道的漏极电流 I_{DSS}。当 $U_{GS} > 0$ 时，在 N 沟道内感应出更多的电子，使沟通变宽，所以 I_D 随 U_{GS} 的增大而增大。当 $U_{GS} < 0$，即加反向电压时，在沟道内感应出一些正电荷与电子复合，使沟道变窄，I_D 减小；U_{GS} 负值愈高，沟道愈窄，I_D 也就愈小。当 U_{GS} 达到一定负值时，导电构道内的载流子（电子）因复合而耗尽，沟道被夹断，$I_D \approx 0$，这时的 U_{GS} 称为夹断电压，用 $U_{GS(off)}$ 表示。图 8－30 和图 8－31 所示的分别为 N 沟道耗尽型管的转移特性曲线和输出特性曲线。可见，耗尽型绝缘栅场效晶体管不论栅 — 源电压 U_{GS} 是正是负或零，都能控制漏极电流 i_D，这个特点使它的应用具有较大的灵活性。一般情况下，这类管子还是工作在负栅 — 源电压的状态。

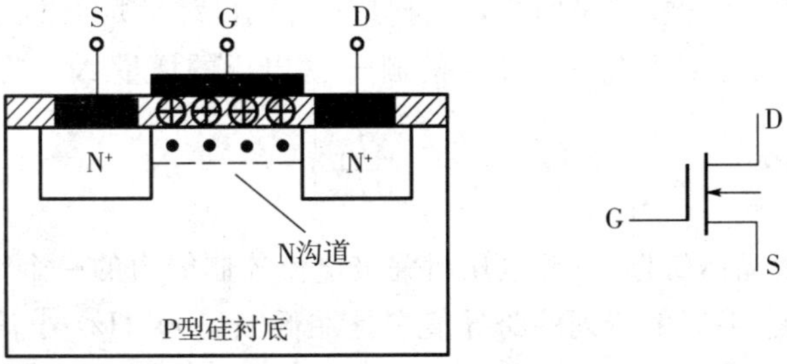

图 8－29　N 沟道耗尽型绝缘栅场效晶体管的结构及其表示符号

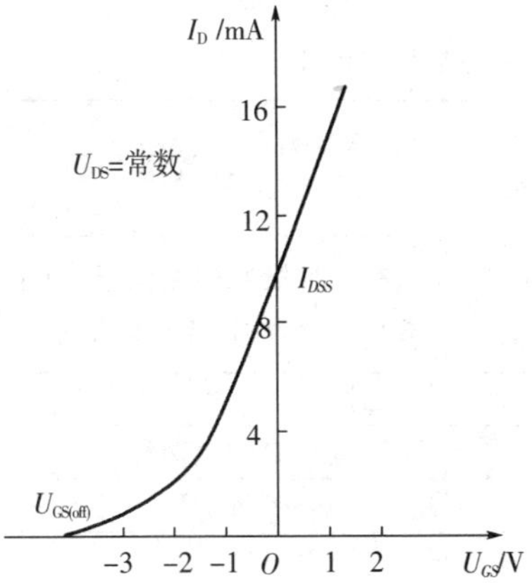

图 8－30　N 沟道耗尽型管的转移特性曲线

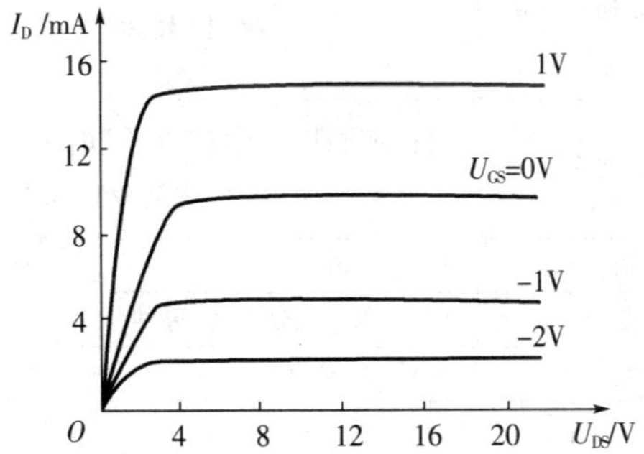

图 8－31　N 沟道耗尽型管的输出特性曲线

实验表明，在 $U_{GS(off)} \leqslant U_{GS} \leqslant 0$ 范围内，耗尽型场效晶体管的转移特性可近似用下式表示：

$$I_D = I_{DSS}\left(1-\frac{U_{GS}}{U_{GS(off)}}\right)^2 \tag{8-24}$$

以上分别介绍了 N 沟道增强型和耗尽型绝缘栅场效晶体管，它们的主要区别就在于是否有原始导电沟道。所以，如果要判别一个没有型号的绝缘栅场效晶体管是增强型还是耗尽型，只要检查它在 $U_{GS}=0$ 时，在漏、源极间加电压是否能导通，就可作出判别。

实际上，不但 N 沟道绝缘栅场效晶体管有增强型与耗尽型之分；同样，P 沟道绝缘栅场效应管也有增强型和耗尽型之分。所以绝缘栅场效晶体管可分为下列四种：

$$\text{绝缘栅场效晶体管}\begin{cases}\text{N 沟道}\begin{cases}\text{增强型}\\\text{耗尽型}\end{cases}\\\text{P 沟道}\begin{cases}\text{增强型}\\\text{耗尽型}\end{cases}\end{cases}$$

对于不同类型的绝缘栅场效晶体管必须注意所加电压的极性。

绝缘栅场效晶体管的主要参数，除上述的 I_{DSS}，$U_{GS(th)}$，$U_{GS(off)}$，R_{GS} 等外，还有一个表示场效晶体管放大能力的参数，它是跨导，用符号 g_m 表示。跨导是当漏 — 源电压 U_{DS} 为常数时，漏极电流的增量 ΔI_D 对引起这一变化的栅 - 源电压的增量 ΔU_{GS} 的比值即

$$g_m = \left.\frac{\Delta I_D}{\Delta U_{GS}}\right|_{U_{DS}} \tag{8-25}$$

跨导是衡量场效晶体管栅 — 源电压对漏极电流控制能力的一个重要参数，它的单位是微安每伏或毫安每伏。手册中所列的跨导值多是在低频（1000Hz）小信号（电压幅度不超过 100mv）情况下测得的，并且管子作共源极连接，故称为共源小信号低频跨导。从转移特性曲线上看，跨导就是这特性曲线上工作点处切线的斜率。

至于场效晶体管与前述的普通晶体管（即双极型晶体管）的区别，今列表 8 - 2 以资比较。

表 8 - 2 场效晶体管与双极型晶体管的比较

项目 \ 器件名称	双极性晶体管	场效晶体管
载流子	两种不同极性的载流子（电子与空穴）同时参与导电，故称为双极型晶体管	只有一种极性的载流子（电子或空穴）参与导电，故称为单极型晶体管
控制方式	电流控制	电压控制
类型	NPN 型和 PNP 型两种	N 沟道和 P 沟道两种
放大倍数	$\beta = 20 \sim 200$	$g_m = 1 \sim 5\text{mA/V}$
输入电阻	$10^2 \sim 10^4\,\Omega$	$10^9 \sim 10^{14}\,\Omega$
输出电阻	r_{ce} 很高	r_{ds} 很高
热稳定性	差	好
制造工艺	较复杂	简单，成本低
对应极	基极 — 栅极，发射极 — 源极，集电极 — 漏极	

8.6.2　场效晶体管放大电路

由于场效晶体管具有高输入电阻的特点，它适用于作为多级放大电路的输入级，尤其对高内阻信号源，采用场效应管才能有效地放大。

和双极型晶体管比较，场效应管的源极、漏极、栅极相当于它的发射极、集电极、基极。两者的放大电路也类似，场效晶体管有共源极放大电路和源极输出器等。在双极型晶体管放大电路中必须设置合适的静态工作点，否则将造成输出信号的失真。同理，场效晶体管放大电路也必须设置合适的工作点。

场效晶体管的共源极放大电路和普通晶体管的共发射极放大电路在电路结构上类似(图 8－32、图 8－33)。首先对放大电路进行静态分析，就是分析它的静态工作点。

如前所述，当 U_{CC} 和 R_C 选定后，晶体管放大电路的静态上作点由基极电流 I_B(偏流) 确定。而场效晶体管是电压控制元件，当 U_{DD} 和 R_D 选定后，静态工作点是由栅 —— 源电压 U_{GS}(偏压) 确定的。常用的偏置电路有下面两种。

1. 自给偏压偏置电路

图 8－32 是 N 沟道耗尽型绝缘栅场效晶体管的自给偏压偏置电路。源极电流 I_S(等于 I_D) 流经源极电阻 R_S，在 R_S 上产生电压降 R_SI_S，显然 $U_{GS}=-R_SI_S=-R_SI_D$ 是自给偏压。

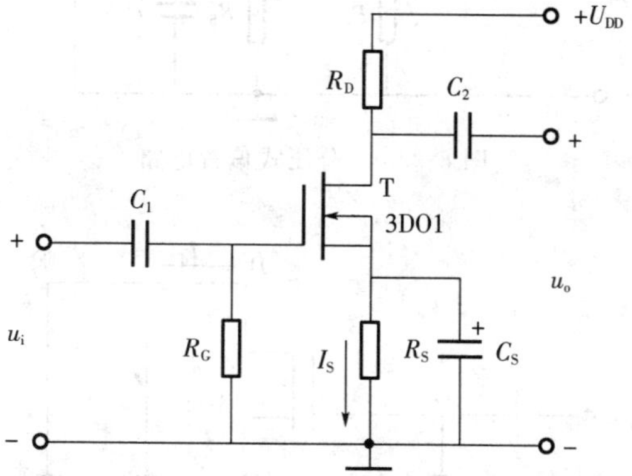

图 8－32　耗尽型绝缘栅场效晶体管的自给偏压偏置电路

电路中各元件的作用如下：

R_S 为源极电阻，静态工作点受它控制，其阻值约为几个千欧；

C_S 为源极电阻上的交流旁路电容，其容量约为几十微法；

R_G 为栅极电阻用以构成栅、源极间的直流通路，R_G 不能太小，否则影响放大电路的输入电阻，其阻值约为 200kΩ ～ 10MΩ；

R_D 为漏极电阻，它使放大电路具有电压放大功能，其阻值约为几十千欧；

C_1，C_2 分别为输入电路和输出电路的耦合电容，其容量约为 0.01 ～ 0.047μF。

应该指出，由 N 沟道增强型绝缘栅场效晶体管组成的放大电路，工作时 U_{GS} 为正，所以无法采用自给偏压偏置电路。

2. 分压式偏置电路

图 8-33 采用分压式偏置电路，R_{G1} 和 R_{G2} 为分压电阻。这样栅—源电压为(电阻 R_G 中并无电流通过)

$$U_{GS} = \frac{R_{G2}}{R_{G1}+R_{G2}}U_{DD} - R_S I_D = V_G - R_S I_D \tag{8-26}$$

式中 V_G 为栅极电位。对 N 沟道耗尽型管，U_{GS} 为负值，所以 $R_S I_D > V_G$；对 N 沟道增强型管，U_{GS} 为正值，所以 $R_S I_D < V_G$。

当有信号输入时，我们对放大电路进行动态分析，主要是分析它的电压放大倍数和输入电阻与输出电阻。图 8-34 是图 8-33 所示分压式偏置放大电路的交流通路，设输入信号为正弦量。

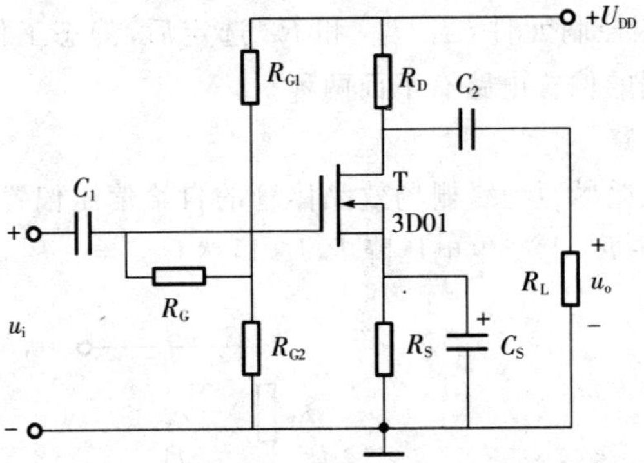

图 8-33　分压式偏置电路

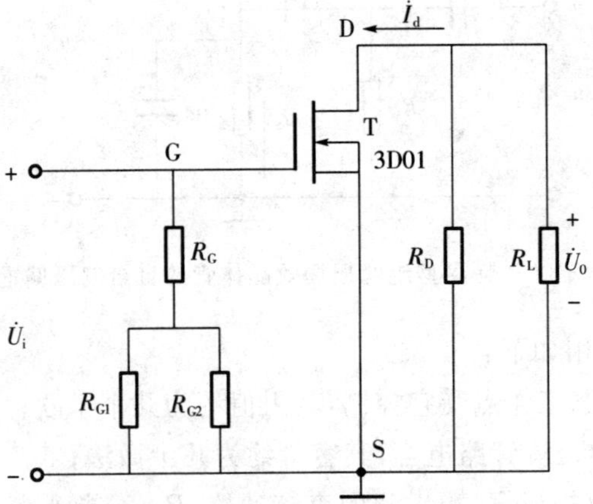

图 8-34　图 8-33 的交流通路

在图 8-33 的分压式偏置电路中，为什么多出个电阻 R_G？如果 $R_G = 0$，则放大电路的输入电阻为 $r_i = R_{G1} /\!/ R_{G2} /\!/ r_{gs} \approx R_{G1} /\!/ R_{G2}$。

因为场效晶体管的输入电阻 r_{gs} 是很高的，比 R_{G1} 或 R_{G2} 都高得多，三者并联后可将 r_{gs} 略去。显然，由于 R_{G1} 和 R_{G2} 的接入使放大电路的输入电阻降低了。因此，通常在分压点和栅

极之间接入一阻值较高的电阻 R_G，这样

$$r_i = R_G + (R_{G2} // R_{G2}) \tag{8-27}$$

就大大提高了放大电路的输入电阻。R_G 的接入对电压放大倍数并无影响；在静态时 R_G 中无电流通过，因此也不影响静态工作点。

由于场效晶体管的输出特性具有恒流特性（从输出特性曲线可见），故其输出电阻是很高的。在共源极放大电路中，漏极电阻 R_D 是和管子的输出电阻 r_{ds} 并联的，所以当 $r_{ds} \gg R_D$ 时，放大电路的输出电阻

$$r_{ds} = \left.\frac{\Delta U_{DS}}{\Delta I_D}\right|_{U_{GS}}$$

$$r_o \approx R_D \tag{8-28}$$

这点和晶体管共发射极放大电路是类似的。

输出电压为

$$\dot{U}_0 = -R'_L \dot{I}_d = -g_m R'_L \dot{U}_{gs} \tag{8-29}$$

式中 $\dot{I}_d = g_m \dot{U}_{gs}$，$R'_L = R_D // R_L$

电压放大倍数为

$$A_u = \frac{\dot{U}_0}{\dot{U}_i} = \frac{\dot{U}_0}{\dot{U}_{gs}} = -g_m R'_L \tag{8-30}$$

式中的负号表示输出电压和输入电压反相。

【例 8-7】 在图 8-33 所示的放大电路中，已知 $U_{DD} = 20V$，$R_D = 10k\Omega$，$R_S = 10k\Omega$，$R_{G1} = 200k\Omega$，$R_{G2} = 51k\Omega$，$R_G = 1M\Omega$，并将其输出端接一负载电阻 $R_L = 10k\Omega$。所用的场效应管为 N 沟道、耗尽型，其参数 $I_{DSS} = 0.9mA$，$U_{GS(off)} = -4V$，$g_m = 1.5mA/V$。试求：(1) 静态值；(2) 电压放大倍数。

【解】 (1) 由电路图可知，

$$V_G = \frac{R_{G2}}{R_{G1} + R_{G2}} U_{DD} = \frac{51 \times 10^3}{(200+51) \times 10^3} \times 20V = 4V$$

并可列出

$$U_{GS} = V_G - R_S I_D = 4 - 10 \times 10^3 I_D$$

在 $U_{GS(off)} \leqslant U_{GS} \leqslant 0$ 范围内，耗尽型场效晶体管的转移特性近似用下式表示：

$$I_D = I_{DSS}\left(1 - \frac{U_{GS}}{U_{GS(off)}}\right)^2$$

联立上列两式

$$\begin{cases} U_{GS} = 1 - 10 \times 10^3 I_D \\ I_D = \left(1 + \dfrac{U_{GS}}{4}\right)^2 \times 0.9 \times 10^{-3} \end{cases}$$

解之得　$I_D = 0.5\text{mA}$，$U_{GS} = -1\text{V}$

并由此得

$$U_{DS} = U_{DD} - (R_D + R_S)I_D = [20 - (10+10)\times 10^3 \times 0.5 \times 10^{-3}]\ \text{V} = 10\text{V}$$

(2) 电压放大倍数为

$$A_u = -g_m R'_L = -1.5 \times \frac{10\times 10}{10+10} = -7.5$$

式中 $R'_L = R_D /\!/ R_L$

【例 8-8】 将上例中的源极电阻留出 1kΩ 的电阻 R'_S 未被电容旁路，试求 A_u。

【解】 先画出交流通路，如图 8-35 所示

$$\dot{U}_0 = -R'_L \dot{I}_D = -g_m R'_L \dot{U}_{gs}$$

$$\dot{U}_i = \dot{U}_{gs} + R_S \dot{I}_D = \dot{U}_{gs} + g_m R'_S \dot{U}_{gs} = (1 + g_m R'_S)\dot{U}_{gs}$$

故电压放大倍数

$$A_u = \frac{\dot{U}_0}{\dot{U}_i} = -\frac{g_m R'_L}{1+g_m R'_S} = -\frac{1.5\times 5}{1+1.5\times 1} = -3$$

图 8-36 是源极输出器的放大电路，它和晶体管的射极输出器一样，具有电压放大倍数小于但近于 1，输入电阻高和输出电阻低等特点。

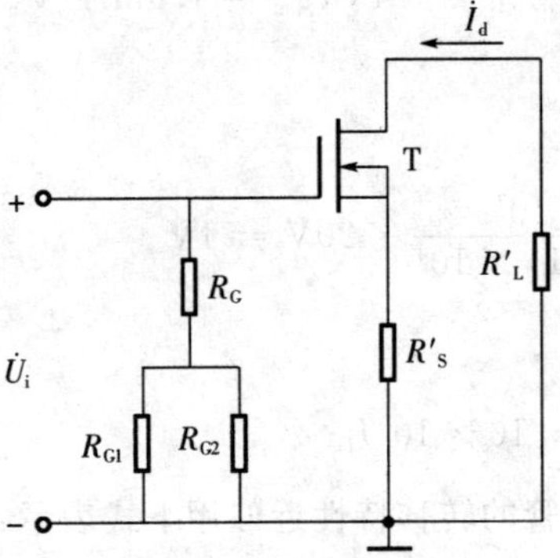

图 8-35　例 8-9 图

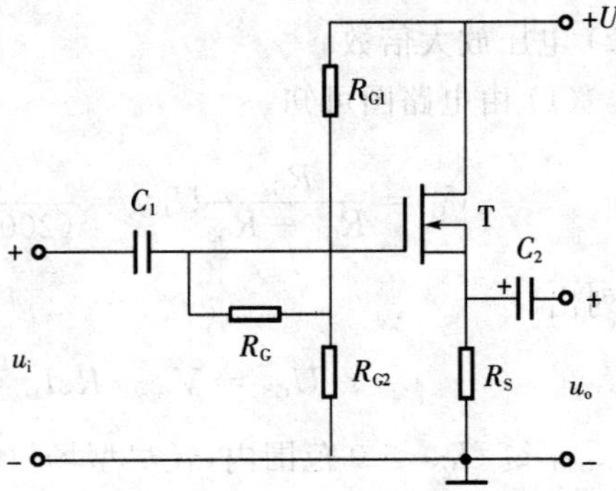

图 8-36　源极输出器

习　题

8-1　晶体管放大电路如图 8-37(a) 所示，已知 $U_{CC} = 12\text{V}$，$R_C = 3\text{k}\Omega$，$R_B = 240\text{k}\Omega$，晶体管的 $\beta = 40$。(1) 试用直流通路估算各静态值 I_B，I_C，U_{CE}；(2) 如晶体管的输出特性如图 8-37(b) 所示，试用图解法作放大电路的路静态工作点；(3) 在静态时 ($u_i = 0$) C_1 和 C_2 上的电压各为多少？并标出极性。

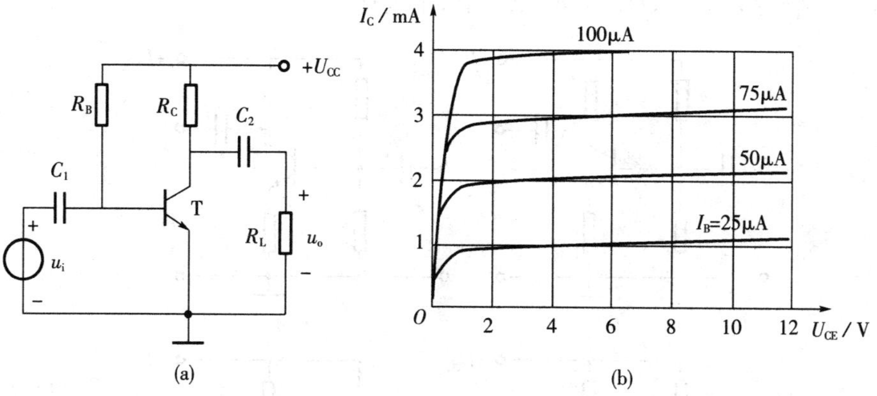

图 8-37　题 8-1 图

8-2　在上题中，如改变 R_B，使 $U_{CE}=3V$，试用直流通路求 R_B 的大小；如改变 R_B，使 $I_C=1.5mA$，R_B 等于多少？并分别用图解法作出静态工作点。

8-3　在图 8-37(a) 中，若 $U_{CC}=10V$，今要求 $U_{CE}=5V$，$I_C=2mA$，试求 R_C 和 R_B 阻值。设晶体管的 $\beta=40$。

8-4　在图 8-38 中，晶体管是 PNP 型锗管。(1)U_{CC} 和 C_1、U_C 的极性如何考虑？请在图上标出；(2) 设 $U_{CC}=-12V$，$R_C=3k\Omega$，如果要将静态值 I_C 调到 1.5mA，问 R_B 应调到多大？(3) 在调整静态工作点时，如不慎将 R_B 调到零，对晶体管有无影响？为什么？通常采取何种措施来防止发生这种情况？

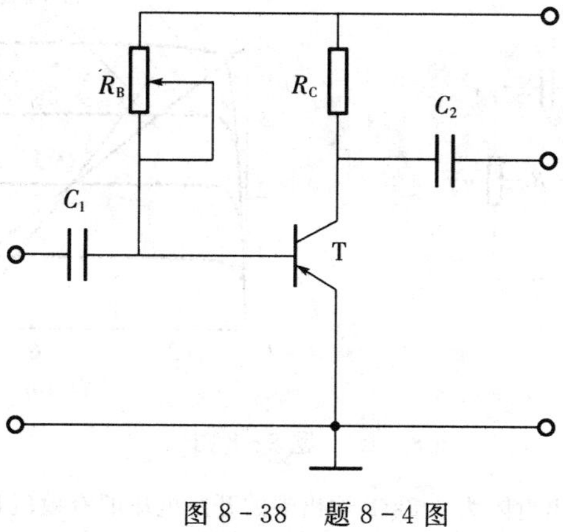

图 8-38　题 8-4 图

8-5　试判断图 8-39 中各个电路能不能放大交流信号？为什么？

8-6　利用微变等效电路计算题 8-1 的放大电路的电压放大倍数 A_u。(1) 输出端开路；(2)$R_L=6k\Omega$。设 $r_{be}=0.8k\Omega$。

8-7　在图 8-37(a) 所示的固定偏置放大电路中，$U_{CC}=9V$，晶体管的 $\beta=20$，$I_C=1mA$。今要求 $|A_u|\leqslant 100$，试计算 R_C，R_B 及 U_{CE}。

8-8　有一放大电路如图 8-40(a) 所示，其晶体管的输出特性以及放大电路的交、直流负载线如图 8-40(b) 所示。(1) 试问：(1)R_C，R_B，R_L 各为多少？(2) 不产生失真的最大输入电压 U_{iM} 为多少？(3) 若不断加大输入电压的幅值，该电路首先出现何种性质的失真？调节电路中哪个电阻能消除失真？将阻值调大还是调小？(4) 将 R_L 电阻调大，对交、直流负载线会产生什么影响？(5) 若电路中其他参数不变，只将晶体管换

一个 β 值小一半的管子，这时 I_B，I_C，U_{CE} 及 $|A_u|$ 将如何变化？

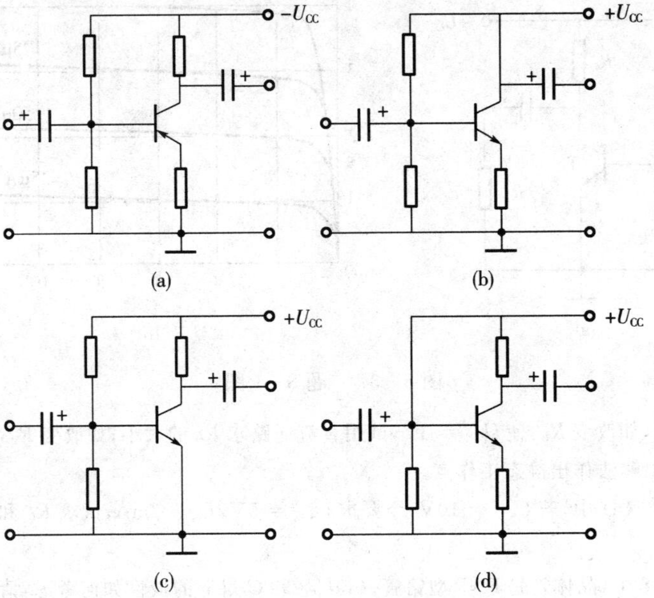

图 8－39　题 8－5 图

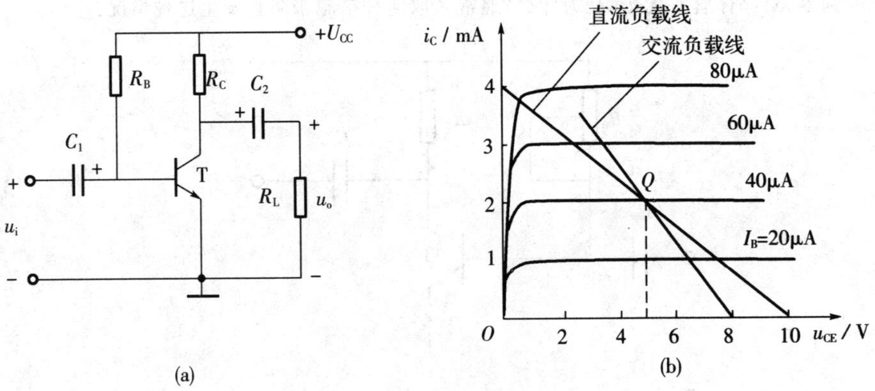

图 8－40　题 8－8 图

8－9　已知某放大电路的输出电阻为 3.3kΩ，输出端的开路电压的有效值 $U_{oc}=2\text{V}$，试问该放大电路接有负载电阻 $R_L=5\text{k}\Omega$ 时，输出电压将下降到多少？

8－10　在图 8－41 所示电路中，已知 $U_{CC}=12\text{V}$，$R_C=2\text{k}\Omega$，$R_E=2\text{k}\Omega$，$R_B=280\text{k}\Omega$，$R_S=0.4\text{k}\Omega$，$\beta=50$。试求电压放大倍数 $\dot{A}_u=\dot{U}_o/\dot{U}_i$、$\dot{A}_{us}=\dot{U}_o/\dot{U}_s$ 和输出电阻 R_o，并说明信号源内阻对放大倍数的影响。

8－11　在图 8－15 的分压式偏置放大电路中，已知 $U_{CC}=12\text{V}$，$R_C=3\text{k}\Omega$，$R_E=2\text{k}\Omega$，$I_C=1.5\text{mA}$，$\beta=50$，试估算 R_{B1} 和 R_{B2}（取附录 H 标称值）。

8－12　在图 8－15 的分压式偏置放大电路中，已知 $U_{CC}=24\text{V}$，$R_C=3.3\text{k}\Omega$，$R_E=1.5\text{k}\Omega$，$R_{B1}=33\text{k}\Omega$，$R_{B2}=10\text{k}\Omega$，$R_L=5.1\text{k}\Omega$，晶体管的 $\beta=66$，并设 $R_S\approx 0$。(1) 试求静态值 I_B，I_C 和 U_{CE}；(2) 画出微变等效电路；(3) 计算晶体管的输入电阻 r_{be}；(4) 计算电压放大倍数 A_u；(5) 计算放大电路输出端开路时的电压放

大倍数，并说明负载电阻 R_L 对电压放大倍数的影响；(6) 估算放大电路的输入电阻和输出电阻。

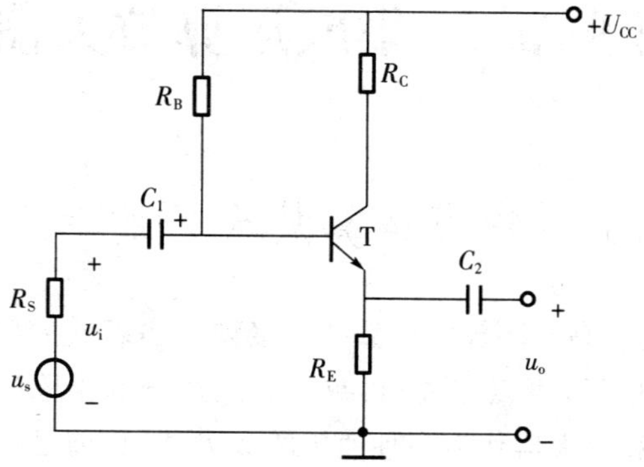

图 8-41　题 8-10 图

8-13　在上题中，设 $R_S = 1k\Omega$，试计算输出端接有负载时的电压放大倍数 $A_u = \dot{U}_o/\dot{U}_i$ 和 $A_{us} = \dot{U}_o/\dot{U}_S$，并说明信号源内阻 R_S 电压放大倍数的影响。

8-14　设计一单管晶体管放大电路，已知 $R_L = 3k\Omega$。要求 $|A_u| \geqslant 60$，$r_i \geqslant 1k\Omega$，$r_o < 3k\Omega$ 工作点稳定。建议选用高频小功率管 3GD100，其技术数据见附录，β 值可选在 50 ～ 100 之间。最后核查静态工作电是否合适。求得的各电阻值均采用标称值。

8-15　在图 8-36 的源极输出器中，已知 $U_{DD} = 12V$，$R_S = 12k\Omega$，$R_{G1} = 1\,M\Omega$，$R_{G2} = 500k\Omega$，$R_G = 1M\Omega$。试求静态值、电压放大倍数、输入电阻和输出电阻。设 $V_S \approx V_G$，$g_m = 0.9mA/V$。

第9章　集成运算放大器

9.1　集成运算放大器的简介

运算放大器是一种具有高开环放大倍数的直接耦合多级放大器，最早应用于模拟电子计算机上，作为基本运算单元，可以完成加、减、积分、微分和乘除等数学运算。随着半导体集成工艺的发展，集成运算放大器作为一种通用的放大器，目前已广泛应用于自动控制、信号处理、信号测量及波形产生等电子技术应用的各个领域。

9.1.1　集成运算放大器的特点

集成运算放大器的一些特点与其制造工艺密切相关，主要有如下几个方面：

在集成电路工艺中还难于制造电感元件；制造容量大于200pF的电容也比较困难，而且性能不稳定，因此集成电路内部电路设计时要尽量避免使用电容器，必须使用电容器的场合，大多也采用外接的方法。而运算放大器各级之间都采用直接耦合，基本上不采用电容元件，因此也适合于集成化的要求。

运算放大器的输入级都采用差分放大电路，它要求两管的性能应该相同。而集成电路中各个晶体管是通过同一工艺过程制作在同一硅片上的，容易获得特性相近的差动对管。又由于各管在同一硅片上，温度特性基本一致，因此，容易制成温度漂移很小的运算放大器。

在集成电路中，比较合适的电阻阻值大致为10Ω～30kΩ。制作高阻值的电阻成本高，占用面积大，且阻值偏差大(10%～20%)。因此，在集成运算放大器中往往用晶体管恒流源代替高阻值电阻。必须用直流高阻值电阻时，也常采用外接方式。

集成电路中的二极管都采用晶体管构成，把发射极、基极、集电极三者适当组配使用。

9.1.2　集成运算放大器的组成

集成运算放大器的电路常由输入级、中间级、输出级以及为各级提供合适工作点的偏置电路四个部分组成，如图9-1所示。

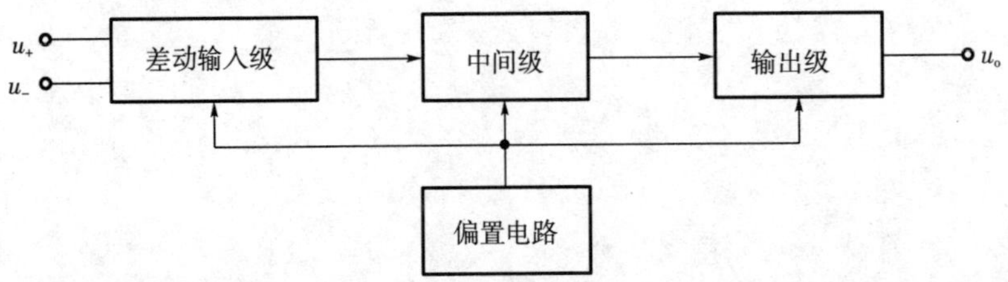

图9-1　集成运算放大器的方框图

输入级由差分放大电路构成，它有同相和反相两个输入端，具有输入电阻高、共模抑制比高的特点，能减小零点漂移和抑制干扰信号，是提高运算放大器质量的关键部分。

中间级主要进行电压放大，一般由共发射极放大电路构成，使之具有高电压放大倍数。

输出级与负载相连，应该提供足够的输出功率和较强的带负载能力，它通常由互补对称电路或射级输出器组成。

偏置电路的作用是为各级电路提供稳定和合适的偏置电流，决定各级的静态工作点，一般由各种恒流源电路构成。

集成运算放大器不论其内部线路如何，它只是一个电路元件，在应用集成运算放大器时，只需知道其各个引脚的用途及其主要参数。在电路图中，集成运算放大器常用图 9－2(a) 所示的图形符号表示。图 9－2(b) 所示的是 F007 集成运放的外形管脚顶视图。

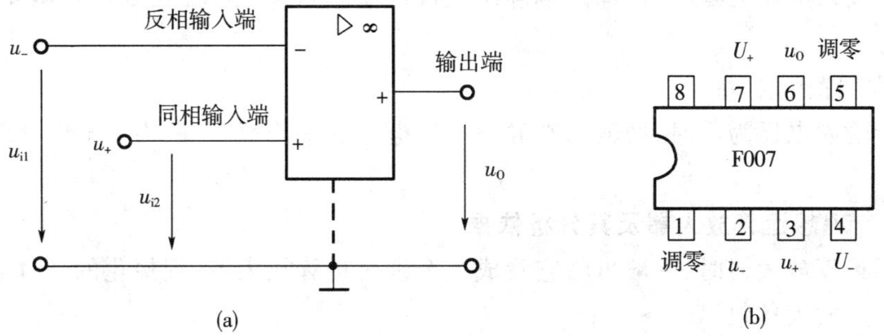

图 9－2　集成运算放大器的电路符号、管脚排列图

这种集成运放需要与外电路相接是通过 7 个管脚引出的，各管脚的功能分别如下：

2 为反相输入端。当信号电压由此输入时，输出信号与输入信号是反相的(或者两者极性相反)。

3 为同相输入端。当信号电压由此输入时，输出信号与输入信号是同相的(或者两者极性相同)。

4 为负电源端，接－15V 直流电源。

7 为正电源端，接＋15V 直流电源。

6 为输出端。

1 和 5 为外接调零电位器的两个端子。

8 为空脚。

不同的集成运放其管脚有不同的功能，必须查阅产品说明书。

9.1.3　集成运算放大器的主要参数

集成运算放大器的性能可以用一些参数来表示。为了合理选用和正确使用集成运放，必须了解其参数的意义。集成运算放大器的主要参数如下：

1. 最大输出电压 U_{OM}

它是指输出端开路时，能使输出和输入信号保持不失真关系的最大输出电压。

2. 开环电压放大倍数 A_{uo}

它是指放大器无外接反馈电路且输出端开路，在输入端加入电压信号时测得的差模电压放大倍数，即 $A_{uo}=u_o/(u_+-u_-)$，一般为 $10^4\sim10^7$。

3. 输入失调电压 U_{io}

理想的集成运放，当输入电压为零时，输出电压也应为零。但由于制造工艺等多方面的原因，它的差动输入级很难完全对称，故当输入电压为零时，输出电压 $u_o\neq0$。这一输出电压折合到输入端的值就称为输入失调电压。换句话说，要使输出电压为零，必须在输入端加一个很小的补偿电压，称之为输入失调电压。显然 $U_{io}=u_o/A_{uo}$。其值越小越好，一般 U_{io} 在 mV 数量级。

4. 输入失调电流 I_{io}

它是指输入电压为零时，两输入端静态基极电流之差。一般 I_{io} 在零点几微安数量级，其值越小越好。

5. 输入偏置电流 I_{ib}

它是指输入电压为零时，两输入端静态基极电流的平均值，一般为 μA 数量级。

9.1.4 理想运算放大器及其分析依据

在分析运算放大器时，一般可将它看成一个理想运算放大器。理想化的条件主要是：

开环电压放大倍数 $A_{uo}\to\infty$；

差模输入电阻 $r_{id}\to\infty$；

开环输出电阻 $r_o\to0$；

共模抑制比 $K_{CMRR}\to\infty$。

由于实际运算放大器的上述技术指标接近理想化的条件，因此，在分析时用理想运算放大器代替实际放大器所引起的误差并不严重，在工程上是允许的，但这样就使分析过程大大简化。后面对运算放大器都是根据它的理想化条件来分析的。

图 9-2 中(a) 是理想运算放大器的图形符号。它有两个输入端和一个输出端。反相输入端标上“—”号，同相输入端和输出端标上“+”号。它们对“地”的电压(即各端的电位) 分别用 u_-、u_+、u_o 表示。“∞”表示开环电压放大倍数的理想化条件。

表示输出电压与输入电压之间关系的特性曲线称为传输特性，从运算放大器的传输特性(图 9-3) 看，可分为线性区和饱和区，运算放大器可工作在线性区，也可工作在饱和区，但分析方法不一样。

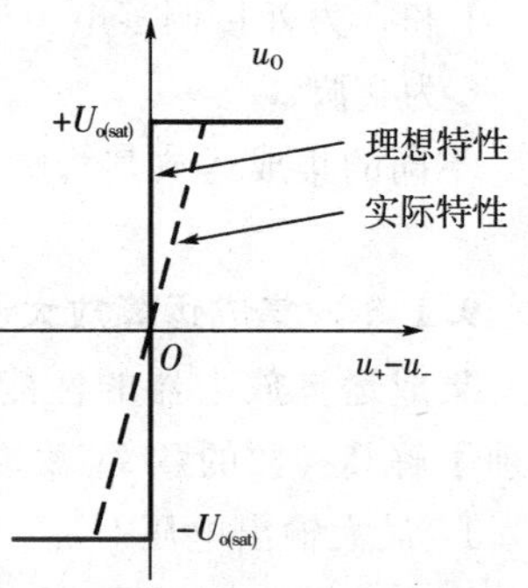

图 9-3 运算放大器的传输特性

(1) 工作在线性区

当运算放大器工作在线性区时，u_o 和 (u_+-u_-) 是线性关系，即

$$u_o=A_{uo}\cdot(u_+-u_-) \qquad (9-1)$$

运算放大器是一个线性放大元件。由于运算放大器的

开环电压放大倍数 A_{uo} 很高，即使输入毫伏级以下的信号，也足以使输出电压饱和，其饱和值 $+U_{o(sat)}$ 或 $-U_{o(sat)}$ 达到或接近正电源电压 / 负电源电压值；另外，由于干扰，使工作难于稳定。所以，要使运算放大器工作在线性区，通常引入深度负反馈。

运算放大器工作在线性区时，分析依据有两条：

由于运算放大器的差模输入电阻 $r_{id} \to \infty$，故可认为两个输入端的输入电流为零。

由于运算放大器的开环电压放大倍数 $A_{uo} \to \infty$，而输出电压是一个有限的数值，故从式(9-1)可知，

$$u_+ - u_- = \frac{u_o}{A_{uo}} \approx 0$$

即

$$u_+ \approx u_- \tag{9-2}$$

如果反相端有输入时，同相端接“地”，即 $u_+ = 0$，由上式可见，$u_- \approx 0$。这就是说反相输入端的电位接近于“地”电位，它是一个不接“地”的“地”电位端，通常称为“虚地”。

(2) 工作在饱和区

运算放大器工作在饱和区时，式(9-1)不能满足，这时输出电压 u_o 只有两种可能，或等于 $+U_{o(sat)}$，或等于 $-U_{o(sat)}$，而 u_+ 与 u_- 不一定相等。

当 $u_+ > u_-$ 时，$u_o = +U_{o(sat)}$；

当 $u_+ < u_-$ 时，$u_o = -U_{o(sat)}$。

此外，运算放大器工作在饱和区时，两个输入端的输入电流也认为等于零。

运算放大器的应用很广，下面几节将介绍它在几个方面的应用。

9.2　运算放大器的基本运算电路

集成运算放大器能完成比例、加法、减法、积分与微分等多种数学运算。

9.2.1　比例运算电路

1. 反相比例运算电路

图 9-4 为反相比例运算电路。输入信号 u_i 经输入端电阻 R_1 加至反相输入端，而同相输入端经电阻 R_2 接地，反相输入端经反馈电阻 R_f 与输出端相连。

根据运算放大器工作在线性区时的两条分析依据可知

$$i_1 = i_f, \quad u_- \approx u_+ = 0$$

由图 9-4 可列出

$$i_1 = \frac{u_i - u_-}{R_1} = \frac{u_i}{R_1}$$

$$i_f = \frac{(u_- - u_o)}{R_f} = -\frac{u_o}{R_f}$$

由此得出

$$u_0 = -\frac{R_f}{R_1}u_i$$

闭环电压放大倍数则为

$$A_{uf} = \frac{u_o}{u_i} = -\frac{R_f}{R_1} \tag{9-3}$$

式(9-3)表明，输出电压与输入电压是一种比例运算关系。如果 R_1 和 R_f 的阻值足够精确，而且运算放大器的开环电压放大倍数很高，就可以认为 u_o 与 u_i 之间的关系只取决于 R_f 与 R_1 的比值，而与运算放大器本身的参数无关。这就保证了比例运算的精度和稳定性。式中的负号表示 u_o 与 u_i 反相。

当 $R_1 = R_f$ 时，则 $u_o = -u_i$，该电路就成了反相器或反号器。

图中 R_2 为平衡电阻，通常取 $R_2 = R_1 // R_f$，以保证其输入端的电阻平衡，从而提高差动电路的对称性。

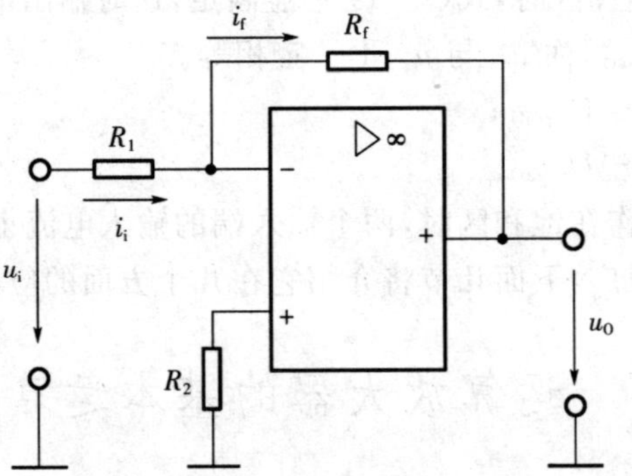

图 9-4　反相比运算电路

【例 9-1】　图 9-5 为一高输入阻抗的反相比例运算电路，已知电路各元件参数如图所示，试求 A_{uf}。

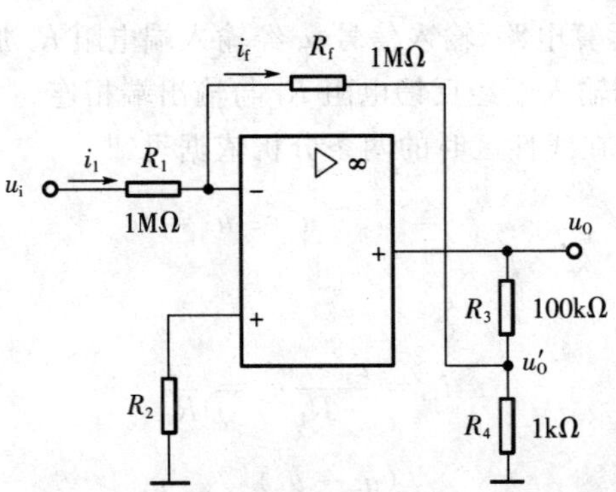

图 9-5　例 9-1 图

【解】 因为

$$i_1 = \frac{u_i}{R_1}$$

$$i_f = -\frac{u'_o}{R_f}$$

而反相输入端为“虚地”，又 $R_4 \ll R_f$

所以

$$u'_o \approx \frac{R_4}{R_3 + R_4} u_o$$

而　　$i_1 = i_f$

则有

$$\frac{u_i}{R_1} = -\frac{\frac{R_4}{R_3 + R_4} u_o}{R_f}$$

$$A_{uf} = \frac{u_o}{u_i} = -\frac{R_f}{R_1}\left(1 + \frac{R_3}{R_4}\right) = -\frac{1000}{1000}\left(1 + \frac{100}{1}\right) = -101$$

上例说明，为了提高放大器的输入电阻，必须加大 R_1。若采用一般反相比例放大器，要想得到高电压放大倍数 A_{uf}，则 R_f 必须为 R_1 的 A_{uf} 倍。这样，R_f 势必相当大，而太大的电阻不仅精度差，稳定性不好，噪声也大，是不合适的。如果采用例 9－1 中的电路则可解决这个问题。

2. 同相比例运算电路

如果输入信号从同相输入端引入，便是同相输入运算。图 9－6 是同相比例运算电路。输入信号 u_i 经输入端电阻 R_2 加至同相输入端，反相输入端经电阻 R_1 接地，反馈电阻 R_f 仍接至输出端与反相输入端之间。

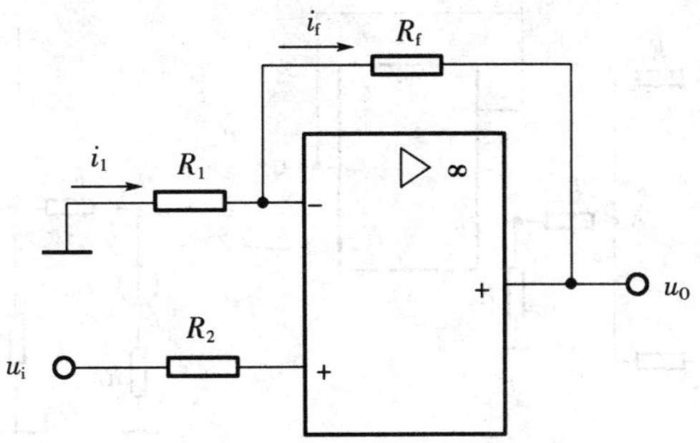

图 9－6　同相比例运算电路

根据理想运算放大器工作在线性区时的分析依据：

$$u_- \approx u_+ = u_i$$

$$i_1 \approx i_f$$

由图 9 - 6 可列出

$$i_1 = \frac{-u_-}{R_1} = -\frac{u_i}{R_1}$$

$$i_f = \frac{u_- - u_o}{R_f} = \frac{u_i - u_o}{R_f}$$

由此可得

$$u_o = \left(1 + \frac{R_f}{R_1}\right)u_i \tag{9-4}$$

闭环电压放大倍数则为

$$A_{uf} = \frac{u_o}{u_i} = \left(1 + \frac{R_f}{R_1}\right) \tag{9-5}$$

式(9 - 5)表明，输出电压与输入电压是一种比例关系。式中 A_{uf} 为正值，这表示 u_o 与 u_i 同相，并且 A_{uf} 总是大于或等于 1，其值取决于 R_1、R_f 阻值的大小。平衡电阻 $R_2 = R_1 // R_f$。

当 $R_1 = \infty$(断开) 或 $R_f = 0$(短路)，则

$$A_{uf} = \frac{u_o}{u_i} = 1 \tag{9-6}$$

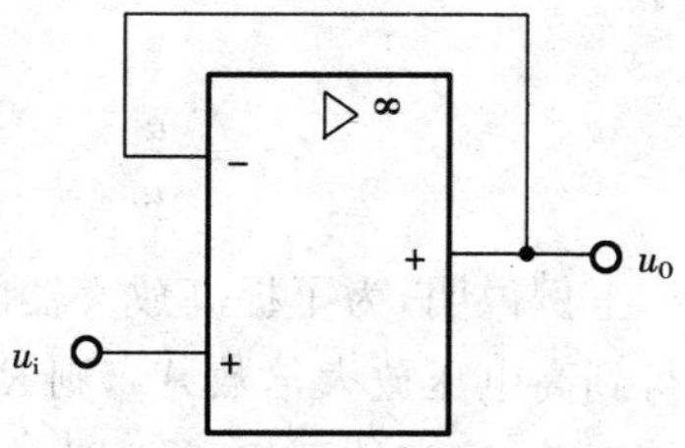

图 9 - 7　电压跟随器电路图

显然，输出电压跟随输入电压作相同的变化，故称其为电压跟随器或同号器，如图 9 - 7 所示。

【例 9 - 2】　电路如图 9 - 8 所示，求 u_o。

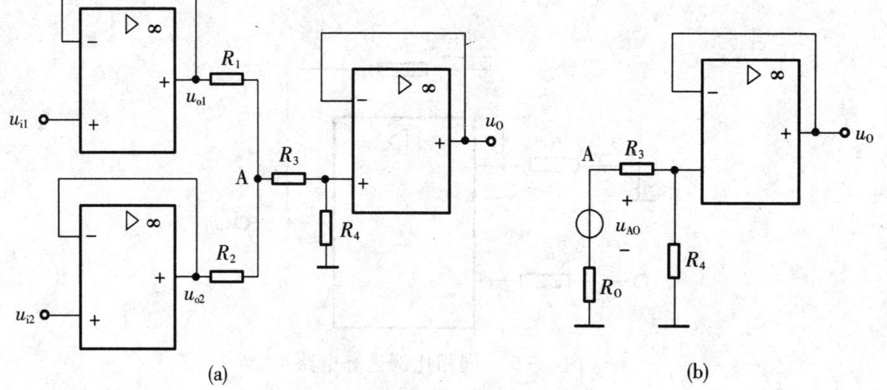

图 9 - 8　例 9 - 2 图

【解】　这三个运算放大器均为电压跟随器，$u_{o1} = u_{i1}$，$u_{o2} = u_{i2}$。本例利用戴维宁定理计

算，可将 A 处断开，左边部分作为等效电源，其开路电压(即电动势)为 u_{Ao}，内阻为 R_o，如图 9 -8(b) 所示。

u_{Ao} 可用结点电压法计算，即

$$u_{Ao}=\frac{\frac{u_{o1}}{R_1}+\frac{u_{o2}}{R_2}}{\frac{1}{R_1}+\frac{1}{R_2}}=\frac{\frac{u_{i1}}{R_1}+\frac{u_{i2}}{R_2}}{\frac{1}{R_1}+\frac{1}{R_2}}$$

R_o 可将 u_{o1} 和 u_{o2} 对地短路后求得

$$R_o=R_1 /\!/ R_2$$

于是由图 9 - 8(b) 得出

$$u_o=u_+=\frac{u_{Ao}}{R_o+R_3+R_4}\cdot R_4$$

9.2.2　加法运算电路

如果在反相输入端增加若干输入支路，则构成反相加法运算电路，如图 9 - 9 所示。

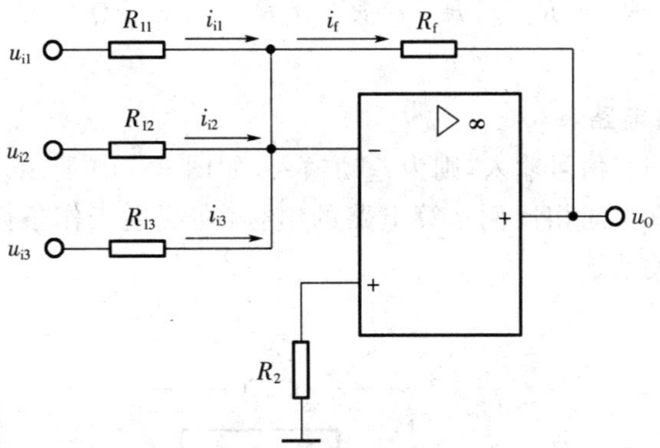

图 9 - 9　加法运算电路

由于反相输入端为“虚地”，则可得出

$$i_{i1}=\frac{u_{i1}}{R_{11}}\quad i_{i2}=\frac{u_{i2}}{R_{12}}\quad i_{i3}=\frac{u_{i3}}{R_{13}}\quad i_f=-\frac{u_o}{R_f}$$

由于　$i_f=i_{i1}+i_{i2}+i_{i3}$

故有

$$u_o=-\left(\frac{R_f}{R_{11}}u_{i1}+\frac{R_f}{R_{12}}u_{i2}+\frac{R_f}{R_{13}}u_{i3}\right)\tag{9-7}$$

当 $R_{11}=R_{12}=R_{13}=R_1$ 时，则

$$u_o = -\frac{R_f}{R_1}(u_{i1} + u_{i2} + u_{i3}) \tag{9-8}$$

当 $R_1 = R_f$ 时,则

$$u_o = -(u_{i1} + u_{i2} + u_{i3}) \tag{9-9}$$

由式(9-7)、(9-8)、(9-9)可见,输出电压与输入电压之间是一种反相加法运算关系。只要在输出端再接一级反相器,则可以消除负号的影响。

平衡电阻　$R_2 = R_{11}//R_{12}//R_{13}//R_f$

【例 9-3】 一个测量系统的输出电压和某些非电量(经传感器变换为电量)的关系为 $u_o = -(4u_{i1} + 2u_{i2} + 0.5u_{i3})$,试选图 9-9 中各输入电路的电阻和平衡电阻 R_2。设 $R_f = 100\text{k}\Omega$。

【解】 由式(3.2.5)可得

$$R_{11} = \frac{R_f}{4} = \frac{100 \times 10^3}{4}\Omega = 25 \times 10^3\Omega = 25\text{k}\Omega$$

$$R_{12} = \frac{R_f}{2} = \frac{100 \times 10^3}{2}\Omega = 50 \times 10^3\Omega = 50\text{k}\Omega$$

$$R_{13} = \frac{R_f}{0.5} = \frac{100 \times 10^3}{0.5}\Omega = 200 \times 10^3\Omega = 25\text{k}\Omega$$

$$R_2 = R_{11} // R_{12} // R_{13} // R_f \approx 13.3\text{k}\Omega$$

9.2.3 减法运算电路

如果两个输入端都有信号输入,则为差动输入,如图 9-10 所示。差动输入运算电路可以看成是反相比例运算与同相比例运算电路的组合,在线性工作条件下,可以用叠加原理来分析该电路的运算关系。

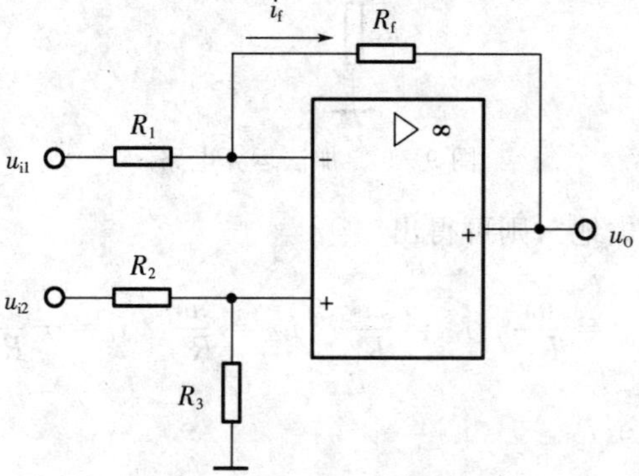

图 9-10　差动减法运算电路

当 u_{i1} 单独作用时($u_{i2} = 0$)为反相输入运算电路,其输出

$$u'_o = -\frac{R_f}{R_1}u_{i1}$$

当 u_{i2} 单独作用时（$u_{i1}=0$）为同相输入运算电路，其输出

$$u''_o=\left(1+\frac{R_f}{R_1}\right)\frac{R_3}{R_2+R_3}u_{i2}$$

当 u_{i1} 和 u_{i2} 共同作用时，有

$$u_o=u'_o+u''_o$$

$$u_o=\left(1+\frac{R_f}{R_1}\right)\frac{R_3}{R_2+R_3}u_{i2}-\frac{R_f}{R_1}u_{i1} \tag{9-10}$$

当 $R_1=R_2$ 和 $R_f=R_3$ 时，则式(9-10)为

$$u_o=\frac{R_f}{R_1}(u_{i2}-u_{i1}) \tag{9-11}$$

当 $R_1=R_f$ 时，则得

$$u_o=u_{i2}-u_{i1} \tag{9-12}$$

由式(9-11)、(9-12)可见，输出电压 u_o 与两个输入电压的差值成正比，因此实现了减法运算。

【例 9-4】 图 9-11 是运算放大器的串级应用，试求输出电压 u_o。

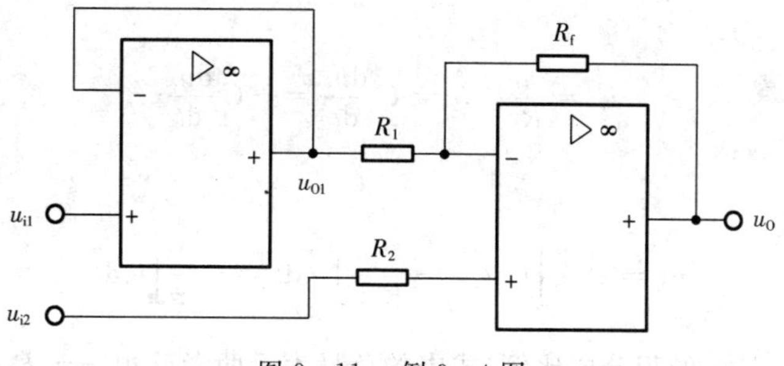

图 9-11　例 9-4 图

【解】 A_1 是电压跟随器，因此

$$u_{o1}=u_{i1}$$

A_2 是差分运算电路，因此

$$u_o=(1+\frac{R_f}{R_1})u_{i2}-\frac{R_f}{R_1}u_{o1}$$

$$=(1+\frac{R_f}{R_1})u_{i2}-\frac{R_f}{R_1}u_{i1}$$

在图 9-11 的电路中，u_{i1} 输入 A_1 的同相端，而不是直接输入 A_2 的反相端，这样可以提高输入阻抗。

9.2.4 积分运算电路

如果把反相比例运算电路中的反馈电阻 R_f 用电容 C 替换，则成为积分运算电路，如图 9-12 所示。

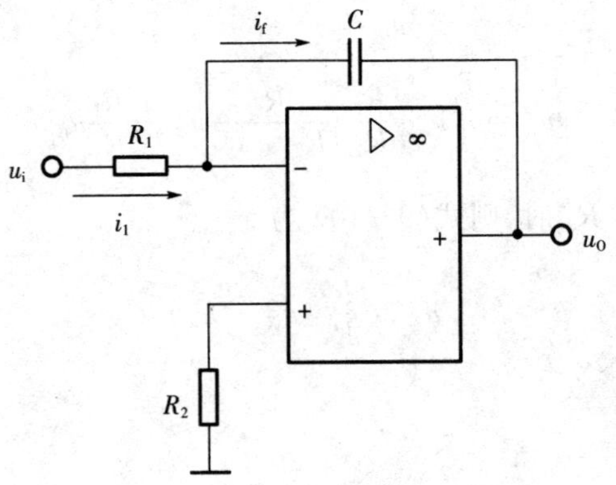

图 9-12 积分运算电路

设电容的初始电压为零，根据“虚断”的概念，由于反相输入，$u_- = 0$，故

$$i_1 = i_f$$

而

$$i_1 = \frac{u_i}{R_1} \quad i_f = C\frac{du_c}{dt} = -C\frac{du_o}{dt}$$

所以

$$u_o = -\frac{1}{C}\int i_f dt = -\frac{1}{R_1 C}\int u_i dt = -\frac{1}{\tau}\int u_i dt \tag{9-13}$$

式(9-13)表明，u_o 与 u_i 的积分成比例，式中的负号表示两者反相。$\tau = R_1 C$ 称为积分时间常数。

当信号电压 u_i 为阶跃电压 U_i 时，则输出电压 u_o 与时间成线性关系，即

$$u_o = -\frac{U_i}{R_1 C}t$$

由于运算放大器的输出电压是有限值，积分器的最大输出电压不能超过运算放大器的最大输出电压 $\pm U_{OM}$，故其有效积分时间 t_m 为

$$t_m = \left|\frac{U_{OM}}{U_i}\right| \cdot R_1 C$$

超过 t_m 后，积分不能继续进行而处于保持状态，调节积分常数，可以改变有效积分时间，如图 9-13 所示。

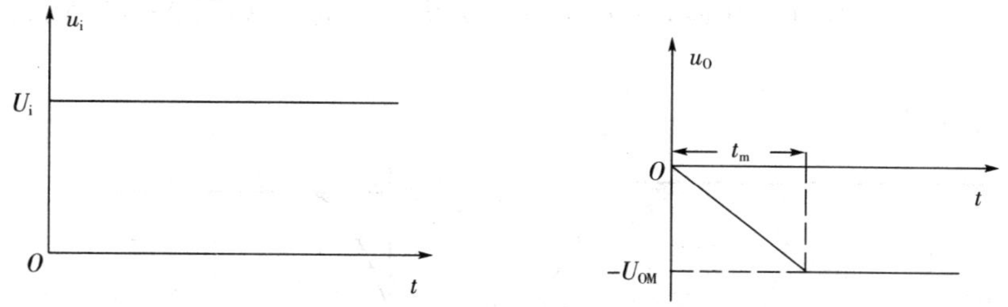

图 9－13　积分运算电路的阶跃响应

【例 9－5】　试求图 9－14 所示电路的输出电压 u_o 与输入电压 u_i 的关系式。

【解】　由图 9－14 可列出

$$u_o - u_- = -R_f i_f - u_e = -R_f i_f - \frac{1}{C_f}\int i_f d_f$$

$$i_i = \frac{u_i - u_-}{R_1}$$

因 $u_- \approx u_+ = 0$，$i_f = i_i$，故得

$$u_o = -\left(\frac{R_f}{R_1}u_i + \frac{1}{R_1 C_f}\int u_i d_t\right)$$

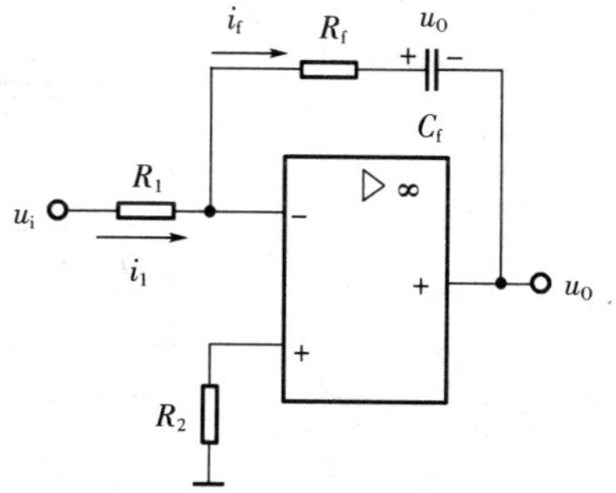

图 9－14　例 9－5 图

可见图 9－14 的电路是反相比例运算和积分运算两者组合起来的，所以称它为比例 — 积分调节器(简称 PI 调节器)。在自动控制系统中需要有调节器(或称校正电路)，以保证系统的稳定性和控制的精度。

9.2.5　微分运算电路

微分是积分的逆运算，只要将积分运算电路的电容与电阻互换位置，就成为微分运算电路，如图 9－15 所示。

根据运算放大器工作在线性区的两个分析依据可得

$$i_c = C\frac{du_c}{dt} = C\frac{du_i}{dt}$$

$$u_o = -i_f R_f = -i_c R_f$$

故

$$u_o = -R_f C\frac{du_i}{dt} = -\tau\frac{du_i}{dt} \qquad (9-14)$$

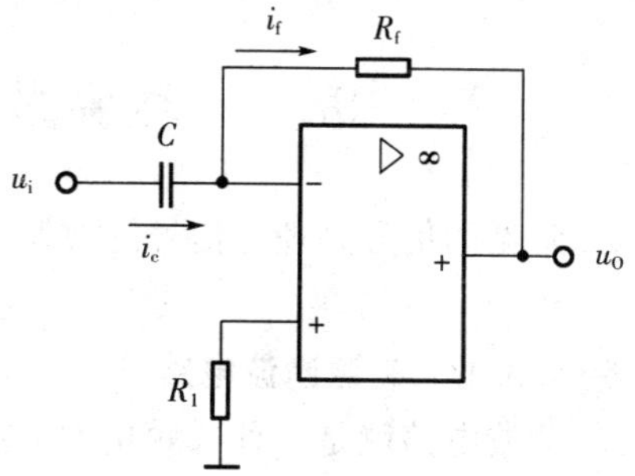

图 9－15　微分运算电路

式(9－14)表明，输出电压 u_o 与输入电压 u_i 对时间的一次微分成正比。式中 $\tau = R_f C$ 为微分时间常数。

当输入信号 u_i 为阶跃电压时，输出电压 u_o 为尖脉冲电压，如图 9-16 所示。

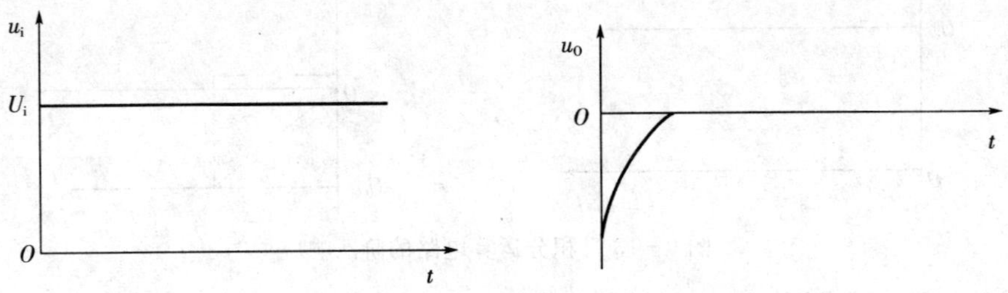

图 9-16　微分运算电路的阶跃响应

【例 9-6】　试求图 9-17 所示电路的输出电压 u_o 与输入电压 u_i 的关系式。

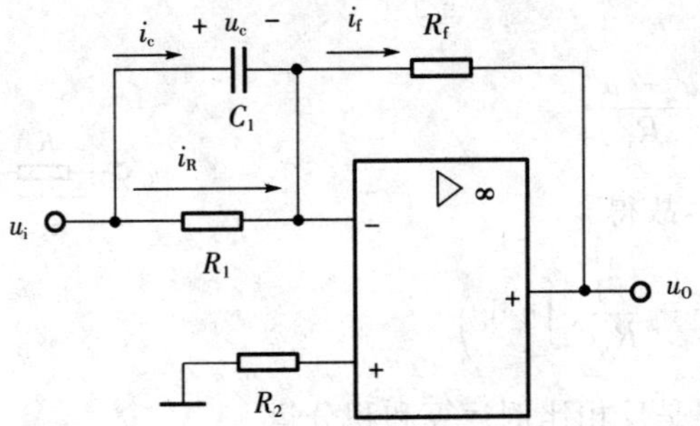

图 9-17　例 9-6 图

【解】　由图 9-17 可列出

$$u_o = -R_f i_f$$

$$i_f = i_R + i_C = \frac{u_i}{R_1} + C_1 \frac{du_i}{dt}$$

故得

$$u_o = -\left(\frac{R_f}{R_1}u_i + R_f C_1 \frac{du_i}{dt}\right)$$

9.3　运算放大器组成的信号处理电路

常见的信号处理有信号滤波及信号比较等。

9.3.1　有源滤波电路

滤波电路就是一种选频电路，它能使一定频率范围内所需的信号顺利通过且衰减很小；而在此频率范围以外的信号则不易通过，衰减很大，因而能从大量的、不同频率的信号中选出所需要的信号。

按允许通过的信号频率范围不同，滤波电路可分为低通滤波器、高通滤波器、带通滤波器。在《电工技术》中曾经介绍过滤波器，它只是由无源 RC 电路组成的，称为无源滤波电路。

无源滤波器的缺点是对信号无放大能力，带负载能力差。如果将无源滤波器 RC 电路的输出端再接至运算放大器的同相输入端，如图 9－18(a) 所示，由于运算放大器是一个有源元件，故这种电路称为有源滤波电路。与无源滤波电路比较，有源滤波电路对信号有放大能力，且具有体积小、效率高、频率特性好等优点，因而得到广泛应用。

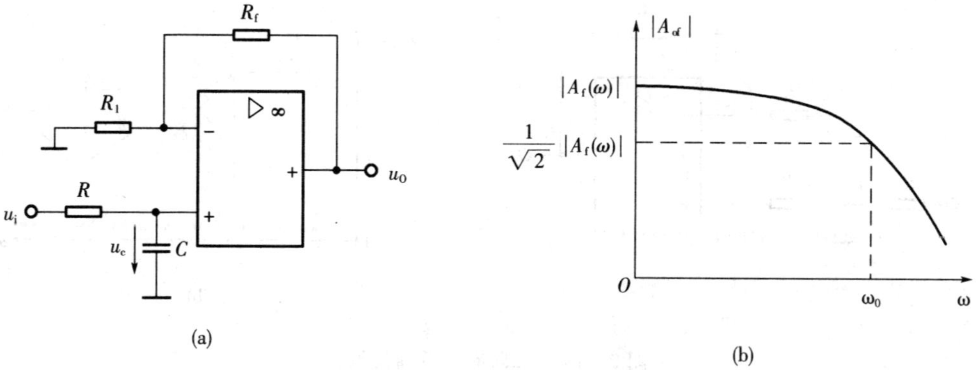

图 9－18　有源滤波电路

(a) 电路　(b) 幅频特性

设输入电压 u_i 为正弦信号，由图可知

$$\dot{U}_+ = \dot{U}_C = \frac{\frac{1}{j\omega C}}{R + \frac{1}{j\omega C}}\dot{U}_i = \frac{\dot{U}_i}{1 + j\omega RC}$$

而根据同相比例运算电路的概念可得

$$\dot{A}_f = \frac{\dot{U}_o}{\dot{U}_i} = \left(1 + \frac{R_f}{R_1}\right)\dot{U}_+ = \left(1 + \frac{R_f}{R_1}\right)\frac{\dot{U}_i}{1 + j\omega RC}$$

故电路的电压传递函数

$$\dot{A}_f = \frac{\dot{U}_o}{\dot{U}_i} = \left(1 + \frac{R_f}{R_1}\right)\frac{\dot{U}_i}{1 + j\omega RC} = \left(1 + \frac{R_f}{R_1}\right)\frac{1}{1 + j\frac{\omega}{\omega_0}}$$

式中，$\omega_0 = \frac{1}{RC}$，　$f_0 = \frac{1}{2\pi RC}$。

电压放大倍数的幅频特性为

$$\dot{A}_f(\omega) = \left(1 + \frac{R_f}{R_1}\right)\frac{1}{\sqrt{1 + \left(\frac{\omega}{\omega_0}\right)^2}}$$

当 $\omega = 0$ 时，$\dot{A}_f(\omega) = 1 + \frac{R_f}{R_1}$

当 $\omega = \omega_0$ 时，$\dot{A}_f(\omega) = \frac{1 + \left(\frac{R_f}{R_1}\right)}{\sqrt{2}}$

故 ω_0 称为截止频率。幅频特性如图 9 - 18 (b) 所示。

由此可见，图 9 - 18 所示是一阶有源低通滤波电路。为了改善滤波效果，使 $\omega > \omega_0$ 时信号衰减得快些，常将两节 RC 电路串接起来，如图 9 - 19 (a) 所示，称为二阶有源低通滤波电路。其幅频特性如图 9 - 19 (b) 所示。

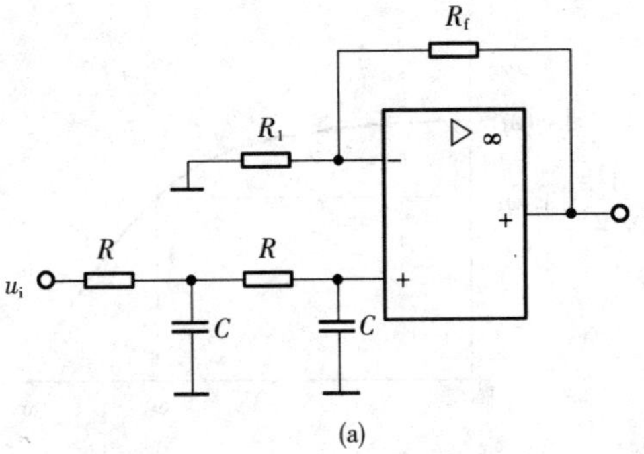

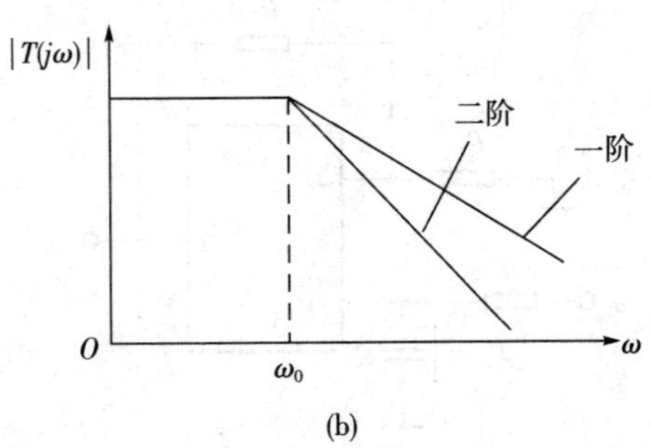

图 9 - 19　二阶有源低通滤波器

(a) 电路　(b) 幅频特性

与电工技术所述一样，如果将上述有源低通滤波器中 RC 电路的 R 和 C 对调，则可构成有源高通滤波电路，不再详述。

9.3.2　电压比较电路

前面所介绍的运放电路都引入了负反馈，使之工作在线性区，属于运放的线性应用。但运放还可以工作在饱和区，也有许多重要的非线性应用，其中最简单的例子是工作于开环方式下的电压比较电路。

电压比较电路的基本功能是用来比较输入电压和参考电压的大小。

1. 基准比较电路

如图 9 - 20 (a) 所示。图中 U_R 是参考电压，加在同相输入端，输入电压 u_i 加在反相输入端。由于运算放大器工作于开环状态，且开环电压放大倍很高，即使输入端只有一个非常微小的差值信号，也会使输出电压饱和。当 $u_i < U_R$ 时，$u_o = +U_{OM}$；当 $u_i > U_R$ 时，$u_o = -U_{OM}$。参考电压 $U_R \neq 0$ 的比较电路称为基准比较电路，图 9 - 20(b) 是基准比较电路的传输特性。

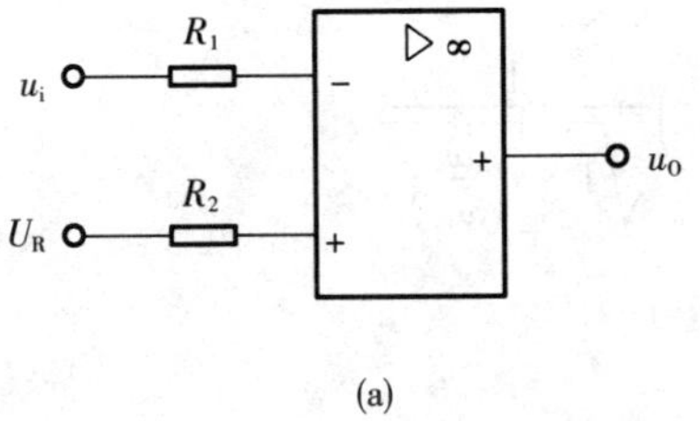

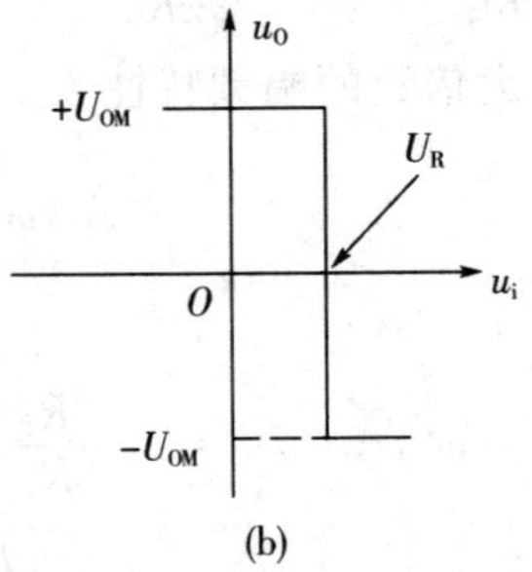

图 9 - 20　基准电压比较电路

(a) 电路　(b) 传输特性

可见，在比较器的输入端进行模拟信号大小的比较，在输出端则以高电平或低电平（即为数字信号）来反映比较结果。比较电路常用来比较两个信号的相对大小。

2. 过零比较电路

当上述基准比较电路的参考电压 $U_R = 0$ 时，即输入电压与零电平比较，称为过零比较电路，如图 9－21 所示。

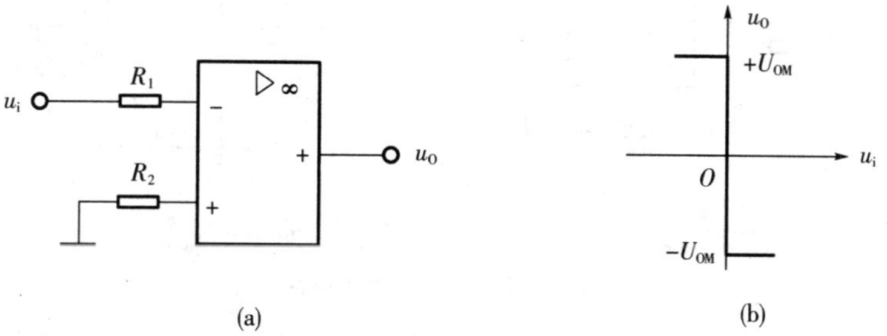

图 9－21　过零电压比较电路

（a）电路　（b）传输特性

利用过零比较电路可以实现波形的转换。当 u_i 为正弦波电压时，则 u_o 为矩形波电压，如图 9－22 所示。

有时为了将输出电压的幅值限制在某一特定值，以与接在输出端的数字电路达到电平配合，可以在比较电路的输出端接入一个稳压电路，组成箝位输出电压比较电路，如图 9－23 所示。其电压传输特性请读者自行分析。

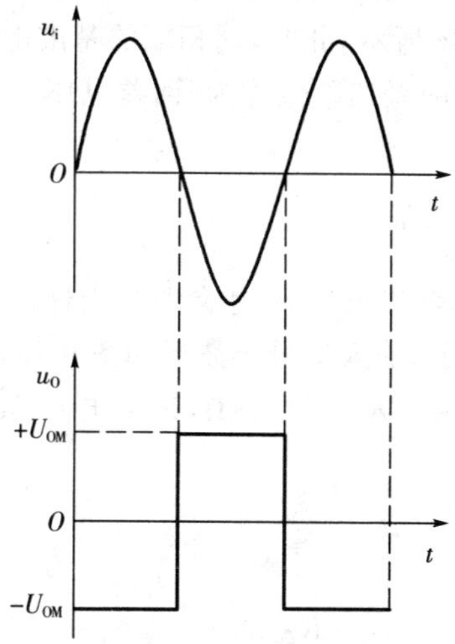

图 9－22　过零电压比较电路将正弦波电压变为矩形波电压

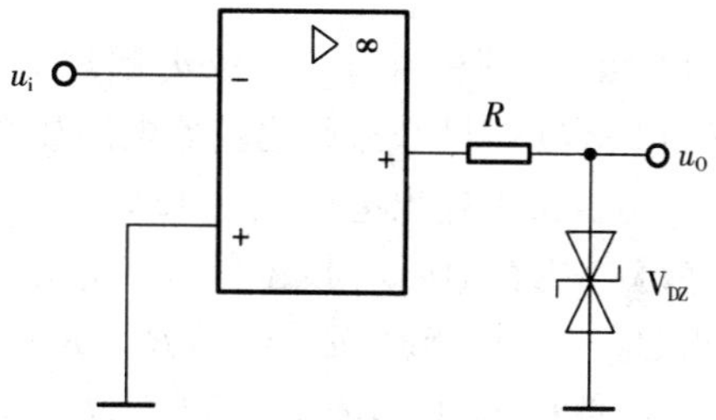

图 9－23　箝位输出电压比较电路

3. 滞回比较电路

在上述比较电路中，只能对被测信号作单电平比较。为了能对信号作双电平比较，通常在上述两种比较电路中引入正反馈，这时比较电路的电压传输特性具有磁滞回线形状，故称为滞回比较电路。图 9-24（a）为滞回比较器电路图。输入信号 u_i 通过电阻 R_1 从反相端输入，同相端通过电阻 R_2 接地，R_f 跨接在同相端与输出之间，电路引入了正反馈。

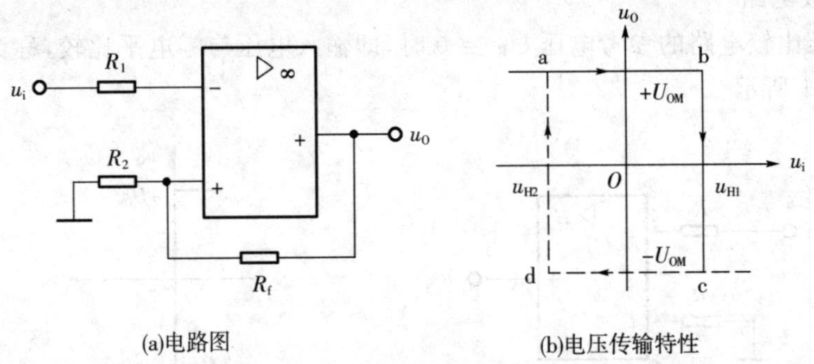

图 9-24　滞回比较电路

其电路工作原理如下：设比较电路的初始状态 $u_o = +U_{OM}$，此时，同相端的基准电压 u_{H1} 为

$$u_{H1} = \frac{R_2}{R_2 + R_f} U_{OM}$$

当 u_i 由低向高变化直至 $u_i > u_{H1}$ 时，比较电路的输出电压 u_o 由 $+U_{OM}$ 跃变至 $-U_{OM}$，其转换过程如图 9-24（b）中传输特性的实线 abc 所示。此时，同相端的基准电压 u_{H2} 为

$$u_{H2} = \frac{R_2}{R_2 + R_f} u_o = \frac{-R_2}{R_2 + R_f} U_{OM}$$

当 u_i 由高向低变化直至 $u_i < u_{H2}$ 时，比较电路的输出电压 u_o 由 $-U_{OM}$ 跃变至 $u_o = +U_{OM}$，其转换过程如图 9-24（b）中传输特性的虚线 cda 所示。此时，同相端的基准电压又变为 u_{H1}。u_{H1} 称为“上门限电压”，u_{H2} 称为“下门限电压”。两者的差值称为“回差电压”，用 u_H 表示。

$$u_H = u_{H1} - u_{H2} = 2\frac{R_2}{R_2 + R_f} \cdot u_{OM}$$

由此可见，只有当输入信号 u_i 超过上下门限电压时，输出电压 u_o 才会改变极性。

【例 9-7】　已知滞回比较器电路如图 9-25(a) 所示，输入信号小波形如图 9-25（b）所示。设运放最大输出电压为 $+12$V，$U_R = 9$V，$R_2 = 30$kΩ，$R_f = 150$kΩ，试画出 u_o 波形。

【解】　用叠加原理求出上、下门限电压。

当 U_R 单独作用时，$u''_+ = U_R R_f/(R_f + R_2)$

当 u_o 单独作用时，$u''_+ = U_o R_2/(R_f + R_2)$

当 U_R、u_o 共同作用时，$u_+ = u'_+ + u''_+ = U_R \frac{R_f}{R_f + R_2} + U_o \frac{R_2}{R_f + R_2}$

当 u_o 为 $+U_{OM}$，得上门限电压为

$$u_{H1} = U_R \frac{R_f}{R_f + R_2} + U_{OM} \frac{R_2}{R_f + R_2} = \frac{150}{150 + 30} \times 9 + \frac{30}{150 + 30} \times 12 = 9.5(\text{V})$$

当 u_o 为 $-U_{OM}$，得下门限电压为

$$u_{H2}=U_R\frac{R_f}{R_f+R_2}-U_{OM}\frac{R_2}{R_f+R_2}=\frac{150}{150+30}\times 9-\frac{30}{150+30}\times 12=5.5(\mathrm{V})$$

在 0 ~ t_1 区间，因 u_i 由低至高变化，且 $u_i < u_{H1}$，故 $u_o = +U_{OM} = +12\mathrm{V}$；在 $t_1 \sim t_2$ 区间，因 $u_i > u_{H1}$，故 $u_o = -U_{OM}$；在 $t_2 \sim t_3$ 区间，u_i 由高至低变化，且 $u_i > u_{H2}$，故 u_o 仍为 $-U_{OM}$；只有在 $t_3 \sim t_4$ 区间，因 $u_i < u_{H2}$，故 $u_o = +U_{OM}$；t_4 时刻以后又重复上述过程。由此，画出 u_o 的波形如图 9－25 (c) 所示。

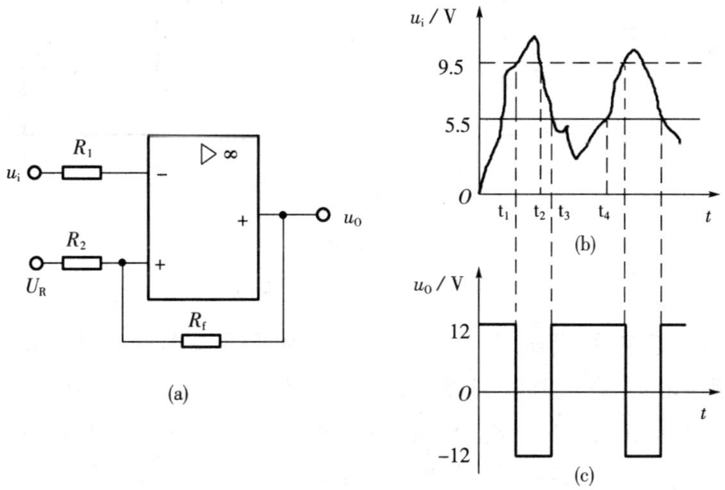

图 9－25　例 9－7 图

上例说明，滞回比较电路可以作为双电平比较器，常用于在自动控制中作检测电路。如在温度控制电路中，利用此电路可将温度控制在 u_{H1}、u_{H2} 所对应的指定范围内。若温度超过上限值($u_i > u_{H1}$)，u_o 从 $+U_{OM}$ 跃变至 $-U_{OM}$，发出超高警告信号；若温度低于下限值($u_i < u_{H2}$)，u_o 从 $-U_{OM}$ 跃变至 $+U_{OM}$，发出超低警告信号。调节 U_R 的大小，可改变温控范围。

9.4　运算放大器组成的波形产生电路

9.4.1　矩形波发生器

矩形波电压常用于数字电路中作为信号源。图 9－26 (a) 是一种矩形波发生器电路。图中：运算放大器作滞回比较器用；D_Z 是双向稳压二极管，使输出电压的幅度被限制在 $+U_Z$ 或 $-U_Z$；R_1 和 R_2 构成正反馈电路，R_2 上的反馈电压 U_R 是输出电压幅度的一部分，即

$$U_R=\pm\frac{R_2}{R_1+R_2}\cdot U_Z$$

加在同相输入端，作为参考电压；R_F 和 C 构成负反馈电路。u_C 加在反相输入端，u_C 和 U_R 相比较而决定 u_o 的极性；R_3 是限流电阻。

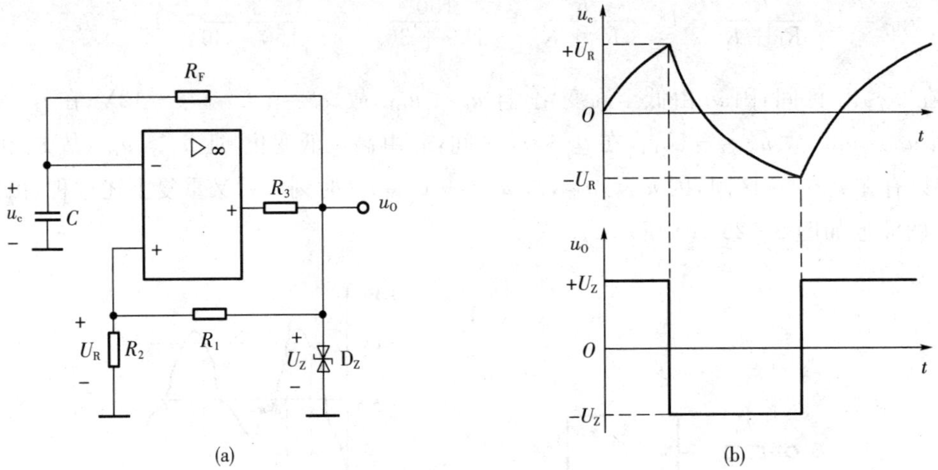

图 9-26 矩形波发生器

(a) 电路图 (b) 波形图

电路的工作已稳定后，当 u_o 为 $+U_Z$ 时，U_R 也为正值；这时 $u_C < U_R$，u_o 通过 R_F 对 C 充电，u_c 按指数规律增长。当 u_c 增长到等于 U_R 时，即由 $+U_Z$ 变为 $-U_Z$，U_R 也变为负值。电容 C 开始通过 R_F 放电，而后反向充电，当充电 u_C 到等于 $-U_R$ 时，u_o 即由 $-U_Z$ 又变为 $+U_Z$。如此周期性地变化，在输出端得到的是矩形波电压，如图 9-26(b) 所示。

从图 9-26 可见，电路中无外加输入电压，而在输出端也有一定频率和幅度的信号输出，这种现象就是电路的自激振荡。关于自激振荡问题将在下一章讨论。

9.4.2 三角波发生器

如果在矩形波发生器的输出端接一个积分电路，以代替图 9-26(a) 中的 R_FC 电路，并将 R_2 的一端改接到后者的输出端，就构成三角波发生器，其电路和波形如图 9-27 所示。运算放大器 A_1 所组成的电路就成为比较器，A_2 组成积分电路。

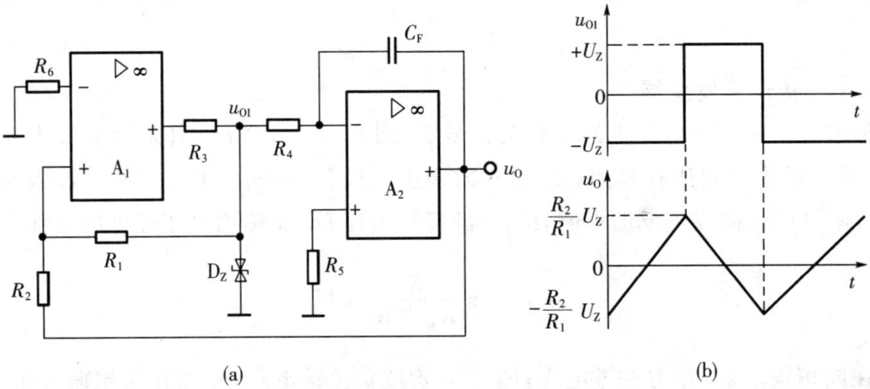

图 9-27 三角波发生器

电路的工作已稳定后，当 u_{o1} 为 $-U_Z$ 时，可用叠加定理求出 A_1 同相输入端的电位

$$u_{+1} = \frac{R_2}{R_1 + R_2}(-U_Z) + \frac{R_1}{R_1 + R_2}u_o \tag{9-15}$$

式中：第一项是 A_1 的输出电压 u_{o1} 单独作用时（A_2 输出端接“地”短路，即 $u_o = 0$）的 A_1 同相输入端电位；第二项是 A_2 的输出电压 u_o 单独作用时（A_1 输出端接“地”短路，即 $u_{o1} = 0$）的 A_1 同相输入端电位。比较器的参考电压 $U_R = u_{-1} = 0$。要使 u_{o1} 从 $-U_Z$ 变为 $+U_Z$，必须在 $u_{+1} = u_{-1} = 0$ 时，这时可从式(9-15)得出

$$u_o = \frac{R_2}{R_1}U_Z$$

即当 u_o 上升到 $\frac{R_2}{R_1}U_Z$ 时，u_{o1} 才能从 $-U_Z$ 变为 $+U_Z$。

同理，当 u_{o1} 为 $+U_Z$ 时，A_1 同相输入端电位为

$$u_{+1} = \frac{R_2}{R_1 + R_2}U_Z + \frac{R_1}{R_1 + R_2}u_o \tag{9-16}$$

要使 u_{o1} 从 $+U_Z$ 变为 $-U_Z$，也必须在 $u_{+1} = u_{-1} = 0$ 时，这时

$$u_o = -\frac{R_2}{R_1}U_Z$$

如此周期性地变化，A_1 输出的是矩形波电压 u_{o1}，A_2 输出的是三角波电压 u_o。所以图 9-27 (a) 所示的也称为矩形波－三角波发生器电路。

9.4.3　锯齿波发生器

锯齿波发生器在示波器、数字仪表等电子设备中作为扫描之用。锯齿波发生器的电路与上述的三角波发生器的电路基本相同，只是积分电路反相输入端的电阻 R_4 分为两路，使正、负向积分的时间常数大小不等，故两者积分速率明显不等。图 9-28 是锯齿波发生器的电路和波形。

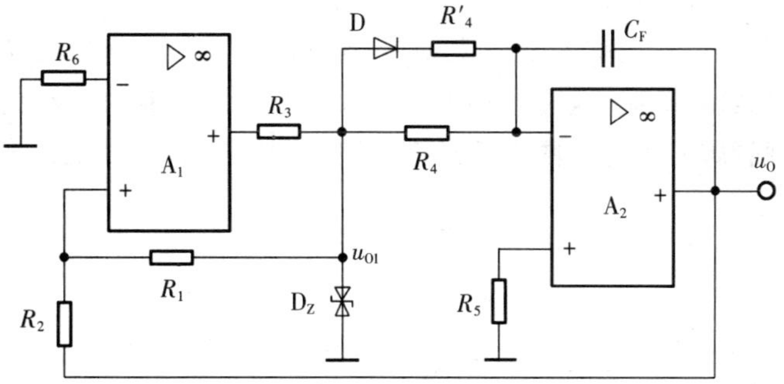

(a)

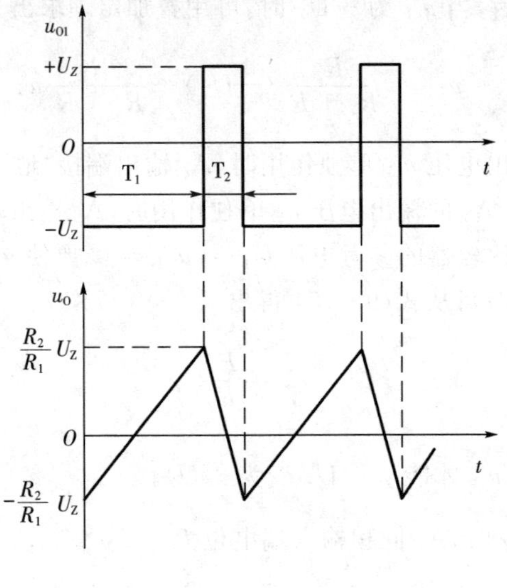

(b)

图 9-28　锯齿波发生器

(a) 电路图　(b) 波形图

当 u_{o1} 为 $+U_Z$ 时，二极管 D 导通，故积分时间常数为 $(R_4//R_4')C_F$，远小于 u_{o1} 为 $-U_Z$ 时的积分时间常数 R_4C_F。可见，正、负向积分的速率相差很大，$T_2 << T_1$，从而形成锯齿波电压。

此外，采用运算放大器也可组成正弦波发生器。

9.5　使用运算放大器应注意的几个问题

9.5.1　选用元件

集成运算放大器按其技术指标可分为通用型、高速型、高阻型、低功耗型、大功率型、高精度型等，按其内部电路可分为双极型（由晶体管组成）和单极型（由场效应管组成），按每一集成片中运算放大器的数目可分为单运放、双运放和四运放。

通常根据实际要求选用运算放大器。如果测量放大器的输入信号微弱，它的第一级应选用高输入电阻、高共模抑制比、高开环电压放大倍数、低失调电压及低温度漂移的运算放大器。选好后，根据管脚图和符号图连接外部电路，包括电源、外接偏置电阻、消振电路及调零电路等。

9.5.2　消振

由于运算放大器内部晶体管的极间电容和其他寄生参数的影响，很容易产生自激振荡，破坏正常工作。为此，在使用时要注意消振。通常是外接 RC 消振电路或消振电容，用它来破坏产生自激振荡的条件。判断是否已消振，可将输入端接“地”，用示波器观察输出端有无自激振荡。目前由于集成工艺水平的提高，运算放大器内部已有消振元件，无需外部消振。

9.5.3　调零

由于运算放大器的内部参数不可能完全对称，以致当输入信号为零时，仍有输出信号。为此，在使用时要外接调零电路。调零时应将电路接成闭环。调零分两种：一种是在无输入时调零，即将两个输入端接"地"，调节调零电位器，使输出电压为零；另一种是在有输入时调零，即按已知输入信号电压计算输出电压，而后将实际值调整到计算值。

9.5.4　保护

1. 输入端保护

当输入端所加的差模或共模电压过高时会损坏输入级的晶体管。为此，在输入端接入反向并联的二极管，如图 9－29 所示，将输入电压限制在二极管的正向压降以下。

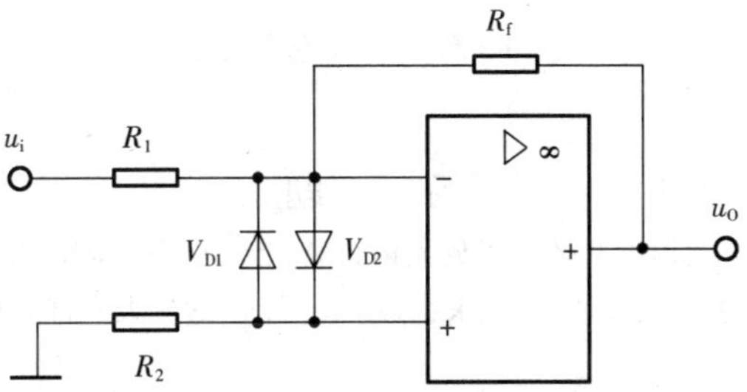

图 9－29　输入端保护

2. 输出端保护

为了防止输出电压过大，可利用稳压管来保护。如图 9－30 所示，将两个稳压管反向串联，将输出电压限制在(U_Z+U_D)的范围内。U_Z 是稳压管的稳定电压，U_D 是它的正向压降。

3. 电源保护

为了防止正、负电源接反，可用二极管来保护，如图 9－31 所示。

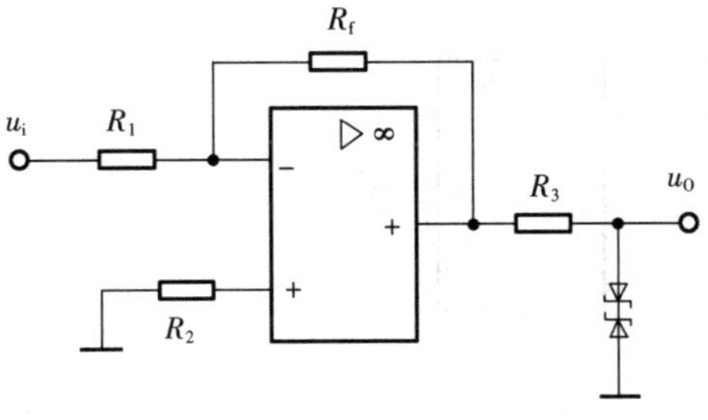

图 9－30　输出端保护

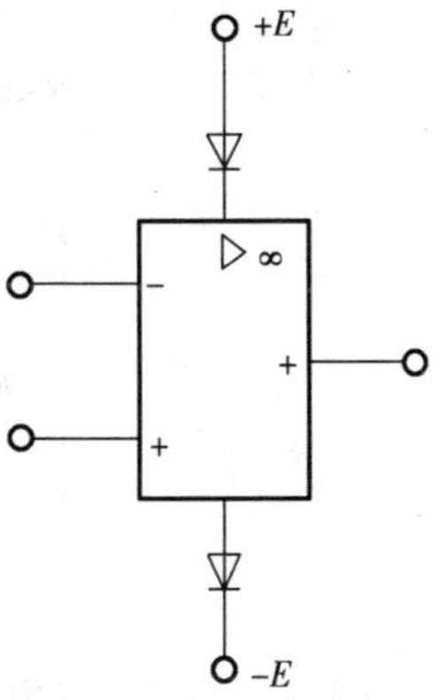

图 9－31　电源保护

9.5.5 扩大输出电流

由于运算放大器输出电流一般不大，如果负载需要的电流较大时，可在输出端加接一级互补对称电路，如图 9-32 所示。

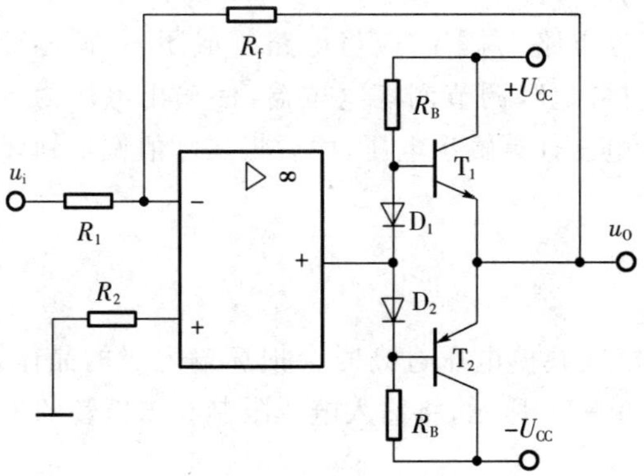

图 9-32 扩大输出电流

习 题

9-1 已知 F007 运算放大器的开环电压放大倍数 $A_{uo}=100\text{dB}$，差模输入电阻 $r_{id}=2\text{M}\Omega$，最大输出电压 $U_{opp}=\pm13\text{V}$。为了保证工作在线性区，试求：(1) u_+ 和 u_- 的最大允许差值；(2) 输入端电流的最大允许值。

9-2 在图 9-33 中，正常情况下四个桥臂电阻均为 R。当某个电阻因受温度或应变等非电量的影响而变化 ΔR 时，电桥平衡即遭破坏，输出电压 u_o 反映此非电量的大小。试证明

$$u_o=-\frac{A_{uo}\cdot U}{4}\cdot\frac{\frac{\Delta R}{R}}{1+\frac{\Delta R}{2R}}$$

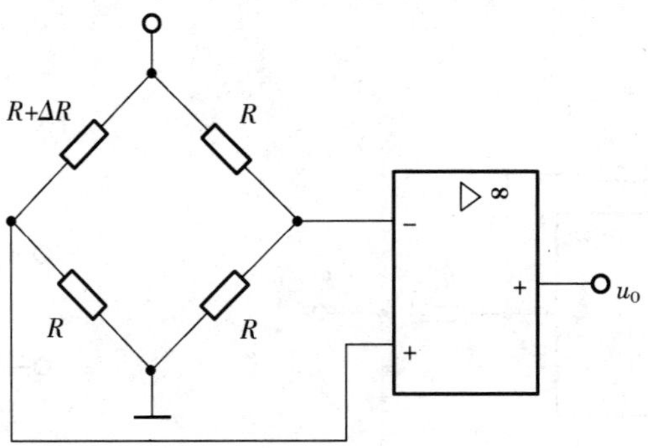

图 9-33 题 9-2 图

9-3 在图 9-34 的反相比例运算电路中，设 $R_1=10\text{k}\Omega$，$R_f=500\text{k}\Omega$。试求闭环电压放大倍数 A_{uf} 和平衡电阻 R_2。若 $u_i=10\text{mV}$，则 u_o 为多少？

9-4　在图 9-35 的同相比例运算电路中，已知 $R_1 = 2\text{k}\Omega$，$R_f = 10\text{k}\Omega$，$R_2 = 2\text{k}\Omega$，$R_3 = 18\text{k}\Omega$，$u_i = 1\text{V}$，求 u_o。

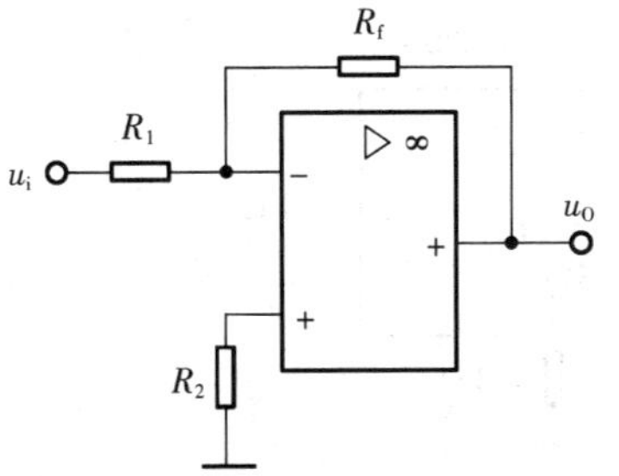

图 9-34　题 9-3 图

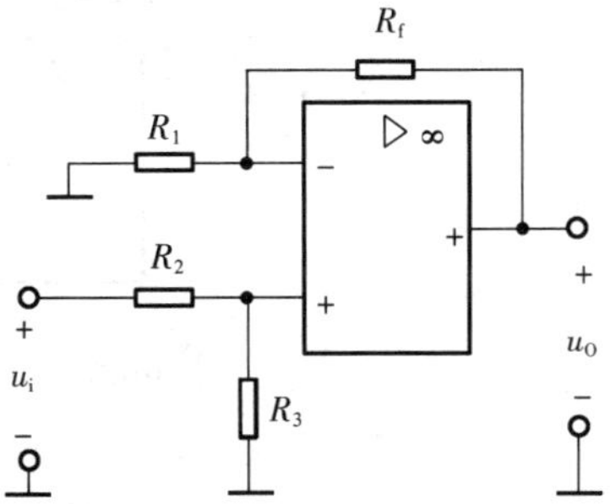

图 9-35　题 9-4 图

9-5　为了获得较高的电压放大倍数，而又可避免采用高值电阻 R_f，将反相比例运算电路改为图 9-36 所示的电路，并设 $R_f \gg R_4$，试证：

$$A_{uf} = \frac{u_o}{u_i} = -\frac{R_f}{R_1}\left(1 + \frac{R_3}{R_4}\right)$$

9-6　在上题图 9-36 中：(1) 已知 $R_1 = 50\text{k}\Omega$，$R_2 = 33\text{k}\Omega$，$R_3 = 3\text{k}\Omega$，$R_4 = 2\text{k}\Omega$，$R_f = 100\text{k}\Omega$，求电压放大倍数 A_{uf}；(2) 如果 $R_3 = 0$，要得到同样大的电压放大倍数，R_f 的阻值应增大到多少？

9-7　电路如图 9-37 所示，已知 $u_{i1} = 1\text{V}$，$u_{i2} = 2\text{V}$，$u_{i3} = 3\text{V}$，$u_{i4} = 4\text{V}$，$R_1 = R_2 = 2\text{k}\Omega$，$R_3 = R_4 = R_f = 1\text{k}\Omega$，试计算输出电压 u_o。

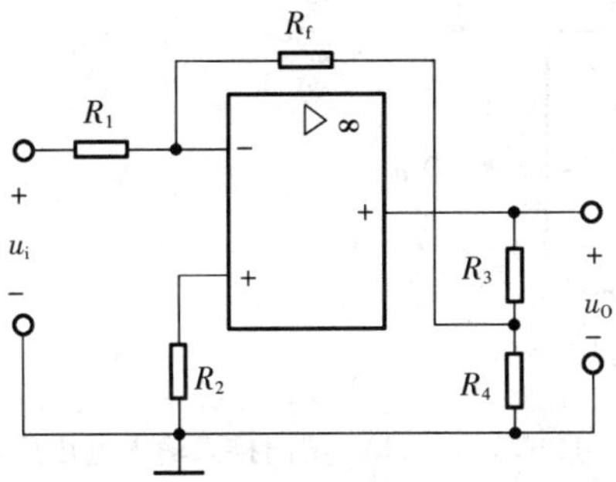

图 9-36　题 9-6 图

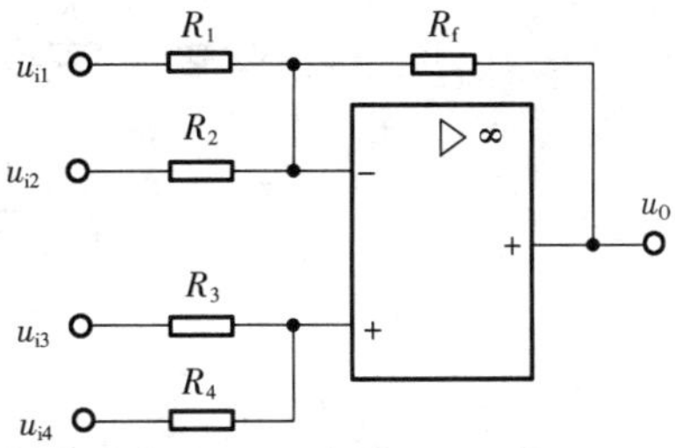

图 9-37　题 9-7 图

9-8　求图 9-38 所示电路的 u_o 与 u_i 的运算关系式。

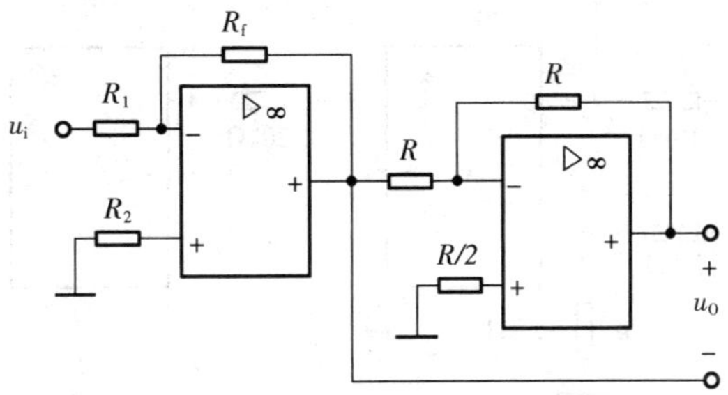

图 9-38　题 9-8 图

9-9　求图 9-39 所示的电路中 u_o 与各输入电压的运算关系式。

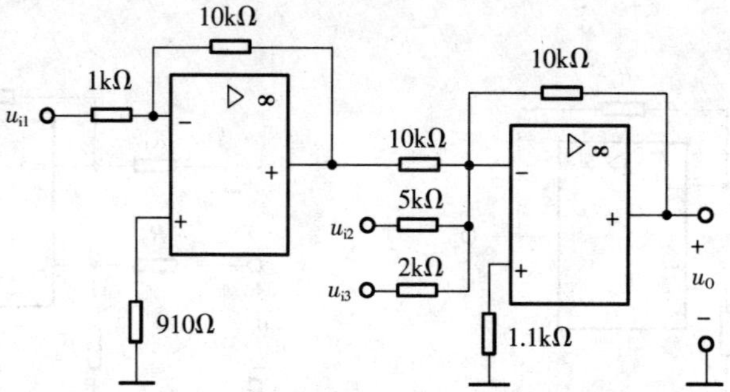

图 9-39　题 9-9 图

9-10　为了用低值电阻实现高放大倍数的比例运算，常用一 T 形网络来代替 R_f，如图 9-40 所示。试证明：

$$u_o = -\frac{R_2 + R_3 + R_2 R_3 / R_4}{R_1} u_i$$

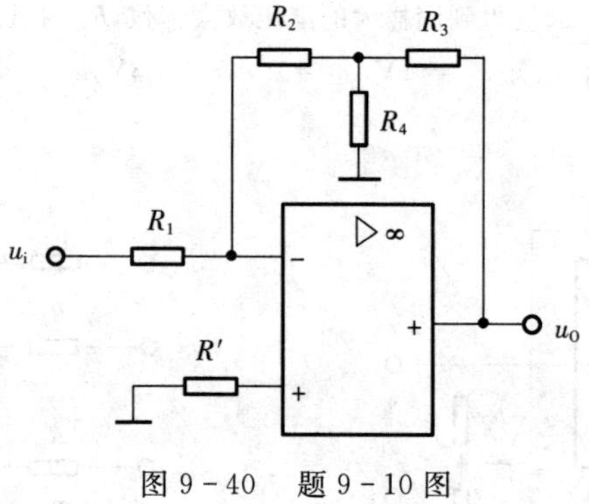

图 9-40　题 9-10 图

9-11　在图 9-41 的电路中，电源电压为 ±15V，$u_{i1} = 1.1\text{V}$，$u_{i2} = 1\text{V}$。试问接入输入电压后，输出电压 u_o 由 0 上升到 10V 所需时间。

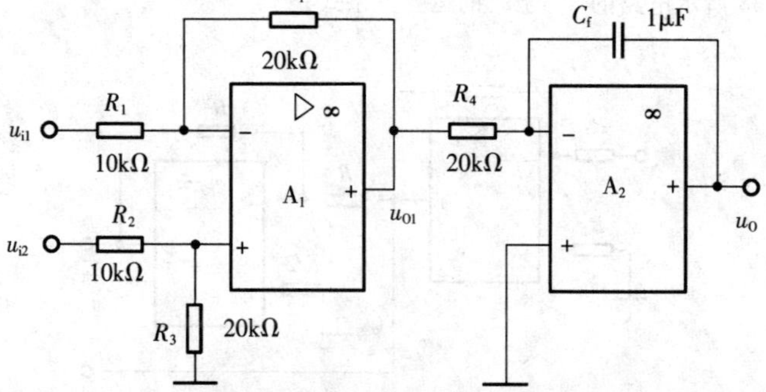

图 9-41　题 9-11 图

9－12　图 9－42 是应用运算放大器测量电压的原理电路，共有 0.5V、1V、5V、10V、50V 五种量程，试计算电阻 $R_{11} \sim R_{15}$ 的阻值。输出端接有满量程 5V，500μA 的电压表。

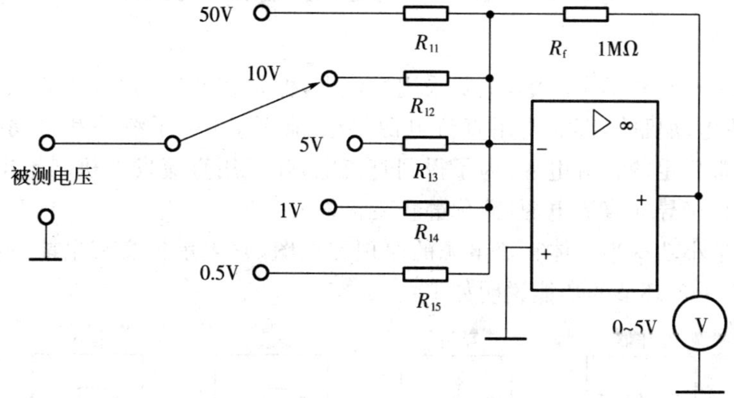

图 9－42　题 9－12 图

第10章　直流稳压电源

在工农业生产和科学实验中，主要采用交流电，但是在某些场合，例如电解、电镀、蓄电池的充电、直流电动机等，都需要用直流电源供电。此外，在电子线路和自动控制装置中还需要用电压非常稳定的直流电源。为了得到直流电，除了用直流发电机和干电池供电外，目前广泛采用各种半导体直流电源（简称静止变流器）。

图10－1是小功率半导体直流电源的原理方框图，它表示把交流电能变换为直流电能的主要过程。图中各环节的功能说明如下：

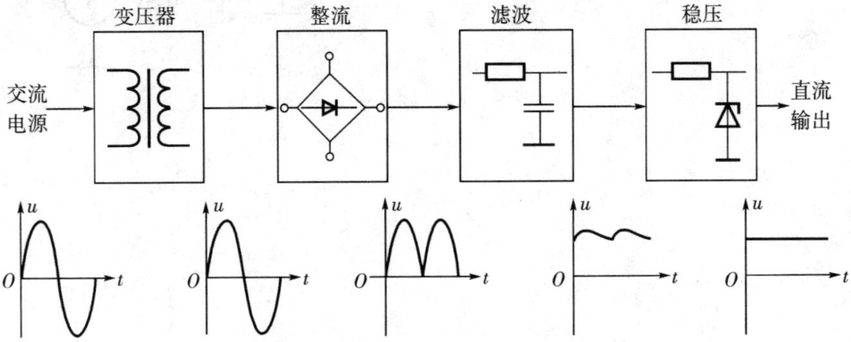

图10－1　半导体直流电源结构框图

1. 整流变压器：将交流电源电压变换为符合整流需要的电压，同时还可以起到与电网实现电气隔离的作用。

2. 整流电路：将交流电压变换为单向脉动电压。其中的整流元件（晶体二极管、电子二极管或晶闸管）之所以能整流，是因为它们都具有单向导电的共同特性。

3. 滤波器：减小整流输出电压的脉动程度，以适合负载的需要。整流电路输出的单向脉动电压中包含有交流成分和直流成分，滤波器就是将交流成分滤除，保留直流成分。

4. 稳压环节：在交流电源电压波动或负载变动时，使直流输出电压稳定。在对直流电压稳定程度要求较低的电路中，稳压环节也可以不要。

下面将分别介绍半导体直流电源的各部分电路。

10.1　整流电路

整流电路的任务是将交流电变成直流电。完成这一任务主要是靠二极管的单向导电作用，因此二极管是构成整流电路的关键元件。常见的整流电路小功率一般采用单相半波、全波或桥式整流电路；大功率一般采用三相半波或桥式整流电路。

10.1.1　单相半波整流电路

图10－2是单相半波整流电路。它是最简单的整流电路，由整流变压器Tr、整流二极管

D 及负载 R_L 组成。在分析中，设二极管的正向压降可忽略不计。

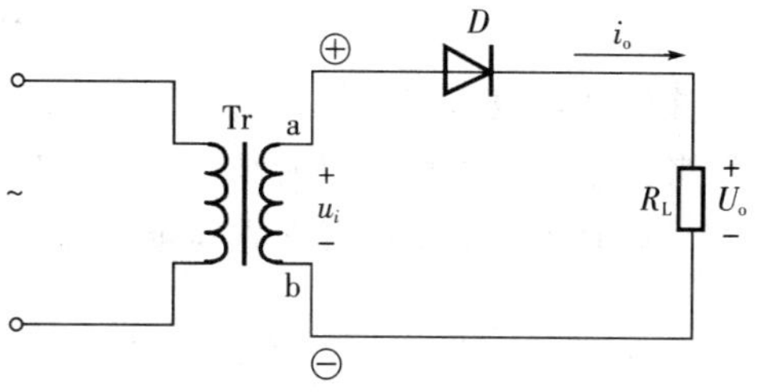

图 10-2　单相半波整流电路

由于二极管 D 具有单向导电性，只有当它的阳极电位高于阴极电位时才能导通。在变压器二次侧电压 u_i 的正半周时，其极性为上正下负(见图 10-2)，即 a 点的电位高于 b 点，二极管因承受正向电压而导通。这时负载电阻 R_L 上的电压为 $u_o(\approx u_i)$，通过的电流为 i_o。在电压 u_i 的负半周时，a 点的电位低于 b 点，二极管因承受反向电压而截止，负载电阻 R_L 上没有电压。因此，在负载电阻 R_L 上得到的是半波整流电压 u_o(在一个正弦周期内只有半个正弦波)。在导通时，二极管的正向压降很小，可以忽略不计。因此，可以认为 u_o 的这半个波和 u_i 的正半波是相同的。图 10-3(a) 是变压器次级电压波形，图 10-3(b) 是半波整流电路输出(负载) 电压、电流的波形。

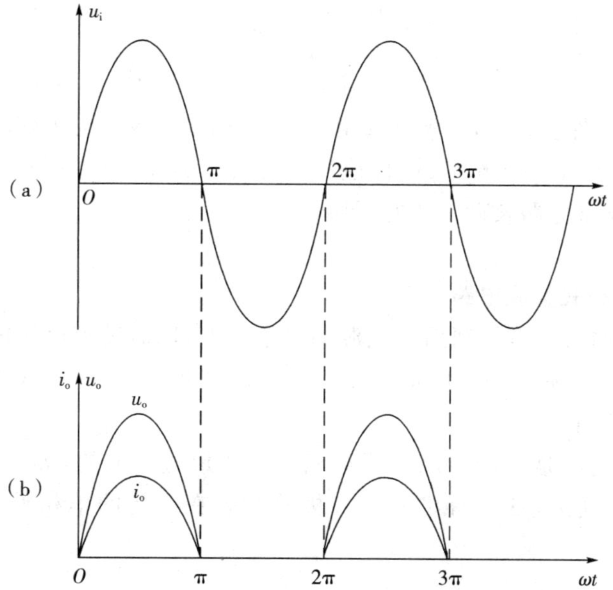

图 10-3　半波整流电路输入输出波形
(a) 输入电压波形　(b) 输出电压 / 电流波形

负载上得到的整流电压虽然是单方向的(极性一定)，但其大小是变化的。这种所谓的单向脉动电压，常用一个周期的平均值(直流分量) 来说明它的大小。单相半波整流输出电压的平均值为

$$U_o = \frac{1}{2\pi}\int_0^{\pi} \sqrt{2}U_i \sin\omega t\,d(\omega t) = \frac{\sqrt{2}}{\pi}U_i = 0.45U_i \qquad (10-1)$$

式(10-1) 表示单相半波整流输出电压直流平均值与输入交流电压有效值 U_i 之间的关系。由此得出整流电流的平均值

$$I_o = \frac{U_o}{R_L} = 0.45\,\frac{U_i}{R_L} \tag{10-2}$$

除根据负载所需要的直流电压(即整流电压 U_o)和直流电流(即 I_o)选择整流元件外，还要考虑整流元件截止时所承受的最高反向电压 U_{RM}。显然，在单相半波整流电路中，二极管不导通时承受的最高反向电压就是变压器二次侧交流电压 u_i 的最大值 U_m，即

$$U_{RM} = U_m = \sqrt{2}\cdot U_i \tag{10-3}$$

这样，根据 U_o、I_o 和 U_{RM} 就可以选择合适的整流元件。

【例 10-1】 有一单相半波整流电路，如图 10-2 所示。已知负载电阻 $R_L = 20\Omega$，变压器二次侧电压有效值 $U_i = 20\text{V}$，试求 U_o、I_o 及 U_{RM}，并选用二极管。

【解】

$$U_o = 0.45U_i = 0.45\times 20\text{V} = 9\text{V}$$

$$I_o = \frac{U_o}{R_L} = \frac{9}{20} = 0.45\text{A}$$

$$U_{RM} = \sqrt{2}U_i = \sqrt{2}\times 20\text{V} = 28.2\text{V}$$

查附录半导体器件参数表，二极管选用 2CZ55B(1A,50V)。为了使用安全，二极管的反向工作峰值电压和正向平均电流(标称值)都应该比实际的计算值大一些(一般富余量 40%～100%)，以保证电路长期工作的可靠性。

10.1.2 单相桥式整流电路

单相半波整流的缺点是只利用了电源的半个周期，同时整流电压的脉动较大；另外变压器绕组中存在直流电流成分可能造成变压器铁芯饱和。为了克服这些缺点，常采用全波整流电路或桥式整流电路。

单相桥式整流电路是由四个二极管接成电桥的形式构成的，如图 10-4(a) 所示，图 10-4(b) 是其简化画法。现在有将四个二极管封装在一起的单相整流桥(共四个引脚)出售。

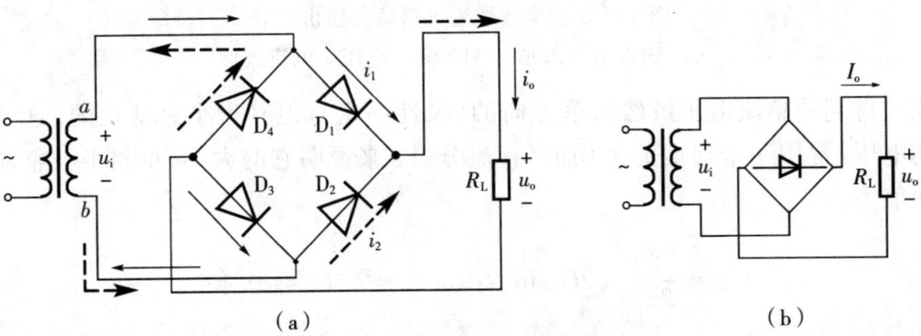

图 10-4 单相桥式整流电路

(a) 电路图 (b) 简化画法

在变压器二次侧电压 u_i 的正半周时，设其极性为上正下负，如图 10－4(a)，即 a 点的电位高于 b 点，二极管 D_1 和 D_3 导通，D_2 和 D_4 截止，电流 i_1 的通路是 $a \rightarrow D_1 \rightarrow R_L \rightarrow D_3 \rightarrow b$，见图 10－4(a) 中实线箭头路径。这时，负载电阻 R_L 上得到一个上正下负的半波电压，如图 10－5(b) 中的 $0 \sim \pi$ 段所示。

在电压 u_i 的负半周时，变压器二次侧的极性为上负下正，即 b 点的电位高于 a 点。因此，D_1 和 D_3 截止，D_2 和 D_4 导通，电流 i_2 的通路是 $b \rightarrow D_2 \rightarrow R_L \rightarrow D_4 \rightarrow a$(见虚线箭头路径)。同样，在负载电阻上得到一个上正下负的半波电压，如图 10－5(b) 中的 $\pi \sim 2\pi$ 段所示。

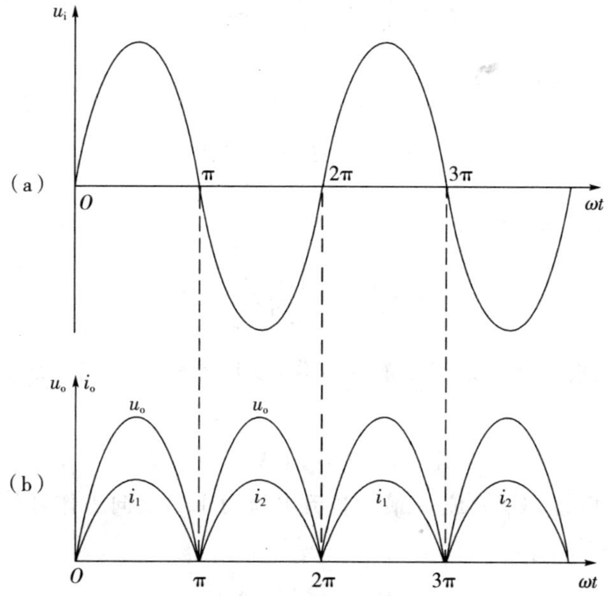

图 10－5　单相桥式整流电路的电压与电流波形图
(a) 输入电压波形　(b) 输出电压 / 电流波形

显然，桥式整流电路的输出电压直流平均值 U_o 比半波整流时增加了一倍，即

$$U_o = 2 \times 0.45 U_i = 0.9 U_i \tag{10-4}$$

负载电阻中的直流电流当然也增加了一倍，即

$$I_o = \frac{U_o}{R_L} = 0.9 \frac{U_i}{R_L} \tag{10-5}$$

每两个二极管串联导电半个周期，因此每个二极管中流过的平均电流只有负载电流的一半，即

$$I_D = \frac{1}{2} I_o = 0.45 \frac{U_i}{R_L} \tag{10-6}$$

至于二极管截止时所承受的最高反向电压，从图 10－4(a) 可以看出。当 D_1 和 D_3 导通时，如果忽略二极管的正向压降，截止管 D_2 和 D_4 的阴极电位就等于 a 点的电位，阳极电位就

等于 b 点的电位。所以，截止二极管所承受的最高反向电压就是电源电压的最大值，即

$$U_{RM} = U_m = \sqrt{2}U_i \qquad (10-7)$$

这一点与半波整流电路相同。

【例 10-2】 已知负载电阻 $R_L = 80\Omega$，负载电压 $U_O = 110V$。今采用单相桥式整流电路，交流电源电压为 380V。(1) 如何选用二极管？(2) 求整流变压器的变比及容量。

【解】 (1) 负载电流

$$I_o = \frac{U_o}{R_L} = \frac{110}{80}A \approx 1.4A$$

每个二极管通过的平均电流

$$I_D = \frac{1}{2}I_o = 0.7A$$

变压器二次测电压的有效值为

$$U_o = \frac{U_o}{0.9} = \frac{110}{0.9}V = 122V$$

考虑到变压器二次测绕组及管子上的压降，变压器的二次测电压大约要高出 10%，即 $122 \times 1.1 = 134V$。于是

$$U_{RM} = \sqrt{2} \times 134V = 189V$$

因此，可选用二极管 2CZ55E，其最大整流电流为 1A，反向工作峰值电压为 300V。

(2) 变压器的变比

$$K = \frac{380}{134} = 2.8$$

变压器二次测电流的有效值为

$$I = \frac{I_o}{0.9} = \frac{1.4}{0.9}A = 1.55A$$

变压器的容量为

$$S = U \cdot I = 134 \times 1.55V \cdot A = 208V \cdot A$$

可选用 BK300(V · A)，380/134V 的变压器。

10.1.3 单相全波整流电路

单相全波整流电路只需两个二极管，但要求变压器的次级有两个对称绕组，见图 10-6，其中：$u_{i1} = u_{i2} = u_i$。

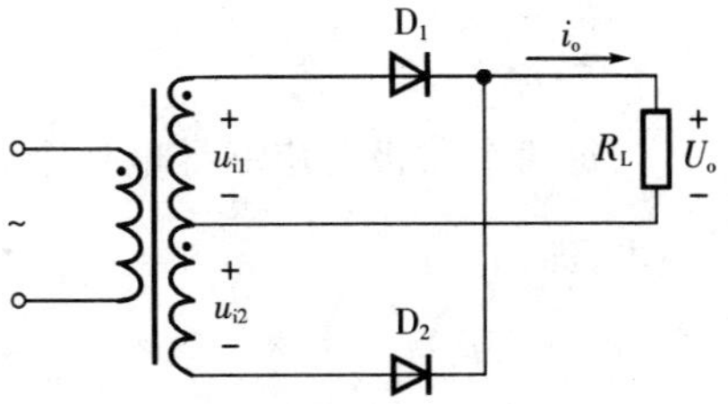

图 10-6 单相全波整流电路

单相全波整流电路的工作原理非常简单，就相当于两个单相半波整流电路合并。当交流电正半周时，设

变压器次级上正下负，D_1 导通，D_2 截止，u_{i1} 向负载供电，输出半个正弦波。当交流电负半周时，D_2 导通，D_1 截止，u_{i2} 向负载供电，输出半个正弦波。因此，负载电压和电流的波形与单相桥式整流电路相同，见图 10-5。公式(10-4)、(10-5)、(10-6) 亦同样适用；唯一不同的是截止时二极管承受的最大反向电压

$$U_{RM} = 2U_m = 2\sqrt{2}U_i \tag{10-8}$$

为单相桥式整流电路的 2 倍。

虽然全波整流电路相当于两个半波整流电路，但变压器中无直流电流分量。目前，单相全波整流电路在小功率电子产品中应用非常广泛。

10.1.4　三相桥式整流电路

前面所分析的是单相整流电源，功率一般为几瓦到几百瓦，常用在电子仪器中。然而在某些供电场合要求整流功率高达几千瓦以上，这时就不便于采用单相整流电路了，因为它会造成三相电网负载不平衡，影响供电质量。为此，常采用三相桥式整流电路，如图 10-7 所示。三相桥式整流电路经三相变压器接交流电源。变压器的二次测为星形联结，其三相电压 u_1，u_2，u_3 的波形如图 10-8(a) 所示。

图中 D_1，D_3，D_5 组成一组，其阴极连在一起；D_2，D_4，D_6 组成另一组，其阳极连在一起。每一组中三个二极管轮流导通。第一组中阳极电位最高者导通，第二组中阴极电位最低者导通。同一时间有两个管导通。例如，在 $0 \sim t_1$ 期间[见图 10-8(a)]，相电压 u_1 虽然也为正，但低于相电压 u_3。因此，在这段时间内，图 10-7 电路中的 c 点电位最高，b 点电位最低。于是二极管 D_5 和 D_4 导通。如果忽略正向管压降，加在负载上的电压 u_o 就是线电压 u_{32}。由于 D_5 导通，D_1 和 D_3 的阴极电位基本上等于 c 点的电位，因此两管截止。而 D_4 导通，又使 D_2 和 D_6 的阳极电位接近 b 点的电位，故 D_2 和 D_6 也截止。在这段时间内的电流通路为

$$c \rightarrow D_5 \rightarrow R_L \rightarrow D_4 \rightarrow b$$

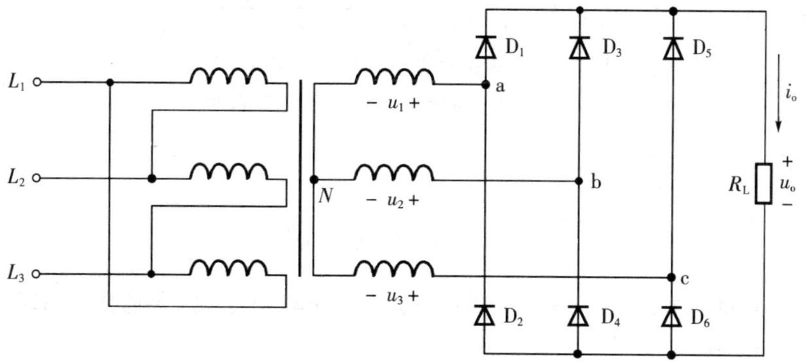

图 10-7　三相桥式整流电路

在 $t_1 \sim t_2$ 期间，从图 10-8(a) 可以看出，a 点电位最高，b 点电位仍然最低。因此从图 10-7 可见，电流通路为

$$a \rightarrow D_1 \rightarrow R_L \rightarrow D_4 \rightarrow b$$

即 D_1 和 D_4 导通，其余四个二极管都截止。负载电压即为线电压 u_{12}。

同理，在 $t_2 \sim t_3$ 期间，a 点电位最高，c 点电位最低，电流通路为

$$a \rightarrow D_1 \rightarrow R_L \rightarrow D_6 \rightarrow b$$

依此类推，就可以列出图 10-8 中所示的二极管的导通次序。共阴极连接的三个二极管（D_1，D_3，D_5）在 t_1，t_3，t_5 等时刻轮换导通；共阳极连接的三个二极管（D_2，D_4，D_6）在 t_2，t_4，t_6 等时刻轮换导通。负载所得整流电压 u_o 的大小等于三相相电压的上下包络线间的垂直距离（也就是每个时刻最大一个线电压的值），如图 10-8(b) 所示。它的脉动较小，直流平均值为

$$U_o = 2.34U_i \tag{10-9}$$

式中 U_i 为变压器二次测相电压的有效值。

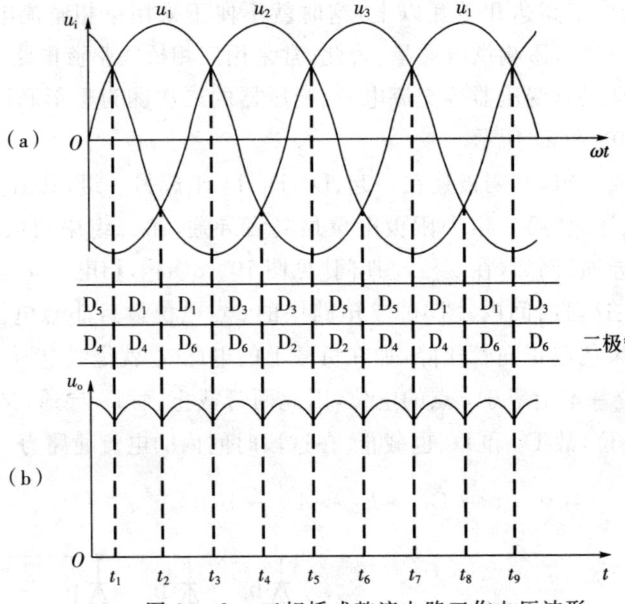

图 10-8　三相桥式整流电路工作电压波形

(a) 输入电压波形　(b) 输出电压波形

负载电流 i_o 的平均值为

$$I_o = \frac{U_o}{R_L} = 2.34\frac{U_i}{R_L} \tag{10-10}$$

由于在一个周期中，每个二极管只有三分之一的时间导通（导通角为 120°），因此流过每个二极管的平均电流为

$$I_D = \frac{1}{3}I_o = 0.78\frac{U_i}{R_L} \tag{10-11}$$

每个二极管承受的最高反向电压为变压器二次测线电压的幅值，即

$$U_{RM} = \sqrt{3}U_m = \sqrt{3} \times \sqrt{2}U_i = 2.45U_i \tag{10-12}$$

现将常见的几种整流电路列成表 10－1，以便比较。

表 10－1　几种常见整流电路参数汇总

类型	整流输出电压直流平均值 U_o	二极管正向电流平均值 I_D	二极管电压最大值 U_{RM}
单相半波	$0.45U_i$	I_o	$\sqrt{2} \cdot U_i$
单相全波	$0.9U_i$	$0.5I_o$	$2\sqrt{2} \cdot U = 2.83U_i$
单相桥式	$0.9U_i$	$0.5I_o$	$\sqrt{2} \cdot U_i$
三相半波	$1.17U_i$	$\frac{1}{3}I_o$	$\sqrt{3} \cdot \sqrt{2} \cdot U = 2.45U_i$
三相桥式	$2.34U_i$	$\frac{1}{3}I_o$	$\sqrt{3} \cdot \sqrt{2} \cdot U = 2.45U_i$

【例 10－3】　试证明单相桥式整流时变压器二次侧电流的有效值 $I = 1.11I_O$。

【证明】

$$I_o = \frac{1}{\pi}\int_0^{\pi} I_m \sin\omega t \cdot d(\omega t) = \frac{2I_m}{\pi}$$

$$I = \sqrt{\frac{1}{\pi}\int_0^{\pi} (I_m \sin\omega t)^2 \cdot d(\omega t)} = \frac{I_m}{\sqrt{2}}$$

或

$$I = \frac{\pi}{2\sqrt{2}} I_o = 1.11 I_o$$

10.2　滤 波 器

前面分析的几种整流电路虽然都可以把交流电转换为直流电，但是所得到的输出电压是单向脉动电压。在某些设备（例如电镀、蓄电池充电等设备）中，这种电压的脉动是允许的。但是在大多数电子设备中，整流电路中都要加接滤波器，以改善输出电压的脉动程度。下面介绍几种常用的滤波器。

10.2.1　电容滤波器

1. 单相半波整流电路

图 10－9 中与负载并联的电容器就是一种常见的滤波器。电容滤波器是根据电容器的端电压在电路状态改变时不能跃变的原理制成的。下面分析电容滤波器的工作情况。

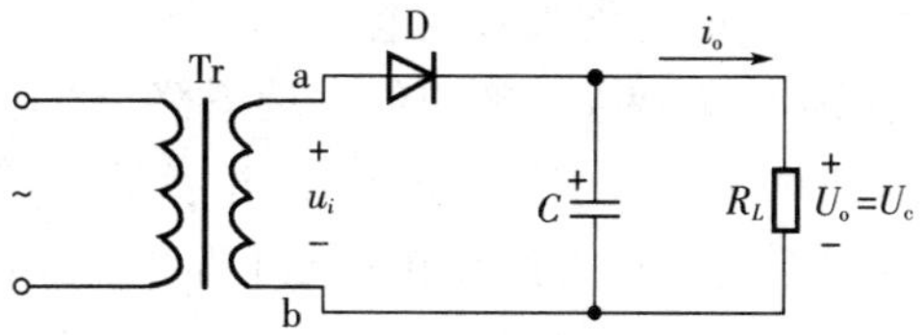

图 10－9　接有滤波电容的单相半波整流电路

如果在单相半波整流电路中不接电容滤波器，其输出电压的波形如图 10-10(a) 所示；加接电容滤波器之后，输出电压的波形就变成图 10-10(b) 所示的形状。为什么呢？

从图 10-9 中可以看出，在二极管导通时，一方面供电给负载，同时对电容器充电。在忽略二极管正向压降的情况下，充电电压 u_C 与上升的正弦电压 u_i 一致，如图 10-10(b) 中 om' 段波形所示。电源电压 u_i 在 m' 点达到最大值，u_C 也达到最大值。而后 u_i 和 u_C 都开始下降，u_i 按正弦规律下降，当 $u_i < u_C$ 时，二极管承受反向电压而截止，电容器对负载电阻 R_L 放电，负载中仍有电流，而 U_o 按放电曲线 mn 下降。在 u_i 的下一个正半周内，当 $u_i > u_C$ 时，二极管再行导通，电容器再被充电，重复上述过程。

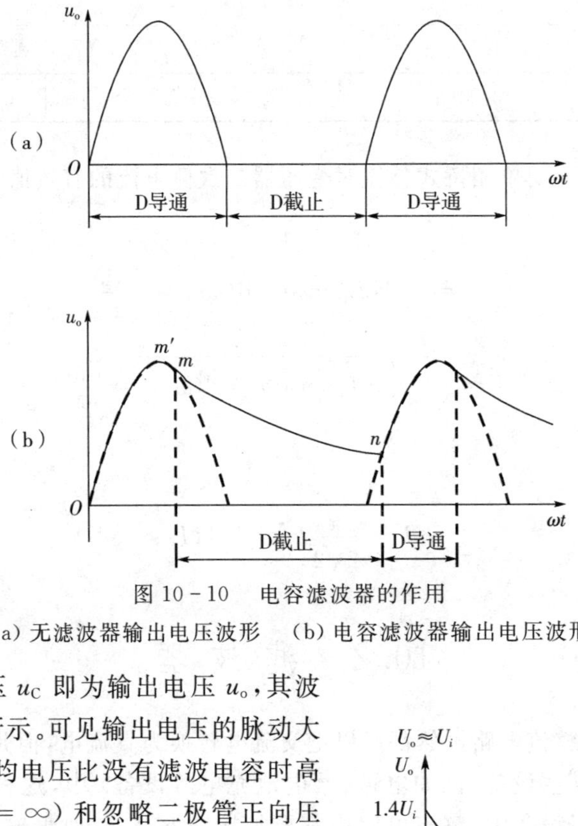

图 10-10　电容滤波器的作用

(a) 无滤波器输出电压波形　(b) 电容滤波器输出电压波形

电容器两端电压 u_C 即为输出电压 u_o，其波形如图 10-10(b) 所示。可见输出电压的脉动大为减小，并且输出平均电压比没有滤波电容时高了不少。在空载($R_L = \infty$) 和忽略二极管正向压降的情况下，$U_o = \sqrt{2}U \approx 1.4U_i$，$U_i$ 是图 10-9 中变压器二次侧电压的有效值。但是随着负载的增加(R_L 减小，I_O 增大)，放电时间常数 $\tau = R_L \cdot C$ 减小，放电加快，U_o 平均值也就下降。整流电路的输出电压 U_O 与输出电流 I_O(即负载电流) 的变化关系曲线称为整流电路的外特性曲线，如图 10-11 所示。由图可见，与无电容滤波时比较，输出电压随负载电阻的变化有较大的变化，即外特性较差，或者说带负载能力较差。通常，取

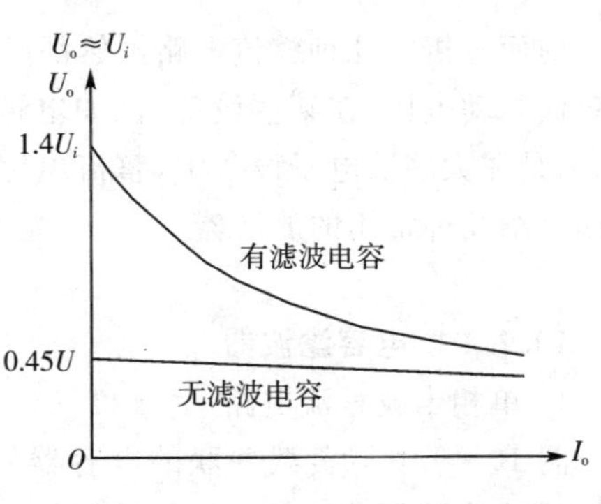

图 10-11　半波整流电容滤波电路的外特性

$$U_o \approx U_i \tag{10-13}$$

采用电容滤波时，输出电压的脉动程度与电容器的放电时间常数 R_LC 有关系。R_LC 大一些，脉动就小一些，输出电压也高一点。为了得到比较平直的输出电压，一般要求 $R_L \geqslant (10 \sim 15)\dfrac{1}{\omega C}$，即

$$\tau = R_L \cdot C \geqslant (3 \sim 5)\frac{T}{2} \tag{10-14}$$

式中 T 是电源交流电压的周期。

此外，由于二极管的导通时间缩短（导通角小于 180°），但在一个周期内电容器的充电电荷等于放电电荷，即通过电容器的电流平均值为零，可见在二极管导通期间其电流 I_D 的平均值等于负载电流的平均值 I_o，因此 i_D 的峰值必然较大，产生电流冲击，容易使管了损坏，因而在选择二极管时要考虑到这点，留有一定的余量。

对于单相半波带有电容器滤波的整流电路而言，二极管承受的最大反向电压为：$U_{RM} = 2 \cdot \sqrt{2}U_i$，比无滤波时高一倍。因为在交流电压的正半周时，电容器上的电压被充到等于交流电压的最大值$\sqrt{2}U_i$，如果负载端开路，则电容器不能放电，这个电压维持不变；而在负半周的最大值时，截止二极管上所承受的反向电压为交流电压的最大值$\sqrt{2}U_i$ 与电容器上电压$\sqrt{2}U_i$ 之和，即等于 $2 \cdot \sqrt{2}U_i$。

2. 单相桥式和全波整流电路

单相桥式和全波整流电路的输出电压波形相同，见图 10－12(a)，不同滤波时间常数的输出电压波形稍有不同。图 10－12(a) 中，滤波时间常数（$\tau = R_L \cdot C_o$，参考图 10－13）的条件是：$\tau_1 > \tau_2 > \tau_3$。其中，T_1 是对应 τ_1 的二极管导通时间，T_2 是对应 τ_2 的二极管导通时间；可见，随着滤波时间常数的增大，输出电压升高了，二极管的导通时间减小了，导致二极管的瞬时电流峰值更大了。图 10－12(b) 为单相桥式和全波整流电路外特性，与图 10－11 相比，外特性变硬，负载能力更强了。在满足滤波时间常数

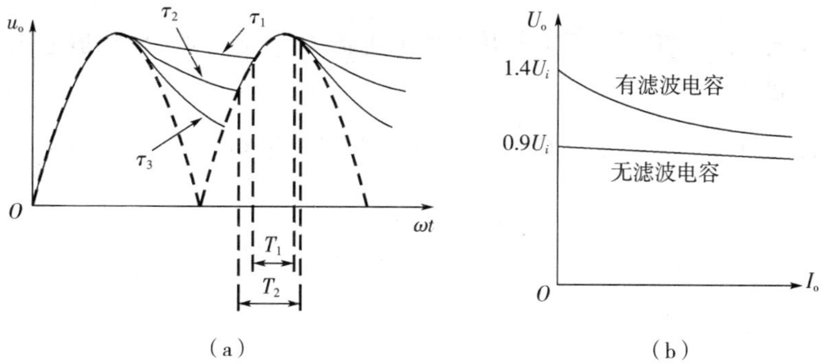

图 10－12　单相全波／桥式整流电路输出电压波形与外特性

(a) 输出电压波形　(b) 输出电压外特性

$$\tau = R_L \cdot C \geqslant (3 \sim 5)\frac{T}{2}$$

的条件下，输出电压

$$U_o \approx (1.1 \sim 1.2) \cdot U_i \tag{10-15}$$

对单相桥式和全波整流电路而言，有电容滤波后，不影响二极管的最大反向电压 U_{RM}。

总体来说，电容滤波器电路简单，输出电压 U_o 较高，脉动也较小，成本低；但是外特性较差，且有通电时的电流冲击。因此，电容滤波器一般用于要求输出电压较高，负载电流较小并且变化也较小的场合。目前，单相全波／桥式整流、电容滤波电路广泛应用于 1kW 以下的小功率电子仪器设备、家用电器等领域。

滤波电容器的容量一般在几十微法到几千微法，视负载电流的大小而定，其耐压应大于输出电压的最大值，通常都采用有极性的电解电容器。

【例 10－4】 有一单相桥式电容滤波整流电路（图 10－13），已知交流电源频率 $f = 50\text{Hz}$，负载电阻 $R_L = 24\Omega$，要求直流输出电压 $U_o = 30\text{V}$，选择整流二极管及滤波电容器。

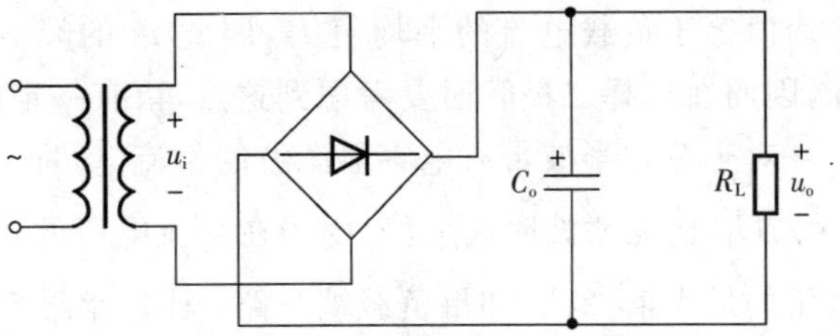

图 10－13　例 10－4 电路

【解】 (1) 选择整流二极管

流过整流二极管的电流

$$I_D = \frac{1}{2}I_o = \frac{1}{2} \times \frac{U_o}{R_L} = \frac{1}{2} \times \frac{30}{24}\text{A} = 0.625\text{A}$$

根据式(10－15)，取 $U_o = 1.2U_i$，所以变压器二次侧电压的有效值

$$U_i = \frac{U_o}{1.2} = \frac{30}{1.2}\text{V} = 25\text{V}$$

二极管所承受的最高反向电压

$$U_{RM} = \sqrt{2}U_i = \sqrt{2} \times 25\text{V} = 35\text{V}$$

因此，可以选用二极管 2CZ55B，其最大整流电流为 1A，反向工作峰值电压为 50V。

(2) 选择滤波电容器

根据式(10－14)，取 $\tau = R_L \cdot C = 3 \times \frac{T}{2}$（下限值），所以

$$R_L \cdot C = 3 \times \frac{1/50}{2}\text{s} = 0.03\text{s}$$

已知 $R_L = 24\Omega$，所以

$$C = \frac{0.03}{R_L} = \frac{0.03}{24}\text{F} = 125 \times 10^{-5}\text{F} = 1250\mu\text{F}$$

由于电容器的容量是分等级的，在计算时按式(10－14)取下限，实际选择容量时向上靠；取 $C = 2200\mu\text{F}$，耐压为 50V 的铝电解电容器。一般在电路设计中，选择器件时还要考虑

电源电压允许有 ±10% 的波动。

10.2.2　电感电容滤波器(*LC* 滤波器)

为了减小输出电压的脉动程度，在滤波电容之前串联一个电感线圈 L，这样就组成了电感电容滤波器，见图 10-14。

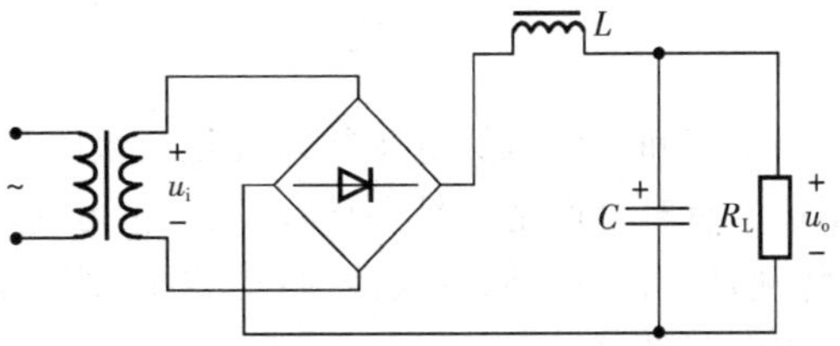

图 10-14　桥式整流电感电容滤波电路

由于通过电感线圈的电流发生变化时，线圈中要产生自感电动势阻碍电流的变化，因而使负载电流和负载电压的脉动大为减小。频率愈高，电感愈大，滤波效果愈好。

电感线圈所以能滤波也可以这样来理解：因为电感线圈对整流电流的交流分量具有较大阻抗，谐波频率愈高，阻抗愈大，所以它可以减弱整流输出电压中的交流分量，ωL 比 R_L 大得愈多，则滤波效果愈好；而后又经过电容滤波器滤波，再一次滤掉交流分量。这样，便可以得到甚为平直的直流输出电压。但是，由于电感线圈的电感较大(一般在几亨到几十亨的范围内)，其匝数较多，电阻也较大，因而其上也有一定的直流压降，造成输出电压下降。

具有 *LC* 滤波器的整流电路适用于电流较大、要求输出电压脉动很小的场合，用于高频时更为合适。在电流较大、负载变动较大，并对输出电压的脉动程度要求不太高的场合下(例如晶闸管电源)，也可将电容器除去，单独采用电感滤波器(*L* 滤波器)。

10.2.3　π 型滤波器

如果要求输出电压的脉动更小，可以在 *LC* 滤波器的前面再并联一个滤波电容 C_1，见图 10-15(a)，这样便构成 π 形 *LC* 滤波器。它的滤波效果比 *LC* 滤波器更好，输出电压也较高，但整流二极管的冲击电流较大。

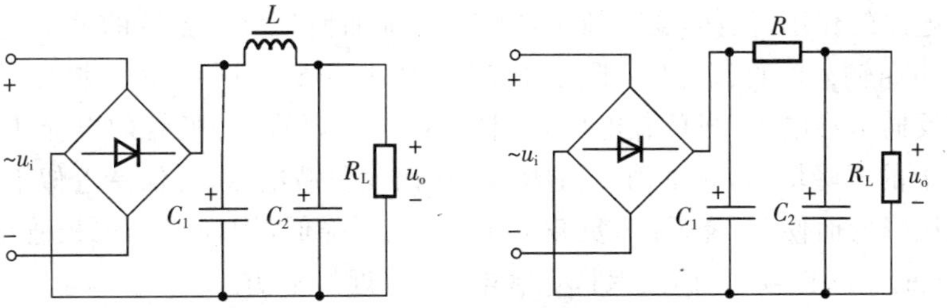

(a)　　(b)

图 10-15　π 形滤波电路

(a)π 形 *LC* 滤波电路　(b)π 形 *RC* 滤波电路

由于电感线圈的体积大而笨重，成本又高，所以有时候用电阻去代替 π 形 *LC* 滤波器中的电感线圈，这样便构成了 π 形 *RC* 滤波器，如图 10-15(b) 所示。电阻对于交、直流电流都具有同样的降压作用，但是，当它和电容配合之后，就使脉动电压的交流分量较多地降落在电阻两端(因为电容 C_2 的交流阻抗甚小),而较少地降落在负载上,从而起了滤波作用。R 愈大,C_2 愈大,滤波效果愈好。但 R 太大,将使直流压降增加,效率降低。所以,这种滤波电路主要适用于负载电流较小而又要求输出电压脉动很小的场合。

10.3 线性直流稳压电源

经整流和滤波后的电压往往会随交流电源电压的波动和负载电流的变化而变化。电压的不稳定有时会产生测量和计算的误差,引起控制装置工作不稳定,甚至根本无法正常工作。特别是精密电子测量仪器、自动控制、计算装置及晶闸管的触发电路等都要求由很稳定的直流电源供电。

10.3.1 稳压二极管稳压电路

最简单的直流稳压电源是采用稳压二极管来稳定输出电压的。图 10-16 是一种稳压二极管稳压电路,经过桥式整流电路整流和电容滤波器滤波得到直流电压 U_i,再经过限流电阻 R 和稳压二极管 D_Z 组成的稳压电路接到负载电阻 R_L 上。这样,负载上得到的就是一个比较稳定的电压。

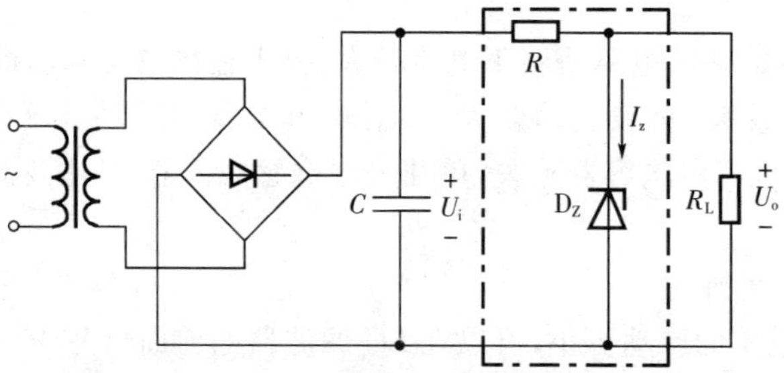

图 10-16　稳压二极管稳压电路

引起电压不稳定的原因是交流电源电压的波动和负载电流的变化。下面分析在这两种情况下稳压电路的作用。例如,当交流电源电压增加而使整流/滤波的输出电压 U_i(这里的 U_i 是指稳压电路输入的直流电压,下同)随着增加时,负载电压 U_o 也要增加。U_o 即为稳压二极管两端的反向击穿电压,当负载电压 U_o 稍有增加时,稳压二极管的电流 I_z 就显著增加,因此电阻 R 上的压降增加,以抵消 U_i 的增加,从而使负载电压 U_o 保持近似不变。相反,如果交流电源电压降低而使 U_i 降低时,负载电压 U_o 也要降低,因而稳压二极管电流 I_z 显著减小,电阻 R 上的压降也减小,仍然保持负载电压 U_o 近似不变。

同理,如果当电源电压保持不变而是负载电流变化引起负载电压 U_o 改变时,上述稳压电路仍能起到稳压的作用。例如,当负载电流增大时,电阻 R 上的压降增大,负载电压 U_o 因而下降。只要 U_o 下降一点点,稳压二极管电流就显著减小,通过电阻 R 的电流和电阻上的压降保持近似不变,因此,负载电压 U_o 也就近似稳定不变。当负载电流减小时,稳压过程相反。

特别值得注意的是:只有在稳压管始终处于击穿状态的条件下,电路才具有稳压作用。

【例 10-5】 有一稳压二极管稳压电路,如图 10-16 所示。负载电阻 R_L 由开路变到

3kΩ，交流电压经整流滤波后得出 $U_i = 30V$。今要求输出直流电压 $U_O = 12V$，试选择稳压二极管 D_z。

【解】 根据输出电压 $U_O = 12V$ 的要求，负载电流最大值

$$I_{om} = \frac{U_o}{R_L} = \frac{12}{3 \times 10^3} A = 4 \times 10^{-3} A = 4mA$$

选择稳压二极管 2CW60，其稳定电压 $U_z = (11.5 \sim 12.5)V$，稳定电流 $I_z = 5mA$，最大稳定电流 $I_{zm} = 19mA$。

10.3.2　恒压源

由稳压二极管稳压电路和运算放大器组成的恒压源，有如图 10－17 所示的两种。

图 10－17(a) 是反相输入恒压源，运放是标准的反相比例运算电路，因此可得出

$$U_o = -\frac{R_F}{R_1} \cdot U_Z$$

图 10－17(b) 是同相输入恒压源，运放是标准的同相比例运算电路，因此可得出

$$U_o = (1 + \frac{R_F}{R_1}) \cdot U_Z$$

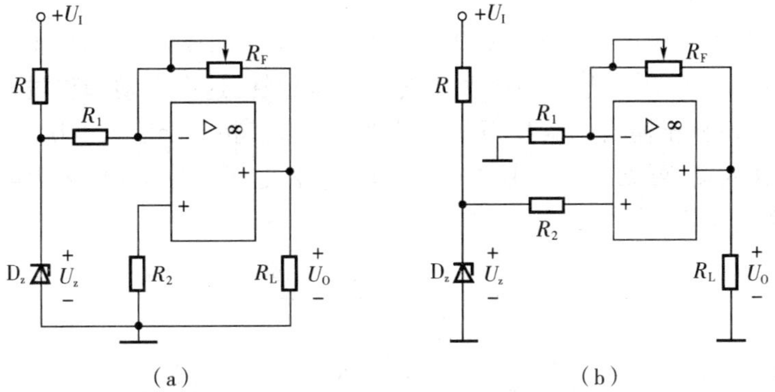

图 10－17　恒压源

(a) 反相输入　(b) 同相输入

稳压二极管稳压电路的输出电压大小是固定的，基本上由稳压二极管的稳定(击穿) 电压决定，在使用中很不方便。而恒压源的输出电压是可调的，并引入电压负反馈使输出电压更为稳定。

10.3.3　串联负反馈型稳压电路

为了扩大运算放大器输出电流的变化范围，提升带负载能力，将它的输出端接到大功率晶体管 T 的基极，而从发射极输出。这样，同相输入恒压源就改变为图 10－18 所示的串联负反馈型稳压电路。

图 10－18 中的 R_1 分为上下两部分，分别为 R_{11} 和 R_{12}，有

$$U_- = U_F = \frac{R_{12}+R_2}{R_1+R_2}U_o$$

设由于电源电压或负载电阻的变化而使输出电压 U_o 升高时，则有如下负反馈稳压过程：

$$U_o \uparrow \longrightarrow U_F \uparrow \longrightarrow U_B \downarrow \longrightarrow U_E(U_o) \downarrow$$

使 U_o 保持稳定。当输出电压降低时，其稳压过程相反。

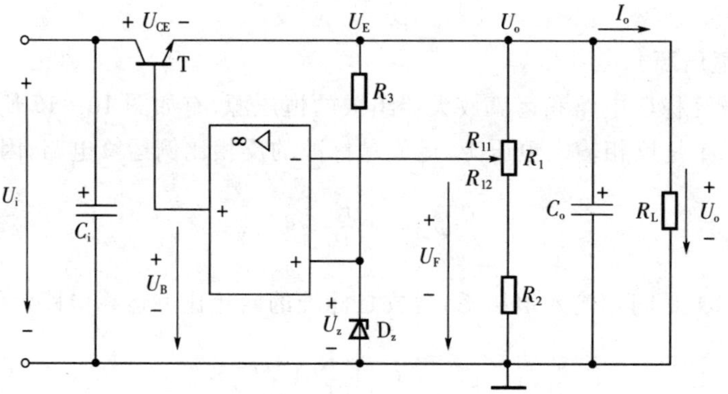

图 10－18　串联负反馈稳压电路

可见，输出电压的变化量经运算放大器放大后去调整晶体管的管压降 U_{CE}，从而达到稳定输出电压的目的。所以，通常称晶体管 T 为电源调整管。这个自动调整过程就是负反馈过程，反馈电压 U_F 取样于输出电压 U_o，U_F 和基准电压 U_Z（相当于输入电压）又分别加在运算放大器的不同输入端，可见图 10－18 中引入的是串联电压负反馈，故称为串联负反馈型稳压电路。按深度负反馈：

$$F = \frac{U_F}{U_o} = \frac{R_{12}+R_2}{R_1+R_2}$$

$$A_{uf} = \frac{U_o}{U_z} \approx \frac{1}{F} = \frac{R_1+R_2}{R_{12}+R_2} = 1 + \frac{R_{11}}{R_{12}+R_2}$$

$$U_o = \left(1 + \frac{R_{11}}{R_{12}+R_2}\right)U_Z \qquad (10-16)$$

10.3.4　集成稳压电源

即使采用运算放大器的串联型稳压电路，仍有不少外接元器件。还要注意共模电压的允许值和输入端的保护，使用复杂。从图 10－18 也可以看出，该电路中除两个电容外，其余所有元件都可以实现集成化，这就是当前已经广泛应用的单片集成稳压电路——集成三端稳压器。它具有体积小、可靠性高、使用灵活、价格低廉等优点。

本节主要讨论的是 LM78××系列（输出正电压）和 LM79××系列（输出负电压）稳压器的使用。图 10-19 是 LM78××系列稳压器的外形、管脚和接线图，其内部电路也是串联负反馈型稳压电路。这种稳压器只有输入端①、公共端②和输出端③三个引出端，故称为集成三端稳压器。LM79××系列的外形与LM78××系列相同，但引脚排列不同：公共端①、输入端②和输出端③。

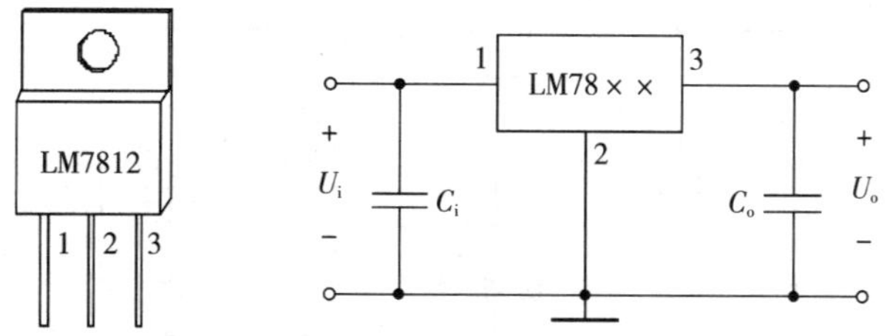

（a）　　　　（b）

图 10-19　LM78××系列集成三端稳压器

（a）外形及引脚排列　（b）接线图

集成三端稳压器使用时只需在其输入端和输出端与公共端之间各并联一个电容器即可。C_i 用以抵消输入端较长接线的电感效应，防止产生自激振荡，接线不长时也可不用。C_o 是为了瞬时增减负载电流时不致引起输出电压有较大的波动。C_i、C_o 一般在 0.1～1μF 之间，如 0.33μF。在实际应用中，C_i 和 C_o 要求用高频性能好的无极性电容器。

"LM78××"系列型号中的后两位数字"××"表示输出电压大小，输出电压等级有 5V、6V、9V、12V、15V、18V、24V 等多种。例如 LM7815 的输出电压为 15V。最高输入电压为 35V，最小输入——输出电压差为 2～3V；最大输出电流为 1.5A，输出电阻为 0.02～0.12Ω；电压变化率为 0.1%～0.2%。LM79××系列输出固定的负电压，其型号表示的意义及参数与 LM78××相对应。使用时三端稳压器接在整流滤波电路之后。下面介绍几种常见的集成三端稳压器的应用电路。

1. 正负对称电压同时输出的电路

图 10-20 是正负对称电压同时输出的稳压电路。采用双组全波整流、电容滤波，得到约 ±21V 的直流电压，分别经三端稳压器稳压到 ±15V，一般用于需要对称电源供电的电路（例如集成运算放大器供电电路）。

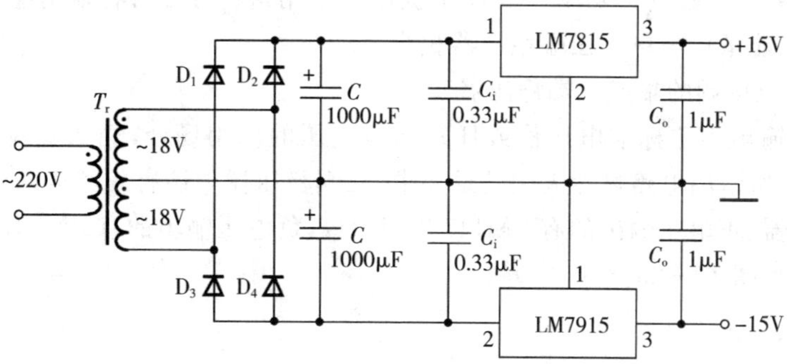

图 10-20　±15V 同时输出的稳压电路

2. 提高输出电压的电路

三端稳压器的输出电压只有几种固定的电压等级，图 10-21 所示的电路能使输出电压

高于集成块固定的输出电压。图中，$U_{\times\times}$ 为 LM78×× 稳压器的固定输出电压值，显然有

$$U_o = U_{\times\times} + U_Z$$

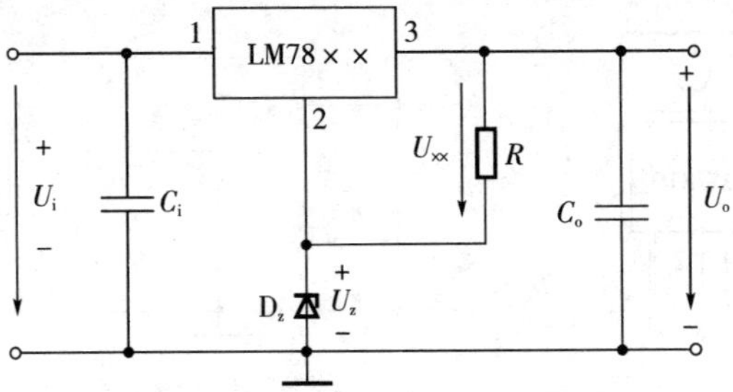

图 10-21　提高输出电压的电路

3. 扩大输出电流的电路

LM78×× 系列的三端稳压器输出电流最大 1.5A，对于负载电流要求大于 1.5A 的场合，可采用图 10-22 所示的外接大功率三极管 T 来扩大输出电流。

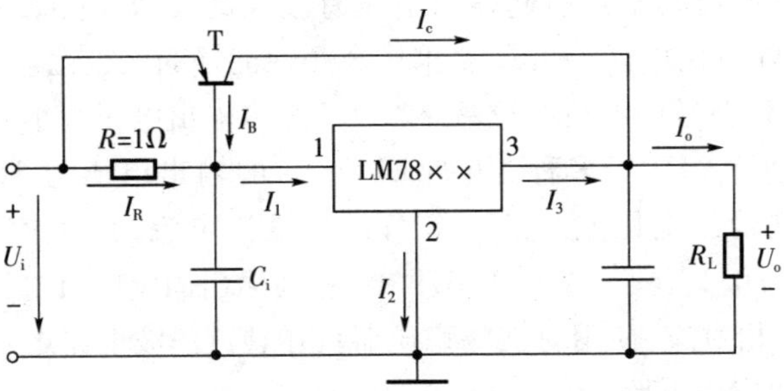

图 10-22　扩大输出电流的应用电路

电路中与三极管发射结并联的电阻 $R=1\Omega$，当负载所需电流小于 0.5A 时，三极管 $|U_{BE}|$ 小于 0.5V，三极管 T 截止，全部负载电流由集成三端稳压器提供。如果负载电流继续增大，$|U_{BE}|>0.5V$，则大功率三极管 T 开始导通，与集成块并联向负载供电（实际上，I_o 增加的部分主要由外接的大功率三极管 T 提供）。采用这种方法可将输出电流扩大到 5A 以上，其他稳压性能指标与单个三端稳压器相当。

4. 输出电压可调的集成三端稳压器

对于要求输出为非标准电压值或任意调节电压的应用场合，例如实验室用稳压电源，采用图 10-21 所示的电路显然无法满足要求。三端稳压器中还有一类可以连续调节输出电压的集成稳压器。正电压输出的有 LM117/217/317，负电压输出的有 LM137/237/337。型号中数字的含义见图 10-23。

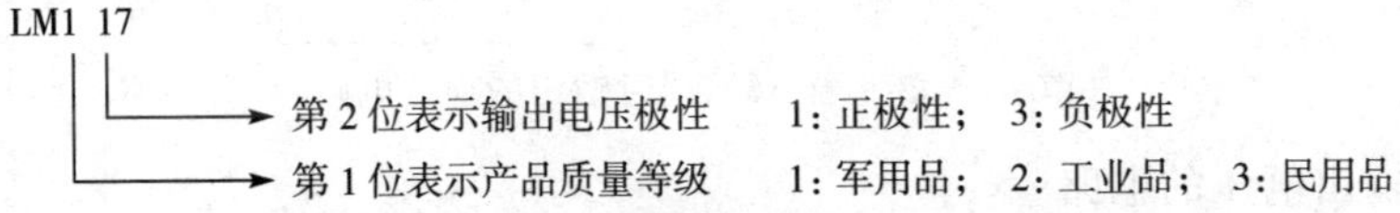

图 10-23　可调集成稳压器型号的意义

可调系列集成三端稳压器特点：

(1) 最大输出电流：$I_o = 1.5A$；

(2) 最小输入 — 输出压差：$2 \sim 3V$；

(3) 输出电压最小值：$+1.2V$(LM117/217/317)；$-1.2V$(LM137/237/337)；

(4) 调整端电流：$I_{adj} = 50\mu A$(恒流)；

(5) 内含过热、过流保护。

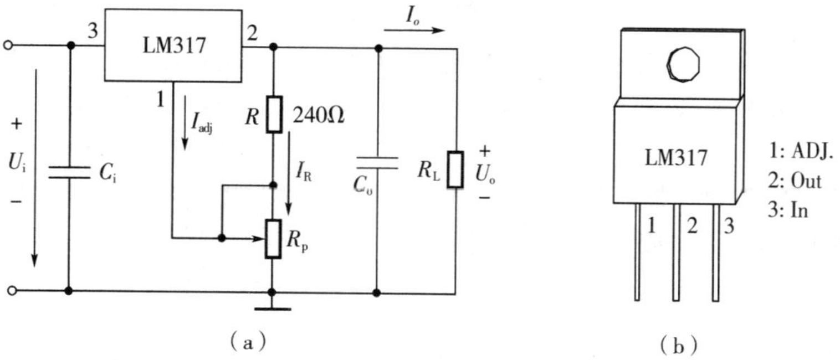

图 10-24　集成三端可调稳压器 LM317 典型应用电路

(a) 电路图　(b) 外形及引脚图

图 10-24 是可调集成三端稳压器(LM117/217/317) 的典型应用电路。其中，电阻 R 两端电压为固定 1.2V，I_{adj} 可忽略不计，因此输出电压

$$U_o \approx (R + R_P) \cdot I_R = (R + R_P) \cdot \frac{1200\text{mV}}{240\Omega} = 5\text{mA} \times (240\Omega + R_P)$$

例如：取 $R_P = 2k\Omega$，输出电压的调节范围：$1.2 \sim 11.2V$。

5. 恒流源电路

由 LM317 构成的恒流源电路见图 10-25，图中 R_P 是可调电阻，忽略 I_{adj}，输出电流

$$I_o = \frac{1.2}{R_P} A$$

当电流较大时，R_P 可采用分档调节的功率电阻，例如取 $R_P = 2.4\Omega$，则 $I_o = 500mA$。

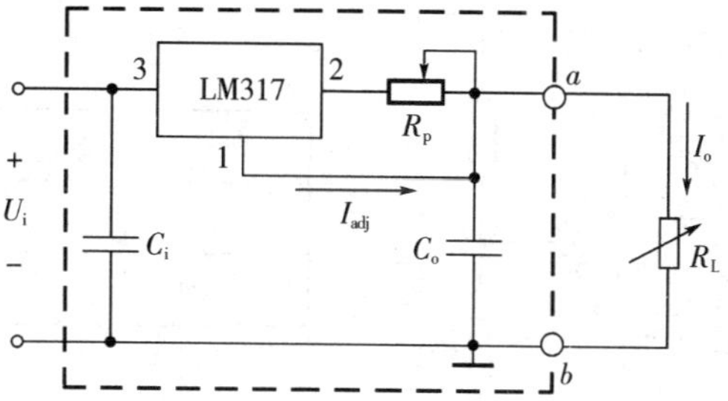

图 10-25　恒流源电路图

6. 集成三端稳压器使用注意事项

(1) 当集成稳压器的功耗较大时，需要加足够大的散热器，否则会因内部过热保护动作

而导致电路工作不正常或损坏电路。

(2) 输入、输出端的电容 C_i、C_o 必须使用高频性能好的无极性电容器，且应尽量靠近集成块的引脚，否则可能出现自激振荡。

(3) 应保持输入——输出之间的最小电压大于2V，但也不能太大，否则，一方面电源的效率低，另一方面散热问题也难以解决。

习　　题

10-1　在图10-26中，已知 $R_L = 80\Omega$，直流电压表Ⓥ的读数为110V，试求：(1) 直流电流表Ⓐ的读数；(2) 整流电流的最大值；(3) 交流电压表$Ⓥ_1$的读数；(4) 变压器二次侧电流的有效值。二极管的正向压降忽略不计。

10-2　在图10-27所示电路中，已知变压器二次侧电压有效值 $U_i = 20V$，负载电阻 $R_L = 50\Omega$，试问：(1) 输出电压和输出电流的平均值 U_o 和 I_o 各为多少？(2) 若电源电压波动 $\pm10\%$，二极管承受的最高反向电压 U_{RM} 为多少？

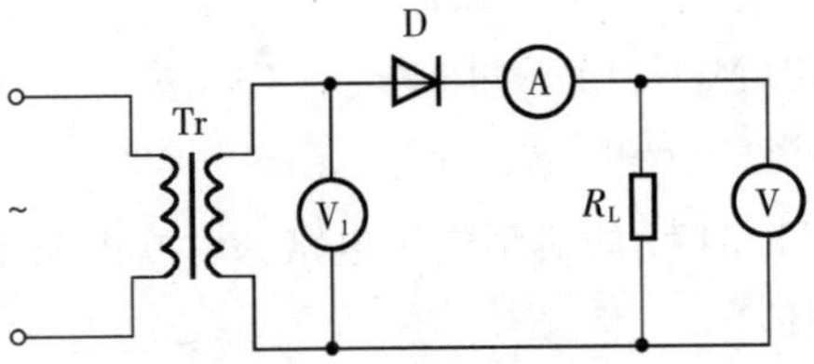

图10-26　题10-1图

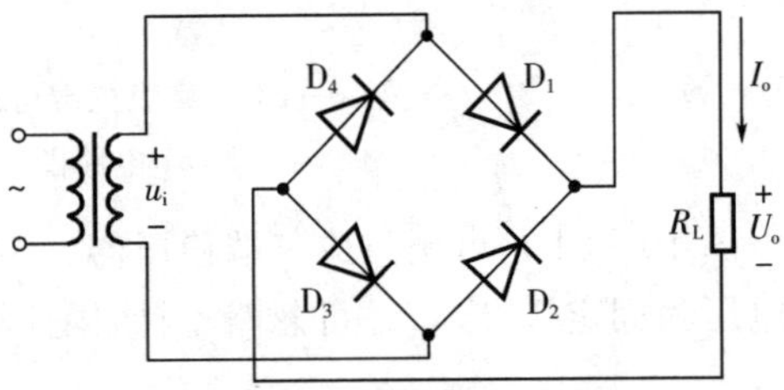

图10-27　题10-2图

10-3　有一电压为110V，电阻为55Ω的直流负载，采用单相桥式整流电路(不带滤波器)供电，试求变压器二次绕组电压和电流的有效值，并选用二极管。

10-4　在图10-28所示的整流电路中，变压器二次侧电压有效值 $U_1 = 20V$，$U_2 = 50V$；$R_1 = 100\Omega$，$R_2 = 30\Omega$；二极管最大整流电流 I_{DM} 和反向工作峰值电压 U_{RM} 如表中所列。

(1) 试校核电路中各整流桥所选用的二极管型号是否合适。

(2) 若将绕组 2—2′ 的极性接反，对整流电路有无影响？为什么？

(3) 若将 a、b 间联线去掉，电路是否仍能工作？此时输出电压 U_o 和输出电流 I_o 等于多少？所选用的二极管是否合适？

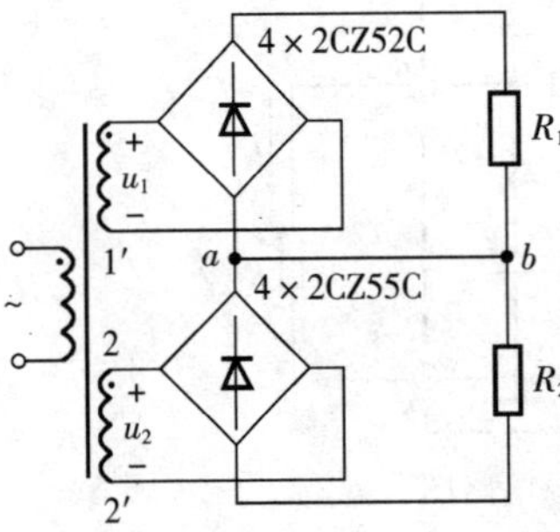

型号	I_{DM}/A	U_{RM}/V
2CZ52C	0.1	100
2CZ55C	1	100

图10-28　题10-4图

10-5　有一整流电路如图10-29所示，(1) 试求负载电阻 R_{L1} 和 R_{L2} 上整流电压的平均值 U_{o1} 和 U_{o2}，

并标出极性；(2) 试求二极管 D_1，D_2，D_3 中的平均电流 I_{D1}，I_{D2}，I_{D3} 以及各管所承受的最高反向电压。

10－6　图 10－30 是二倍压整流电路，$U_o = 2\sqrt{2}U$，试分析之，并标出 U_o 的极性。

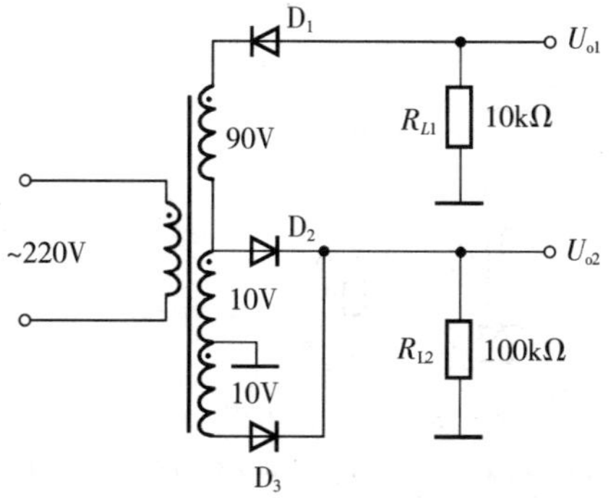

图 10－29　题 10－5 图

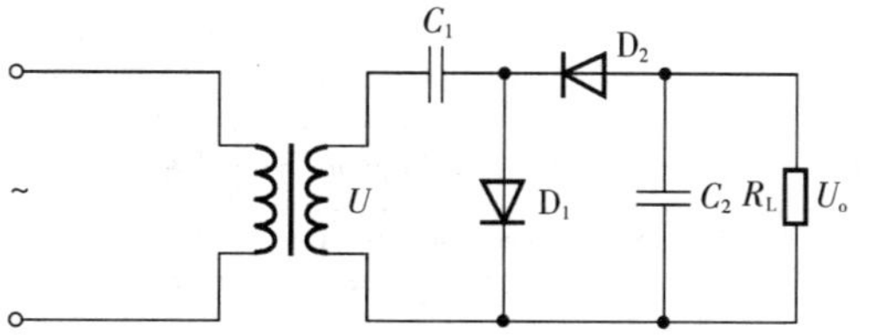

图 10－30　题 10－6 图

10－7　有一电解电源，采用三相桥式整流，如要求负载直流电压 $U_o = 20$V，负载电流 $I_o = 200$A，(1) 试求变压器容量为多少 kV·A；(2) 选用整流元件。考虑到变压器二次绕组及管子上的压降，变压器的二次侧电压要加大 10%。

10－8　试分析图 10－31 所示的变压器二次绕组有中心抽头的单相全波整流电路，二次绕组两段的电压有效值均为 U：

(1) 试标出负载电阻 R_L 上电压 U_o 和滤波极性电容器 C 的极性；

(2) 如无滤波电容器，负载整流电压的平均值 U_o 和变压器二次绕组每段的有效值 U 之间的数值关系如何？如有滤波电容，则又如何？

(3) 分别说明有滤波电容器和无滤波电容器两种情况下截止二极管上所承受的最高反向电压 U_{RM} 是否都等于 $2\sqrt{2}U$。

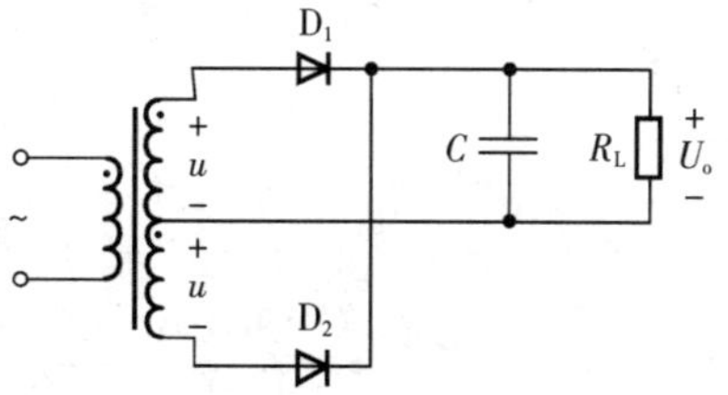

图 10－31　题 10－8 图

(4) 如果整流二极管 D_2 虚焊，U_o 是否是正常情况下的一半？如果变压器心抽头虚焊，这时有输出电压吗？

(5) 如果把 D_2 的极性接反，是否能正常工作？会出现什么问题？

(6) 如果 D_2 因过载损坏造成短路，还会出现什么其他问题？

(7) 如果输出端短路，又将出现什么问题？

(8) 如果把图中的 D_1 和 D_2 都反接，是否仍有整流作用？有何不同？

10－9　今要求负载电压 $U_o = 30$V，负载电流 $I_o = 150$mA。采用单相桥式整流电路，带电容滤波器。已知交流频率为 50Hz，试选用管子型号和滤波电容器，并与单相半波整流电路比较，带电容滤波器后，管子承受的最高反向电压是否相同？

10－10　稳压二极管稳压电路如图 10－32 所示，已知 $u_i = 28.2\sin\omega t$(V)，稳压二极管的稳压值 $U_z = 6$V，$R_L = 2$kΩ，$R = 1.2$kΩ。试求：

(1) S_1 断开，S_2 合上时的 I_o，I_R 和 I_Z。

(2) S_1 和 S_2 均合上时的 I_o，I_R 和 I_Z，并说明 $R = 0$ 和 D_Z 接反两种情况下电路能否起稳压作用。

10－11　如何连接图 10－33 中的各个元器件以及接“地”符号，才能得到对“地”为 ±15V 的直流稳压电源，并写出其导通路径。

10－12　图 10－34 是具有整流、滤波和带放大环节的稳压电路，试分析：

(1) 各元件的作用，从负反馈放大电路的角度看，哪个量是输入量？反馈是如何形成的？

(2) 滤波输出电压 U_i 为多少？

(3) 估算稳压输出电压 U_o 的可调范围。

10－13　在图 10－35 中，试求输出电压 U_o 的可调范围是多大。

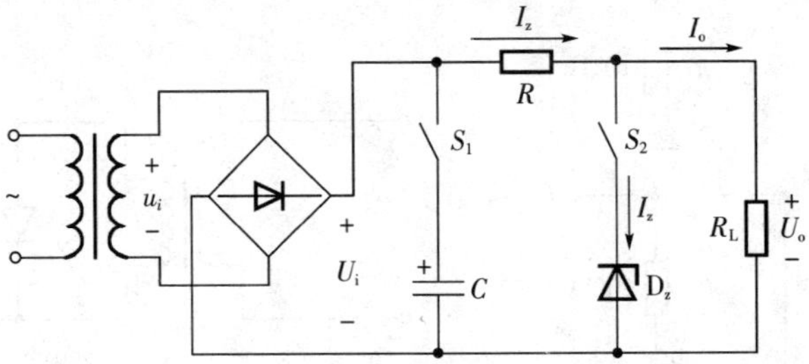

图 10－32　题 10－10 图

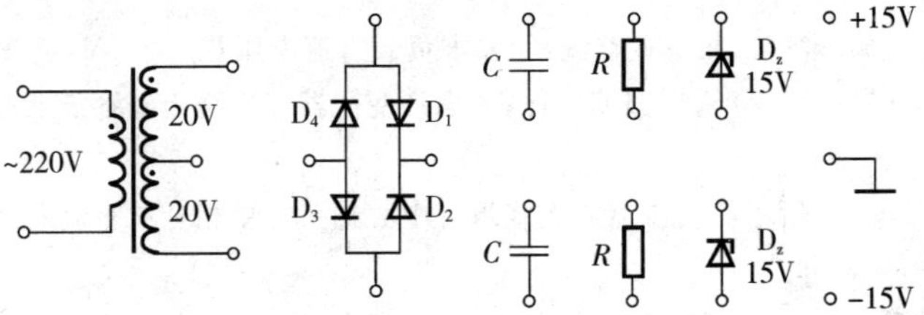

图 10－33　题 10－11 图

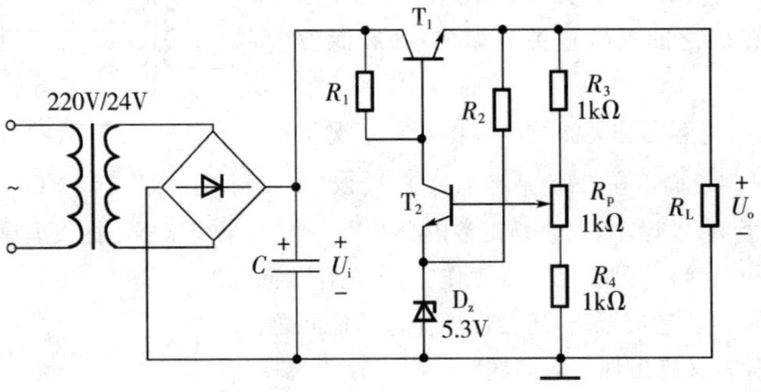

图 10－34　题 10－12 图

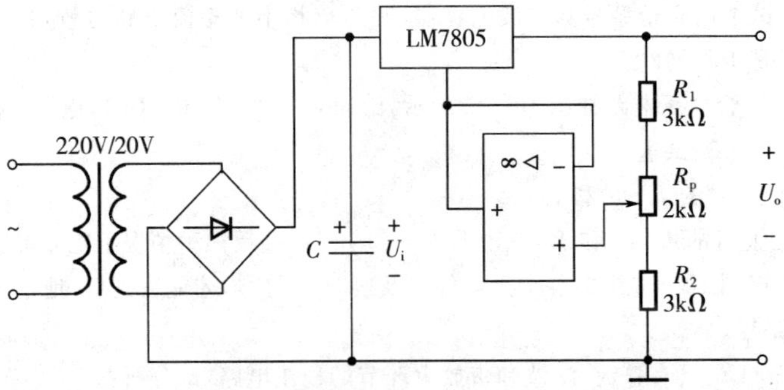

图 10－35　题 10－13 图

10-14 设计一台输出固定电压12V、额定负载电流1A的直流稳压电源，采用桥式整流、电容滤波、集成三端稳压器，电路如图 10-36，要求计算：

(1) 变压器次级电压 u_i 及功率容量；

(2) 计算并选择其他器件参数、型号；

(3) 根据设计参数，计算在 $I_o=1A$ 时，集成三端稳压器的功耗是多少？估算稳压电源的效率 η(变压器效率按 90% 计算、二极管正向压降可忽略不计，电网电压为额定值)。

(4) 若电网电压升高 10%，效率将如何变化？

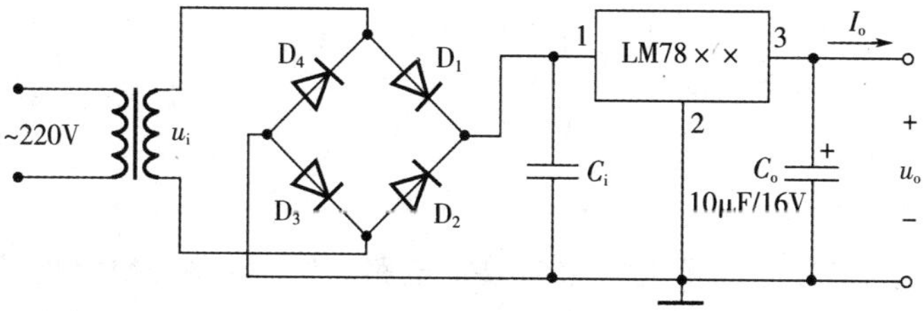

图 10-36 题 10-14 图

第11章　组合逻辑电路

11.1　概　　述

11.1.1　数字电路

传递与处理数字信号的电子电路称为数字电路，数字电路是数字电子技术的核心。数字电路在电子设备或电子系统中得到了越来越广泛的应用。计算器、计算机、电视机、音响系统、视频设备、光碟、长途电话及卫星系统等，无一不采用数字系统，数字化已成为当今电子技术的发展趋势。

数字电路以二值数字逻辑为基础，只有0和1两个基本数字，易于用电路来实现。数字电路不仅能完成数值运算，而且能进行逻辑判断和逻辑运算，这在控制系统中是不可缺少的。数字信息可存入磁盘、光盘等，便于长期保存。

根据逻辑功能的不同，数字电路可分为组合逻辑电路和时序逻辑电路两大类。本章介绍组合逻辑电路。

11.1.2　数字信号与逻辑信号

数字电路处理的信号是数字信号。数字信号在时间上和数值上均是离散的。如电子表的秒信号，生产流水线上记录零件个数的计数信号等。

数字信号在电路中往往表现为突变的电压或电流，所以数字信号又被称为脉冲信号。图11-1所示为数字电压信号。该信号的特点是只有两个电压值，即3V和0V。用正逻辑表示时，3V为逻辑1，0V为逻辑0，对应的逻辑信号如图11-2所示，因此这两个电压值又可称为逻辑电平，3V为高电平，0V为低电平。如果用负逻辑表示图11-1的数字信号，则低电平为逻辑1，高电平为逻辑0。

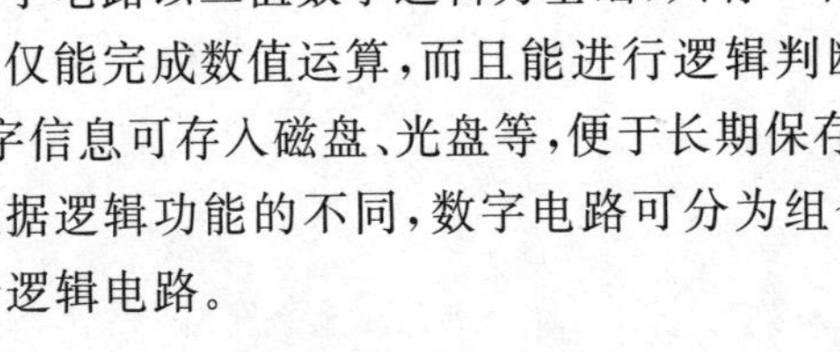

图11-1　数字信号举例

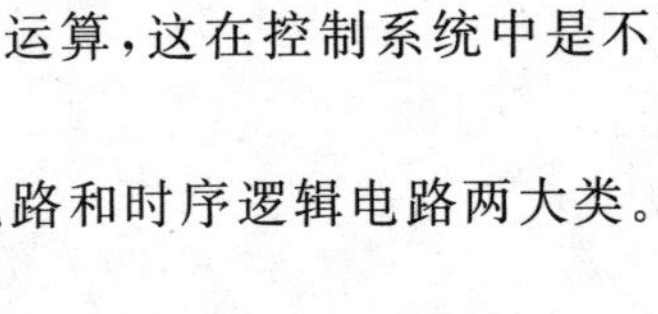

图11-2　逻辑信号

11.1.3　数字信号的主要参数

一个理想的周期性数字信号如图 11 - 3，可以用以下几个参数来描述：

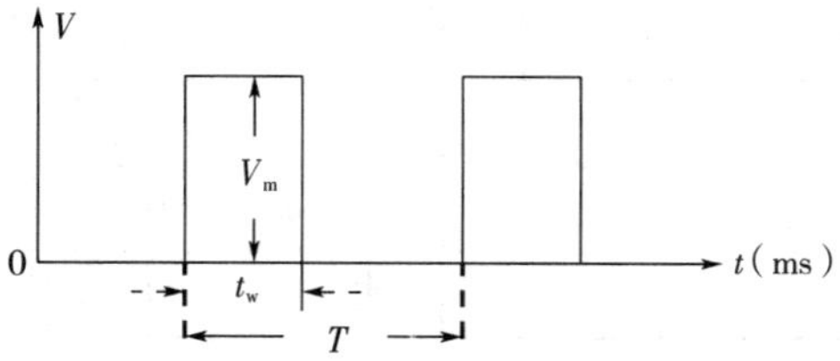

图 11 - 3　理想的周期性数字信号

V_m—— 信号幅度。表示电压波形变化的最大值。

T—— 信号的重复周期。

f—— 信号的重复频率。$f = 1/T$。

t_W—— 脉冲宽度(简称脉宽)。表示脉冲的作用时间。

q—— 占空比。表示脉冲宽度 t_W 占整个周期 T 的百分比，即 $q = \frac{t_W}{T} \times 100\%$。

11.2　逻辑代数基本知识

数字电路由逻辑电路构成，在学习数字电路之前，我们必须掌握逻辑代数的基本知识。

11.2.1　数制与码制

1. 数制

(1) 十进制和二进制的基本知识

常用的计数体制有十进制(Decimal)、二进制(Binary)、十六进制(Hexadecimal) 和八进制(Octal)，这里主要介绍十进制和二进制。十进制和二进制的基本知识见表 11 - 1。

表 11 - 1　十进制和二进制的基本知识

进制 N	数码	计数规则	基数	位权
十(D)	0、1、3、4 ～ 9	逢十进一	10	10^i
二(B)	0、1	逢二进一	2	2^i

任意进制数表达式的普遍形式为

$$(S)_N = \sum_{i=0}^{n} K_i N^i \qquad (i = 0 \sim n-1, n \text{ 是整数部分的位数})$$

式中：S 为任意数，N 为进制，K_i 为第 i 位数码的系数，N^i 为第 i 位的权。

就教材所涉及的数字电路的内容，两位、三位以及四位二进制数常用，罗列在表 11 - 2 ～

11－4中，由表可知，n 位二进制数有 2^n 个不同的状态，如4位二进制数的状态数为 $2^4=16$ 个。

表 11－2　两位二进制数

二进制数	十进制数
00	0
01	1
10	2
11	3

表 11－3　三位二进制数

二进制数	十进制数
000	0
001	1
010	2
011	3
100	4
101	5
110	6
111	7

表 11－4　四位二进制数

二进制数	十进制数
0000	0
0001	1
0010	2
0011	3
0100	4
0101	5
0110	6
0111	7
1000	8
1001	9
1010	10
1011	11
1100	12
1101	13
1110	14
1111	15

(2) 十进制数和二进制数的相互转换

【例 11－1】　将二进制数1101.01转换成十进制数。

【解】　二进制转换成十进制用“表达式展开”法。将每一位二进制数乘以位权，再将位权值相加即可。将例11－1用“表达式展开”法转换

$$(1101.01)_B = 1\times 2^3 + 1\times 2^2 + 0\times 2^1 + 1\times 2^0 + 0\times 2^{-1} + 1\times 2^{-2}$$
$$= 8 + 4 + 0 + 1 + 0 + 0.5 = (13.25)_D$$

得 $(1101.01)_B = (13.25)_D$

【例 11－2】　将十进制数13.25转换成二进制数。

【解】　十进制转换成二进制数，整数部分用“除2取余”法，小数部分用“乘2取整”法。将例11－2的整数部分13用“除2取余”法转换

2 | 13 …… 余数 1　b_0
2 | 6 …… 余数 0　b_1
2 | 3 …… 余数 1　b_2
2 | 1 …… 余数 1　b_3
0

得$(13)_D = (1101)_B$

将例 11－2 的小数部分 0.25 用“乘 2 取整”法转换

$$0.25 \times 2 = 0.5 \qquad 0 \qquad b_{-1}$$
$$0.5 \times 2 = 1.0 \qquad 1 \qquad b_{-2} \downarrow$$

得$(0.25)_D = (0.01)_B$

最后$(13.25)_D = (1101.01)_B$

2. 码制

由于数字系统以二值数字逻辑为基础，因此数字系统中的信息（如数值、控制命令等）都用一定位数的二进制数表示。不同的数码不仅可以表示数量的大小，还可以表示不同的事物。用来表示不同事物的数码称为代码。编制代码遵循的规则叫做“码制”。常用的一种码制是 BCD 码（Binary－Coded－Decimal）。

BCD 码——用二进制代码表示十进制的 0～9 十个数。

用二进制代码表示十进制的 0～9 十个数，至少要用 4 位二进制数。4 位二进制数有 16 种组合，可以从这 16 种组合中选择 10 种组合分别表示十进制的 0～9。选哪 10 种组合，有多种方案，这就形成了不同的 BCD 码。常用 BCD 码举几例见表 11－5。

表 11－5　常用 BCD 码

十进制数	8421BCD 码	2421BCD 码	5421BCD 码	余 3 码
0	0 0 0 0	0 0 0 0	0 0 0 0	0 0 1 1
1	0 0 0 1	0 0 0 1	0 0 0 1	0 1 0 0
2	0 0 1 0	0 0 1 0	0 0 1 0	0 1 0 1
3	0 0 1 1	0 0 1 1	0 0 1 1	0 1 1 0
4	0 1 0 0	0 1 0 0	0 1 0 0	0 1 1 1
5	0 1 0 1	1 0 1 1	1 0 0 0	1 0 0 0
6	0 1 1 0	1 1 0 0	1 0 0 1	1 0 0 1
7	0 1 1 1	1 1 0 1	1 0 1 0	1 0 1 0
8	1 0 0 0	1 1 1 0	1 0 1 1	1 0 1 1
9	1 0 0 1	1 1 1 1	1 1 0 0	1 1 0 0
位权	8 4 2 1	2 4 2 1	5 4 2 1	无权

表 11－5 列出的是一位十进制数的 BCD 码，如果要表示多位十进制数，应先将每一位用 BCD 码表示，再组合起来。

【例 11－3】　将十进制数$(82)_D$分别用 8421BCD 码、2421BCD 码和余 3 码表示。

【解】由表 11－5 可得

$(82)_D = (1000 \quad 0010)_{8421BCD}$

$(82)_D = (1110 \quad 0010)_{2421BCD}$

$(82)_D = (1011 \quad 0101)_{余3}$

例 11－3 中列出的是两位十进制数的 BCD 码。

11.2.2 逻辑代数的基本运算

数字电路实现的是逻辑关系。逻辑关系是指某事物的条件与结果之间的关系。逻辑关系常用逻辑函数来描述。参与逻辑运算的变量叫逻辑变量，用字母 A,B,…… 表示。每个变量的取值非 0 即 1。在描述逻辑关系时，0、1 不表示数的大小，而是代表两种不同的逻辑状态。在正逻辑中，1 表示条件具备、事件发生、开关接通、高电平等；0 表示条件不具备、事件没有发生、开关断开、低电平等。

逻辑代数最基本的运算有与、或、非三种。

1. 与运算

与逻辑关系 —— 当决定某一事件的全部条件都具备时，此事件才会发生，这种决定事件的因果关系称为"与逻辑关系"。

与逻辑关系的有关知识可用图 11-4 来概括。图 11-4(a) 为与逻辑关系示意电路，其工作原理如图 11-4(b) 所示。如果用二值逻辑 0 和 1 来表示图 11-4(b)，并设 1 表示开关闭合或灯亮；0 表示开关断开或灯灭，则得到如图 11-4(c) 所示的表格，称为与逻辑真值表。由真值表可写出与逻辑关系表达式 $L = A \cdot B$。

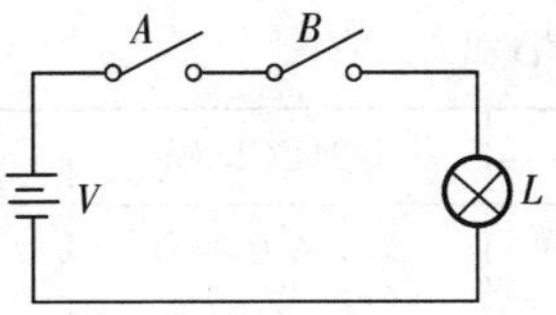

(a)

A	*B*	*L*
不闭合	不闭合	不亮
不闭合	闭合	不亮
闭合	不闭合	不亮
闭合	闭合	亮

(b)

A	*B*	$L = A \cdot B$
0	0	0
0	1	0
1	0	0
1	1	1

(c)

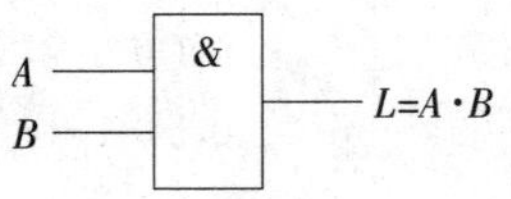

(d)

图 11-4　与逻辑运算

(a) 示意电路　(b) 工作原理列表　(c) 逻辑真值表　(d) 逻辑符号

二变量的与运算为：$0 \cdot 0 = 0$；　$0 \cdot 1 = 0$；　$1 \cdot 0 = 0$；　$1 \cdot 1 = 1$。与运算的规则为"有 0 出 0，全 1 出 1"。

与运算可以推广到多个变量 $L = A \cdot B \cdot C \cdot D \cdots$

在数字电路中能实现与运算的电路称为与门电路，二输入与门电路（二输入与逻辑关系）可用图 11-4(d) 所示逻辑符号表示。

2. 或运算

或逻辑关系 —— 当决定某一事件的一个或多个条件具备时，此事件便会发生，这种决定事件的因果关系称为"或逻辑关系"。

或逻辑关系的有关知识可用图 11-5 来概括。图 11-5(a) 为或逻辑关系示意电路，其工作原理如图 11－5(b) 所示，图 11－5(c) 是或逻辑真值表。或逻辑关系式为 $L = A + B$。

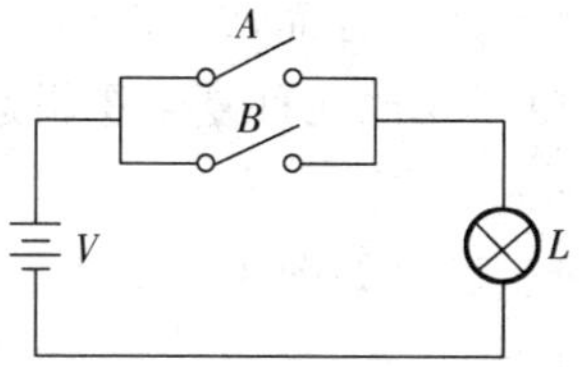

(a)

A	B	L
不闭合	不闭合	不亮
不闭合	闭合	亮
闭合	不闭合	亮
闭合	闭合	亮

(b)

A	B	L = A + B
0	0	0
0	1	1
1	0	1
1	1	1

(c)

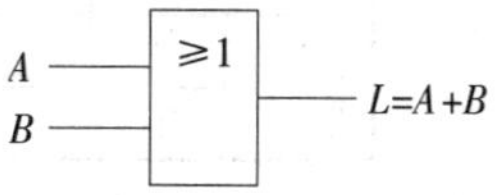

(d)

图 11－5　或逻辑运算

(a) 示意电路　(b) 工作原理列表　(c) 逻辑真值表　(d) 逻辑符号

二变量的或运算为：$0+0=0$；　$0+1=1$；　$1+0=1$；　$1+1=1$。或运算的规则为“有 1 出 1，全 0 出 0”。

或运算可以推广到多个变量 $L = A + B + C + \cdots$

在数字电路中能实现或运算的电路称为或门电路，二输入或门电路(二输入或逻辑关系) 可用图 11－5(d) 所示逻辑符号表示。

3. 非运算

非逻辑关系 —— 条件具备时事件不发生；条件不具备时事件才发生。

非逻辑关系可借助图 11－6(a) 所示的电路来解释，当开关 A 闭合时，灯不亮；而当 A 断开时，灯却亮。其工作原理如图 11－6(b) 所示。非逻辑真值表见图 11－6(c)。非逻辑表达式为 $L = \overline{A}$。非运算的规则为：$\overline{0} = 1$；$\overline{1} = 0$。

能实现非逻辑运算的电路称为非门电路，非逻辑关系可用图 11－6(d) 所示的逻辑符号来表示。

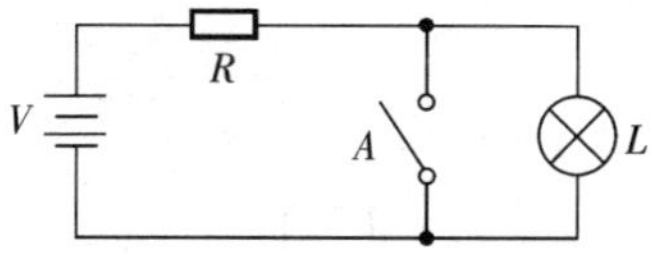

(a)

开关 A	灯 L
不闭合	亮
闭合	不亮

(b)

A	L
0	1
1	0

(c)

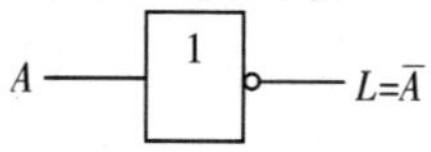

(d)

图 11－6　非逻辑运算

(a) 示意电路　(b) 工作原理列表　(c) 逻辑真值表　(d) 逻辑符号

4. 复合逻辑运算

任何复杂的逻辑运算都可由以上三种基本逻辑运算组合而成。在实际应用中，为了减少逻辑门的数目，使数字电路的设计更方便，还常常使用其他几种复合逻辑运算。

(1) 与非运算

与非运算由与运算和非运算组合而成，二输入与非运算如图 11－7 所示。

A	B	$L=\overline{A\cdot B}$
0	0	1
0	1	1
1	0	1
1	1	0

(a)

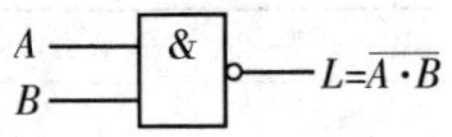

(b)

图 11－7　与非逻辑运算

(a) 逻辑真值表　(b) 逻辑符号

(2) 或非运算

或非运算由或运算和非运算组合而成，二输入或非运算如图 11－8 所示。

A	B	$L=\overline{A+B}$
0	0	1
0	1	0
1	0	0
1	1	0

(a)

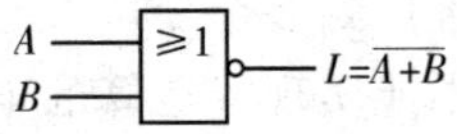

(b)

图 11－8　或非逻辑运算

(a) 逻辑真值表　(b) 逻辑符号

(3) 同或运算

当两个变量取值相同时，逻辑函数值为 1；当两个变量取值不同时，逻辑函数值为 0，这样的逻辑运算为同或运算，其函数式可写成 $L=\overline{A}\cdot\overline{B}+AB=A\odot B$。图 11－9 所示为二输入同或运算的真值表和相应的逻辑符号。

A	B	$L=A\odot B$
0	0	1
0	1	0
1	0	0
1	1	1

(a)

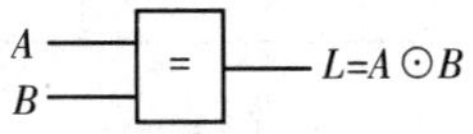

(b)

图 11－9　同或逻辑运算

(a) 逻辑真值表　(b) 逻辑符号

(4) 异或运算

当两个变量取值相同时，逻辑函数值为 0；当两个变量取值相异时，逻辑函数值为 1，这样的逻辑运算为异或运算，其函数式可写成 $L=\overline{A}B+A\overline{B}=A\oplus B$。图 11－10 所示为二输入异或运算的真值表和相应的逻辑符号。

A	B	$L=A\oplus B$
0	0	0
0	1	1
1	0	1
1	1	0

（a）

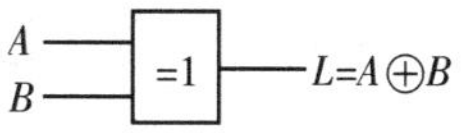

（b）

图 11－10　异或逻辑运算

（a）逻辑真值表　（b）逻辑符号

11.2.3　逻辑代数的基本公式

逻辑代数有一套完整的定理和定律，均以基本公式的形式表示，用它们对逻辑函数进行化简、变换，可以实现对逻辑电路的分析与设计。

1. 逻辑代数的基本公式

逻辑代数的基本公式见表 11－6。

表 11－6　逻辑代数的基本公式

名称	与关系	或关系
0—1 律	$A\cdot 1=A$；　$A\cdot 0=0$	$A+1=1$；　$A+0=A$
互补律	$A\cdot\overline{A}=0$	$A+\overline{A}=1$
重叠律	$AA=A$	$A+A=A$
交换律	$AB=BA$	$A+B=B+A$
结合律	$A(BC)=(AB)C$	$A+(B+C)=(A+B)+C$
分配律	$A(B+C)=AB+AC$	$A+BC=(A+B)(A+C)$
反演律	$\overline{AB}=\overline{A}+\overline{B}$	$\overline{A+B}=\overline{A}\,\overline{B}$
吸收律	$A(A+B)=A$ $A(\overline{A}+B)=AB$ $(A+B)(\overline{A}+C)(B+C)=(A+B)(\overline{A}+C)$	$A+AB=A$ $A+\overline{A}B=A+B$ $AB+\overline{A}C+BC=AB+\overline{A}C$
还原律	$\overline{\overline{A}}=A$	

2. 基本公式的证明与推广

（1）基本公式的证明

表中略为复杂的公式可用真值表来证明，也可用其他简单的公式来证明。

【例 11－4】　试证明吸收律 $A+\overline{A}B=A+B$。

【解法 1】　用真值表证明。

用真值表证明即检验等式两边的函数值是否一致，只要列出等式两边函数的真值即可得证，见表11-7。由表可知，在输入变量的任何取值下，等式两边的函数值都是相等的，故等式成立。

表11-7 证明 $A+\overline{A}B=A+B$

A	B	$A+\overline{A}B$	$A+B$
0	0	0	0
0	1	1	1
1	0	1	1
1	1	1	1

【解法2】 用其他公式证明。

证：$A+\overline{A}B=A(B+\overline{B})+\overline{A}B=AB+A\overline{B}+\overline{A}B$

$$=AB+AB+A\overline{B}+\overline{A}B=(AB+A\overline{B})+(AB+\overline{A}B)$$

$$=A(B+\overline{B})+B(A+\overline{A})=A+B$$

得证。

(2) 基本公式的推广

基本公式的推广实际上就是要注意基本公式的变形形式。

【例11-5】 公式 $A+\overline{A}B=A+B$ 的推广

$$A+\overline{A}BC=A+BC$$

$$AB+\overline{AB}C=AB+C$$

$$\overline{A}+AB=\overline{A}+B$$

11.2.4 逻辑函数的表示方法

描述逻辑关系的函数称为逻辑函数，逻辑函数是从生活和生产实践中抽象出来的，但是只有那些能明确地用"是"或"否"作出回答的事物，才能定义为逻辑函数。逻辑函数中有自变量和因变量，当自变量取值确定后，因变量的值也就完全确定了。若某因变量 L 是自变量 $A,B,\cdots$ 的函数，则称 $A,B,\cdots$ 为输入逻辑变量，L 为输出逻辑变量，记为

$$L=f(A,B,\cdots)$$

逻辑关系的表示方法常用有四种：真值表表示法、逻辑函数式表示法、逻辑图表示法以及波形图表示法。

【例11-6】 某逻辑电路，有两个输入端 A、B，一个输出端 L。电路能对 A、B 两路信号进行比较，当 A、B 相异时，输出 L 为1；A、B 相同时，输出 L 为0。试分别用上述四种表示法表示其逻辑关系。

【解】

1. 逻辑函数的真值表表示方法

真值表是将输入逻辑变量的各种可能取值和相应的函数值排列在一起而组成的表格。

为避免遗漏，输入变量的取值组合最好按照二进制数递增的次序排列。

首先设置自变量和因变量，此例中，将输入信号 A、B 设为自变量，将输出变量 L 设置为因变量；再根据题意列出它们的逻辑值(一般用正逻辑)，见表 11-8。

表 11-8　例 11-6 的真值表表示法

输入		输出
A	B	L
0	0	0
0	1	1
1	0	1
1	1	0

2. 逻辑函数的函数式表示法

逻辑函数式就是由逻辑变量和"与"、"或"、"非"三种运算构成的表达式，可借助真值表写出。由真值表转换为逻辑函数式首先要掌握"最小项"。

(1) 最小项

在 n 变量的逻辑函数中，若 m 是包含 n 个因子的乘项积，而且这 n 个变量均以原变量或反变量的形式在 m 中出现一次，则称 m 为该组变量的最小项。

n 变量逻辑函数的全部最小项共有 2^n 个。如二变量 $L=f(A,B)$ 的全部的最小项共有 $2^2=4$ 个，如表 11-9 所示。类推，三变量 $L=f(A,B,C)$ 的全部最小项共有 $2^3=8$ 个，内容读者可自己列出，其编号为 $m_0\sim m_7$；四变量 $L=f(A,B,C,D)$ 的全部最小项有 $2^4=16$ 个，编号为 $m_0\sim m_{15}$。

表 11-9　二变量全部最小项

最小项	使最小项的值为 1 的变量取值		对应的十进制数	编号
	A	B		
$\bar{A}\cdot\bar{B}$	0	0	0	m_0
$\bar{A}\cdot B$	0	1	1	m_1
$A\cdot\bar{B}$	1	0	2	m_2
$A\cdot B$	1	1	3	m_3

(2) 逻辑函数的函数式表示法

在真值表中依次找出函数值等于 1 的输入变量的最小项，把这些最小项相加，就得到相应的逻辑函数表达式。

例 11-6 的逻辑函数式为 $L=\bar{A}B+A\bar{B}=m_1+m_2=\sum(m_1,m_2)=\sum m(1,2)$

3. 逻辑函数的逻辑图表示法

逻辑图就是将函数式中的基本逻辑关系，用它们对应的逻辑符号表示而构成的图。逻

辑函数 $L=\overline{A}B+A\overline{B}$ 的逻辑图如图 11-11 所示。

4. 逻辑函数的波形图表示法

例 11-6 的逻辑关系也可用图 11-12 所示的波形图来表示，当输入信号的波形如图 A、B 所示时，按题意输出信号的波形必定如图 L 所示。

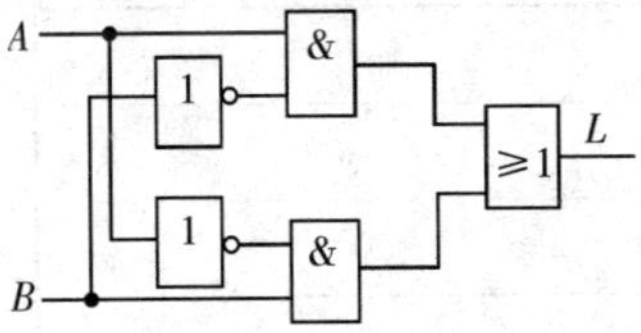

图 11-11　例 11-6 的逻辑图

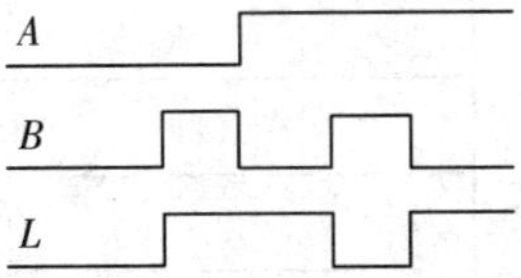

图 11-12　例 11-6 的波形图

11.2.5　逻辑函数式的最小项之和形式

由前述得知，一种逻辑关系的表现形式有多种，其中包含逻辑函数式。像例 11-6 的逻辑函数式 $L=\overline{A}B+A\overline{B}=m_1+m_2=\sum(m_1,m_2)=\sum(1,2)$ 的这种形式称为逻辑函数式的最小项之和形式。利用基本公式 $A+\overline{A}=1$ 可以把任何逻辑函数式化为最小项之和的标准形式。

【例 11-7】　将逻辑函数 $L(A,B)=AB+\overline{B}$ 化为最小项之和的标准形式。

【解】　该函数为二变量函数，而表达式中第二项只含有一个因子，不是最小项。要化为最小项，就应补齐缺少的 A 因子，办法是将 $\overline{B}$ 项乘以 $(A+\overline{A})$，得

$$L(A,B)=AB+\overline{B}=AB+(A+\overline{A})\overline{B}=AB+A\overline{B}+\overline{A}\,\overline{B}$$

$$=m_3+m_2+m_0=\sum(m_0,m_2,m_3)=\sum m(0,2,3)$$

【例 11-8】　将逻辑函数 $Y(A,B,C)=AB+C$ 化为最小项之和形式。

【解】　$Y(A,B,C)=AB+C=AB(C+\overline{C})+(A+\overline{A})(B+\overline{B})C$

$$=ABC+AB\overline{C}+ABC+\overline{A}BC+A\overline{B}C+\overline{A}\,\overline{B}C$$

$$=m_7+m_6+m_7+m_3+m_5+m_1$$

$$=\sum(m_1,m_3,m_5,m_6,m_7)=\sum m(1,3,5,6,7)$$

11.2.6　逻辑函数的公式化简法

逻辑函数越简单，实现这个逻辑函数所用的电子器件也就越少，成本就低，因此在设计逻辑电路时通常先将逻辑函数化简为最简形式。逻辑函数的化简方法有“公式化简法”和“卡诺图化简法”两种。这里，主要介绍公式化简法。

1. 逻辑函数的最简标准

常用逻辑函数式的形式有“与 — 或式”和“与非 — 与非式”两种。

最简与 — 或式的标准：函数式中进行或运算的项最少；每一项中进行与运算的因子最

少。

要获得与非 — 与非式，只要将与 — 或式取两次“非”即可。

【例 11-9】 将逻辑函数 $L = AB + \overline{A}C + \overline{B}C$ 化为“最简与 — 或式”和“最简与非 — 与非式”。

【解】 $L = AB + \overline{A}C + \overline{B}C = AB + (\overline{A} + \overline{B})C = AB + \overline{AB}C = AB + C$（最简与或式）

$L = \overline{\overline{AB + C}} = \overline{\overline{AB} \cdot \overline{C}}$（最简与非 — 与非式）

例 11-9 最简与 — 或式和最简与非 — 与非式所对应的逻辑图如图 11-13 所示。由图可知，按最简与 — 或式 $AB + C$ 实现此逻辑电路需两种功能的门电路，即二输入或门、二输入与门；按最简与非 — 与非式 $\overline{\overline{AB} \cdot \overline{C}}$ 实现此逻辑电路只需一种功能的门电路，即二输入与非门。由此看来，按最简与非 — 与非式实现某逻辑函数，有可能所用集成芯片最少，成本最低。

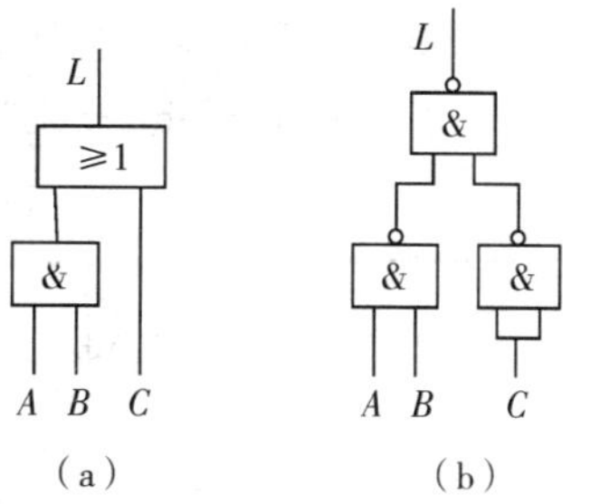

图 11-13　例 11-9 最简逻辑图

(a) 与或逻辑图　(b) 与非逻辑图

2. 逻辑函数的公式化简法

用逻辑代数的基本公式化简逻辑函数，没有固定的步骤，但常用以下几种化简方法。

(1) 并项法。运用公式 $A + \overline{A} = 1$，将两项合并为一项，消去一个变量。如

$$L = AB\overline{C} + ABC = AB(\overline{C} + C) = AB$$

(2) 消去法。运用吸收律 $A + \overline{A}B = A + B$ 消去多余的因子。如

$$L = AB + \overline{A}C + \overline{B}C = AB + (\overline{A} + \overline{B})C = AB + \overline{AB}C = AB + C$$

(3) 配项法。先增加必要的乘积项（如乘以 $A + \overline{A}$），再用以上方法化简。如

$$L = A + \overline{A}B = A(B + \overline{B}) + \overline{A}B = AB + A\overline{B} + \overline{A}B$$

$$= AB + AB + A\overline{B} + \overline{A}B = (AB + A\overline{B}) + (AB + \overline{A}B)$$

$$= A(B + \overline{B}) + B(A + \overline{A}) = A + B$$

在化简逻辑函数时，要灵活运用上述方法，才能将逻辑函数化为最简。

11.3　门电路

在上一节里，我们初步认识了与、或、非三种基本逻辑运算和与非、或非、同或、异或等常用复合逻辑运算，这些运算关系都是用逻辑符号表示的。工程中，每一个逻辑符号都对应着一种电路，这种单元电路统称为门电路，门电路是数字电路的基本逻辑单元。所有门电路都通过集成工艺制作成了集成器件，称为集成逻辑门电路。

由于门电路中的二极管、三极管、MOS管通常工作在开关状态，所以本节首先介绍二极管、三极管、MOS管在开关状态下的工作特性，然后介绍基本门电路，最后重点介绍集成逻辑门电路。

11.3.1 二极管、三极管、MOS管开关等效电路

1. 二极管开关等效电路(静态特性)

理想情况下，二极管静态开关等效电路如图11-14所示。当二极管两端的电压$U_a > U_b$时，二极管导通，开关等效电路如图11-14(b)所示，相当于开关闭合；当二极管两端的电压$U_a \leqslant U_b$时，二极管截止，开关等效电路如图11-14(c)所示，相当于开关断开。

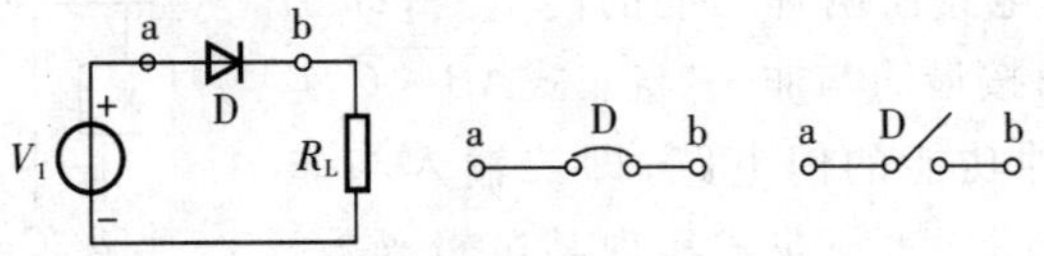

(a) (b) (c)

图11-14 二极管开关等效电路

可见，二极管在电路中表现为一个受外加电压V_I控制的开关。当外加电压V_I为一脉冲信号时，二极管将随着脉冲电压的变化在"开"与"关"状态之间转换。当然，在转换期间，二极管内部电荷有一个"消失"和"建立"过程，需要一定的时间，这个转换过程是二极管开关的动态特性，动态特性这里不作讨论。

2. 三极管开关等效电路(静态特性)

理想情况下，三极管静态开关等效电路如图11-15所示。当三极管的输入电压为高电平，即$V_I = U_{IH}$时，三极管饱和导通，开关等效电路如图11-15(b)所示，相当于开关闭合；当三极管的输入电压为低电平，即$V_I = U_{IL}$时，三极管截止，开关等效电路如图11-15(c)所示，相当于开关断开。

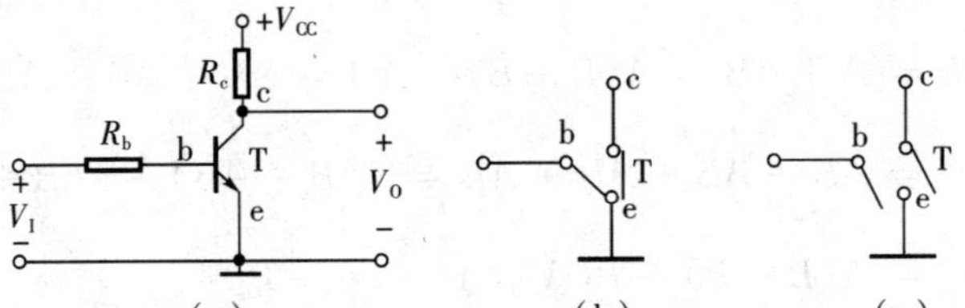

(a) (b) (c)

图11-15 三极管开关等效电路

同二极管一样，给三极管加上脉冲信号，三极管将在"开"与"关"状态之间转换。三极管在两种状态之间转换时，内部电荷也有一个"消失"和"建立"过程，也需要一定的时间，此时三极管的开关特性是动态特性。动态特性这里不作讨论。

3. MOS管开关等效电路

MOS管分为N型MOS管(记为NMOS管或T_N管)和P型MOS管(记为PMOS管或T_P管)两大类，T_N管和T_P管又各有增强型和耗尽型两种类型。以增强型NMOS管为例，当其栅—源电压$U_{GS} \geqslant 2V$时，T_N管导通，因此，T_N管的开启电压$V_{TN} = 2V$。理想情况下，增

强型 T_N 管导通时的静态开关等效电路如图 11-16(b) 所示，相当于开关闭合；当 T_N 管栅—源电压 $U_{GS} < 2V$ 时，T_N 管截止，截止的静态开关等效电路如图 11-16(c) 所示，相当于开关断开。

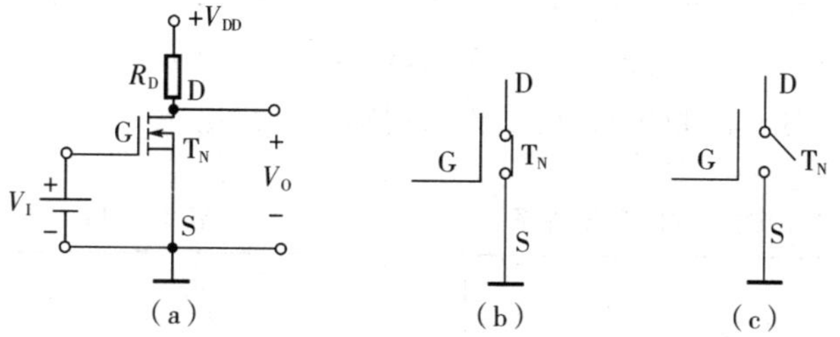

图 11-16　NMOS 管开关等效电路

对于增强型 PMOS 管，当 T_P 管的栅—源电压 $U_{GS} \leqslant -2V$ 时，T_P 管导通，因此，T_P 管的开启电压 $V_{TP} = -2V$。理想情况下，T_P 管导通时的静态开关等效电路如图 11-17(b) 所示，相当于开关闭合；当 T_P 管的栅—源电压 $U_{GS} > -2V$ 时，T_P 管截止，截止的静态开关等效电路如图 11-17(c) 所示，相当于开关断开。

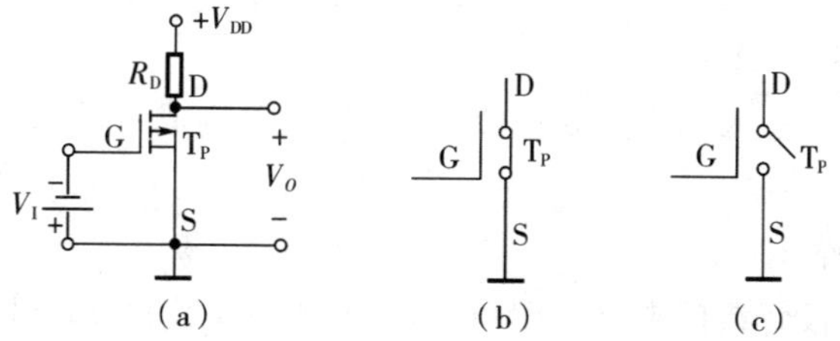

图 11-17　PMOS 管开关等效电路

11.3.2　基本门电路

1. 二极管与门电路

能够实现与逻辑关系的电路称为与门电路。以二输入为例，二极管与门电路如图 11-18(a) 所示，图(b) 是它的逻辑符号。设二极管为理想二极管，电源电压为 5V，输入信号为 +3 ～ 0V 的理想脉冲方波。

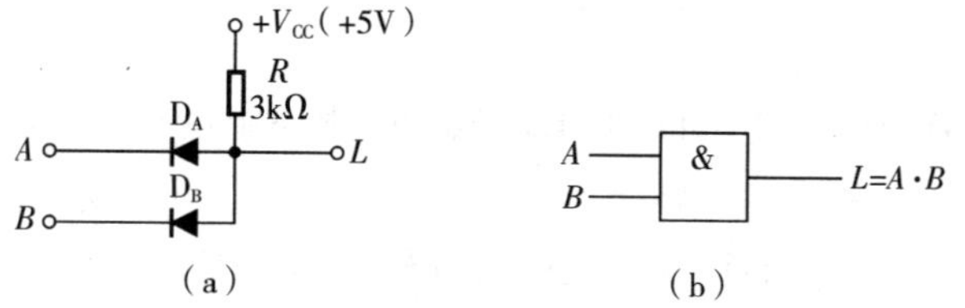

图 11-18　二极管与门
(a) 电路　(b) 逻辑符号

当 $V_A = V_B = 0V$ 时，二极管 D_A 和 D_B 都导通，由于二极管导通时的钳位作用，使 $V_L \approx 0V$。

当 $V_A = 0V$，$V_B = 3V$ 时，D_A 导通，D_A 钳位使 $V_L \approx 0V$；D_B 受反向电压控制而截止。

当 $V_A = 3V$，$V_B = 0V$ 时，D_B 导通，D_B 钳位使 $V_L \approx 0V$；D_A 受反向电压控制而截止。

当 $V_A = V_B = 3V$ 时，二极管 D_A 和 D_B 都导通，$V_L \approx 3V$。

上述分析结果归纳于表 11－10，此表为与门输入输出电压关系表。

表 11－10　与门输入输出电压关系

输入		输出
V_A(V)	V_B(V)	V_L(V)
0	0	0
0	3	0
3	0	0
3	3	3

表 11－11　与逻辑真值表

输入		输出
A	B	L
0	0	0
0	1	0
1	0	0
1	1	1

采用正逻辑体制，由表 11－10 可得出表 11－11 所示的真值表，从而看出图 11－18 电路实现的是与逻辑运算 $L = A \cdot B$。

在图 11－18 电路的输入端再并联一个二极管，就可构成三输入与门。按此办法可构成更多输入端的与门。

2. 二极管或门电路

以二输入为例，二极管或门电路如图11－19(a) 所示，图 11－19(b) 是它的逻辑符号。设二极管为理想二极管，输入信号为 ＋3 ～ 0V 的理想脉冲方波。

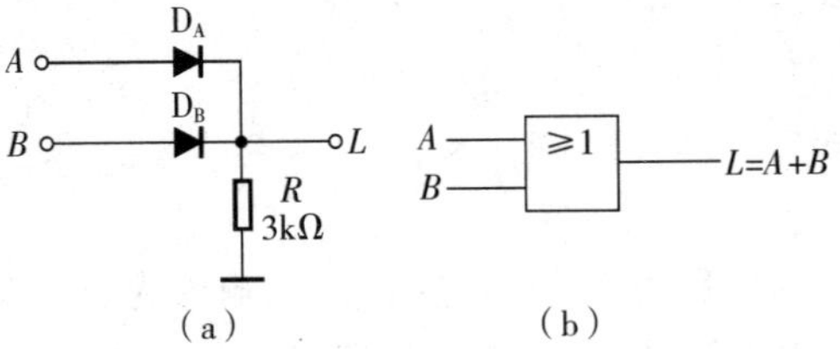

图 11－19　二极管或门
(a) 电路　(b) 逻辑符号

当 $V_A = V_B = 0V$ 时，二极管 D_A 和 D_B 都截止，电路中没有电流，$V_L \approx 0V$。

当 $V_A = 0V$，$V_B = 3V$ 时，D_B 导通，D_B 钳位使 $V_L \approx 3V$，D_A 受反向电压控制而截止。

当 $V_A = 3V$，$V_B = 0V$ 时，D_A 导通，D_A 钳位使 $V_L \approx 3V$，D_B 受反向电压控制而截止。

当 $V_A = V_B = 3V$ 时，二极管 D_A 和 D_B 都导通，$V_L \approx 3V$。

或门输入输出电压关系归纳于表 11－12，真值表见表 11－13。

表 11-12　或门输入输出电压关系

输入 V_A(V)	输入 V_B(V)	输出 V_L(V)
0	0	0
0	3	3
3	0	3
3	3	3

表 11-13　或逻辑真值表

输入 A	输入 B	输出 L
0	0	0
0	1	1
1	0	1
1	1	1

由两表看出，图 11-19 电路实现的是或逻辑运算 $L = A + B$。

在图 11-19 的输入端再并联一个二极管，就可构成三输入或门。按此办法可构成更多输入端的或门。

3. 三极管非门电路

图 11-20(a) 是由三极管组成的非门电路，图 11-20(b) 是它的逻辑符号。非门又称反相器。设三极管为理想三极管，电源电压为 5V，输入信号为 +3V ~ 0V 的理想脉冲方波。

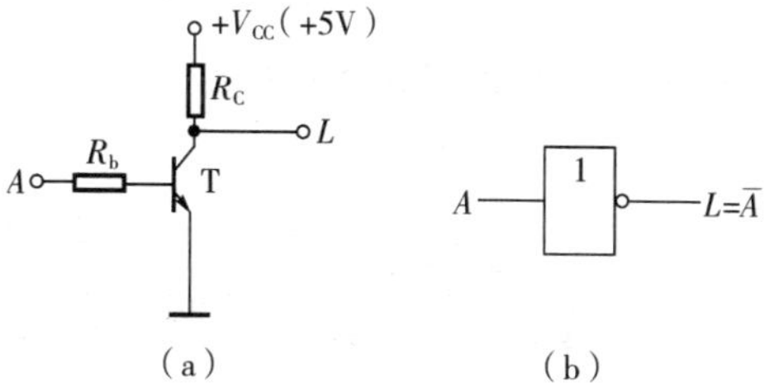

图 11-20　三极管非门

(a) 电路　(b) 逻辑符号

当 $V_A = 0V$ 时，三极管的发射结电压小于死区电压，三极管截止，$V_L = V_{CC} = 5V$。

当 $V_A = 3V$ 时，三极管的发射结正偏，管子导通，只要合理选择电路参数，使其满足饱和条件，就可以使管子工作于饱和状态，有 $V_L = V_{CES} \approx 0V(\leqslant 0.2V)$。

非门输入输出电压关系归纳于表 11-14，真值表见表 11-15。

表 11-14　非门输入输出电压关系

输入 V_A(V)	输出 V_L(V)
0	5
3	0

表 11-15　非逻辑真值表

输入 A	输出 L
0	1
1	0

由表看出，图 11-20 电路实现的是非运算的逻辑关系，即 $L = \overline{A}$。

将二极管与门、或门与三极管非门相组合，就可以构成与非门、或非门等各种门电路。这里不再赘述。

11.3.3　CMOS 门电路

把一个电路中的所有元件，包括二极管、三极管、MOS 管、电阻及导线等都制作在一块半导体芯片上，就是集成电路。根据制造工艺的不同，集成电路又分单极型(CMOS 电路）和双极型(TTL 电路）两大类。下面先介绍 CMOS 门电路。

CMOS逻辑门电路是采用MOS管作为开关元件的数字集成电路，通常是由N沟道MOS管（T_N管）和P沟道MOS管（T_P管）互补构成，因此称为互补型MOS门电路，简称CMOS门电路。CMOS门电路的电源电压用V_{DD}表示，V_{DD}必须大于两管开启电压的绝对值之和，即$V_{DD} > V_{TN} + |V_{TP}|$，且$V_{TN} = |V_{TP}|$。对CMOS门电路输入电压$V_I$的要求是，$V_I$必须是$(0 \sim +V_{DD})$V的理想脉冲方波。

1. CMOS非门电路

CMOS非门电路（也称CMOS反相器）如图11-21所示，由T_N管和T_P管互补构成。

当输入为低电平，即$V_I = 0$V时，T_N管截止，T_P管导通，T_N管的截止电阻约为500MΩ，T_P管的导通电阻约为750Ω，所以输出$V_O \approx V_{DD}$。即$V_I =$ "0"时，$V_O =$ "1"。

当输入为高电平，即$V_I = V_{DD}$时，T_N导通，T_P截止，T_N的导通电阻约为750Ω，T_P的截止电阻约为500MΩ，所以输出$V_O \approx 0$V。即$V_I =$ "1"时，$V_O =$ "0"。

通过以上分析可以看出，该电路实现了非逻辑。在CMOS非门电路中，无论电路处于何种状态，T_N、T_P中总有一个截止，所以它的静态功耗极低，有微功耗电路之称。

CMOS非门的电压传输特性如图11-22所示，它反映了电路的静态特性。

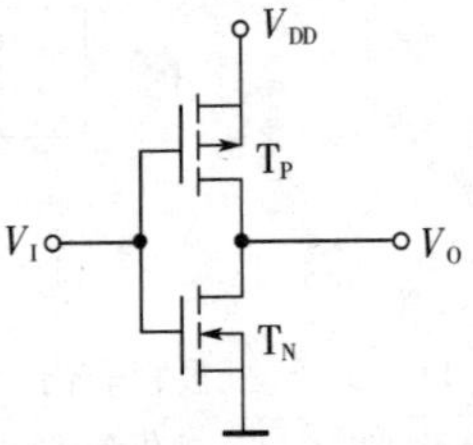

图11-21　CMOS非门电路

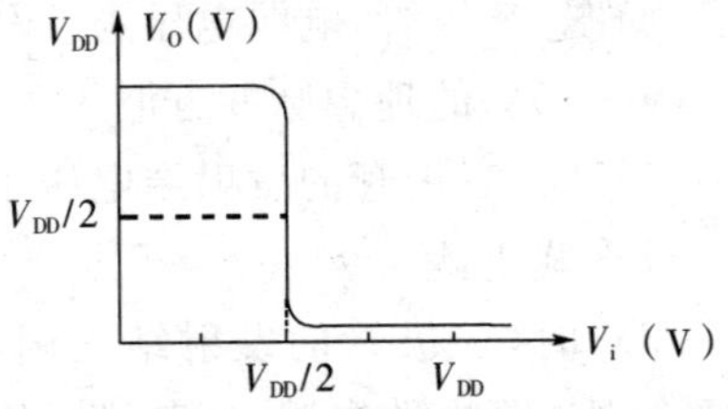

图11-22　CMOS非门电压传输特性

当$V_I < (V_{DD}/2)$时，输出$V_O \approx V_{DD}$；当$V_I > (V_{DD}/2)$时，输出$V_O \approx 0$V。可见两管在$V_I = V_{DD}/2$处转换状态，所以CMOS门电路的阈值电压$V_{TH} = V_{DD}/2$。所谓阈值电压，即引起输出电压突变时对应的输入电压。阈值电压也称门槛电压，用V_{TH}表示。

2. CMOS与非门

图11-23为CMOS与非门。由图看出，当且仅当AB = 11使T_3、T_4同时导通时，才有$Y = 0$出现，所以电路的逻辑关系为$\overline{Y} = AB$即$Y = \overline{AB}$。

3. CMOS或非门

图11-24为CMOS或非门。由图看出，当且仅当AB = 00使T_1、T_2同时导通时，才有$Y = 1$出现，所以电路的逻辑关系为$Y = \overline{A}\,\overline{B}$即$Y = \overline{A + B}$。

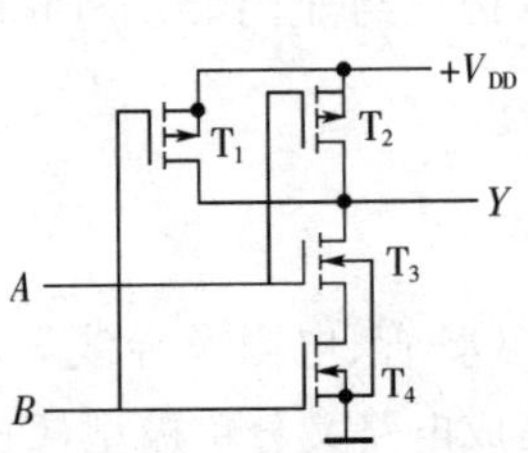

图11-23　CMOS与非门电路

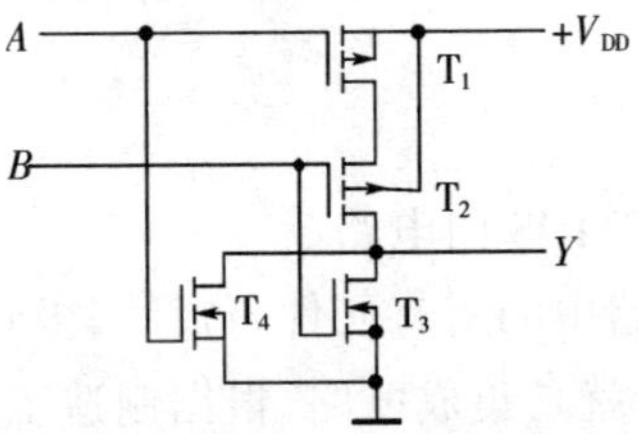

图11-24　CMOS或非门电路

4. 其他 CMOS 门电路

(1) 带缓冲级的 CMOS 门电路

上述 CMOS 与非门和或非门输入端的数目是可以根据需要而增加的。但是,当输入端数目增加时,对与非门电路来说,串联的 T_N 管数目就要增加,并联的 T_P 管数目也要增加,这样会引起输出低电平变高;对或非门电路来说,并联的 T_N 管数目要增加,串联的 T_P 管数目也要增加,这样会引起输出高电平变低。为了稳定输出高、低电平,在目前生产的 CMOS 门电路中,多在输入输出端分别加反相器作缓冲级。在图 11－25 中,T_1、T_2、T_3 和 T_4 组成的是二输入与非门,除二输入与非门以外的部分是三个非门,它们是输入输出缓冲器。加了缓冲器以后,电路输出的高、低电平不会因输入端数目的改变而不稳定,但电路的逻辑功能可能会有所改变,图 11－25 所示与非门加了输入输出缓冲器以后,逻辑功能为 $Y=\overline{\overline{\overline{A}\cdot\overline{B}}}=\overline{A+B}$。图11－26 是图 11－25 的逻辑图。

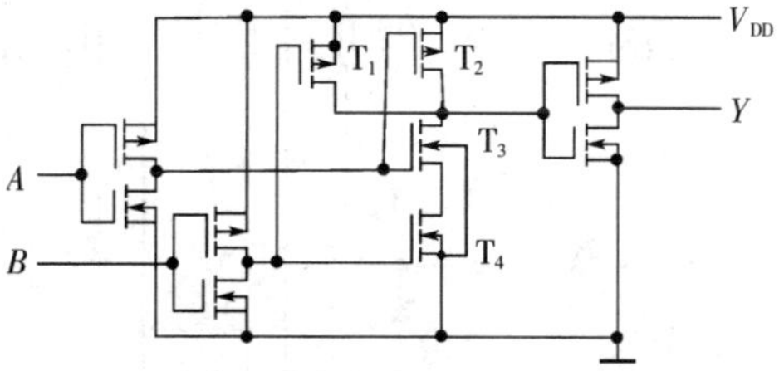

图 11－25 带缓冲级的 CMOS 或非门电路图

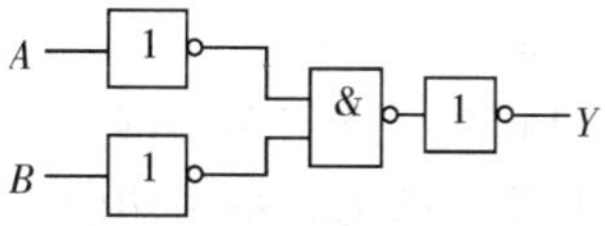

图 11－26 图 11－25 的逻辑图

(2)CMOS 三态门

三态门因输出有 0、1 和高阻三种状态而得名。CMOS 三态非门如图 11－27(a) 所示,EN 端是"使能控制端",简称"使能端"。当 EN = 0 时,T_1 和 T_4 同时导通,T_2 和 T_3 组成的非门正常工作,输出 $Y=\overline{A}$;当 EN = 1 时,T_1 和 T_4 同时截止,输出 Y 对地和对电源都相当于开路,为高阻状态。所以,这是一个低电平控制有效(即低电平控制,原非门功能成立)的三态非门,逻辑符号如图 11－27(b) 所示。

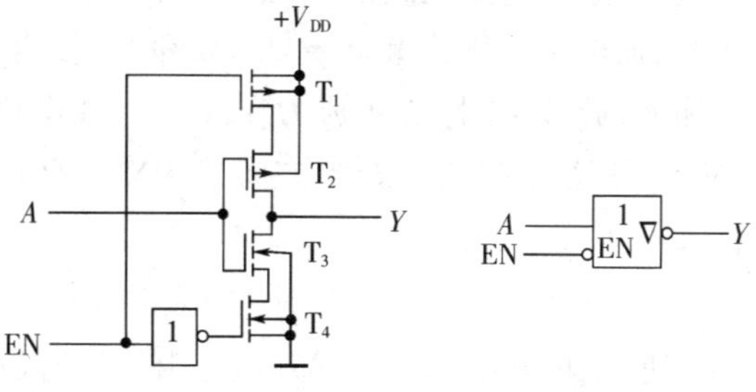

(a) (b)

图 11－27 CMOS 三态非门

(a) 电路图 (b) 逻辑符号

计算机总线结构中广泛运用了三态门。图 11－28(a) 是单向总线结构,G_1、G_2 均为高电平控制有效的三态与非门。当 $EN_1=0$、$EN_2=0$ 时,总线上 Y = 高阻;$EN_1=0$、$EN_2=1$ 时,Y_1 = 高阻,$Y=Y_2=\overline{A_2B_2}$;$EN_1=1$、$EN_2=0$ 时,Y_2 = 高阻,$Y=Y_1=\overline{A_1B_1}$;$EN_1=1$、$EN_2=1$,不允许。这样就实现了信号的分时单向传送。

图 11－28(b) 是双向总线结构,其中,G_1 为高电平控制有效的三态非门,G_2 为低电平控制有效的三态非门。当 EN = 1 时,G_1 正常工作,G_2 为高阻态,输入数据 D_1 经 G_1 反相后送到总线上;当 EN = 0 时,G_2 正常工作,G_1 为高阻态,来自总线的数据经 G_2 反相后送到 D_2 端。这就实现了信号的分时双向传送。

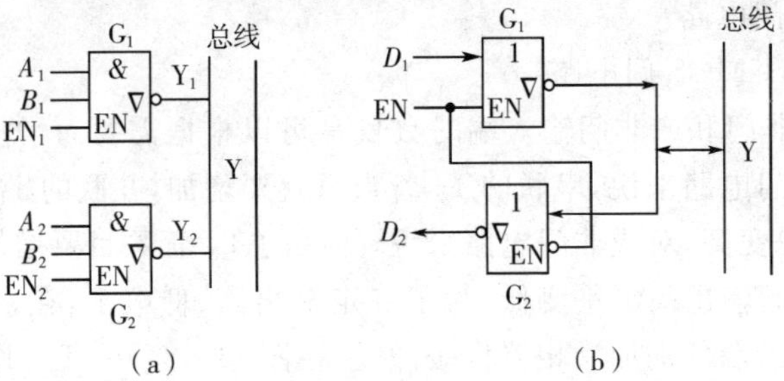

图 11-28　三态门组成的总线结构

(a) 单向总线　(b) 双向总线

11.3.4　TTL 门电路

另一类集成门电路是双极型(TTL)电路。TTL 是三极管-三极管-逻辑电路(Transistor - Transistor - Logic)的缩写。

1. TTL 非门的基本结构及工作原理

TTL 非门的电路结构如图 11-29 所示，它是 74 系列 TTL 反相器的典型电路。

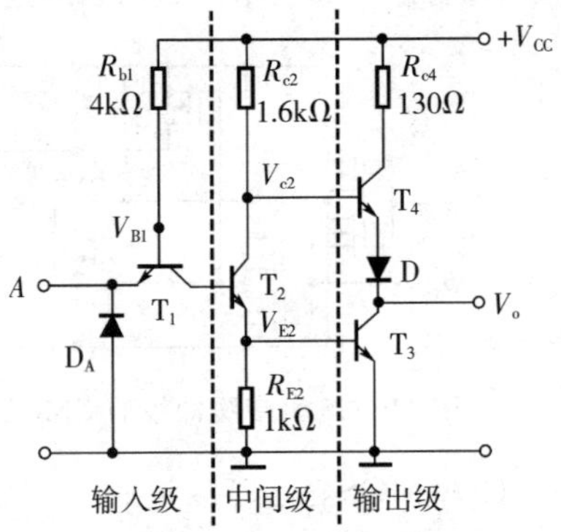

图 11-29　TTL 非门电路

图 11-29 电路由三部分组成：T_1、R_{b1} 和 D_A 组成输入级；T_2、R_{C2} 和 R_{E2} 组成倒相级；T_3、T_4、R_{C4} 和 D 组成输出级。由于该电路的电源电压 $V_{CC}=5V$，所以电路的输出高、低电平分别为 $V_{OH}=3.4V$ 和 $V_{OL}=0.2V$，因此取输入高、低电平也分别为 $V_{IH}=3.4V$ 和 $V_{IL}=0.2V$。另外认为所有二极管、三极管 PN 结的导通电压 $V_{ON}=0.7V$；所有三极管饱和时的输出饱和电压 $U_{CES}\leqslant 0.2V$。

(1)$V_I=V_{IL}=0.2V$。此时，T_1 发射结导通，T_1 的基极电位被钳制在 $V_{B1}=V_{IL}+V_{ON}=0.9V$，使 T_1 集电结、T_2、T_3 都截止。由于 T_2 截止，流过 R_{C2} 的电流仅为 T_4 的基极电流，这个电流较小，在 R_{C2} 上产生的压降也较小(约 $\leqslant 0.2V$)，所以 $V_{B4}\geqslant V_{CC}-0.2V\approx 4.8V$，使 T_4 和 D 导通，有

$$V_O\geqslant V_{CC}-0.2-0.7-0.7=3.4(V)\text{；即 } V_O=V_{OH}$$

(2)$V_I=V_{OH}=3.4V$。此时，T_1 发射结导通，$V_{B1}=V_{IH}+V_{ON}=4.1V$，使 T_1 集电结、T_2、T_3 都导通。一旦 T_2、T_3 都导通，V_{B1} 就被钳制在 2.1V(这就是说，当输入为高电平时，V_{B1} 不可能等于 4.1V，只能是 2.1V 左右)。T_2 导通使 V_{C2} 降低，导致 T_4 截止，则有

$$V_O=V_{CE3}\leqslant 0.2(V)\text{；即 } V_O=V_{OL}$$

可见，该电路输出和输入之间是反相关系，这是一个非门，即 $L=\overline{A}$。

2. TTL 与非门

TTL 与非门如图 11-30 所示，它的电路结构和 TTL 非门类似，唯一不同的是输入级的三极管为多发射极。

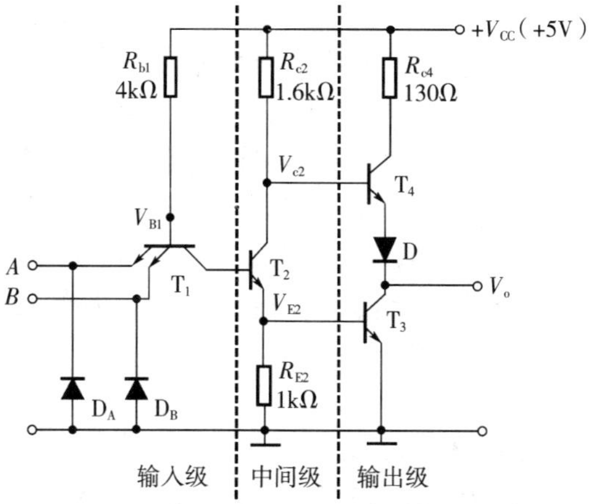

图 11－30　TTL 与非门电路(二输入)

由于多发射极三极管等效为二极管与门电路，如图 11－31 所示，所以输入级实现的是“与逻辑”功能，因此这个电路实现的是与非逻辑关系，即 $L=\overline{AB}$。

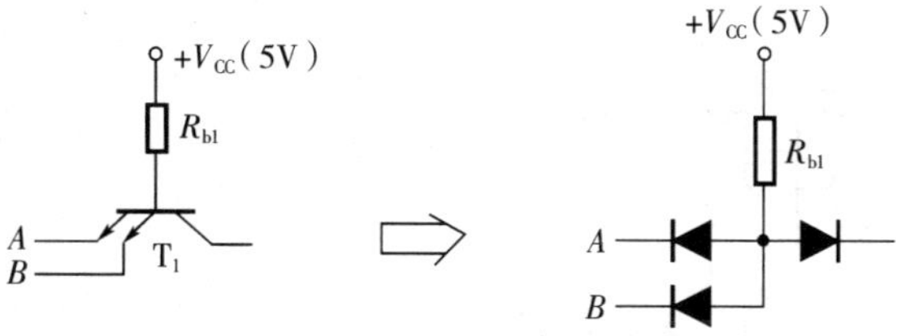

(a)　　　　(b)

图 11－31　TTL 与非门输入级等效电路

(a) 多发射极三极管　(b) 二极管与门

3. TTL 其他类型的门

TTL 门电路的其他类型有或非门、同或门、异或门等，这里不做介绍。还有三态门，也因为在 CMOS 其他类型的门电路中已介绍过，所以这里不再赘述。

4. 门电路多余输入端的处理

门电路多余输入端的处理，应以不改变电路逻辑关系为原则，通常采用下列方法：

对于与门、与非门，多余输入端应接高电平。可直接接电源正极，如图 11－32(a) 所示，或通过一个上拉电阻(1 ～ 3kΩ) 接电源正极；在前级驱动能力允许时，也可以和有用的输入端并联使用，如图 11－32(b) 所示。

对于或门、或非门，多余输入端应接低电平。可直接接地，如图 11－33(a) 所示；也可以和有用的输入端并联使用，如图 11－33(b) 所示。

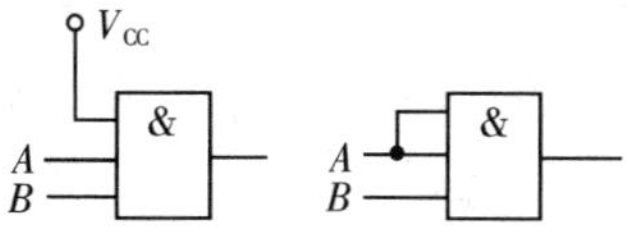

(a)　　　(b)

图 11－32　与门多余输入端的处理

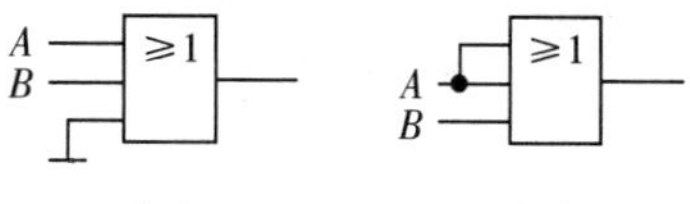

(a)　　　(b)

图 11－33　或门多余输入端的处理

11.4 组合逻辑电路

组合逻辑电路是数字电路中最简单的一类逻辑电路，构成组合逻辑电路的基本单元是基本门。组合逻辑电路的特点是，功能上无记忆，结构上无反馈，即任一时刻的输出状态只取决于该时刻的输入状态，而与电路原输出状态无关。

本节首先介绍组合逻辑电路的分析方法和设计方法，然后介绍几种常用的组合逻辑电路。

11.4.1 组合逻辑电路的分析方法

分析组合逻辑电路的步骤：根据组合逻辑电路→写输出逻辑函数式→化简、变换→写最简逻辑函数式→列真值表(有时可省)→分析逻辑功能(作出结论)。

【例 11-10】 组合电路如图 11-34 所示，分析该电路的逻辑功能。

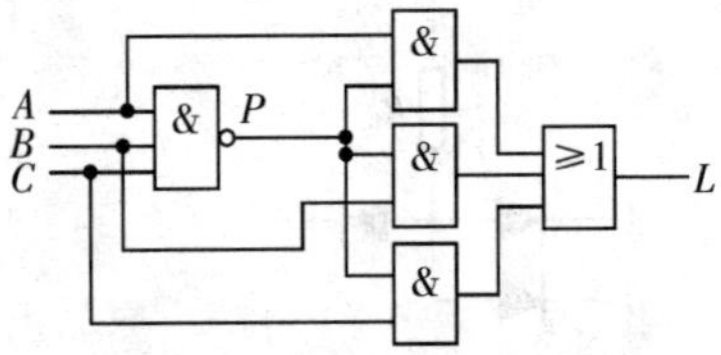

图 11-34 例 11-10 电路图

表 11-16 例 11-10 真值表

A	B	C	L
0	0	0	0
0	0	1	1
0	1	0	1
0	1	1	1
1	0	0	1
1	0	1	1
1	1	0	1
1	1	1	0

【解】 (1) 写输出逻辑函数式。由逻辑图，从输入端逐级写输出函数式。为了方便，可借助中间变量 P，$P=\overline{ABC}$

$$L = AP + BP + CP = A\,\overline{ABC} + B\,\overline{ABC} + C\,\overline{ABC}$$

(2) 化简与变换。一般应将函数式变换成"与 — 或式"或最小项表达式。

$L=(A+B+C)\,\overline{ABC}$(用反演律)

$=\overline{\overline{A+B+C}+ABC}$(再用反演律)

$=\overline{\bar{A}\,\bar{B}\,\bar{C}+ABC}$(是两个最小项之和的非)

(3) 由表达式列真值表。见表 11-16。

(4) 分析逻辑功能。由真值表可知，当 A、B、C 三个变量不一致时，电路输出为"1"，所以这个电路为"三变量不一致判别电路"。

上例中只有一个输出变量，对于多输出变量的组合逻辑电路，分析方法完全相同。

11.4.2 组合逻辑电路的设计方法

设计组合逻辑电路的步骤：根据实际逻辑问题→列真值表→写输出逻辑函数式→化

简、变换 → 写最简(或最合理)函数式 → 画逻辑图。

组合逻辑电路的设计一般应以电路简单、所用器件最少为目标,并尽量减少所用集成器件的种类,因此在设计过程中要对逻辑函数进行化简。

【例 11-11】 设计一个三人表决逻辑电路,结果按"少数服从多数"的原则决定。

【解】 (1) 根据设计要求建立真值表。设三人的意见为变量 A、B、C,表决结果为函数 L。按正逻辑给变量赋值:同意为"1",不同意为"0";提案通过为"1",没通过为"0"。列出真值表如表 11-17 所示。

(2) 由真值表写出逻辑函数式

$$L=\overline{A}BC+A\overline{B}C+AB\overline{C}+ABC$$

表 11-17　例 11-11 真值表

A	B	C	L
0	0	0	0
0	0	1	0
0	1	0	0
0	1	1	1
1	0	0	0
1	0	1	1
1	1	0	1
1	1	1	1

(3) 利用基本公式化简逻辑函数。

$$\begin{aligned}L&=\overline{A}BC+A\overline{B}C+AB\\&=\overline{A}BC+A(\overline{B}C+B)\\&=\overline{A}BC+AB+AC\\&=(\overline{A}C+A)B+AC\\&=AB+BC+AC\end{aligned}$$

(4) 画逻辑图。例 11-11 的逻辑图如图 11-35 所示。

如果要求用与非门实现该逻辑电路,就应将函数式转换成与非—与非式

$$L=AB+BC+AC=\overline{\overline{AB}\cdot\overline{BC}\cdot\overline{AC}}$$

其逻辑图如图 11-36 所示。

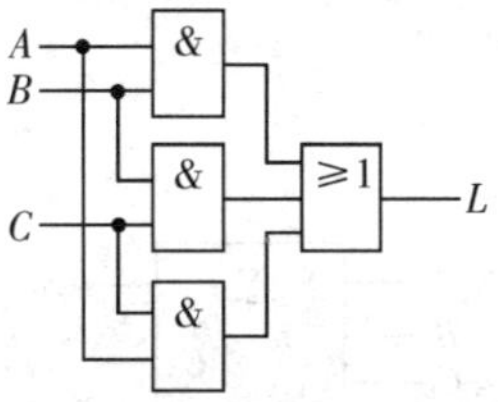

图 11-35　例 11-11 与或逻辑图

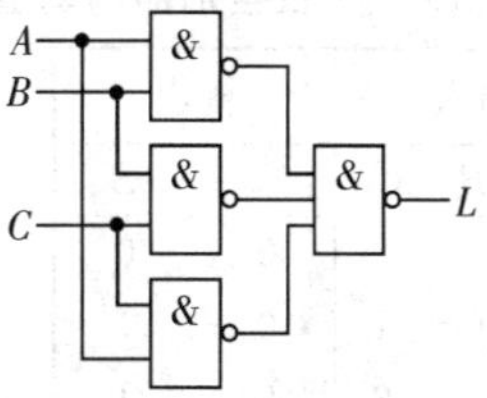

图 11-36　例 11-11 与非逻辑图

任何组合逻辑电路都是可以利用基本门来设计的。但是,并不是所有的组合逻辑电路都需要我们去设计。随着微电子技术的发展,现在许多常用的组合逻辑电路,如加法器、编码器、译码器、数据选择器等都已有现成的集成器件,下面重点介绍这些器件的逻辑功能、实现原理及应用方法。

11.4.3　加法器

加法器是构成算术运算电路的基本单元。

1. 半加器

只能求本位和,不能将低位的进位信号纳入计算的加法器称为"半加器"。

一位半加器的真值表如表 11-18 所示，表中的 A 和 B 分别表示被加数和加数，S 为本位和，C 为向相邻高位的进位。由真值表可直接写出 S 和 C_O 的逻辑函数式

$$S=\overline{A}B+A\overline{B}=A\oplus B;\qquad C_O=AB$$

一位半加器逻辑图如图 11-37 所示。

表 11-18　一位半加器的真值表

输入		输出	
A	B	进位 C_O	和数 S
0	0	0	0
0	1	0	1
1	0	0	1
1	1	1	0

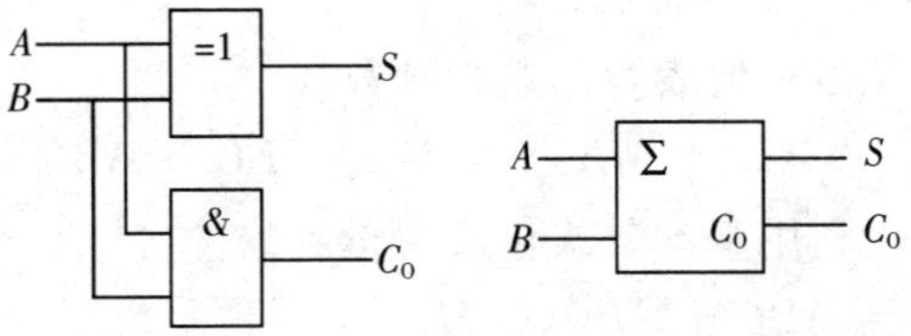

图 11-37　一位半加器逻辑图及逻辑符号

2. 全加器

不仅能求本位和，还能将低位的进位信号纳入计算的加法器称为“全加器”。

一位全加器的真值表如表 11-19 所示。表中的 A 和 B 分别表示被加数和加数，C_I 表示来自相邻低位的进位，S 表示本位和，C_O 表示向相邻高位的进位。

由真值表可直接写出 S 和 C_O 的逻辑函数式

$$S=m_1+m_2+m_4+m_7;\qquad C_o=m_3+m_5+m_6+m_7,$$

化简后得 $S=A\oplus B\oplus C_I$；　$C_o=AB+BC+CA$

表 11-19　一位全加器的真值表

输入			输出	
A	B	C_I	C_O	S
0	0	0	0	0
0	0	1	0	1
0	1	0	0	1
0	1	1	1	0
1	0	0	0	1
1	0	1	1	0
1	1	0	1	0
1	1	1	1	1

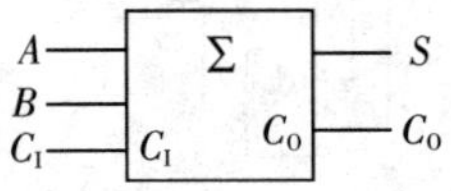

图 11-38　一位全加器逻辑符号

根据函数式可画出一位全加器逻辑图(省略)。一位全加器的逻辑符号如图 11-38 所示。

3. 集成加法器及其应用

要进行多位数相加，可将多个一位全加器进行级联，构成串行进位加法器，如图 11-39 所示。串行进位加法器的优点是电路简单，缺点是速度慢。因为进位信号是串行传递。

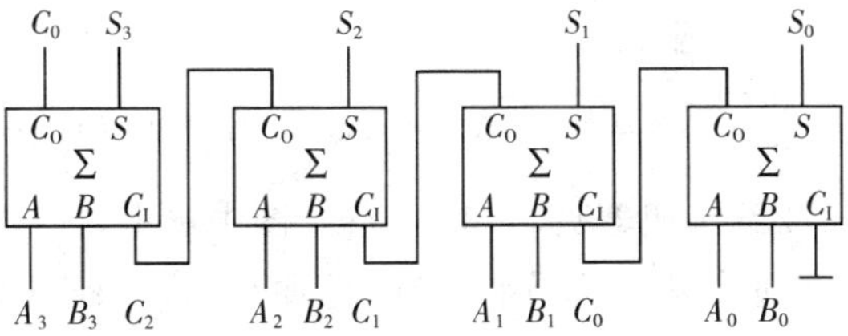

图 11-39　4 位串行进位加法器

为了提高速度,人们又设计了一种超前进位的加法器。所谓超前进位,是指加法运算过程中,各级进位信号同时送到各位全加器的进位输入端。现在的集成加法器,大多采用这种方法。74283 就是一种典型的超前进位的集成加法器。

一片 74283 只能进行 4 位二进制数的加法运算,将多片 74283 进行级联,就可扩展加法运算的位数。用 2 片 74283 组成的 8 位二进制数加法电路如图 11-40 所示。

对同一个一位十进制数,余 3 码比 8421BCD 码多 3。因此实现 8421BCD 码到余 3 码的变换,只需将 8421BCD 码加 3(即加 0011) 即可,如图 11-41 所示。

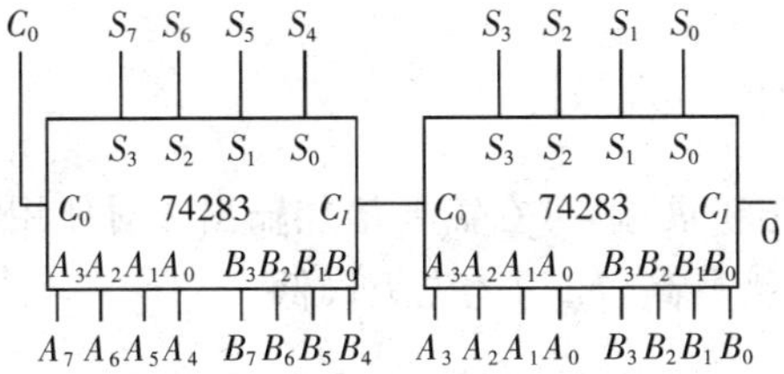

图 11-40　74283 功能扩展

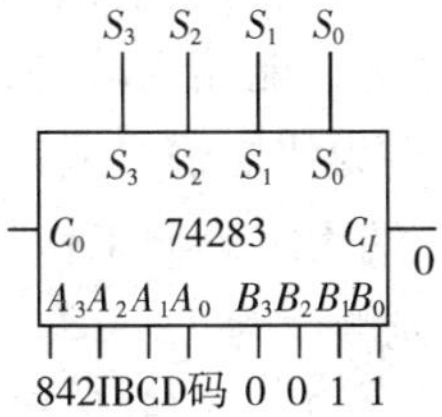

图 11-41　将 8421BCD 码转成余 3 码

11.4.4　编码器

编码器的功能 —— 将字母、数字、符号等信息编成二进制代码或二 — 十进制代码。

从输出代码的内容上分,有二进制编码器和二 — 十进制编码器两种;

从输入信号的内容上分,有普通编码器和优先编码器两种。

1. 普通二进制编码器

普通编码器即不允许同时输入两个以上编码信号的编码器。

两位二进制普通编码器有 4 个输入端,两个输出端,称为 4 线—2 线编码器,其功能真值表见表 11-20,输入为高电平有效,输出为两位二进制原码。

表 11-20　4/2 编码器真值表

输入端	输出	
1 有效	A_1	A_0
I_0	0	0
I_1	0	1
I_2	1	0
I_3	1	1

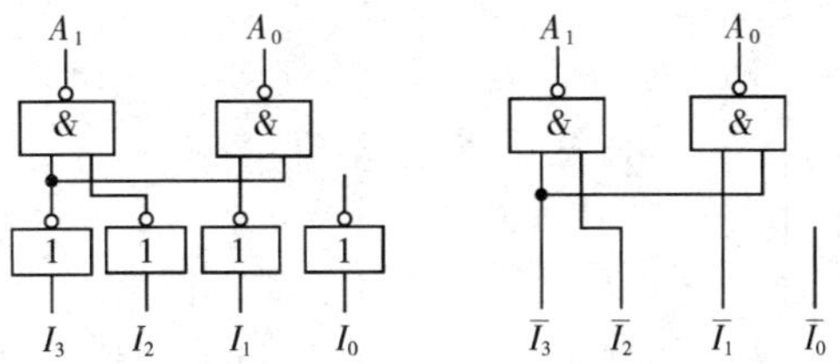

(a)输入高电平有效编码器　(b)输入低电平有效编码器

图 11-42　两位二进制普通编码

由真值表写出各输出逻辑函数式

$$A_1 = I_2 + I_3 = \overline{\overline{I_2 + I_3}} = \overline{\bar{I}_2 \cdot \bar{I}_3}; \quad A_0 = I_1 + I_3 = \overline{\overline{I_1 + I_3}} = \overline{\bar{I}_1 \cdot \bar{I}_3}$$

输入高电平有效的4/2线编码器见图11-42(a)。图中看出，I_0 端是多余的，可以去掉。I_0 端对应的代码“00”可以通过令其余编码端全为“0”而编出。这种情况下，I_0 端被称为“隐含端”，意为没有 I_0 端，也能编出 I_0 端对应的代码。图11-42(b)是输入低电平有效的4/2线编码器。

2. 优先二进制编码器

优先编码器 —— 允许同时输入两个以上编码信号的编码器。在设计优先编码器时，设计者给所有的输入信号端规定了优先顺序，当多个输入信号同时出现时，编码器只对其中优先级较高的一个进行编码。通常规定，输入变量脚标数值大的，优先级别高。

74HC148是一种常用的8线－3线优先编码器。其逻辑功能列在表11-21中，逻辑符号如图11-43所示。其中，$\bar{I}_7 \sim \bar{I}_0$ 为编码输入端，低电平有效。$\bar{Y}_0 \sim \bar{Y}_2$ 为编码输出端，输出三位二进制反码。附加功能端有：

(1)$\bar{S}$ 端为使能输入端，低电平有效；

(2)$\bar{Y}_S$ 端为使能输出端；

(3)$\bar{Y}_{EX}$ 端为编码器工作标志，也称输出扩展端，可在需要增加输出端时使用；

(4) 优先顺序为 $\bar{I}_7 \rightarrow \bar{I}_0$，即 $\bar{I}_7$ 的优先级最高，$\bar{I}_0$ 的优先级最低。

3. 优先二 — 十进制编码器

能编出BCD码的编码器为二 — 十进制编码器。74HC147是8421BCD码的编码器，其逻辑符号如图11-44，真值表如表11-22。它有 $\bar{I}_9 \sim \bar{I}_1$ 共9个编码输入端，低电平有效。有 $\bar{Y}_3 \sim \bar{Y}_0$ 共4个编码输出端，输出8421BCD反码。和74HC148对照，74HC147的其他功能特点为：

表11-21　74HC148优先编码器真值表(0编码有效)

输入									输出				
$\bar{S}$	$\bar{I}_7$	$\bar{I}_6$	$\bar{I}_5$	$\bar{I}_4$	$\bar{I}_3$	$\bar{I}_2$	$\bar{I}_1$	$\bar{I}_0$	$\bar{Y}_2$	$\bar{Y}_1$	$\bar{Y}_0$	$\bar{Y}_S$	$\bar{Y}_{EX}$
1	×	×	×	×	×	×	×	×	1	1	1	1	1
0	1	1	1	1	1	1	1	1	1	1	1	0	1
0	0	×	×	×	×	×	×	×	0	0	0	1	0
0	1	0	×	×	×	×	×	×	0	0	1	1	0
0	1	1	0	×	×	×	×	×	0	1	0	1	0
0	1	1	1	0	×	×	×	×	0	1	1	1	0
0	1	1	1	1	0	×	×	×	1	0	0	1	0
0	1	1	1	1	1	0	×	×	1	0	1	1	0
0	1	1	1	1	1	1	0	×	1	1	0	1	0
0	1	1	1	1	1	1	1	0	1	1	1	1	0

(1) 没有使能输入端 $\overline{S}$，也没有使能输出端 $\overline{Y}_S$ 和输出扩展端 $\overline{Y}_{EX}$；

(2) 优先顺序为 $\overline{I}_9 \rightarrow \overline{I}_0$，即 $\overline{I}_9$ 的优先级最高，依次 $\overline{I}_0$ 的优先级最低；

(3) 实际上，$\overline{I}_0$ 端是"隐含端"。在 $\overline{I}_9 \sim \overline{I}_1$ 端全为 1 时，能编出 0000 的反码 1111。

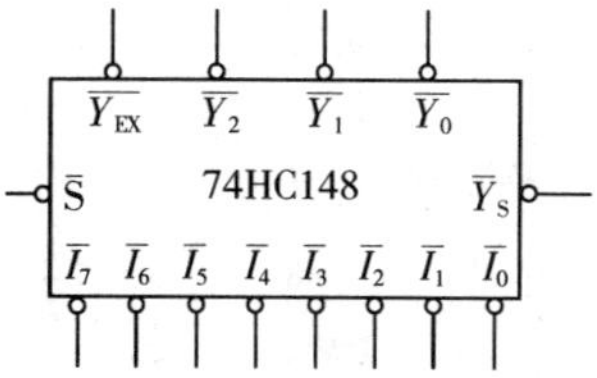

图 11 - 43　74HC148 逻辑符号

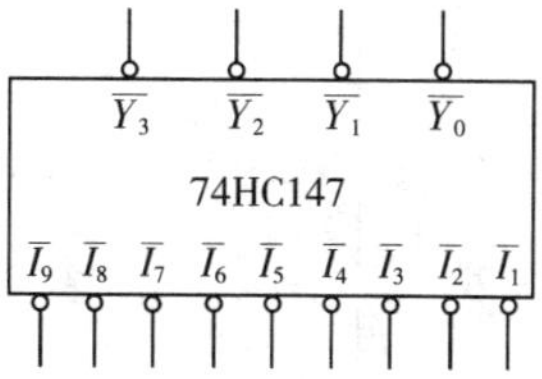

图 11 - 44　74HC147 逻辑符号

表 11 - 22　74HC147 优先编码器真值表(0 编码有效)

输　入									输　出			
$\overline{I}_9$	$\overline{I}_8$	$\overline{I}_7$	$\overline{I}_6$	$\overline{I}_5$	$\overline{I}_4$	$\overline{I}_3$	$\overline{I}_2$	$\overline{I}_1$	$\overline{Y}_3$	$\overline{Y}_2$	$\overline{Y}_1$	$\overline{Y}_0$
0	×	×	×	×	×	×	×	×	0	1	1	0
1	0	×	×	×	×	×	×	×	0	1	1	1
1	1	0	×	×	×	×	×	×	1	0	0	0
1	1	1	0	×	×	×	×	×	1	0	0	1
1	1	1	1	0	×	×	×	×	1	0	1	0
1	1	1	1	1	0	×	×	×	1	0	1	1
1	1	1	1	1	1	0	×	×	1	1	0	0
1	1	1	1	1	1	1	0	×	1	1	0	1
1	1	1	1	1	1	1	1	0	1	1	1	0
1	1	1	1	1	1	1	1	1	1	1	1	1

11.4.5　译码器

译码器的功能和编码器相反，它能将输入的每组代码分别译成特定的输出信号(高电平或低电平)。常用的译码器有二进制译码器、二 — 十进制译码器和显示译码器。

1. 二进制译码器

二进制译码器能将输入的 N 位二进制代码(n 变量全部最小项)译成特定的输出信号，因此也称二进制译码器为 n 变量全部最小项的译码器。常用二进制译码器有 2 线 —4 线译码器、3 线 —8 线译码器、4 线 —16 线译码器等。下面以两位二进制译码器为例，介绍译码器的构成和工作原理。

(1) 两位二进制译码器

两位二进制译码器即 2 线 —4 线译码器(或 2/4 译码器)，是二变量全部最小项的译码器。其逻辑功能如表 11 - 23 所示。它的输入是两位二进制原码，译出 0 有效。

表 11-23　2/4 译码器功能表

输　入			输　出			
$\overline{S}$	A	B	$\overline{Y}_3$	$\overline{Y}_2$	$\overline{Y}_1$	$\overline{Y}_0$
1	×	×	1	1	1	1
0	0	0	1	1	1	0
0	0	1	1	1	0	1
0	1	0	1	0	1	1
0	1	1	0	1	1	1

由表 11-23 可写出各输出函数式

$$\overline{Y}_0=\overline{\overline{A}\,\overline{B}}=\overline{m}_0;\quad \overline{Y}_1=\overline{\overline{A}B}=\overline{m}_1;\quad \overline{Y}_2=\overline{A\overline{B}}=\overline{m}_2;\quad \overline{Y}_3=\overline{AB}=\overline{m}_3$$

2/4 译码器的逻辑电路如图 11-45 所示。

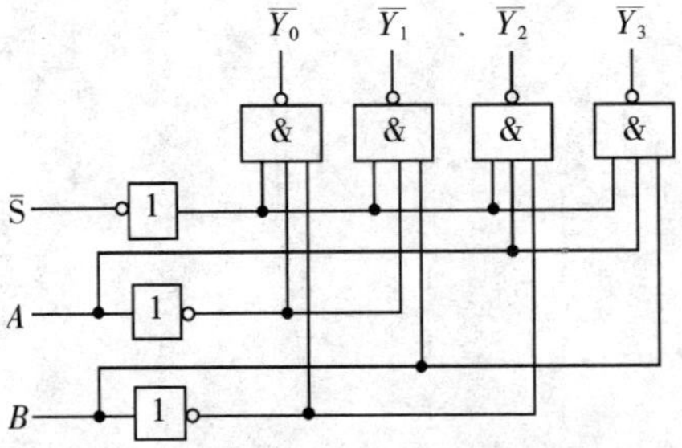

图 11-45　2 线—4 线译码器

(2) 集成二进制译码器

常用集成二进制译码器有 74HC139，它是双 2/4 译码器，逻辑符号如图 11-46(a) 所示。另一种典型的集成二进制译码器是 74HC138(3/8 译码器)，是三变量全部最小项的译码器。其功能如表 11-24 所示。它有 3 个输入端 A_2、A_1、A_0，8 个输出端 $\overline{Y}_7\sim\overline{Y}_0$，输出低电平有效。$S_1\overline{S}_2\overline{S}_3$ 为使能输入端，当 $S_1\overline{S}_2\overline{S}_3=100$ 时，译码器工作，否则译码器禁止，输出全 1。74HC138 的逻辑符号如图 11-46(b) 所示。

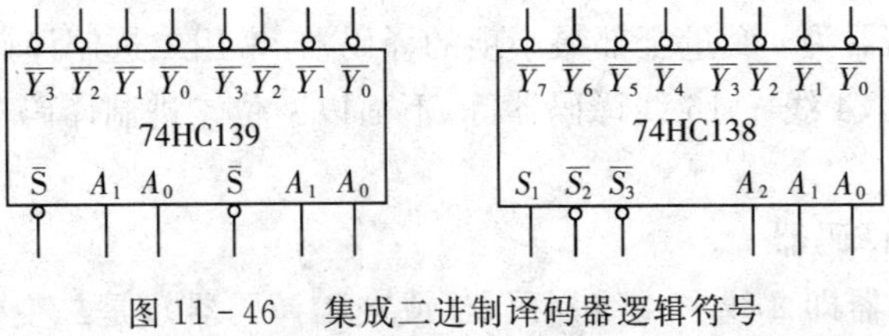

图 11-46　集成二进制译码器逻辑符号

(a) 双 2/4 译码器 74HC139　(b) 3/8 译码器 74HC138

表 11－24　3/8 译码器 74HC138 功能表

输入						输出							
S_1	$\overline{S}_2$	$\overline{S}_3$	A_2	A_1	A_0	$\overline{Y}_7$	$\overline{Y}_6$	$\overline{Y}_5$	$\overline{Y}_4$	$\overline{Y}_3$	$\overline{Y}_2$	$\overline{Y}_1$	$\overline{Y}_0$
×	1	×	×	×	×	1	1	1	1	1	1	1	1
×	×	1	×	×	×	1	1	1	1	1	1	1	1
0	×	×	×	×	×	1	1	1	1	1	1	1	1
1	0	0	0	0	0	1	1	1	1	1	1	1	0
1	0	0	0	0	1	1	1	1	1	1	1	0	1
1	0	0	0	1	0	1	1	1	1	1	0	1	1
1	0	0	0	1	1	1	1	1	1	0	1	1	1
1	0	0	1	0	0	1	1	1	0	1	1	1	1
1	0	0	1	0	1	1	1	0	1	1	1	1	1
1	0	0	1	1	0	1	0	1	1	1	1	1	1
1	0	0	1	1	1	0	1	1	1	1	1	1	1

2. 二 — 十进制译码器

74HC42 是 4 线 —10 线译码器，能将二 — 十进制数(8421BCD 码) 译成对应的低电平。它没有使能端，其逻辑符号如图 11－47 所示。

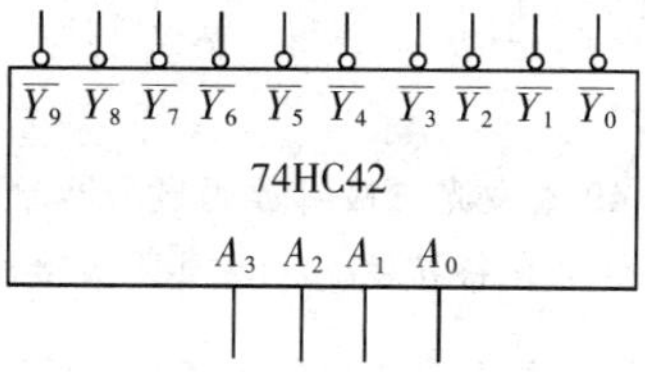

图 11－47　二 — 十进制译码器逻辑符号

3. 显示译码器

在数字系统中，常常需要将数字以十进制的形式显示出来，供人们直观地读取。能够显示数字的器件称为数码显示器。而在数字电路中，数字量都是以代码(如 8421BCD 码、2421BCD 等) 的形式出现的，将数字量的代码翻译成数码显示器所能识别的信号的电路称为数码显示译码器。下面，先介绍数码显示器，再说显示译码器。

(1) 数码显示器

数码显示器可由发光二极管构成。由发光二极管构成的七段数码显示器，如图 11－48(a) 所示。

七段数码显示器就是将七个发光二极管按一定的方式排列，每个发光二极管呈现一个发光段，每个发光段分别有一个代号 a、b、c、d、e、f、g(小数点 DP)，利用不同发光段的组合，显示不同的阿拉伯数字，如图 11－48(b) 所示。

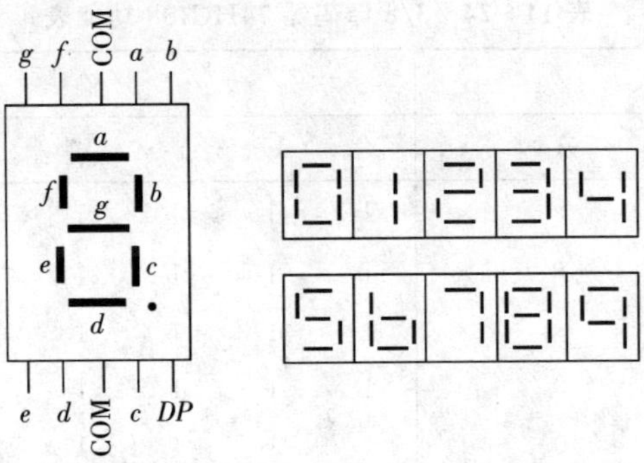

(a)　　　　　　　　(b)

图 11-48　七段数码显示器

(a) 符号　(b) 段组合数字

按显示器内部连接方式不同，七段数码显示器分为共阳极和共阴极两种。

共阳极数码显示器的原理电路如图 11-49(a) 所示，其驱动电平为“0”；共阴极数码显示器的原理电路如图 11-49(b) 所示，驱动电平为“1”。

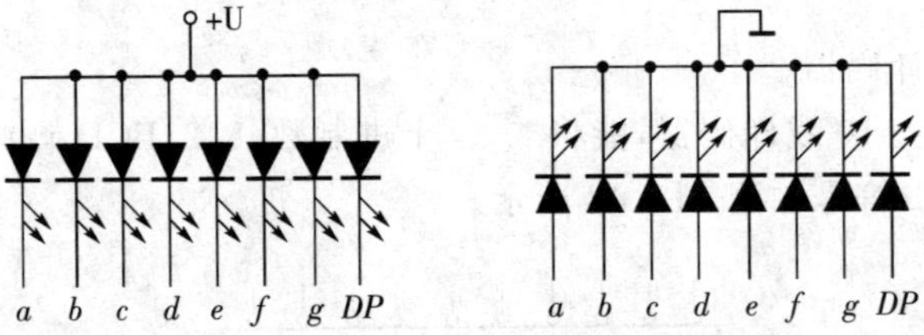

(a)　　　　　　　　(b)

图 11-49　发光二极管数码显示器原理电路

(a) 共阳极接法　(b) 共阴极接法

发光二极管显示器的优点是工作电压较低(1.6 ～ 3V)、体积小、寿命长、亮度高、响应速度快、工作可靠性高。缺点是工作电流大，每个字段的工作电流约为 10mA。

(2) 数码显示译码器

常用的数码显示译码器有 74HC248 和 74HC247 等。74HC248 是一种驱动共阴极数码显示器的专用译码器，它的功能是将输入的 8421BCD 码转换成显示器所需的七个段信号 $a \sim g$，其逻辑功能见表 11-25。当输入 $A_3A_2A_1A_0$ 为 8421BCD 码的伪码 1010 ～ 1111 时，显示器无任何显示。

表 11-25　七段显示译码器 74HC248 的功能表

输入				输出							显示字形
A_3	A_2	A_1	A_0	a	b	c	d	e	f	g	
0	0	0	0	1	1	1	1	1	1	0	
0	0	0	1	0	1	1	0	0	0	0	
0	0	1	0	1	1	0	1	1	0	1	
0	0	1	1	1	1	1	1	0	0	1	

（续表）

输入				输出							显示字形
A_3	A_2	A_1	A_0	a	b	c	d	e	f	g	
0	1	0	0	0	1	1	0	0	1	1	4
0	1	0	1	1	0	1	1	0	1	1	5
0	1	1	0	0	0	1	1	1	1	1	6
0	1	1	1	1	1	1	0	0	0	0	7
1	0	0	0	1	1	1	1	1	1	1	8
1	0	0	1	1	1	1	0	0	1	1	9

4. 译码器的应用

这里所说的译码器的应用，主要是 n 变量全部最小项译码器的应用。

(1) 译码器功能扩展

利用译码器的使能端可以扩展译码器的容量。将两片 74HC138 扩展为 4 线—16 线译码器的连线图如图 11 - 50 所示。

当 $A_3=0$ 时，(1) 片译码器工作，输出 $\overline{Y}_0 \sim \overline{Y}_7$ 由输入二进制代码 $A_2A_lA_0$ 决定，此时，(2) 片译码器禁止，$\overline{Y}_8 \sim \overline{Y}_{15}$ 输出全 1；当 $A_3=1$ 时，(2) 片译码器工作，输出 $\overline{Y}_8 \sim \overline{Y}_{15}$ 由输入二进制代码 $A_2A_1A_0$ 决定，此时，(1) 片译码器禁止，$\overline{Y}_0 \sim \overline{Y}_7$ 输出全 1；从而实现了 4 线—16 线译码器的功能。

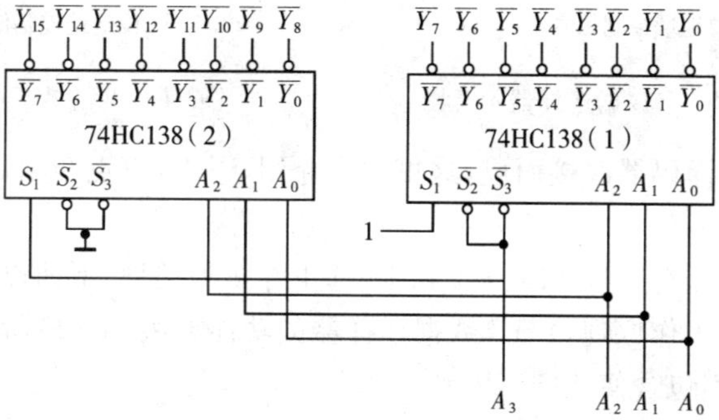

图 11 - 50　两片 74HC138 扩展为 4 线—16 线译码器

(2) 实现组合逻辑函数

由于二进制译码器的每个输出端分别对应一个最小项，因此附加适当的门电路，便可实现任何组合逻辑函数。

【例 11 - 12】　试用译码器设计一个三人表决逻辑电路，结果按“少数服从多数”的原则决定。

【解】　三人多数表决逻辑电路的真值表见表 11 - 17，由表可直接写出逻辑函数的最小项表达式，再转换成与非—与非式

$$L=\overline{A}BC+A\overline{B}C+AB\overline{C}+ABC$$

$$= m_3 + m_5 + m_6 + m_7 = \overline{\overline{m_3} \cdot \overline{m_5} \cdot \overline{m_6} \cdot \overline{m_7}}$$

由式可知，该函数有三个输入变量，所以可用 3 线 —8 线译码器来实现，如图 11－51 所示，用一片 74HC138 加一个与非门即可。

在一片 74HC138 的输出端多加几个与非门，便可同时实现多个逻辑函数。

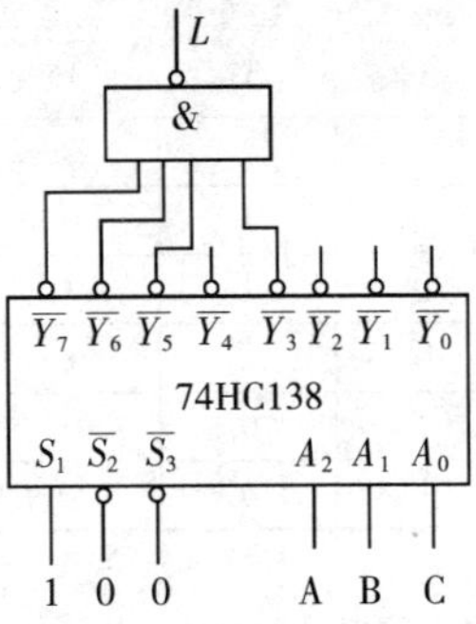

图 11－51　例 11－12 逻辑图

11.4.6　数据选择器和数据分配器

在数据传输系统中，少不了“数据选择器” 和“数据分配器”。功能上，数据选择器和数据分配器互为相反。

数据选择器 —— 在地址码的控制下，从多路输入数据中选择某一路，送到输出端，其作用与图 11－52 所示的多刀单掷开关相似。

数据分配器 —— 在地址码的控制下，将一路输入数据分配给多路输出中的某一路，其作用与图 11－53 所示的单刀多掷开关相似。

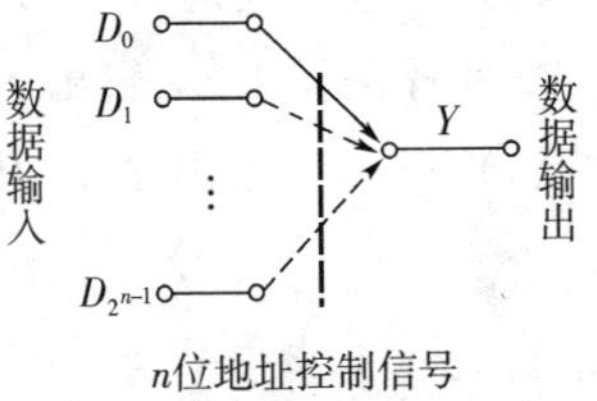

图 11－52　数据选择器示意图

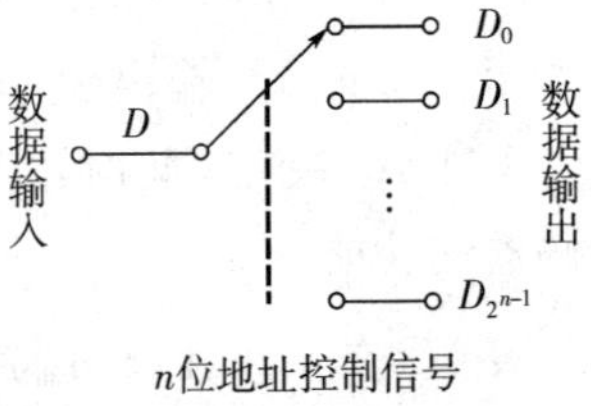

图 11－53　数据分配器示意图

数据分配器可用译码器改接而成，这里不作介绍。下面，重点介绍数据选择器。

1. 数据选择器

常用的数据选择器有 4 选 1、8 选 1 和 16 选 1 等多种类型。下面以 4 选 1 为例介绍数据选择器的基本功能和工作原理。4 选 1 数据选择器的功能如表 11－26 所示。根据功能表，可写出输出逻辑函数式(不包含使能端)

表 11－26　4 选 1 数据选择器功能表

输　入			输　出
$\overline{S}$	A_1	A_0	Y
1	×	×	0
0	0	0	D_0
0	0	1	D_1
0	1	0	D_2
0	1	1	D_3

$$Y=\overline{A}_1\overline{A}_0D_0+\overline{A}_1A_0D_1+A_1\overline{A}_0D_2+A_1A_0D_3 \tag{11-1}$$

4 选 1 数据选择器的逻辑图如图 11－54(a) 所示(附加使能端)，逻辑符号见图 11－54(b)。

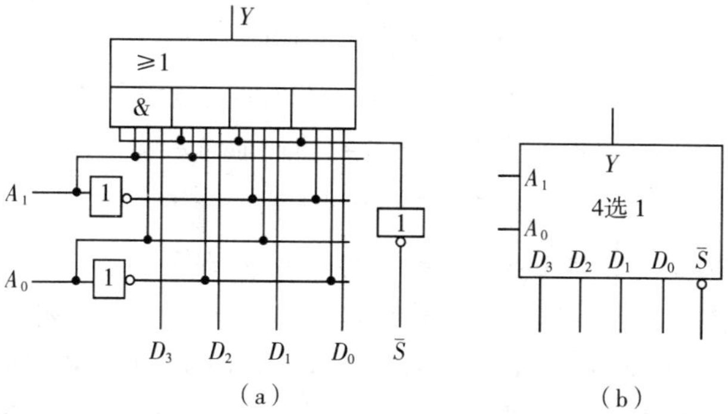

图 11－54　4 选 1 数据选择器

(a) 逻辑图　(b) 逻辑符号

2. 集成数据选择器

74HC153 是双 4 选 1 数据选择器，其逻辑符号如图 11－55(a) 所示，它的地址码 A_1、A_0 为两片 4 选 1 公用，使能输入端 $\overline{S}$ 为低电平有效。

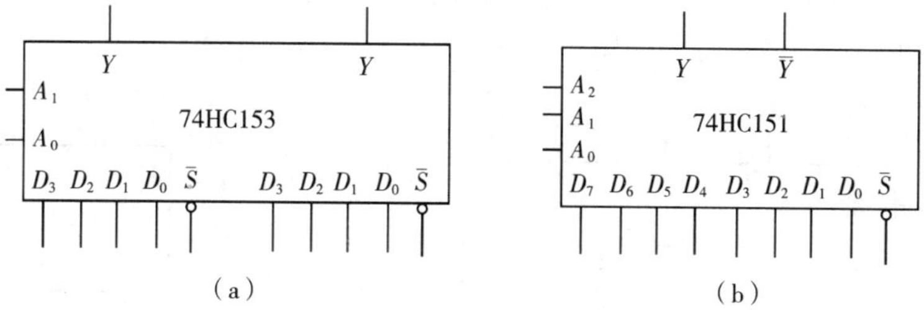

图 11－55　集成数据选择器逻辑符号

(a) 双 4 选 1　(b)8 选 1

图 11－55(b) 是 8 选 1 数据选择器 74HC151 的逻辑符号，它有 8 个数据输入端 $D_0\sim D_7$，3 个地址输入端 A_2、A_1、A_0，2 个互补的输出端 Y 和 $\overline{Y}$，1 个使能输入端 $\overline{S}$，使能端为低电平有效。8 选 1 数据选择器的输出逻辑函数式为

$$\begin{aligned}Y=&\overline{A}_2\overline{A}_1\overline{A}_0D_0+\overline{A}_2\overline{A}_1A_0D_1+\overline{A}_2A_1\overline{A}_0D_2+\overline{A}_2A_1A_0D_3\\&+A_2\overline{A}_1\overline{A}_0D_4+A_2\overline{A}_1A_0D_5+A_2A_1\overline{A}_0D_6+A_2A_1A_0D_7\end{aligned} \tag{11-2}$$

3. 数据选择器的应用

(1) 数据选择器的功能扩展

数据选择器的功能扩展类似译码器功能扩展，读者可自学。

(2) 数据选择器实现组合逻辑函数

具有 n 位地址码的数据选择器，可以产生不多于 $n+1$ 个变量的任意逻辑函数。

【例 11-13】 试用数据选择器设计一个三人表决逻辑电路，结果按“少数服从多数”的原则决定。

【解】 三人多数表决逻辑电路的真值表见表 11-17，由表可直接写出逻辑函数式

$$L = \overline{A}BC + A\overline{B}C + AB\overline{C} + ABC$$

【设计方法一】 用 8 选 1 数据选择器 74HC151 实现逻辑函数 L。

① 将函数的输入变量 ABC 接至数据选择器的地址输入端，权位高低要一一对应，即

$$A_2 = A;\quad A_1 = B;\quad A_0 = C$$

② 将函数的输出变量 L 接至数据选择器的输出端，即 $Y = L$。

③ 将函数 L 的表达式与 74HC151 的输出表达式 11-2 相比较，显然，如果令数据输入端 $D_3 = D_5 = D_6 = D_7 = 1$、$D_0 = D_1 = D_2 = D_4 = 0$，则 74HC151 输出函数就是要实现的函数 L。

④ 根据上述分析画连线图如图 11-56 所示。

【设计方法二】 用 4 选 1 数据选择器实现逻辑函数 L。

① 写出 4 选 1 数据选择器的输出表达式

$Y = \overline{A}_1\overline{A}_0D_0 + \overline{A}_1A_0D_1 + A_1\overline{A}_0D_2 + A_1A_0D_3$

② 将 L 式整理成与 Y 式完全对应的形式 $L = \overline{A}\,\overline{B}\cdot 0 + \overline{A}B\cdot C + A\overline{B}\cdot C + AB\cdot 1$

③ 对照 Y 式与 L 式知，只要令 $A_1 = A$；$A_0 = B$；$D_0 = 0$；$D_1 = C$；$D_2 = C$；$D_3 = 1$ 则数据选择器的输出函数 Y 就是 L 式所表示的逻辑函数。

④ 按照对应关系画连线图，如图 11-57 所示。

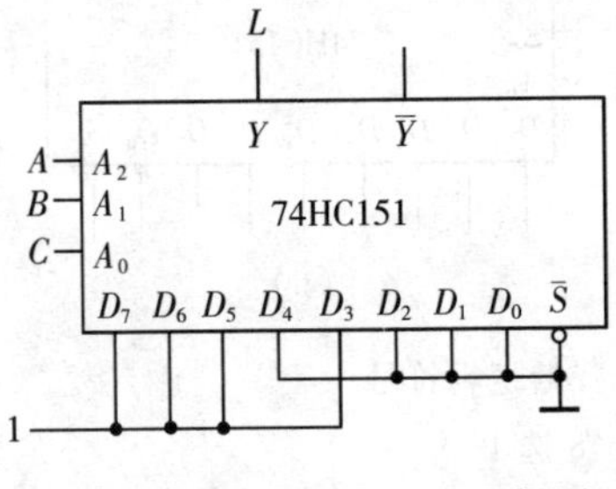

图 11-56 例 11-13 逻辑图 1

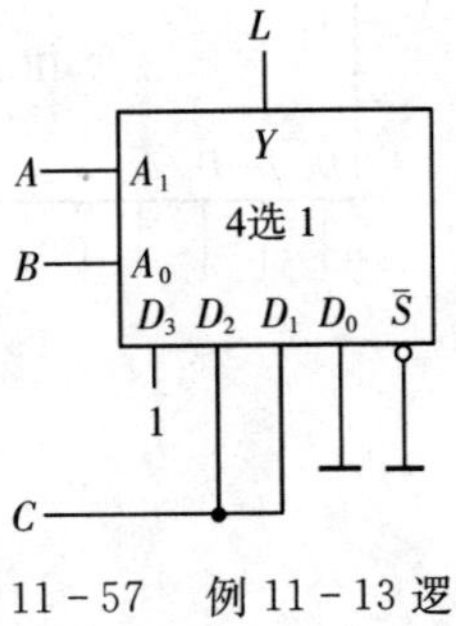

图 11-57 例 11-13 逻辑图 2

总之，若所用数据选择器地址码的位数为 n，则当逻辑函数的变量数等于 n 时，用方法一；当逻辑函数的变量数等于 $n+1$ 时，用方法二；当逻辑函数的变量数等于 $n+2$ 时，应将数据选择器进行功能扩展后再用方法二。

习 题

11-1 将下列二进制数转换为等值的十进制数。

(1)$(110010111)_2$ (2)$(0.1101)_2$ (3)$(1101.101)_2$

11-2 将下列十进制数转换成等值的二进制数，保留小数点后 4 位有效数字。

(1)$(156)_{10}$ (2)$(0.39)_{10}$ (3)$(82.67)_{10}$

11-3 将下列 8421BCD 码转换成十进制数和二进制数。

(1)011010000011 (2)01000101.1001

11－4 证明下列各题，方法不限。

(1)$A\overline{B}+ABC+\overline{A}B+A=A+B$

(2)$\overline{A}\,\overline{B}+A\overline{B}C+A(A+\overline{C})=A+\overline{B}$

(3)$(AB+A\overline{B}+\overline{A}B)(A+\overline{B}+D+\overline{A}B\overline{D})=A+B$

(4)$A\oplus 0=A$

(5)$A\oplus 1=\overline{A}$

(6)$\overline{A\oplus B}=A\odot B$

11－5 用逻辑代数的基本公式将下列逻辑函数化简为最简与－或式。

$Y_1=A\overline{B}+B+\overline{A}B$

$Y_2=A\overline{B}C+\overline{A}+B+\overline{C}$

$Y_3=A\overline{B}CD+ABD+A\overline{C}D$

$Y_4=\overline{\overline{A}BC+A\overline{B}}$

11－6 将下列各函数式化为最小项之和形式。

$Y_1=A\overline{B}C+AC+B\overline{C}$

$Y_2=(A+B)AC$

$Y_3=BC+\overline{\overline{AB}+\overline{C}}$

$Y_4=(A+B)(AC+\overline{D})$

11－7 试画出用与非门实现下列函数的逻辑图。

$Y_1=AB$

$Y_2=A+B$

$Y_3=\overline{A+B}$

$Y_4=AB+CD$

$Y_5=AB+\overline{A}C$

$Y_6=(\overline{A}+B)(A+\overline{B})C+\overline{BC}$

$Y_7=(A\oplus B)C\overline{D}+\overline{A}B\overline{C}+\overline{A}\,\overline{C}D$

11－8 某逻辑电路的输入输出电压波形如图 11－58，试列其真值表，写输出变量 Y 与输入变量 AB 之间的逻辑函数式，指出电路的逻辑功能。

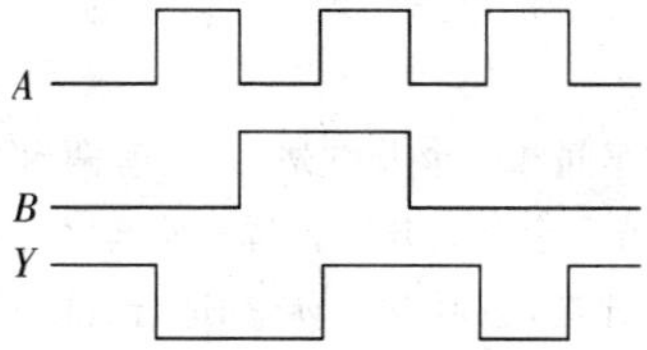

图 11－58 题 11－8 图

11－9 写出图 11－59 电路的输出函数式，证明(a)、(b) 有相同的逻辑功能。

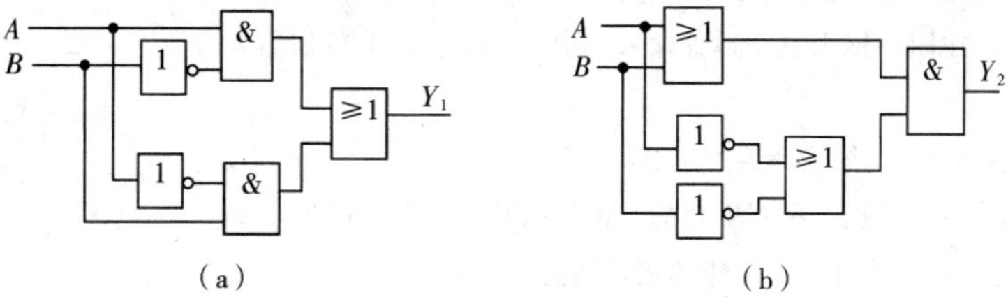

图 11－59 题 11－9 图

11-10　试写出图 11-60 所示逻辑电路的输出函数式并化简，指出电路的逻辑功能。

11-11　图 11-61 是一个选通电路。M 为控制信号，通过 M 电平的高低来选择让 A 还是让 B 从输出端送出。试写逻辑电路的输出函数式并化简，分析电路能否实现上述要求。

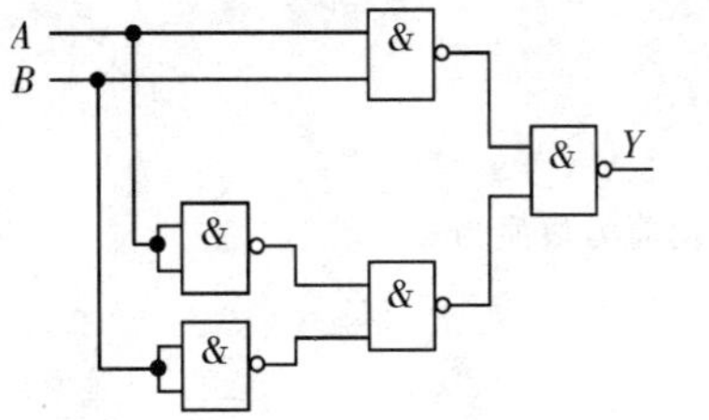

图 11-60　题 11-10 图

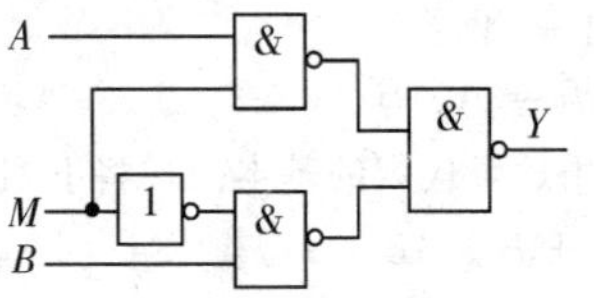

图 11-61　题 11-11 图

11-12　某汽车驾驶员培训班进行结业考试，有 A、B、C 三名评判员，其中 A 为主评判员，B、C 为副评判员。在评判时，按少数服从多数的原则通过，但主评判员认为合格也可通过。试列真值表，写输出逻辑函数式并化简为最简与或式，画逻辑图（基本门类型不限）。

11-13　试设计一个三变量判奇逻辑电路。当三变量 A、B、C 中有奇数个 1 时，电路输出为 1，否则为 0。要求列真值表；写输出逻辑函数的最小项之和表达式；用与非门画逻辑图。

11-14　试用基本门设计一个组合逻辑电路，该电路输入端接收两个两位二进制数 M、N。其中，$M = AB$，$N = CD$，当 $M > N$ 时，输出 $Z = 1$，否则 $Z = 0$。

11-15　试将双 2/4 译码器 74HC139 扩展成 3/8 线译码器。要求画连线图（允许附加必要的门电路）；在图中标出三个输入端 $A_2A_1A_0$ 和八个输出端 $\overline{Y}_7 \sim \overline{Y}_0$。

11-16　试用一片 3/8 译码器 74HC138 和门电路产生如下多输出逻辑函数的逻辑图。

$Y_1 = AC$

$Y_2 = \overline{A}\,\overline{B}C + A\overline{B}\,\overline{C} + BC$

$Y_3 = \overline{B}\,\overline{C} + AB\overline{C}$

11-17　图 11-62 是用双 2 线——4 线译码器 74HC139 组成的逻辑电路，试写出输出变量 Y 与输入变量 A、B、C 之间的逻辑函数式并化简为最简与或式。

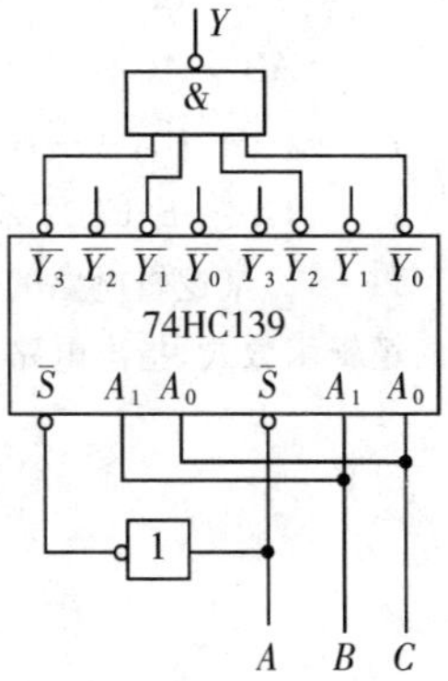

图 11-62　题 11-17 图

11-18　试用 3/8 译码器 74HC138 和门电路实现 11-13 题的逻辑电路，画出逻辑图。

11-19　某工厂有 A、B、C 三个车间和一个发电站，站内有两台发电机 M_1 和 M_2。M_2 的容量是 M_1 的两倍。若一个车间开工，只需 M_1 运行；若两个车间开工，只需 M_2 运行；若三个车间开工，必须 M_1、M_2 都运行。试用 3/8 译码器 74HC138 实现控制 M_1、M_2 运行的逻辑电路。要求列真值表；写输出变量 M_1、M_2 的函数式；画逻辑电路图。

11-20　试将双 4 选 1 数据选择器 74HC153 扩展成 8 选 1 数据选择器。要求画连线图；在图中标出三个地址输入端 $A_2A_1A_0$ 和八个数据输入端 $D_7 \sim D_0$。

11-21　试用 4 选 1 数据选择器产生逻辑函数 $Y = A\overline{B}\,\overline{C} + \overline{A}\,\overline{C} + BC$。

11-22　用 4 选 1 数据选择器实现的某逻辑函数的电路如图 11-63 所示，试写输出逻辑函数式并指出电路的逻辑功能。

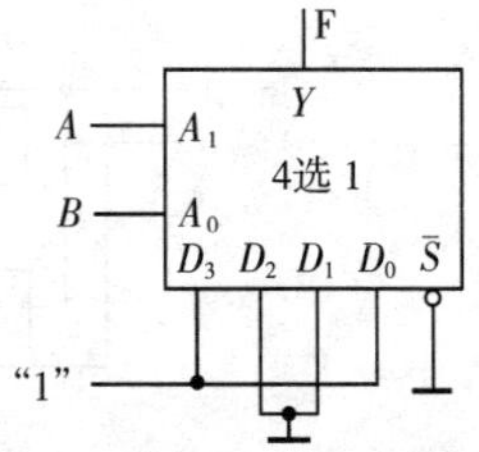

图 11-63　题 11-22 图

11-23　试用 4 选 1 数据选择器实现 11-14 题的逻辑电路，画出逻辑图。

11-24　试用双 4 选 1 数据选择器 74HC153 设计一个一位全加器。要求列真值表(两位加数和低位的进位信号分别用 A、B、C_I 表示;本位和用 S 表示;向高位的进位信号用 C_O 表示);写输出逻辑函数式;画逻辑图。

第12章　时序逻辑电路

根据逻辑功能的不同,数字电路可分为组合逻辑电路和时序逻辑电路两大类。时序逻辑电路的特点是:功能上有记忆,结构上有反馈,即任一时刻的输出状态不仅取决于该时刻的输入状态,还与电路原输出状态有关。

本章将要介绍的时序逻辑电路主要是寄存器和计数器。由于时序逻辑电路的基本单元是触发器,所以下面首先介绍触发器。

12.1　触 发 器

本节介绍的触发器属于双稳态触发器。双稳态触发器必备的特点:具有两个能自行保持的稳态(1 态或 0 态);外加触发信号时,电路的输出状态可以翻转;在触发信号消失后,能将获得的新态保存下来,这体现了触发器的"记忆"功能。双稳态触发器按其逻辑功能可分为 RS 触发器、JK 触发器、D 触发器和 T 触发器等。下面分别介绍这些触发器的组成原理和逻辑功能。

12.1.1　*RS* 触发器

1. 基本 RS 触发器

将两个与非门的输入、输出端交叉耦合就构成了一个基本 RS 触发器,如图 12-1 所示。它与组合逻辑电路的根本区别在于,电路中有反馈。

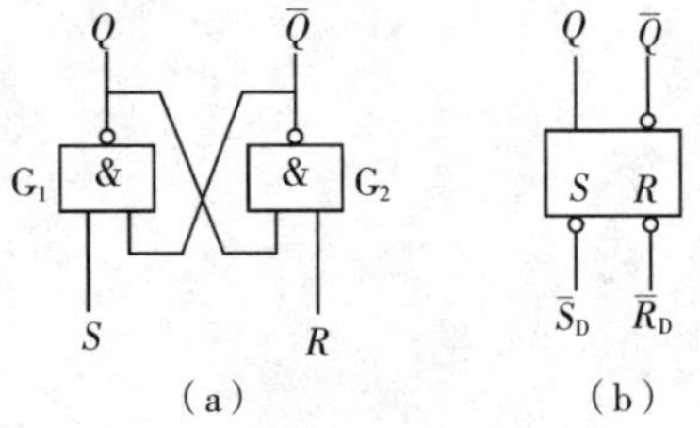

图 12-1　与非门组成的基本 RS 触发器

(a)逻辑图　(b)逻辑符号

从逻辑图上看,它有两个输入端 R、S;有两个输出端(也称观察端)Q、$\bar{Q}$。一般情况下,Q、$\bar{Q}$ 是互补的。规定:$Q=1,\bar{Q}=0$ 为触发器的 1 态;$Q=0,\bar{Q}=1$ 为触发器的 0 态。基本 RS 触发器的逻辑状态见表 12-1。

表 12-1　与非门组成的基本 *RS* 触发器的状态表(0 触发有效)

$\bar{R}_D$	$\bar{S}_D$	Q^n	Q^{n+1}	功能说明
0	0	0 1	1 * 1 *	禁用
0	1	0 1	0 0	清 0(复位)
1	0	0 1	1 1	置 1(置位)
1	1	0 1	0 1	保持原态

表中的 Q^n 为"原态",也称"现态"或"初态";Q^{n+1} 为"新态",也称"次态"。

由表可知,触发器的次态 Q^{n+1} 不仅与输入状态有关,也与触发器原来的状态 Q^n 有关。

表中的" * "号意为:如在 $\bar{R}_D$、$\bar{S}_D$ 端同时触发,使 Q、$\bar{Q}$ 端同时为 1 之后,又让 $\bar{R}_D$、$\bar{S}_D$ 端的触发信号同时消失,则输出状态不确定。这种触发情况应避免。

图 12-1(a)所示电路为低电平触发有效，在它的逻辑符号中，其触发端用圆圈作标记，见图 12-1(b)，并在输入变量上用非号作标记，见图 12-1(b)中的 $\bar{R}_D$、$\bar{S}_D$，脚标 D 为直接触发之意。

【例 12-1】 用与非门组成的基本 RS 触发器如图 12-1(a)所示，设初始状态为 $Q=0$，已知输入 $\bar{R}_D$、$\bar{S}_D$ 端的电压波形如图 12-2 所示，试画 Q、$\bar{Q}$ 端的输出波形图。

【解】 由表 12-1 可画出 Q、$\bar{Q}$ 端的电压波形如图 12-2 所示。

用或非门也可以组成基本 RS 触发器，如图 12-3 所示。或非门组成的基本 RS 触发器为高电平触发有效，所以在它的逻辑符号中，其触发端不用圆圈作标记，见图 12-3(b)。或非门组成的基本 RS 触发器的状态表读者可以自行分析，结果会归纳出：R 端是清零端；S 端是置 1 端。

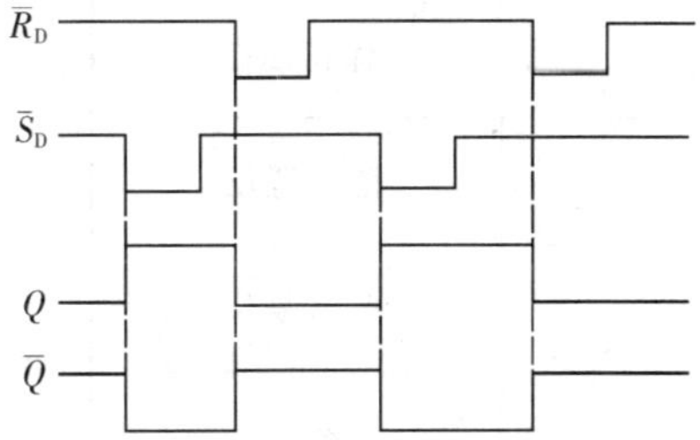

图 12-2　基本 RS 触发器波形分析举例

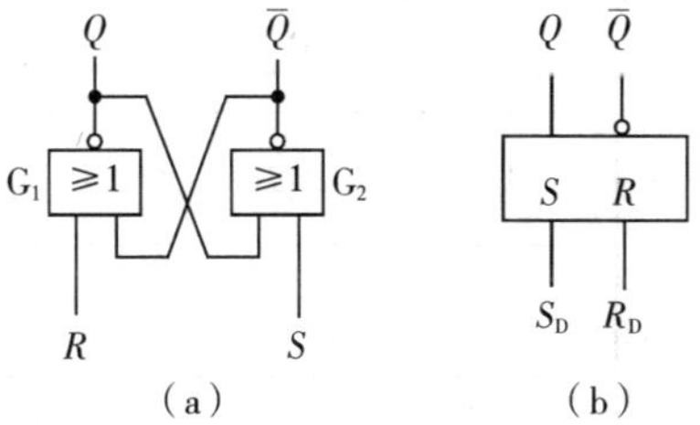

图 12-3　或非门组成的基本 RS 触发器
(a)逻辑图　(b)逻辑符号

综上：基本 RS 触发器具有复位(使 $Q^{n+1}=0$)、置位(使 $Q^{n+1}=1$)、保持原态(使 $Q^{n+1}=Q^n$)等三种功能；R 端为复位端，S 端为置位端，可以是低电平触发有效，触发端记为 $\bar{R}_D$、$\bar{S}_D$，也可以是高电平触发有效，触发端记为 R_D、S_D。

2. 可控 RS 触发器

在实际应用中，我们希望触发器的工作状态不仅由 R、S 端的信号来决定，而且还能在一定的时间控制下翻转。为此，给触发器增加了一个时钟控制端 CP，如图 12-4 所示。它由基本 RS 触发器和 G_3、G_4 门构成。G_3、G_4 为控制门，控制信号为 CP，常用脉冲方波。由图可知，只有在 CP 端出现时钟脉冲(正脉冲，$CP=1$)使 G_3、G_4 门被打开时，R、S 端的触发信号才能起作用。

具有时钟脉冲控制的 RS 触发器，称为可控 RS 触发器，因其状态的改变与时钟脉冲同步，所以也称为同步 RS 触发器。

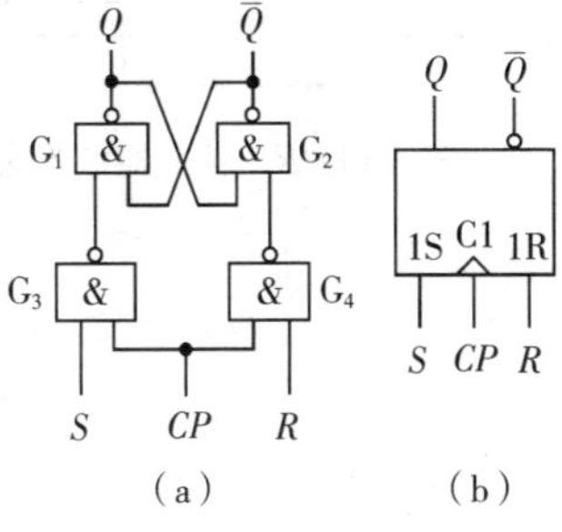

图 12-4　可控 RS 触发器
(a)逻辑图　(b)逻辑符号

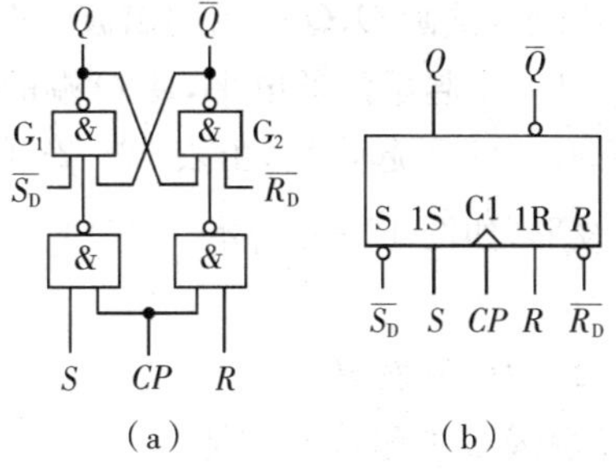

图 12-5　带异步置 1 置 0 端的可控 RS 触发器
(a)逻辑图　(b)逻辑符号

由图 12－4 可知：

当 $CP=0$ 时，控制门 G_3、G_4 关闭，R、S 端的触发信号不能加到基本 RS 触发器的输入端。因此，不管 R、S 端的信号如何变化，触发器的状态保持不变。

当 $CP=1$ 时，控制门 G_3、G_4 打开，R、S 端的触发信号能加到基本 RS 触发器的输入端，RS 触发器的状态将按照 R、S 端的触发情况而翻转。可控 RS 触发器的功能见表 12－2。

表 12－2　可控 RS 触发器的状态表(1 触发有效)

CP	R	S	Q^n	Q^{n+1}	功能说明
0	×	×	0 1	0 1	保持原态
1	0	0	0 1	0 1	保持原态
1	0	1	0 1	1 1	置 1(置位)
1	1	0	0 1	0 0	清 0(复位)
1	1	1	0 1	1＊ 1＊	禁用

由表 12－2 可以看出，图 12－4 所示同步 RS 触发器为高电平触发有效，时钟脉冲 CP 为正脉冲有效，输出状态的转换分别由 CP 和 R、S 控制，其中，触发器何时发生转换由 CP 控制，转换为何种次态由 R、S 控制。对表中“＊”号的解释同前，这里不再重复。

在某些应用场合，有时需要在 CP 的有效电平到达之前，预先将触发器置成指定状态，为此，在图 12－4(a)的电路中，再设置异步清 0 端 $\overline{R}_D$ 和异步置 1 端 $\overline{S}_D$，如图 12－5 所示。

只要在 $\overline{R}_D$ 或 $\overline{S}_D$ 端加上 0，即可立即将触发器清 0 或置 1，不受 CP 的控制。因此，将 $\overline{R}_D$、$\overline{S}_D$ 端称为异步清 0、置 1 端。触发器在时钟 CP 控制下正常工作时，应使 $\overline{R}_D$、$\overline{S}_D$ 处于高电平。

【例 12－2】 可控 RS 触发器如图 12－5(a)所示，已知输入端 R、S 和异步清 0 端 $\overline{R}_D$ 的电压波形如图12－6所示，试画 Q、$\overline{Q}$ 端的输出波形图。

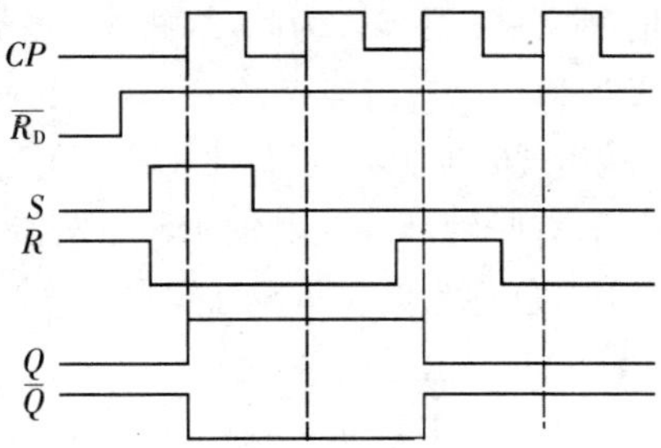

图 12－6　可控 RS 触发器波形分析举例

【解】 $\overline{R}_D$ 端起始的低电平，使 Q 端的初始状态为 0，随后，$\overline{R}_D=1$ 不起作用，由表 12－2 可画出 Q、$\overline{Q}$ 端的电压波形，如图 12－6 所示。

12.1.2　*JK* 触发器

1. *JK* 触发器的组成及功能

图 12－7(a)是主从 JK 触发器的逻辑图，它由两个可控 RS 触发器组成。

主从 JK 触发器的翻转分两个节拍：

当 $CP=1$ 时，主触发器工作，其输出端 Q' 和 $\overline{Q}'$ 随 J、K 端的触发情况而翻转；此时 $\overline{CP}=0$，从触发器被封锁，保持原状态不变。

当 CP 由 1 下跳到 0 时，主触发器被封锁，输入信号 J、K 不再影响主触发器的状态；而此时 $\overline{CP}=1$，从触发器接收主触发器输出端的状态，即 $Q=Q'$。

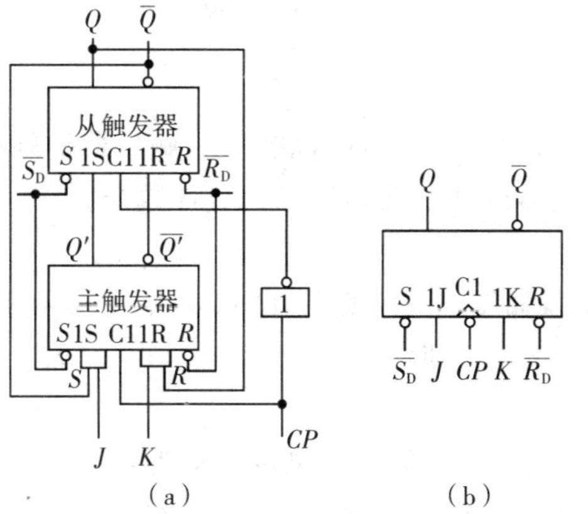

图 12－7 主从 JK 触发器

(a)逻辑图 (b)逻辑符号

主从 JK 触发器的功能见表 12－3。由表可知，主从 JK 触发器具有复位、置位、保持和计数等四种功能。

表 12－3 主从 JK 触发器的状态表(↓触发有效)

J	K	Q^n	Q^{n+1}	功能说明
0	0	0	0	保持原态
		1	1	
0	1	0	0	清 0(复位)
		1	0	
1	0	0	1	置 1(置位)
		1	1	
1	1	0	1	计数
		1	0	

图 12－7(b)是图(a)的逻辑符号，图中的"∧"号表示要求时钟脉冲有跳变，这是主从结构、边沿触发型触发器的通用标记。图 12－7(a)所示触发器，当 CP 由 1 下跳到 0 时，Q^{n+1} 才随 J、K 端的触发情况而翻转，这样的触发器，时钟脉冲的作用沿为下跳沿，其逻辑符号的 CP 端用圆圈作标记，如图 12－7(b)所示。

2. JK 触发器的特性方程

在分析时序逻辑电路的功能时，通常要借助触发器的特性方程。触发器的特性方程即次态 Q^{n+1} 关于触发端和原态的函数。

JK 触发器 Q^{n+1} 的函数式可由表 12－3 写出，化简可得 JK 触发器的特性方程：

$$Q^{n+1}=J\overline{Q^n}+\overline{K}Q^n \tag{12-1}$$

由表 12-3 或者式(12-1)很容易归纳出 JK 触发器的功能特点

$$J=K=0 \text{ 时}, Q^{n+1}=Q^n$$

$$J=K=1 \text{ 时}, Q^{n+1}=\overline{Q^n}$$

$$J\neq K \text{ 时}, Q^{n+1}=J$$

其中，$Q^{n+1}=\overline{Q^n}$ 是触发器的计数状态。计数状态下，触发器的输出状态随时钟脉冲作用沿的到来自动翻转。利用触发器的计数功能可以构成计数器。

3. JK 触发器波形分析

【例 12-3】 JK 触发器如图 12-7 所示，已知输入端 J、K 和异步清 0 端 $\overline{R}_D$ 的电压波形如图 12-8 所示，试画 Q、$\overline{Q}$ 端的输出电压波形。

【解】 $\overline{R}_D$ 端起始的低电平，使 Q 端的初始状态为 0，随后，$\overline{R}_D=1$ 不起作用，由表 12-3 可画出输出 Q、$\overline{Q}$ 的波形如图 12-8 所示。

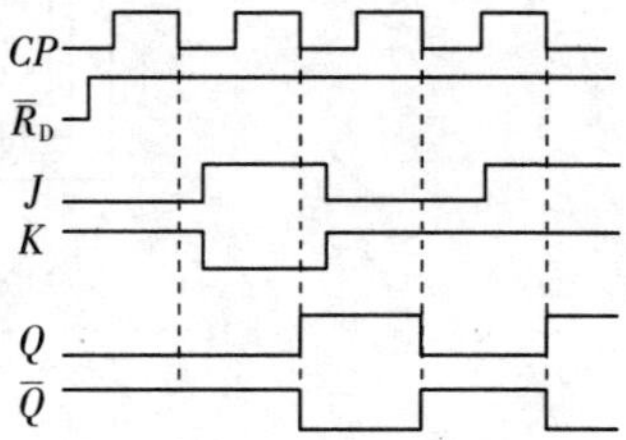

图 12-8　JK 触发器波形分析举例

12.1.3　T 触发器和 D 触发器

1. T 触发器

如果将 JK 触发器的 J 端和 K 端相连作为输入端，就构成了 T 触发器，如图 12-9(a)所示。将 T 取代 J、K 代入 JK 触发器的特性方程(式 12-1)中，得 T 触发器的特性方程

$$Q^{n+1}=T\overline{Q^n}+\overline{T}Q^n=T\oplus Q^n \tag{12-2}$$

由特性方程可求得 T 触发器的状态表，如表 12-4 所示。

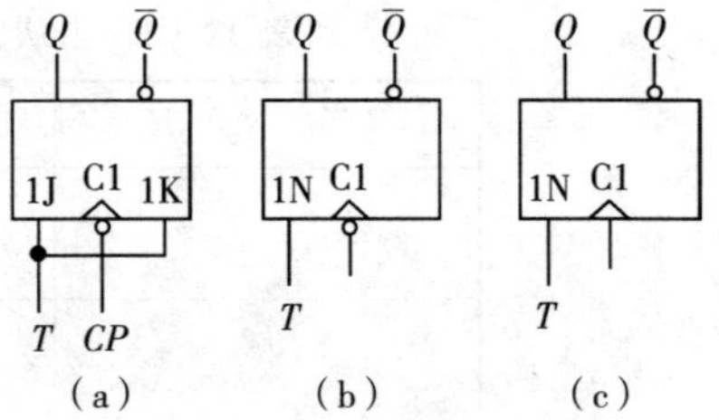

图 12-9　T 触发器

(a)逻辑图　(b)逻辑符号　(c)逻辑符号

表 12-4　T 触发器的状态表

T	Q^n	Q^{n+1}	功能说明
0	0	0	保持
0	1	1	
1	0	1	计数
1	1	0	

图 12-9(b)是图 12-9(a)的逻辑符号，由前述可知，图 12-9(b)所示 T 触发器，CP 的作用沿是下跳沿。如果 CP 的作用沿是上升沿，其逻辑符号应该如图 12-9(c)所示。需要

说明的是，有时钟控制的触发器（简称钟控触发器），都有异步清 0、置 1 端，图 12－9 中没有画出。

2. D 触发器

D 触发器只有一个触发输入端 D，逻辑功能非常简单，如表 12－5 所示。由表 12－5 可直接写出 D 触发器的特性方程

$$Q^{n+1}=D \tag{12-3}$$

如果 D 触发器的逻辑符号如图 12－10 所示，则其时钟 CP 的作用沿是上升沿，异步清 0、置 1 端为 0 有效。D 触发器的 $Q^{n+1}=D$，说明它具有存数功能。利用触发器的存数功能，可以构成寄存器。

表 12－5　D 触发器的状态表

D	Q^n	Q^{n+1}	功能说明
0	0	0	同 D
0	1	0	
1	0	1	同 D
1	1	1	

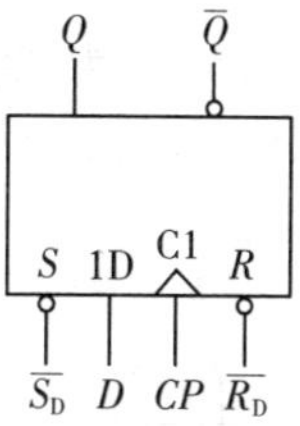

图 12－10　D 触发器逻辑符号

【例 12－4】 设图 12－11 中各触发器的初始状态均为 $Q=0$，试画出在 CP 信号连续作用下，各触发器输出端的电压波形。

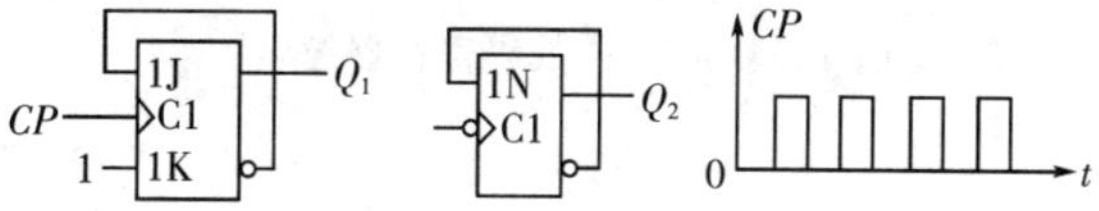

图 12－11　例 12－4 题图

【解】 分析 Q_1 波形：

(1)写驱动方程。　Q_1 的驱动方程为 $J=\overline{Q}$；$K=1$

(2)求状态方程。　将驱动方程代入 JK 触发器的特性方程，可得 Q_1 的状态方程

$$Q^{n+1}=\overline{Q}$$

(3)画 Q_1 波形。　由状态方程和题图知，Q_1 波形对应 CP 上升沿自动翻转。见图12－12中 Q_1 波形。

分析 Q_2 波形：

(1)写驱动方程。　Q_2 的驱动方程为 $T=\overline{Q}$

(2)求状态方程。　将驱动方程代入 T 触发器的特性方程，可得 Q_2 的状态方程 $Q^{n+1}=T\oplus Q=\overline{Q}\oplus Q=1$

(3)画 Q_2 波形。　由状态方程和题图知，Q_2 的波形在 CP 第一个下降沿处翻转一次。见图 12－12 中 Q_2 波形。

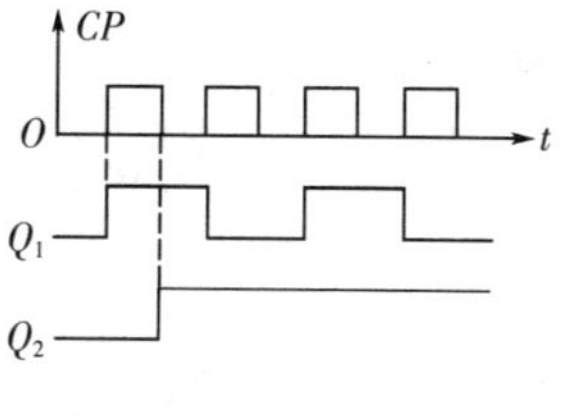

图 12－12　例 12－4 解题图

12.2 寄存器

常用的寄存器有数码寄存器和移位寄存器两大类，下面分别介绍。

12.2.1 数码寄存器（并行寄存器）

数码寄存器——用来暂时存放参与运算的数据或运算结果的时序逻辑电路。

前面介绍的各种触发器，就是一种可以存储一位二进制数的寄存器，用 n 个触发器就可以存储 n 位二进制数。图 12-13 所示是由 D 触发器组成的 4 位数码寄存器。其中，$\overline{R}_D$ 端是异步清零端。$D_3 \sim D_0$ 端是并行数据输入端，CP 为时钟脉冲输入端，$Q_3 \sim Q_0$ 是并行数据输出端。

该电路的数码存储过程为：将需要存储的四位二进制数码从数据输入端 $D_3 \sim D_0$ 接入，在 CP 端送一个时钟脉冲，CP 下降沿作用后，四位数码将并行地出现在输出端，即 $Q_3Q_2Q_1Q_0 = D_3D_2D_1D_0$。

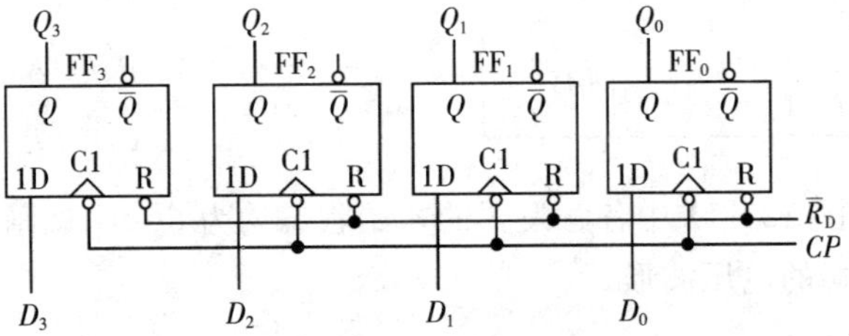

图 12-13 4 位数码寄存器逻辑图

12.2.2 移位寄存器（串行寄存器）

移位寄存器不但可以寄存数码，而且在移位脉冲作用下，寄存器中的数码可根据需要向左或向右移动。移位寄存器也是数字系统和计算机中应用很广泛的基本逻辑部件。

1. 单向移位寄存器

单向移位寄存器分向左移和向右移两种。图 12-14 所示为 D 触发器构成的 4 位右移寄存器。D_I 端为串行数据输入端；Q_0 端为串行数据输出端；$Q_3 \sim Q_0$ 端为并行数据输出端；$\overline{R}_D$ 端为清零端。

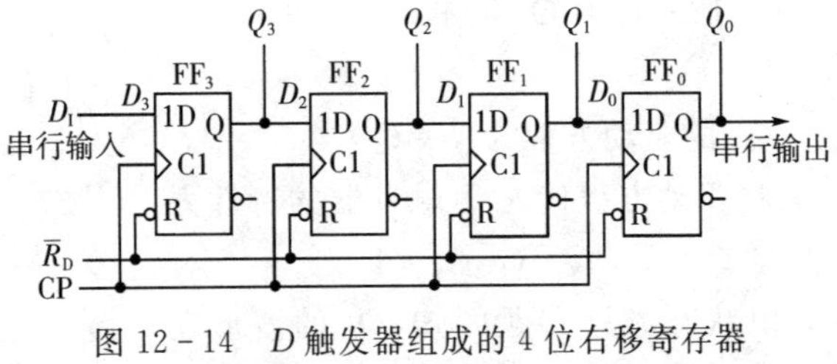

图 12-14 D 触发器组成的 4 位右移寄存器

设清零后，移位寄存器的初始状态为 0000，串行输入的数码为 $D_I = 1101$，右移时，将数码从低位到高位依次输入，而且必须输入一位数码，就输入一个移位脉冲，在 4 个脉冲 CP 之后，4 位数码 1101 就全部存入了寄存器。电路的状态转换过程如表 12－6 所示。

表 12－6　右移寄存器状态转换举例

移位脉冲	输入数码	输　　出			
CP	D_I	Q_3	Q_2	Q_1	Q_0
0		0	0	0	0
1	1	1	0	0	0
2	0	0	1	0	0
3	1	1	0	1	0
4	1	1	1	0	1

移位寄存器的数码可以从 $Q_3 \sim Q_0$ 端并行输出，也可以从 Q_0 端串行输出。串行输出时，必须再输入 4 个移位脉冲。

左移位寄存器的构成及工作过程和右移寄存器类似，不再赘述。

2. 双向移位寄存器

74HC194 是双向移位寄存器。其逻辑符号如图 12－15所示，逻辑功能见表 12－7。

在图 12－15 中，$\overline{R}_D$ 是异步清零端；S_1、S_0 是功能转换端(也称模式选择端)；D_{IR}是右移串行输入端，D_{IL} 是左移串行输入端；$D_3 \sim D_0$ 是并行输入端；$Q_3 \sim Q_0$ 为并行输出端；Q_3 是左移时的串行输出端；Q_0 是右移时的串行输出端。

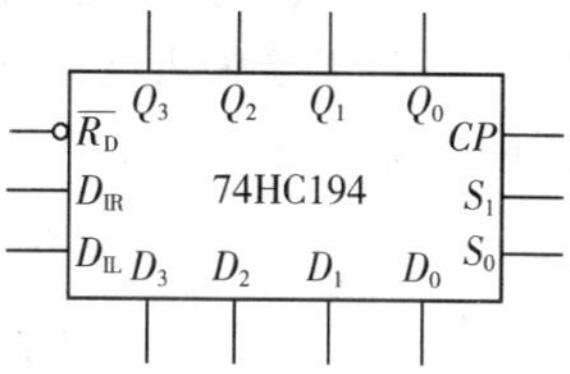

图 12－15　74HC194 的逻辑符号

由表 12－7 可以看出 74HC194 具有如下功能：

当 $\overline{R}_D=0$ 时，立即清零，与其他输入状态及 CP 无关。

当 $\overline{R}_D=1$ 时，通过改变 S_1S_0 的状态，可分别实现保持、右移存数、左移存数和并行存数等 4 种工作方式。

表 12－7　74HC194 的功能表

输　　入										输　　出				功能说明
清零	控制		串行输入		时钟	并行输入								
$\overline{R}_D$	S_1	S_0	D_{IL}	D_{IR}	CP	D_3	D_2	D_1	D_0	Q_3	Q_2	Q_1	Q_0	
0	×	×	×	×	×	×	×	×	×	0	0	0	0	异步清零
1	0	0	×	×	×	×	×	×	×	Q_3	Q_2	Q_1	Q_0	保持
1	0	1	×	1	↑	×	×	×	×	1	Q_3	Q_2	Q_1	右移(向 Q_0 移)
1	0	1	×	0	↑	×	×	×	×	0	Q_3	Q_2	Q_1	
1	1	0	1	×	↑	×	×	×	×	Q_2	Q_1	Q_0	1	左移(向 Q_3 移)
1	1	0	0	×	↑	×	×	×	×	Q_2	Q_1	Q_0	0	
1	1	1	×	×	↑	d_3	d_2	d_1	d_0	d_3	d_2	d_1	d_0	并行存数

12.3　时序逻辑电路的分析方法

上一节已学过的寄存器和下一节将要介绍的计数器都属于时序逻辑电路。寄存器作为时序逻辑电路，其功能分析比较简单，不需要专门的方法。计数器的工作原理要比寄存器复杂得多，必须运用时序逻辑电路的分析方法，才能更好地掌握计数器的工作原理。所以在学习计数器之前，我们先学习时序逻辑电路的分析方法。

根据时钟脉冲 *CP* 引入情况的不同，时序电路分为同步时序电路和异步时序电路两大类。同步时序逻辑电路各触发器的时钟脉冲 *CP* 来自同一个脉冲源；异步时序逻辑电路各触发器的时钟脉冲 *CP* 来自不同的脉冲源，下面以两个例题，分别介绍这两类电路的分析方法。

12.3.1　同步时序逻辑电路的分析方法

【例 12-5】 试分析图 12-16 所示时序逻辑电路的功能并检查电路能否自启动。

【解】 图 12-16 所示时序逻辑电路由三个 *JK* 触发器和两个基本门组成。三个 *JK* 触发器的时钟来自同一个脉冲源，是同步时序逻辑电路，时钟的作用沿为下降沿。此电路无外输入（*CP* 不是输入变量，*CP* 信号只是控制触发器状态转换的操作信号）。同步时序逻辑电路的功能一般按以下步骤分析。

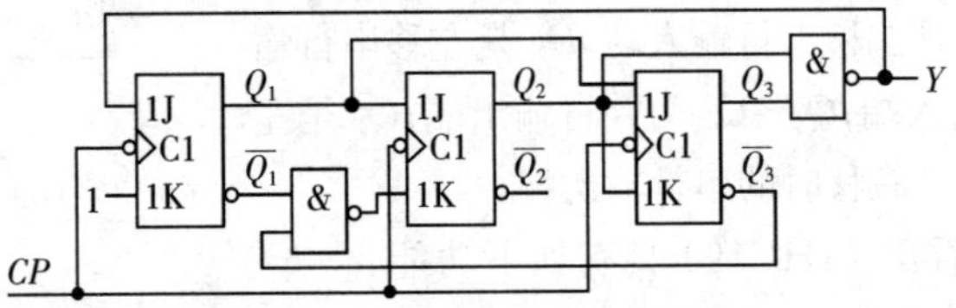

图 12-16　例 12-5 逻辑电路图

1. 写输出方程

$$Y=\overline{Q_3 Q_2}$$

2. 写驱动方程

$$\begin{cases} J_3=Q_2 Q_1; & K_3=Q_2 \\ J_2=Q_1; & K_2=\overline{\bar{Q}_3\ \bar{Q}_1} \\ J_1=\overline{Q_3 Q_2}; & K_1=1 \end{cases}$$

3. 求状态方程

将驱动方程代入 *JK* 触发器的特性方程 $Q^{n+1}=J\bar{Q}^n+\bar{K}Q^n$，便可求得状态方程

$$\begin{cases} Q_3^{n+1}=\bar{Q}_3 Q_2 Q_1+Q_3\bar{Q}_2; \\ Q_2^{n+1}=\bar{Q}_2 Q_1+\bar{Q}_3 Q_2\bar{Q}_1; \\ Q_1^{n+1}=\overline{Q_2 Q_2}\ \bar{Q}_1 \end{cases}$$

上各式中的 Q_3、Q_2、Q_1 均表示触发器的现态，即 Q_3^n、Q_2^n、Q_1^n，为简化书写，省略了右上角的 n。

4. 列状态转换表(简称状态表)

假设电路的初态 $Q_3Q_2Q_1=000$。将 000 代入状态方程，得次态 $Q_3^{n+1}Q_2^{n+1}Q_1^{n+1}=001$；再将 001 作为新的初态代入状态方程，得新的次态 010，如此继续下去，当第七个 CP 作用时，电路回到 000，一次循环结束，这个循环称为主循环，如表 12-8 所示。

表 12-8　例 12-5 电路的状态转换表

CP 的顺序	Q_3	Q_2	Q_1	Y
0	0	0	0	1
1	0	0	1	1
2	0	1	0	1
3	0	1	1	1
4	1	0	0	1
5	1	0	1	1
6	1	1	0	0
7	0	0	0	1
0	1	1	1	0
1	0	0	0	1

5. 检查自启动

图 12-16 所示电路有三个观察端，应该能输出 8 种状态，若电路从任何一个现态开始，随着 CP 的输入，都能进入主循环，则称电路能自启动。检查表 12-8 中的主循环，发现缺少 111 这个状态，将 111 代入状态方程，得次态 000，进入主循环，见表 12-8。此电路能够自启动。

6. 画状态转换图(简称状态图)

根据状态表可画状态转换图，如图 12-17所示。

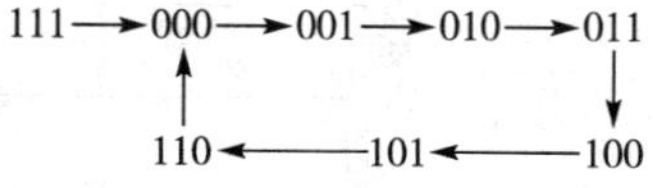

图 12-17　例 12-5 的状态转换图($Q_3Q_2Q_1$)

7. 分析逻辑功能

图 12-16 所示电路具有对时钟信号的计数功能，按照加 1 规律循环变化，每经过 7 个 CP 脉冲，输出端 Y 输出一个脉冲，所以这是一个七进制加法计数器，Y=0 是进位信号。

12.4　计 数 器

在数字系统中，用得最多的就是计数器。计数器可进行加计数、减计数，或加/减兼有的可逆计数。从进制来分，有二进制计数器、十进制计数器(也称二—十进制计数器)等多种。

12.4.1 二进制计数器

1. 异步二进制加法计数器

图 12－18 所示电路为 4 位异步二进制加法计数器，由 4 个下降沿触发的 JK 触发器组成。其中，触发器 FF_0 的时钟端接计数脉冲 CP，其他触发器的时钟端接相邻低位触发器的 Q 端，此电路的功能分析可直接用画时序波形图的方法。

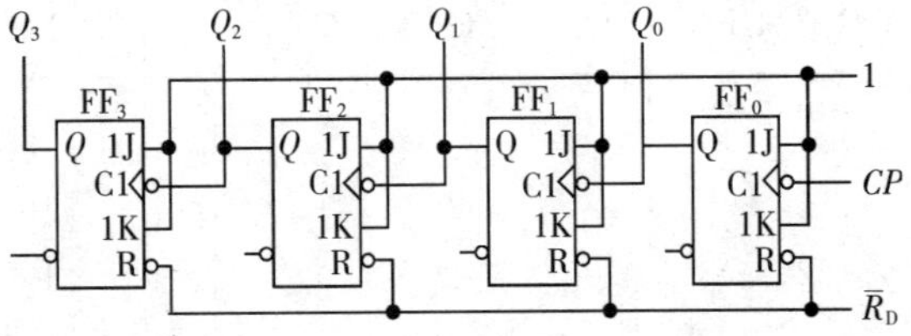

图 12－18 由 JK 触发器组成的 4 位异步二进制加法计数器逻辑图

图中所有 JK 触发器的 $J=K=1$，都处在翻转状态，只要相应时钟脉冲后沿到来，就会有 $Q^{n+1}=\overline{Q}^n$ 出现。因此：Q_0 的状态对应 CP 的下降沿自动翻转；Q_1 的状态对应 Q_0 的下降沿自动翻转；其余类推。该电路的时序波形图如图 12－19 所示。由时序图可见，从初态 0000(由清零所置)开始，随时钟 CP 的输入，计数器的状态按二进制加法规律加 1，所以此电路是 4 位二进制加法计数器。又因该计数器有 0000～1111 共 16 个状态，所以也称其为 16 进制加法计数器或模 16($M=16$)加法计数器。十六进制加法计数器的状态转换图如图 12－20所示。

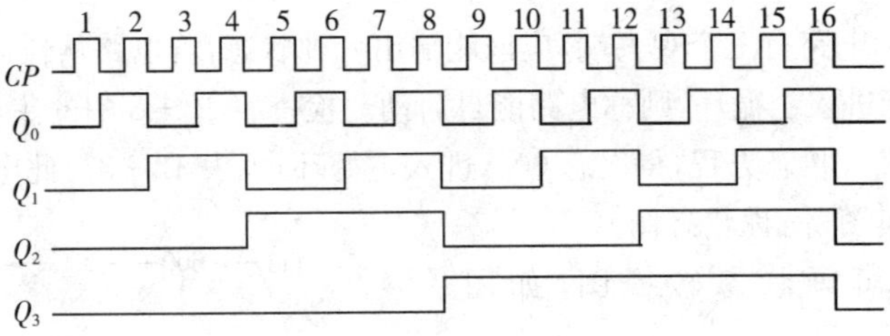

图 12－19 图 12－21 电路的时序图

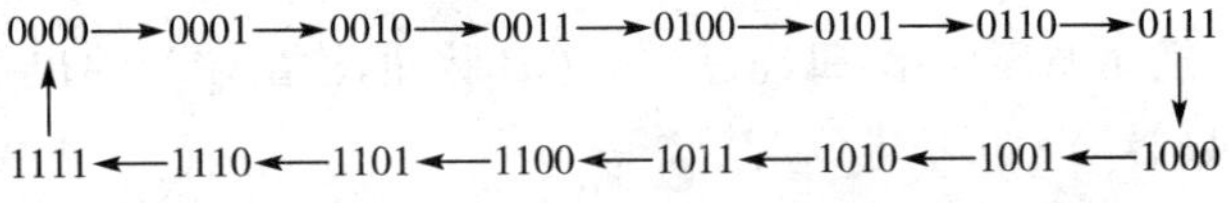

图 12－20 图 12－18 电路的状态图($Q_3Q_2Q_1Q_0$)

计数器除了记录时钟个数以外，另外一个作用是分频。从时序图上可以看出，Q_0、Q_1、Q_2、Q_3 波形的频率分别是计数脉冲 CP 频率的(1/2)倍、(1/4)倍、(1/8)倍、(1/16)倍，也就是说，Q_0、Q_1、Q_2、Q_3 分别对 CP 波形进行了二分频、四分频、八分频和十六分频，因而 Q_0、Q_1、Q_2、Q_3 端被分别称为二分频、四分频、八分频和十六分频端。

异步二进制计数器结构简单，改变级联触发器的个数，就可以很方便地改变二进制计数器的位数，n 个触发器可构成 n 位二进制计数器或模 2^n 计数器，或 $2^1 \sim 2^n$ 分频器。

2. 同步二进制加法计数器

图 12－21 所示电路为 4 位同步二进制加法计数器，由 4 个 T 触发器组成。

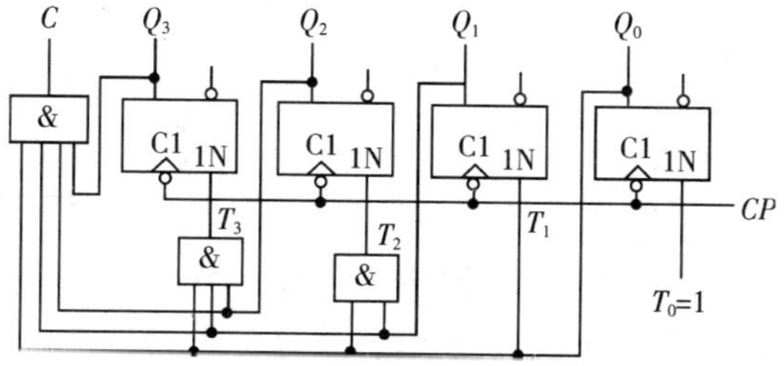

图 12－21　由 T 触发器组成的 4 位同步二进制加法计数器逻辑图

各触发器的驱动方程分别为

$$T_0 = 1$$

$$T_1 = Q_0$$

$$T_2 = Q_1 Q_0$$

$$T_3 = Q_2 Q_1 Q_0$$

由于该电路的驱动方程规律性较强，所以，可根据 T 触发器的功能特点，直接画时序波形图。大致分析如下：

因为 $T_0 = 1$，所以 Q_0 波形对应计数脉冲 CP 的下降沿自动翻转；

因为 $T_1 = Q_0$，所以当 $Q_0 = 1$ 时，Q_1 波形对应 CP 的下降沿自动翻转；

因为 $T_2 = Q_1 Q_0$，所以当 $Q_1 Q_0 = 1$ 时，Q_2 波形对应 CP 的下降沿自动翻转；

因为 $T_3 = Q_2 Q_1 Q_0$，所以当 $Q_2 Q_1 Q_0 = 1$ 时，Q_3 波形对应 CP 的下降沿自动翻转。

时序波形图读者可自行画出，结果和图 12－19 完全一样。

3. 集成二进制计数器举例

对于集成计数器，应重点掌握外部使用，集成电路内部各触发器的时钟是同步还是异步已不重要，所以在下面的叙述中，不再特别强调。

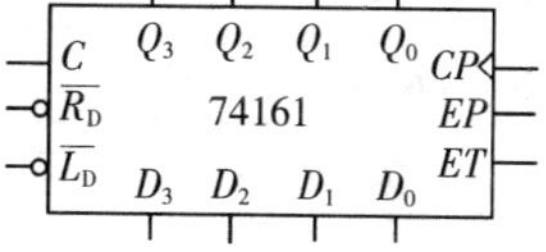

图 12－22　74161 逻辑符号

(1)集成 4 位二进制加法计数器 74161

74161 的逻辑符号如图 12－22 所示，功能如表 12－9 所示，由表可知，74161 具有以下功能：

表 12-9　74161 的功能表

清零	预置	使能		时钟	预置数据输入				输出				工作模式
$\bar{R}_D$	$\overline{LD}$	EP	ET	CP	D_3	D_2	D_1	D_0	Q_3	Q_2	Q_1	Q_0	
0	×	×	×	×	×	×	×	×	0	0	0	0	异步清零
1	0	×	×	↑	d_3	d_2	d_1	d_0	d_3	d_2	d_1	d_0	同步置数
1	1	0	×	×	×	×	×	×	保　持				数据保持
1	1	×	0	×	×	×	×	×	保　持				数据保持
1	1	1	1	↑	×	×	×	×	十六进制计数				加法计数

①异步清零。$\bar{R}_D$ 端是异步清零的控制端。当 $\bar{R}_D=0$ 时，不管其他输入端的状态如何，不论有无时钟脉冲 CP，计数器输出将被直接清零（$Q_3Q_2Q_1Q_0=0000$），所以称为异步清零。

②同步并行预置数。$\overline{LD}$端是预置数的控制端。当 $\bar{R}_D=1$、$\overline{LD}=0$ 时，在输入时钟脉冲 CP 上升沿的作用下，并行输入端的数据 $d_3d_2d_1d_0$ 被置入计数器的输出端，即 $Q_3Q_2Q_1Q_0=d_3d_2d_1d_0$。由于这个操作要与 CP 上升沿同步，所以称为同步预置数。

③计数。EP、ET 是功能转换端。当 $EP=ET=1$ 且 $\bar{R}_D=\overline{LD}=1$ 时，在 CP 上升沿的作用下，计数器进行二进制加法计数。

④保持。当 $EP\cdot ET=0$，且 $\bar{R}_D=\overline{LD}=1$ 时，计数器保持原态不变。

⑤进位。C 端是进位输出端，进位函数 $C=Q_3Q_2Q_1Q_0$，当电路输出状态为 1111 时，$C=1$，高电平进位。

(2)集成 4 位二进制可逆计数器 74191

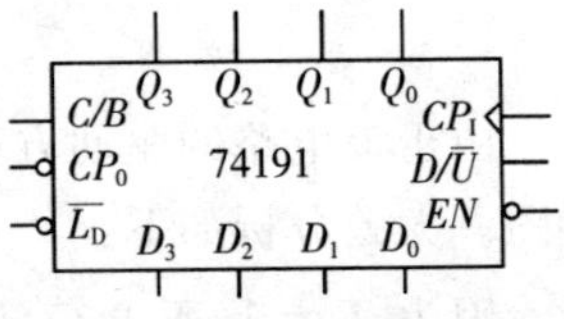

图 12-23　74191 逻辑符号

既能作加计数又能作减计数的计数器称为可逆计数器。图 12-23 是集成 4 位二进制可逆计数器 74191 的逻辑符号，其中$\overline{LD}$是异步预置数控制端，0 有效；D_3、D_2、D_1、D_0 是预置数据输入端；EN 是使能端，0 有效；$D/\overline{U}$ 是加/减控制端，为 0 时作加计数，为 1 时作减计数；C/B 是进位/借位输出端；CP_I 是计数脉冲输入端；CP_O 是时钟输出端，当 $C/B=1$ 时，在下一个 CP_I 上升沿到达前，CP_O 有一个负脉冲输出。

74191 的功能表如表 12-10 所示，由功能表读者可自行了解 74191 所具有的功能。

表 12-10　74191 的功能表

预置	使能	加/减控制	时钟	预置数据输入				输出				工作模式
$\overline{LD}$	EN	$D/\overline{U}$	CP_I	D_3	D_2	D_1	D_0	Q_3	Q_2	Q_1	Q_0	
0	×	×	×	d_3	d_2	d_1	d_0	d_3	d_2	d_1	d_0	异步置数
1	1	×	×	×	×	×	×	保　持				数据保持
1	0	0	↑	×	×	×	×	加法计数				加法计数
1	0	1	↑	×	×	×	×	减法计数				减法计数

12.4.2　十进制计数器

十进制计数器是在二进制计数器的基础上构成的。和二进制计数器类似，十进制计数器也分同步和异步两种构成形式。实用中最多的是输出 8421BCD 码的十进制计数器，所以下面分别介绍同步、异步 8421BCD 码十进制计数器。

1. 同步十进制计数器

图 12 - 24 所示为 8421BCD 码同步十进制加法计数器的逻辑图，它由 4 个下降沿触发的 JK 触发器组成。各触发器的驱动方程分别为

$$J_0 = 1 \qquad K_0 = 1$$
$$J_1 = \bar{Q}_3^n Q_0^n \qquad K_1 = Q_0^n$$
$$J_2 = Q_1^n Q_0^n \qquad K_2 = Q_1^n Q_0^n$$
$$J_3 = Q_2^n Q_1^n Q_0^n \qquad K_3 = Q_0^n$$

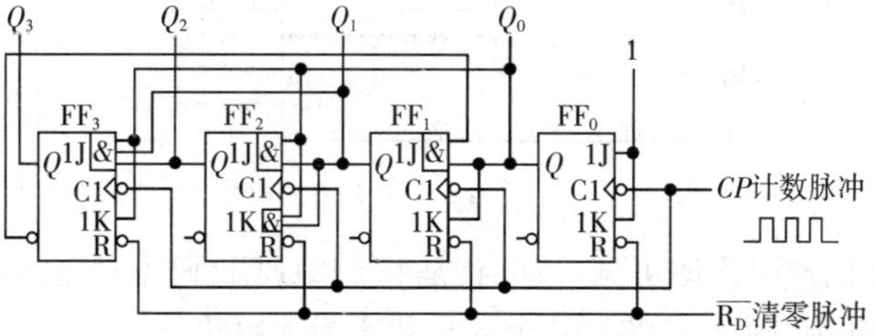

图 12 - 24　8421BCD 码同步十进制加法计数器的逻辑图

用同步时序逻辑电路分析方法，读者可以写出状态方程，最后将得到如表12 - 11所示的状态转换表，进而可作出状态图，如图 12 - 25 所示，时序波形图如图 12 - 26 所示。

表 12 - 11　图 12 - 24 电路的状态转换表

脉冲顺序	Q_3	Q_2	Q_1	Q_0
0	0	0	0	0
1	0	0	0	1
2	0	0	1	0
3	0	0	1	1
4	0	1	0	0
5	0	1	0	1
6	0	1	1	0
7	0	1	1	1
8	1	0	0	0
9	1	0	0	1
0	1	0	1	0
1	1	0	1	1
2	0	1	0	0
0	1	1	0	0
1	1	1	0	1
2	0	1	0	0
0	1	1	1	0
1	1	1	1	1
2	0	0	0	0

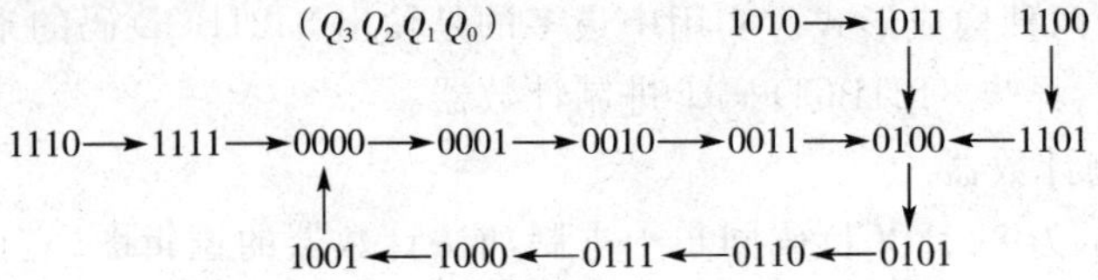

图 12-25　图 12-24 电路的状态图

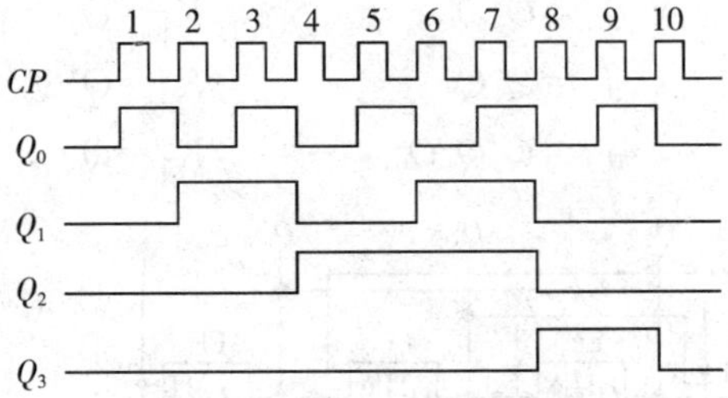

图 12-26　图 12-24 电路的时序图

由状态表、状态图或时序图可见，该电路是一 8421BCD 码十进制加法计数器，电路能够自启动。其有效循环为 0000～1001，其余 6 种状态为无效状态。

2. 异步十进制计数器

图 12-27 是 74290 型异步二—五—十进制加法计数器的逻辑图。它包含一个独立的 1 位二进制计数器，由 FF_0 组成；还包含一个独立的异步五进制计数器，由 FF_1～FF_3 组成。

电路作二进制计数器时，时钟 CP 从 CP_0 端输入，输出端为 Q_0，能输出 0、1 两个状态；作五进制计数器时，时钟 CP 从 CP_1 端输入，输出端为 $Q_3Q_2Q_1$，能输出 000～100 五个状态；作十进制计数器时，必须将 Q_0 与 CP_1 相连，时钟 CP 从 CP_0 端输入，输出端为 $Q_3Q_2Q_1Q_0$，能输出 0000～1001 十个状态。故称其为二—五—十进制加法计数器。

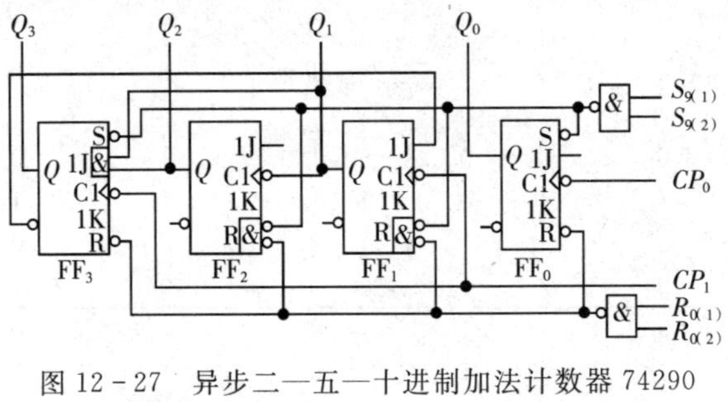

图 12-27　异步二—五—十进制加法计数器 74290

表 12-12 是 74290 的功能表。由表可知，74290 具有以下功能：

(1)异步清零。当清零端 $R_{0(1)}=R_{0(2)}=1$，且置 9 端 $S_{9(1)}=S_{9(2)}=0$ 时，不论有无时钟脉冲 CP，计数器输出将被直接置零(即 $Q_3Q_2Q_1Q_0=0000$)。

(2)异步置 9。当置 9 端 $S_{9(1)}=S_{9(2)}=1$，且置 0 端 $R_{0(1)}=R_{0(2)}=0$ 时，不论有无时钟脉冲 CP，计数器输出将被直接置 9(即 $Q_3Q_2Q_1Q_0=1001$)。

(3)计数。当 $R_{0(1)}=R_{0(2)}=S_{9(1)}=S_{9(2)}=0$ 时，在计数脉冲(下降沿)作用下，进行二—

五一十进制加法计数。

表 12-12　74290 的功能表

置 0 端		置 9 端		时钟	输出				工作模式
$R_{0(1)}$	$R_{0(2)}$	$S_{9(1)}$	$S_{9(2)}$	CP	Q_3	Q_2	Q_1	Q_0	
1	1	0	0	×	0	0	0	0	异步清零
0	0	1	1	×	1	0	0	1	异步置 9
0	0	0	0	↓	计数				加法计数

3. 集成十进制计数器举例 *

(1)集成十进制加法计数器 74160

集成十进制加法计数器 74160 的逻辑符号和四位二进制加法计数器 74161(见图 12-22)的完全相同,功能表也可参见 74161 的功能表(见表 12-9)。和 74161 相比,不同之处有两点:一是 74161 输出 0000~1111 十六种状态;74160 输出 0000~1001 十种状态。二是 74161 的进位函数 $C=Q_3Q_2Q_1Q_0$,电路输出为 1111 时,向高位进位;74160 的进位函数 $C=Q_3Q_0$,电路输出为 1001 时,向高位进位。

(2)集成十进制可逆计数器 74190

集成十进制可逆计数器 74190 的逻辑符号和二进制可逆计数器 74191(见图 12-23)的完全相同,功能表也可参见 74191 的功能表(见表 12-10)。和 74191 相比,不同之处在于 74191 是十六进制可逆,74190 是十进制可逆。

(3)集成二一五一十进制加法计数器 74290

这里所说的集成二一五一十进制加法计数器 74290,即图 12-27 所示异步二一五一十进制加法计数器 74290,其逻辑符号如图 12-28 所示。图 12-29 是将 74290 构成十进制时的连线图。

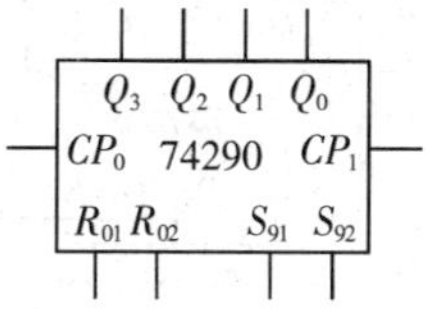

图 12-28　74290 的逻辑符号

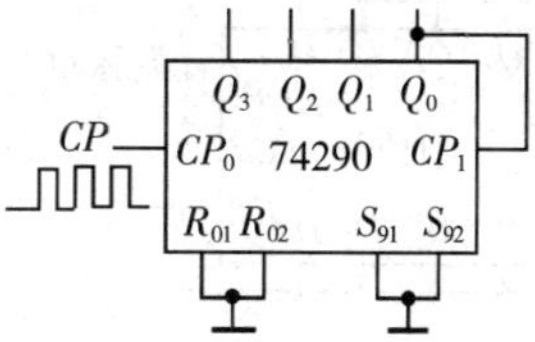

图 12-29　74290 构成十进制的连线图

12.4.3　任意进制计数器的构成

目前,集成计数器的定型产品主要是二进制和十进制,在需要其他进制的计数器时,用已有的计数器经过外部电路的不同连接来得到。常用连接形式有"清零法"和"置数法"。

1. 清零法

清零法利用计数器的清零端 $\overline{R}_D$ 端来实现。

【例 12-6】 试用十进制计数器 74160 构成六进制计数器,用清零法。

【解】 74160 的 $\bar{R}_D$ 是异步清零控制端,用异步清零法构成六进制计数器时,必须利用计数器的第七个状态译码,使 $\bar{R}_D=0$。

(1)列状态转换表。根据题意,可列状态转换表如表 12-13 所示。

表 12-13 例 12-6 状态转换表

CP 顺序	Q_3	Q_2	Q_1	Q_0	状态数
0	0	0	0	0	1
1	0	0	0	1	2
2	0	0	1	0	3
3	0	0	1	1	4
4	0	1	0	0	5
5	0	1	0	1	6
6	0 0	1 0	1 0	0 0	7 暂态 稳态

(2)写清零函数。由表 12-13 可知,要在第七个状态 0110 时使 $\bar{R}_D=0$,清零函数可以为 $\bar{R}_D=\overline{Q_2Q_1}$。

(3)画连线图。根据 $\bar{R}_D=\overline{Q_2Q_1}$ 画连线图,如图 12-30 所示。电路利用 0110 状态清零,而 $\bar{R}_D$ 端是异步清零端,一旦 $\bar{R}_D=0$,不等下一个 CP 到来,电路就立即清零,所以 0110 状态是个过渡状态,不能记入有效循环,电路有效循环的六个稳态为:

$$0000\to0001\to0010\to0011\to0100\to0101\to0000$$

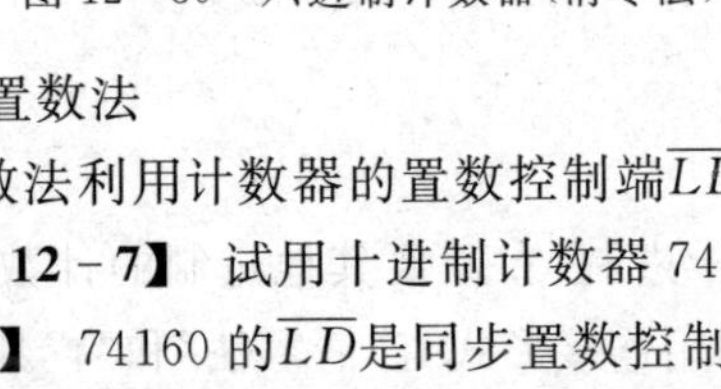

图 12-30 六进制计数器(清零法)

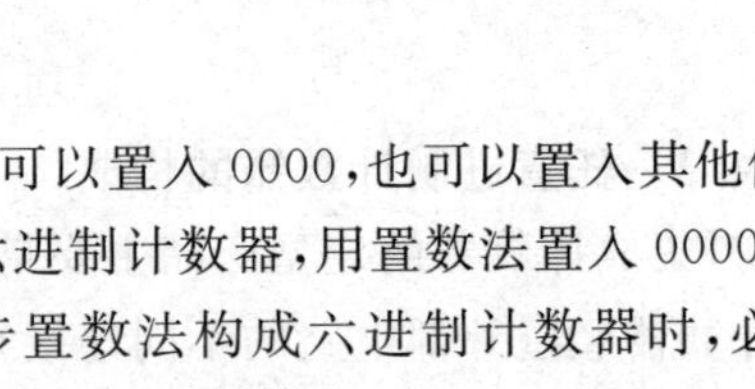

图 12-31 六进制计数器(置数法)

2. 置数法

置数法利用计数器的置数控制端$\overline{LD}$来实现。可以置入 0000,也可以置入其他值。

【例 12-7】 试用十进制计数器 74160 构成六进制计数器,用置数法置入 0000。

【解】 74160 的$\overline{LD}$是同步置数控制端,用同步置数法构成六进制计数器时,必须利用第六个状态译码,使$\overline{LD}=0$。

例 12－8 的状态转换表如表 12－14 所示，由表可知，要在第六个状态 0101 时使 $\overline{LD}=0$，置数函数可以为 $\overline{LD}=\overline{Q_2Q_0}$。根据 $\overline{LD}=\overline{Q_2Q_0}$ 画连线图如图 12－31 所示。电路利用 0101 状态置数，而 $\overline{LD}$ 端是同步置数端，当 $\overline{LD}=0$ 时，等下一个 CP 到来，才能置入 0000。这样 0101 状态保持了一个 CP 周期，是个稳态，必须记入有效循环。电路有效循环的六个稳态为：

$$0000\rightarrow0001\rightarrow0010\rightarrow0011\rightarrow0100\rightarrow0101\rightarrow0000$$

表 12－14　例 12－8 状态转换表

CP 顺序	Q_3	Q_2	Q_1	Q_0	状态数
0	0	0	0	0	1
1	0	0	0	1	2
2	0	0	1	0	3
3	0	0	1	1	4
4	0	1	0	0	5
5	0	1	0	1	6
6	0	0	0	0	

3. 多片级联法

当要实现的计数器的进制大于所用计数器的进制时，可用多片级联法。

【例 12－8】 数字钟表中的“时”计数电路多为二十四进制。试用两片 74160 型十进制计数器构成一个输出两位 8421BCD 码的二十四进制计数器。

【解】 为了按照人们的读数习惯，让数字钟表显示十进制数，其二十四进制计数器必须是输出两位 8421BCD 码的计数器，图 12－36 所示电路符合这一要求。

图 12－32 二十四进制电路的连线方式与特点：两片级联；同步时钟方式；低位的进位信号 C 控制着高位的功能转换端 EP、ET；当高位的 $EP=ET=1$ 时，高位片才能计数；当两片计数到第 25 个状态 0010、0100 时，电路总体清零，回到 0000、0000。第 25 个状态是过渡状态。电路的状态表如表 12－15 所示。

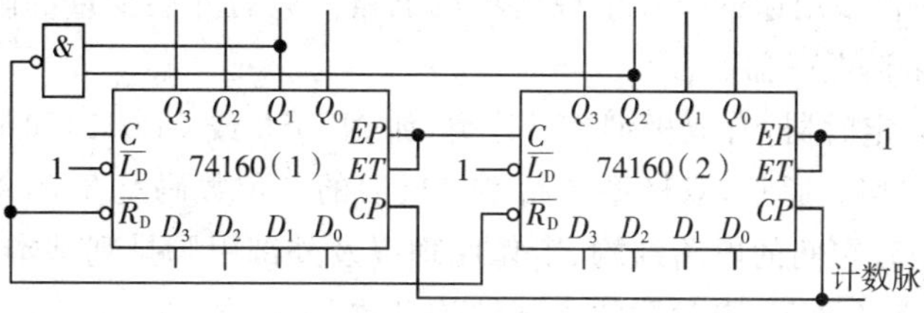

图 12－32　二十四进制加法计数器

表 12-15　例 12-9 状态表

CP 顺序	(2)片				(1)片				状态数
	Q_3	Q_2	Q_1	Q_0	Q_3	Q_2	Q_1	Q_0	
0	0	0	0	0	0	0	0	0	1
1	0	0	0	0	0	0	0	1	2
⋮	⋮				⋮				⋮
9	0	0	0	0	1	0	0	1	10
10	0	0	0	1	0	0	0	0	11
11	0	0	0	1	0	0	0	1	12
⋮	⋮				⋮				⋮
19	0	0	0	1	1	0	0	1	20
20	0	0	1	0	0	0	0	0	21
21	0	0	1	0	0	0	0	1	22
22	0	0	1	0	0	0	1	0	23
23	0	0	1	0	0	0	1	1	24
24	0	0	1	0	0	1	0	0	暂态
	0	0	0	0	0	0	0	0	稳态

12.5　555 定时器及其应用

在时序逻辑电路中，少不了时钟脉冲。获取脉冲波形的途径有两种，一是对已有信号进行整形产生；二是利用脉冲信号发生器直接产生。

本节主要介绍以 555 定时器为核心电路构成的脉冲整形电路——施密特触发器和直接产生脉冲波的电路——多谐振荡器。

12.5.1　555 定时器

555 定时器是一种多用途的单片中规模集成电路。只需外接少量的阻容元件就可以构成施密特触发器和多谐振荡器。

目前生产的 555 定时器，有双极型(TTL 类，如 NE555 或 CB555)和单极型(CMOS 类，如 CC7555)等两种类型。通常，双极型产品型号最后的三位数码是 555，单极型产品型号的最后四位数码是 7555，它们的电路结构、工作原理以及外部引脚排列基本相同。

图 12-33 所示为 CB555 定时器的内部结构和电路符号。它由三个 5kΩ 的电阻、两个电压比较器 C_1 和 C_2、一个基本 *RS* 触发器和一个放电晶体管等组成。

三个 5kΩ 的电阻起分压作用，以产生比较器 C_1 和 C_2 的参考电压 U_{R1} 和 U_{R2}。

比较器 C_1 的参考电压为 U_{R1}，加在同相输入端；比较器 C_2 的参考电压为 U_{R2}，加在反相输入端。当外接控制电压端 5 脚不接 U_{CO} 时，$U_{R1}=\frac{2}{3}V_{CC}$，$U_{R2}=\frac{1}{3}V_{CC}$；当 5 脚接有 U_{CO} 时，$U_{R1}=U_{CO}$，$U_{R2}=\frac{1}{2}U_{CO}$。5 脚不接 U_{CO} 时，通常经 0.01μF 的电容接地，以防干扰信号引入使 U_{R1}、U_{R2} 不稳定。

基本 *RS* 触发器由与非门组成，0 触发有效。

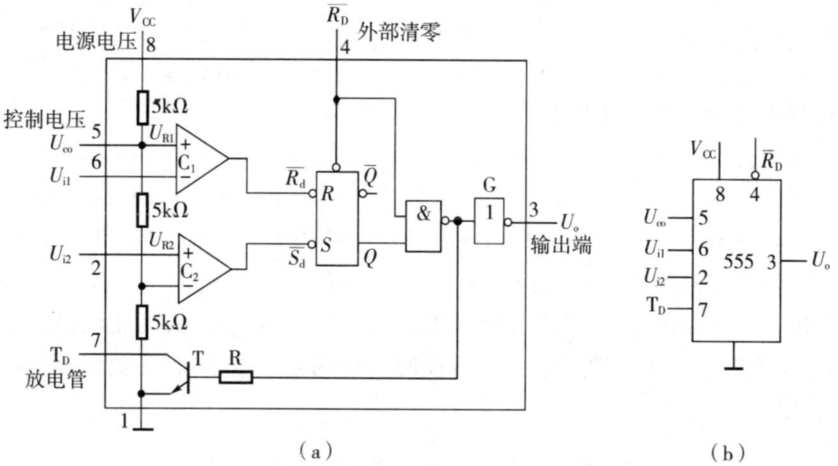

图 12-33　CB555 定时器的电气原理图和电路符号

(a)原理图　(b)电路符号

4 脚 $\overline{R}_D$ 端是异步清零端，0 有效，正常工作时，应使 $\overline{R}_D=1$。

输入电压 U_{i1}、U_{i2}（或称 U_6、U_2）分别与 U_{R1}、U_{R2} 比较，使 C_1、C_2 有一确定的输出状态，由此获得基本 *RS* 触发器 *Q* 端的状态，从而得出 U_O 的输出状态。CB555 定时器的工作原理列在表 12-16 中。

表 12-16　CB555 定时器工作原理一览表

$\overline{R}_D$	$U_{i1}(U_6)$	$U_{i2}(U_2)$	$\overline{R}_d$	$\overline{S}_d$	$Q(U_O)$	T_D
0	×	×	×	×	0	导通
1	$>U_{R1}$	$>U_{R2}$	0	1	0	导通
1	$<U_{R1}$	$<U_{R2}$	1	0	1	截止
1	$<U_{R1}$	$>U_{R2}$	1	1	保持	保持

555 定时器的电源电压范围很宽，TTL 类的为 5～16V，CMOS 类的为 3～18V。TTL 类定时器驱动能力强，可承受较大的负载电流，最大负载电流达 200mA，可直接驱动继电器、发光二极管、扬声器等。CMOS 定时器具有低功耗、输入阻抗高等优点，但负载电流较小，最大负载电流在 4mA 以下。

12.5.2 555定时器构成施密特触发器

1. 施密特触发器的工作特点

施密特触发器是典型的脉冲整形电路。施密特触发器在性能上有两个重要特点：

第一，电平触发。触发信号 U_I 可以是变化缓慢的模拟信号，U_I 达某一电平值时，输出电压 U_O 突变，所以 U_O 为脉冲信号。

第二，电压滞后传输。输入信号 U_I 从低电平上升过程中，引起 U_O 突变时对应的输入电平，与 U_I 从高电平下降过程中，引起 U_O 突变时对应的输入电平不同。

利用上述两个特点，施密特触发器不仅能将边沿缓慢变化的信号波形整形为边沿陡峭的矩形波，还可以将叠加在矩形脉冲高、低电平上的噪声信号有效地清除。

施密特触发器的电压传输特性分同相和反相两种。

同相传输特性和电路符号如图 12－34(a)所示。当 $U_I=0$ 时，$U_O=U_{OL}$；当 U_I 上升到大于等于 V_{T+} 时，U_O 突变为 U_{OH}；当 U_I 从最大值下降到小于等于 V_{T-} 时，U_O 突变为 U_{OL}。

反相传输特性和电路符号如图 12－34(b)所示。当 $U_I=0$ 时，$U_O=U_{OH}$；当 U_I 上升到大于等于 V_{T+} 时，U_O 突变为 U_{OL}；当 U_I 从最大值下降到小于等于 V_{T-} 时，U_O 突变为 U_{OH}。

V_{T+} 是 U_I 上升过程中电路状态发生转换时对应的输入电平，称为正向阈值电平；

V_{T-} 是 U_I 下降过程中电路状态发生转换时对应的输入电平，称为负向阈值电平。

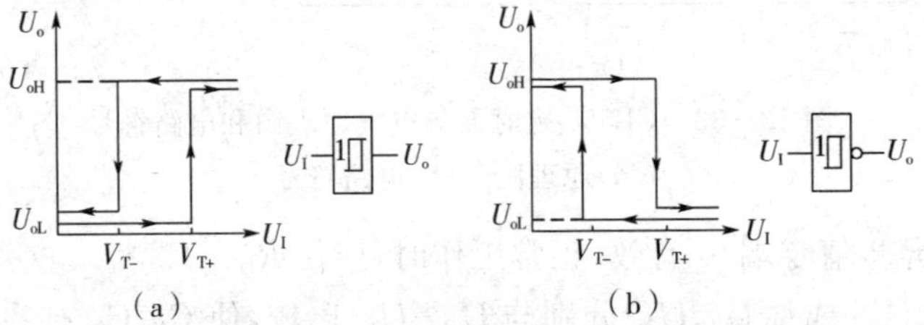

图 12－34 施密特触发器的电压传输特性
(a)同相传输特性 (b)反相传输特性

2. 555定时器构成的施密特触发器

555定时器构成的施密特触发器如图 12－35(a)所示。由于定时器的 5 脚没接 U_{CO}，所以 $U_{R1}=\frac{2}{3}V_{CC}$，$U_{R2}=\frac{1}{3}V_{CC}$。

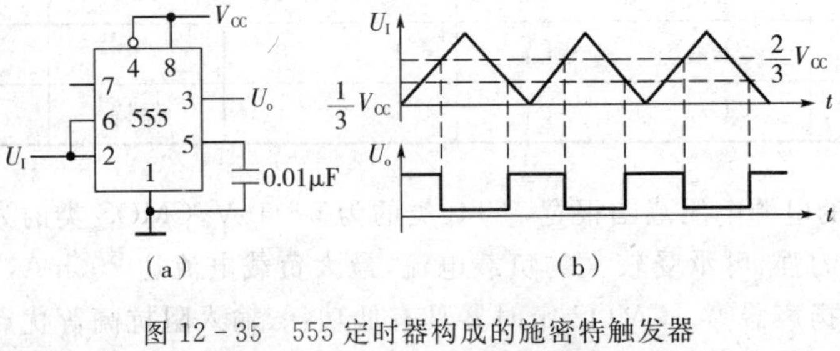

图 12－35 555定时器构成的施密特触发器
(a)电路构成 (b)工作波形举例

设 U_I 是变化缓慢的三角波，如图 12－35(b)，则：

(1)$U_I=0V$ 时，$U_6=0<\frac{2}{3}V_{CC}$，$U_2=0<\frac{1}{3}V_{CC}$，由表 12－18 可知，U_O 输出高电平。

(2)当 U_I 上升到$\frac{2}{3}V_{CC}$时，$U_6=U_I>\frac{2}{3}V_{CC}$，$U_2=U_I>\frac{1}{3}V_{CC}$，$U_O$ 跳变为低电平；当 U_I 由$\frac{2}{3}V_{CC}$继续上升时，U_O 保持低电平不变。

(3)当 U_I 下降到$\frac{1}{3}V_{CC}$时，$U_6=U_I<\frac{2}{3}V_{CC}$，$U_2=U_I<\frac{1}{3}V_{CC}$，$U_O$ 跳变为高电平；当 U_I 继续下降时，U_O 保持高电平不变。

结果，U_O 波形如图 12－35(b)所示。

由上述分析得知，555 定时器构成的施密特触发器是反相施密特触发器，其电路符号应如图 12－34(b)所示。

3. 施密特触发器应用举例＊

施密特触发器可用作脉冲整形——把不理想的矩形脉冲整形成理想的矩形脉冲。整形举例见图 12－36，这里用的是反相施密特触发器。

施密特触发器可用于脉冲鉴幅——将幅值大于 V_{T+} 的脉冲选出。脉冲鉴幅举例见图 12－37，这里用的是同相施密特触发器。

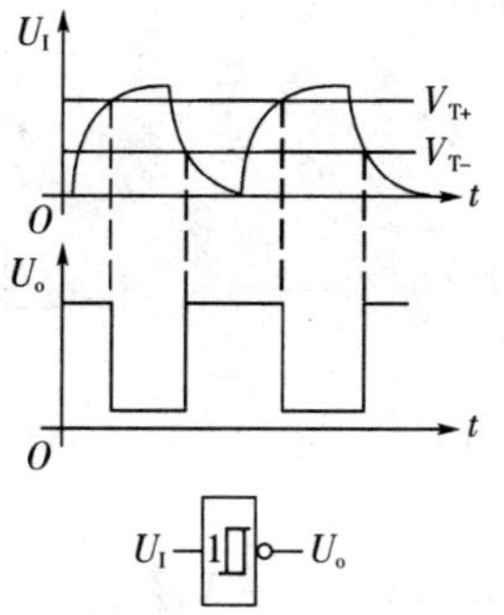

图 12－36 脉冲整形

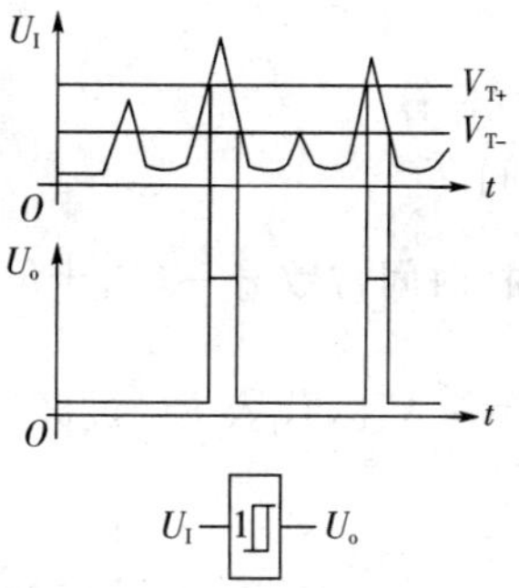

图 12－37 脉冲鉴幅

12.5.3 555 定时器构成多谐振荡器

1. 多谐振荡器工作特点

多谐振荡器也称自激振荡器，是产生矩形脉冲波的典型电路，常用来做脉冲信号源。

多谐振荡器一旦起振之后，电路没有稳态，只有两个暂稳态，它们交替变化，输出连续的矩形脉冲信号，因此又称它为无稳态电路。

2. 555 定时器构成的多谐振荡器

用 555 定时器构成的多谐振荡器如图 12－38(a)所示。它没有输入端，一旦电源接通，电路就自激振荡。由于定时器的 5 脚没接 U_{CO}，所以 $U_{R1}=\frac{2}{3}V_{CC}$，$U_{R2}=\frac{1}{3}V_{CC}$。

当电源刚刚接通时，$U_C=0$，$U_6=U_2=0$，$U_O=U_{OH}$，放电管 T_D 截止。

接下来，电容 C 被充电，充电回路为 $V_{CC}\to R_1\to R_2\to C\to$ 公共端 $\to V_{CC}$，充电使 U_C 上升到 $\frac{2}{3}V_{CC}$ 时，$U_O=U_{OL}$，放电管 T_D 导通。

放电管 T_D 一旦导通，电容 C 就会放电，放电回路为 $C\to R_2\to T_D\to$ 公共端 $\to C$，放电使 U_C 下降到 $\frac{1}{3}V_{CC}$ 时，$U_O=U_{OH}$，放电管 T_D 截止。

放电管 T_D 一旦截止，电容 C 又被充电，如此循环往复，直到关机。由此得出 555 定时器构成的多谐振荡器的工作波形如图 12－38(b)所示。

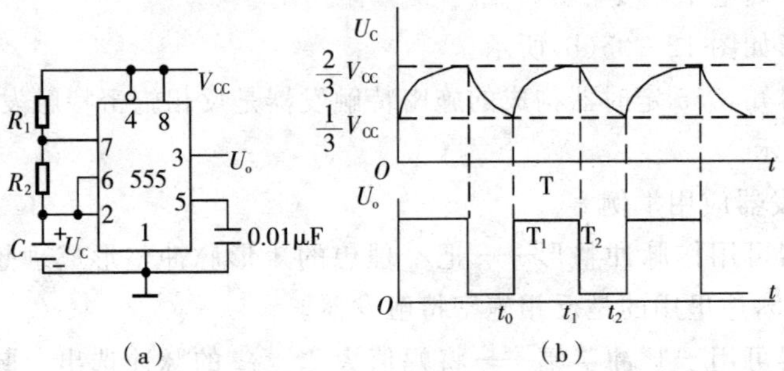

图 12－38　用 555 定时器构成的多谐振荡器

(a)电路构成　(b)工作波形

3. 电路参数估算

(1)充电时间 T_1

电容充电时，时间常数 $\tau_1=(R_1+R_2)C$，起始值 $U_C(0^+)=\frac{1}{3}V_{CC}$，稳定值 $U_C(\infty)=V_{CC}$，转换值 $U_C(T_1)=\frac{2}{3}V_{CC}$，代入 RC 过渡过程计算公式有：

$$T_1=\tau_1\ln\frac{U_C(\infty)-U_C(0^+)}{U_C(\infty)-U_C(T_1)}=\tau_1\ln\frac{V_{CC}-\frac{1}{3}V_{CC}}{V_{CC}-\frac{2}{3}V_{CC}}$$

$$=\tau_1\ln 2\approx 0.7(R_1+R_2)C \qquad (12-4)$$

(2)电容放电时间 T_2

电容放电时，时间常数 $\tau_2=R_2C$，起始值 $U_C(0^+)=\frac{2}{3}V_{CC}$，稳定值 $U_C(\infty)=0$，转换值 $U_C(T_2)=\frac{1}{3}V_{CC}$，代入 RC 过渡过程计算公式有：

$$T_2\approx 0.7R_2C \qquad (12-5)$$

(3)电路振荡周期 T

$$T=T_1+T_2\approx 0.7(R_1+2R_2)C \qquad (12-6)$$

(4)电路振荡频率 f

$$f=\frac{1}{T}\approx\frac{1.43}{(R_1+2R_2)C} \tag{12-7}$$

(5)输出波形占空比 q

输出脉冲宽度与脉冲周期之比,称为占空比,即 $q=T_1/T$。

$$q=\frac{T_1}{T}=\frac{0.7(R_1+R_2)C}{0.7(R_1+2R_2)C}=\frac{R_1+R_2}{R_1+2R_2} \tag{12-8}$$

4. 占空比可调的多谐振荡器

从式(12-8)可见,一旦 R_1、R_2 阻值确定,图 12-38 所示电路的占空比就固定。要想占空比可调,可用图 12-39 所示电路。图 12-39 所示电路利用半导体二极管的单向导电特性,把电容 C 充电和放电回路隔开,以此使占空比可调。此电路的占空比 q 读者可自己推算。

5. 多谐振荡器应用举例

图 12-40 是防盗报警电路,由多谐振荡器构成,4 脚对地用一根细导线(如细铜丝)连接,放置在以为盗贼可能经过的地方。合上开关 S,报警器处在工作状态,铜丝不断时,4 脚和公共端相连,电路清零,喇叭不响;铜丝碰断时,4 脚接高电平,电路振荡,喇叭响。电路的振荡周期 $T\approx1.44\text{ms}$,振荡频率 $f\approx700\text{Hz}$。

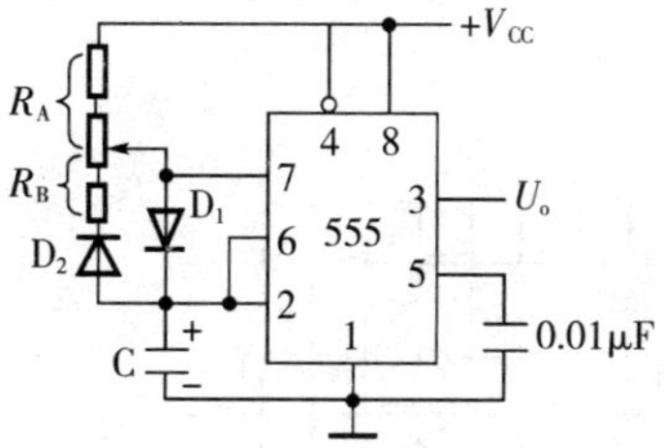

图 12-39　占空比可调的多谐振荡器

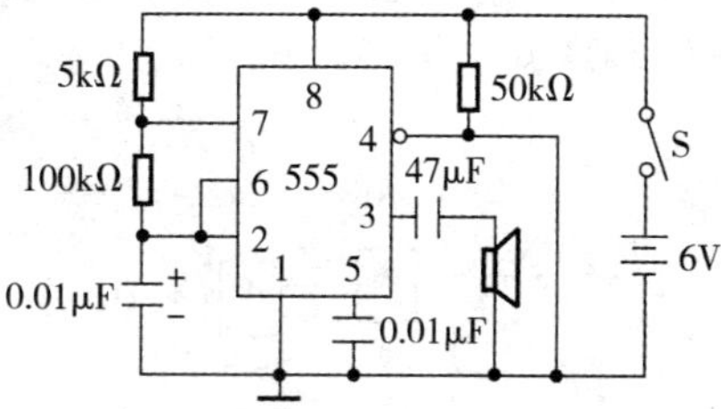

图 12-40　防盗报警电路

图 12-41 是一可控发音电路,由多谐振荡器构成。第二片多谐振荡器的外加控制电压输入端 5 脚,受控于第一片的输出脉冲 u_{01}。当 u_{01} 为高、低不同的两种电平时,u_{02} 的振荡频率低、高不同。在图中给出的电路参数下,可计算出 u_{01} 的周期 $T_1\approx1.47\text{s}$,占空比 $q\approx0.5$。u_{02} 的高音频率 $f_H\approx1\,200\text{Hz}$;$u_{02}$ 的低音频率 $f_L\approx680\text{Hz}$。

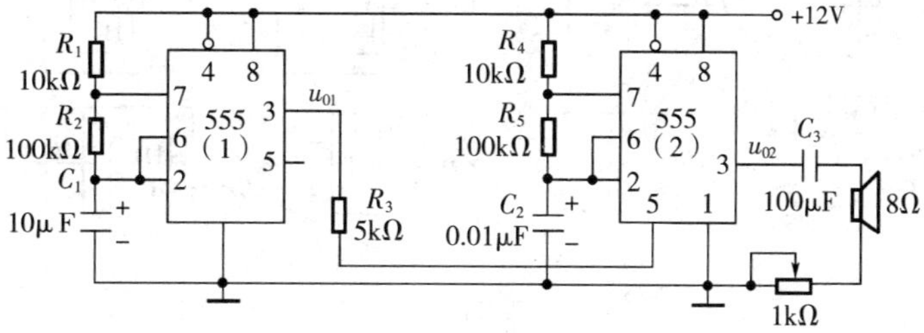

图 12-41　可控发音电路

习　题

12－1　由与非门组成的基本 RS 触发器如图 12－42 所示，试画出 Q、$\bar{Q}$ 端的电压波形。输入端 $\bar{S}_D$、$\bar{R}_D$ 的电压波形如图中所示。

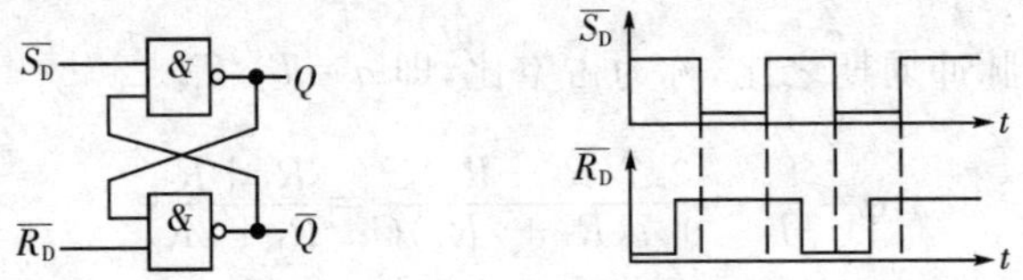

图 12－42　题 12－1 图

12－2　由或非门组成的基本 RS 触发器如图 12－43 所示，试画出 Q、$\bar{Q}$ 端的电压波形。输入端 S_D、R_D 的电压波形如图中所示。

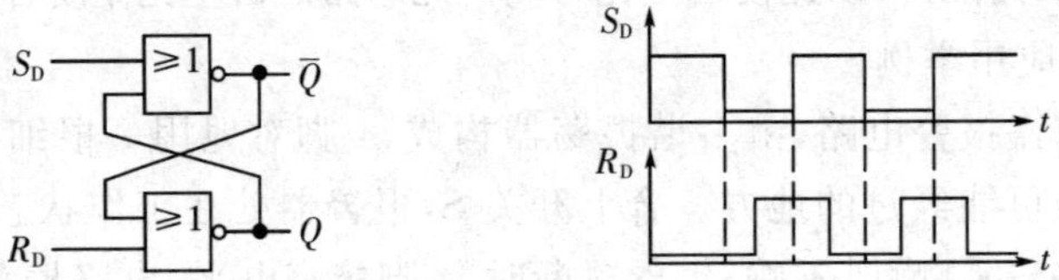

图 12－43　题 12－2 图

12－3　在图 12－44 的电路中，若 CP、S、R 电压波形如图中所示，试画出 Q、$\bar{Q}$ 端与之对应的电压波形。假定触发器的初始状态为 $Q=0$。

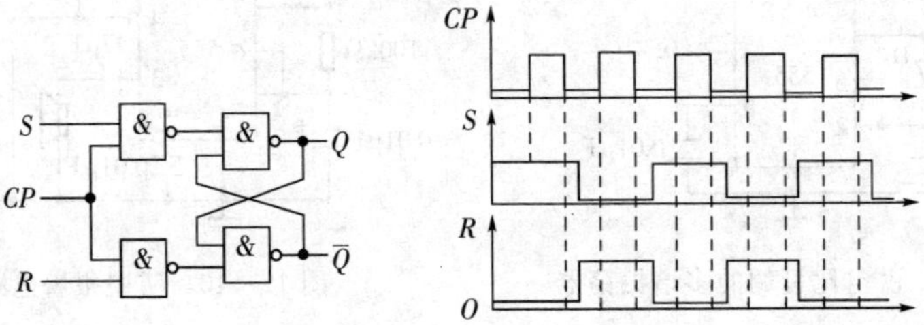

图 12－44　题 12－3 图

12－4　设图 12－45 中各触发器的初始状态皆为 $Q=0$，试画出在 CP 信号连续作用下各触发器输出端的电压波形。

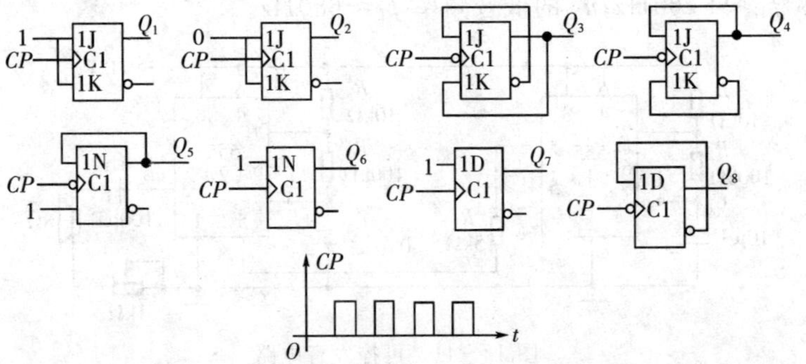

图 12－45　题 12－4 图

12-5　在图12-46的主从 JK 触发器电路中，已知 CP 和输入信号 T 的电压波形，试画出触发器输出端 Q 和 $\bar{Q}$ 的电压波形。设触发器的初始状态为 $Q=0$。

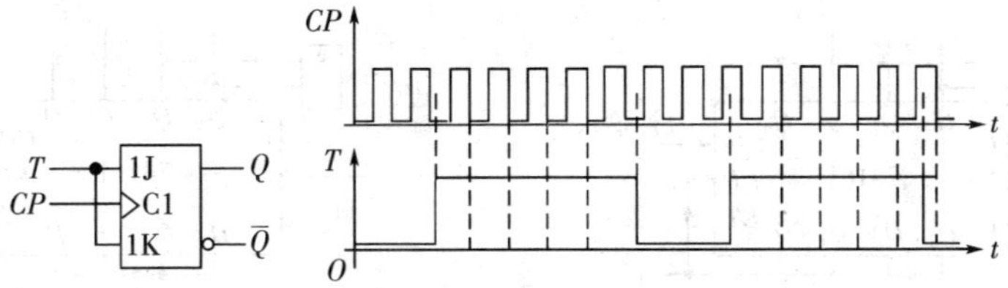

图12-46　题12-5图

12-6　试分析图12-47电路在一系列 CP 信号作用下 Q_1、Q_2、Q_3 端的输出电压波形。触发器初始状态均为 $Q=0$。

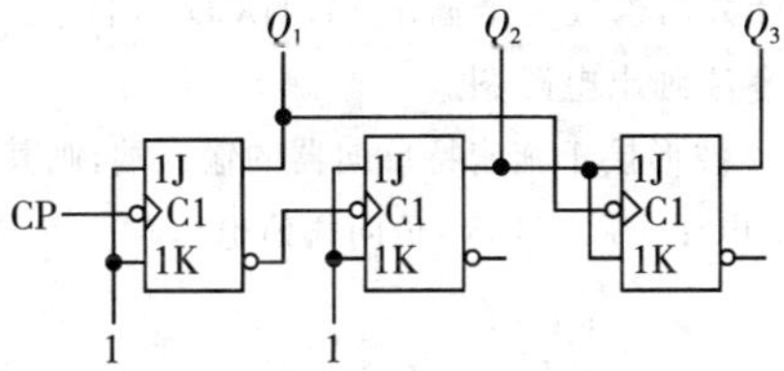

图12-47　题12-6图

12-7　试分析图12-48电路在图中所示 CP、$\overline{R}_D$ 信号作用下 Q_1、Q_2 端的输出电压波形。并说明 Q_1、Q_2 输出信号的频率与 CP 信号频率的关系。

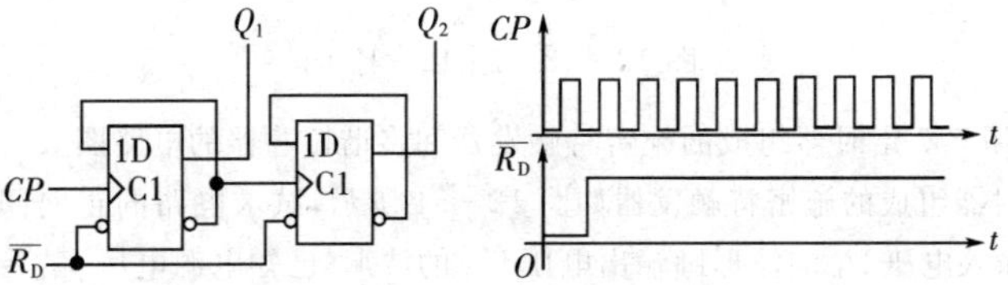

图12-48　题12-7图

12-8　试分析图12-49所示时序电路的逻辑功能，写出电路的驱动方程、状态方程和输出方程，填电路的状态转换表，检查电路能否自启动，指出电路的功能。

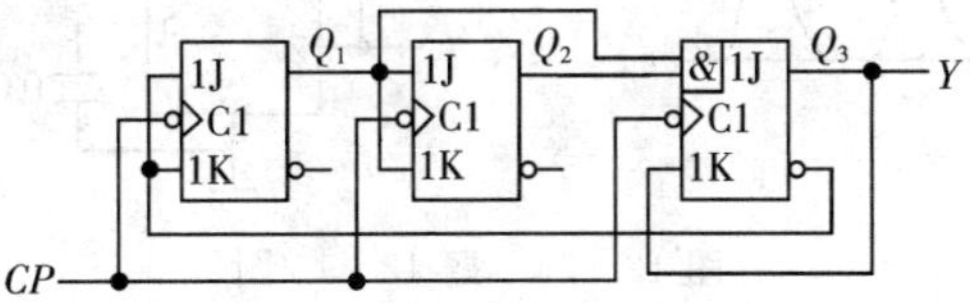

图12-49　题12-8图

12-9　试分析图12-50所示时序电路的逻辑功能，写出电路的驱动方程、状态方程和输出方程，填电路的状态转换表，检查电路能否自启动，指出电路的功能。

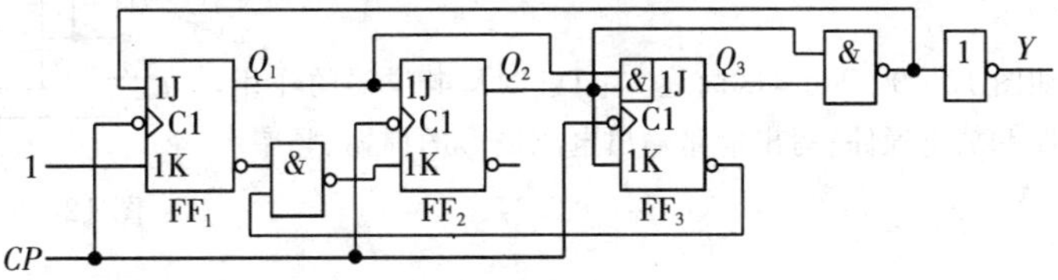

图12-50　题12-9图

12-10 分析图 12-51 的计数电路，画出电路的状态转换图，说明这是几进制的计数器。

12-11 分析图 12-52 的计数电路，画出电路的状态转换图，说明这是几进制的计数器。

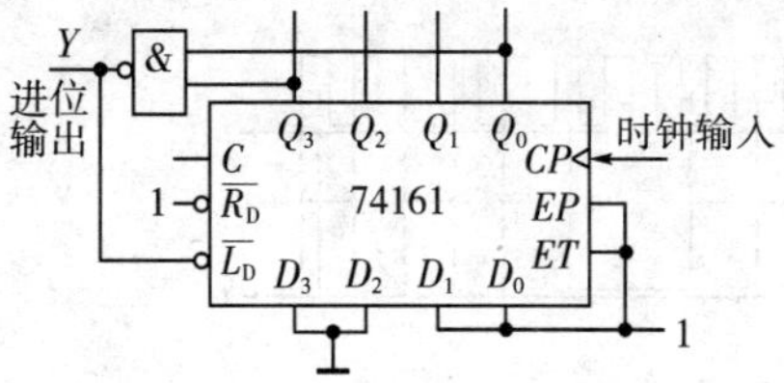

图 12-51 题 12-10 图

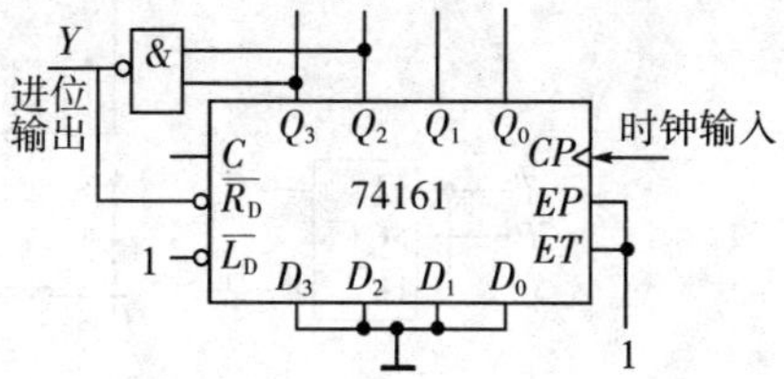

图 12-52 题 12-11 图

12-12 试用 74290 型计数器构成一个六进制计数器，画出电路图和状态转换图。

12-13 试用两片 74160 型计数器构成一个输出 8421BCD 码的十二进制计数器(用同步时钟方式)，要求分别用总体清零法和总体置零法画出电路图。

12-14 将图 12-53 所示电压波形接于施密特反向器的输入端，画其输出电压波形。已知施密特反向器的工作电压 $V_{DD}=15V$，正向阈值电压 $V_{T+}=10V$，负向阈值电压 $V_{T-}=5V$。

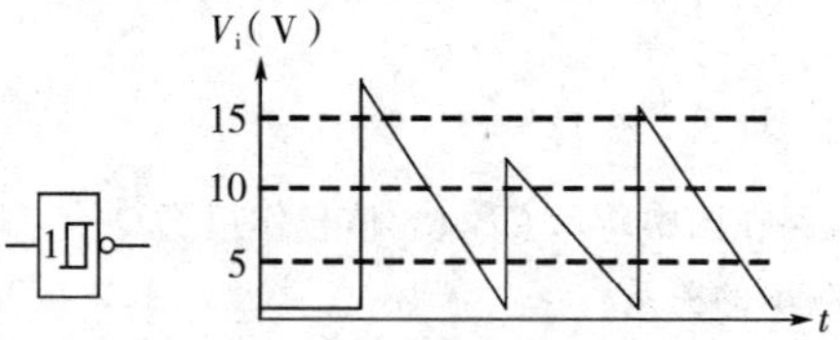

图 12-53 题 12-13 图

12-15 试画出用 555 定时器组成的施密特触发器和多谐振荡器的电路图。

12-16 555 定时器组成的施密特触发器如图 12-54 所示，试求电路的正向阈值电平 V_{T+} 和负向阈值电平 V_{T-}，并对应输入电压 U_I 的波形画输出电压 U_O 的波形(已知电源电压 $V_{CC}=12V$)。

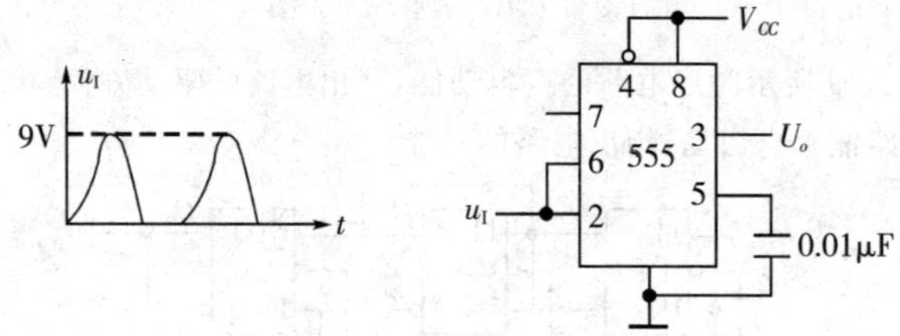

图 12-54 题 12-15 图

12-17 555 定时器组成的多谐振荡器如图 12-55 所示。已知 $R_1=R_2=5k\Omega$，$C=0.1\mu F$，$V_{CC}=12V$。试求：U_O 的周期 T(单位用 ms，四舍五入保留一位小数)；U_O 的频率 f；U_O 的占空比 q；指出 5 脚所接电容的作用。

12-18 电路如图 12-39 所示，试简述 D_1、D_2 以及电位器的作用；指明电容的充电通路和放电通路；写出电路输出电压波形的周期、频率和占空比的表达式。

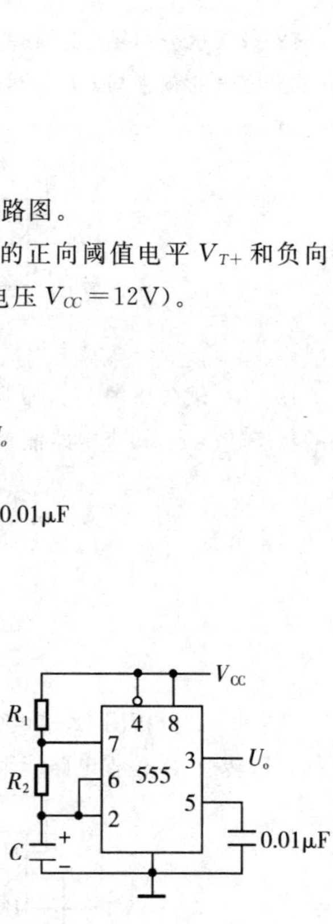

图 12-55 题 12-16 图

部分习题参考答案

第 1 章

1-1 $V_A = 20V$，$V_B = 16V$，$V_C = 8V$，$V_D = -4V$，$V_E = -20V$

1-2 (1)$E = 242V$ (2)$R_L = 230$ (3)$P_S = 242W$ (4)$\Delta P = 12W$ (5)$P_L = 230W$

1-3 $P = 94.6 \times 10^4 kW$，$\eta = 94.6\%$

1-5 $I_2 = 1A$，$R_2 = 200\Omega$

1-6 (2)1，5是电源，2，3，4是负载 (3)$P_1 = -560W$，$P_2 = 320W$，$P_3 = 600W$，$P_4 = 180W$，$P_5 = -540W$ $P_1 + P_2 + P_3 + P_4 + P_5 = 0$，功率平衡

1-7 $I_3 = 9.91\mu A$，$I_4 = 0.29\mu A$，$I_6 = 9.9\mu A$

1-9 $U_3 = 9V$，$U_4 = 15V$，$U_5 = -6V$

1-10 $U_{13} = 5V$，$U_{15} = 7V$，$U_{36} = 2V$，$U_{57} = 1V$，$U_{56} = 0V$

1-11 $R = 7.5\Omega$，$V_B = 15V$

1-12 (a)$V_C = 10V$ (b)$V_C = 16V$ (c)$V_C = 3V$

1-14 $V_A = 6V$，$V_B = 3V$

1-15 S断开 $V_A = -5V$，$V_B = -10V$，S闭合 $V_A = 3V$，$V_B = 0V$

第 2 章

2-1 (a)$R_{ab} = 28\Omega$ (b)$R_{ab} = 6\Omega$ (c)$R_{ab} = 2\Omega$ (d)$R_{ab} = 13\Omega$

2-2 (a)S断开 $R_{ab} = 200\Omega$，S闭合 $R_{ab} = 200\Omega$，(b)S断开 $R_{ab} = 300\Omega$，S闭合 $R_{ab} = 300\Omega$

2-3 $R_{ab} = 0.5\Omega$

2-4 (1)$I_S = 3mA$，$R = 4k\Omega$ (2)2mA，8mW (3) 33.3mW，0.67mW，8mW

2-5 (a)$I = -0.33A$，$U_{ab} = 0$ (b)$I = 0.13A$，$U_{ab} = 0.66V$

2-6 $I_1 = -0.67A$，$I_2 = 2.22A$，$I_3 = 0.88A$

2-7 $I_1 = 0A$，$I_2 = 1A$

2-8 $I_4 = 0.3A$

2-9 $I = 2.4A$

2－10 $I_{ab}=-0.571\text{A}$

2－11 $I=0.2\text{A}$

2－12 $I_C=3\text{A}$

2－13 $I=0.4\text{A}$

2－14 A 的指数为零

2－15 $I_1=6\text{A}$，$I_2=-1\text{A}$，$I_3=7\text{A}$，$I_4=3A$

2－16 $I=1\text{mA}$，$U=6\text{V}$

第 3 章

一、填空与选择

1.（b） **2.**（b） **3.**（b） **4.**（b） **5.**（a） **6.**（e） **7.**（d） **8.**（d） **9.**（a） **10.**（d）

二、习题

3－3 $t=T/6$：$i=12.25\text{A}$，$u=155\text{V}$，$e_L=-155\text{V}$；

$t=T/4$，$i=10\sqrt{2}\text{A}$，$u=0$，$e_L=0$；

$t=T/2$，$i=0$，$u=-220\sqrt{2}$，$e_L=220\sqrt{2}\text{V}$；

3－4 $t=T/6$：$i=2.2\sqrt{2}\text{A}$，$u=110\sqrt{6}\text{V}$；

$t=T/4$，$i=0$，$u=220\sqrt{2}\text{V}$；

$t=T/2$，$i=-4.4\sqrt{2}$，$u=0$；

3－5 $L=39\text{H}$

3－6 $R=6\Omega$，$L=15.89\text{mH}$

3－7 $I=27.6\text{mH}$，$\cos\varphi=0.15$

3－8 $I=0.367\text{A}$，灯管电压为 103V，镇流器上电压为 190V。

3－9 $R=30\Omega$ 与 $X_L=40\Omega$ 串联，$\cos\varphi=0.6$，$P=580\text{W}$，$Q=774.4\text{Var}$

3－10 $R=1000\Omega$，$C\approx0.1\mu\text{F}$

3－11 $R=9.2\text{k}\Omega$，$U_2=0.5\text{V}$

3－12 $C=3.2\mu\text{F}$

3－14 (1)58.67Ω (2)114Ω

3－15 (a)14.1A (b)80V (c)2A (d)14.1V (e)10A，141.4V

3-16 (1)5A (2)7A (3)1A

3-18 $I_1 = I_2 = 11\text{A}$，$I = 11\sqrt{3}\text{A}$，$P = 3630\text{W}$

3-19 $U = 220\text{V}$ $I_1 = 15.6\text{A}$ $I_2 = 11\text{A}$ $I = 11\text{A}$

$R = 10\Omega$ $L = 0.0318\text{H}$ $C = 159\mu\text{F}$

3-20 $Z_{ab} = -\text{j}10\Omega$ $Z_{ab} = (1.5 + \text{j}0.5)\Omega$

3-21 $\dot{I} = 1.41\angle 45°\text{A}$，$\dot{I} = 40\angle -60°\text{A}$

3-22 $\dot{U} = 7.05\angle -45°$，$\dot{U} = (329 + \text{j}51)\text{V}$

3-23 $\dot{U} = \sqrt{5}\angle 63.4°$

3-24 $(5 + \text{j}5)\Omega$

3-26 15.7Ω，0.1H

3-27 (1)$R = 166.67\Omega$，$L = 0.105\text{H}$，$C = 0.24\mu\text{F}$；

(2)$U_C = 39.56\text{V}$；(3)$3.8 \times 10^{-4}\text{J}$

3-28 $(10 \pm \text{j}10)\Omega$

3-29 524Ω，1.7H，$\cos\varphi = 0.5$

第4章

4-4 $u_A = 220\sqrt{2}\sin(\omega t - 60°)\text{V}$

4-5 对称时，相电流等于相应的线电流，均为20A，中性线电流为零。

若A相改变，$I_{pA} = I_{LA} = 55\text{A}$，$I_{pB} = I_{LB} = 20\text{A}$，$I_{pC} = I_{LC} = 20\text{A}$，中性线电流 $I_N \approx 15.36\text{A}$,且与 $\dot{I}_A$ 同向

4-6 (1)$I_p = 4.4\text{A}$，$I_L = I_p = 4.4\text{A}$，$p = 1742.4\text{W}$；

(2)$I_p = 4.4\text{A}$，$I_L = \sqrt{3}I_p = 7.62\text{A}$，$p = 1742.4\text{W}$

4-7 (1)$R = 15\Omega$，$X_L = 16.1\Omega$；

(2)$I_1 = I_2 = 10A$，$I_3 = 17.3\text{A}$，$p = 3000\text{W}$；

(3)$I_1 = 0$，$I_2 = I_3 = 15\text{A}$，$p = 2250\text{W}$

4-8 (1) 负载不是对称的

(2) 各相电流均为 $I_p = 22\text{A}$，中性线电流 $I_N = 60.1\text{A}$

(3)$p = 4840W$

第 5 章

一、选择与填空

1.(c) 转磁场;**2.**(c) **3.**(b) **4.**(c) **5.**(d) **6.**(b) **7.**(a) **8.**(c)

9.逆时针;反接制动 **10.** $p = 2; n_1 = 1500r/min; s_N = 0.04; f_2 = 2Hz$

二、习题

5-1 243A, 40A;

5-2 (1)$E_{20} = 20V$, $I_{20} = 243A$, $\cos\varphi_{20} = 0.243$

(2)$E_2 = 1V$, $I_2 = 49A$, $\cos\varphi_2 = 0.98$

5-3 (1)$I_p = I_l 5A$, $T_N = 14.8N \cdot m$;(2)$S_N = 0.053$, $f_2 = 2.67Hz$

5-4 (1)1500r/min (2)1500r/min; 500r/min; 30r/min

(3)1500r/min; 500r/min; 30r/min (4)1500r/min (5)0

5-5 13.2N·m; 53.1N·m

5-6 $S_N = 0.04$; $I_N = 11.6A$; $T_N = 36.5N \cdot m$

$I_{ST} = 81.2A$; $T_{ST} = 80.3N \cdot m$

5-7 2.0

5-8 (1)30r/min; (2)194.9N·m; (3)0.88

第 7 章

7-4 (1)$V_Y = 0, I_R = 3.08mA, I_{DA} = I_{DB} = 1.54mA$;

(2)$V_Y = 0, I_R = I_{DB} = 3.8mA, I_{DA} = 0$;

(3)$V_Y = 3, I_R = 2.3mA, I_{DA} = I_{DA} = 1.15mA$;

7-5 (1)$V_Y = 9V, I_R = I_{DA} = 1mA; I_{DB} = 0$;

(2)$V_Y = 5.59V, I_R = 0.62mA, I_{DA} = 0.41mA, I_{DB} = 0.21mA$;

(3)$V_Y = 4.74V, I_R = 0.53mA, I_{DA} = I_{DA} = 0.26mA$;

7-7 $I_Z = 2.02mA$

第 8 章

8-1 (1)$I_B+50\mu A, I_C=2mA; U_{CE}=6V$ (2)(3) 省略

8-2 $R_B=160k\Omega, I_C=3mA, I_B=75\mu A, U_{CE}=3V$;

$R_B=320k\Omega, I_C=1.5mA, I_B=37.5\mu A, U_{CE}=7.5V$;

8-3 $R_C=2.5k\Omega, R_B=200k\Omega$;

8-6 (1)$A_u=-150$;(2)$A_u=-100$;

8-7 $R_C=3.6k\Omega, R_B=180k\Omega, U_{CE}=5.4V$;

8-8 (1)$R_B=250k\Omega, R_C=2.5k\Omega; R_L=3.75k\Omega$;(2)$U_{im}=34.4mA$;(5)$I_B$ 不变,I_C 减小近一半,U_{CE} 增大,$|A_u|$ 将减小一半;

8-9 $U_{OL}=1.2V$;

8-10 $A_u=0.99, A_{uS}=0.98, R_0=28\Omega$

8-11 R_{B1} 取 $36k\Omega$;R_{B2} 取 $12k\Omega$;

8-12 (1)$I_B=0.05mA$、$I_C=3.32mA$、$U_{CE}=8.06V$;

(3)$r_{be}=0.72k\Omega$;(4)$A_u=-183.7$;(5)$A_u=-302.5$;

(6)$r_i=0.72k\Omega$、$r_0\approx 3.3k\Omega$

8-13 $A_u=-183.7, A_{uS}=-76.9$

8-14 $A_u\approx 1; r_i=16k\Omega; r_0=21\Omega$

8-15 -11.25

第 9 章

9-3 $A_{uf}=-50$, $R_2=9.8k\Omega$, $u_o=-500mV$

9-4 $u_o=5.4V$

9-7 $u_o=5.5V$

9-8 $u_o=\dfrac{2R_f}{R_1}u_i$

9-11 1s

9-12 $R_{11}=10M\Omega$, $R_{12}=2M\Omega$, $R_{13}=1M\Omega$, $R_{14}=200k\Omega$, $R_{15}=100k\Omega$

第10章

10-1 ①1.375A； ②4.32A； ③244.4V； ④2.16A

10-2 ①18V， 0.36A； ②31V

10-3 122V， 2.22A

10-4 ② 无影响； ③ 电路仍能工作，$U_O = 63V$， $I_O = 0.48A$，2CZ52C 过载，应更换型号

10-5 ①$U_{O1} = 45V$， $U_{O2} = 9V$； ②$I_{D1} = 4.5mA$， $I_{D2} = I_{D3} = 45mA$， $U_{RM1} = 141V$，$U_{RM2} = U_{RM3} = 28.2V$

10-7 ①5kV·A； ② 选 100A，50V 的整流管

10-9 2CZ52C， 250μF

10-10 ①$U_i = 18V$， $I_O = 3mA$， $I_R = 10mA$， $I_Z = 7mA$； ②$U_i = 24V$，$I_O = 3mA$， $I_R = 15mA$， $I_Z = 12mA$

10-12 ②$U_i \approx 28V$； ③$U_O = 9 \sim 18V$

10-13 $U_O = 8 \sim 13.3V$

第11章

11-1 (1)407； (2)0.8125； (3)13.625

11-2 (1)$(10011100)_2$； (2)$(0.0110)_2$； (3)$(1010010.1010)_2$

11-3 (1)$(683)_{10}$、$(1010101011)_2$； (2)$(45.9)_{10}$、$(101101.1110)_2$

11-5 $Y_1 = A + B$； $Y_2 = 1$； $Y_3 = AD$； $Y_4 = AB + \overline{A} \cdot \overline{B} + B\overline{C} + \overline{A} \cdot \overline{C}$

11-6 $Y_1 = A\overline{B}C + ABC + AB\overline{C} + \overline{A}B\overline{C} = m_2 + m_5 + m_6 + m_7$

$Y_2 = A\overline{B}C + ABC = m_5 + m_7$；

$Y_3 = \overline{A}BC + ABC = m_3 + m_7$；

$Y_4 = m_4 + m_6 + m_8 + m_{10} + m_{11} + m_{12} + m_{14} + m_{15}$

11-8 $Y = \overline{A}\,\overline{B} + AB$；

11-9 $Y_1 = A\overline{B} + \overline{A}B$； $Y_2 = (A + B)(\overline{A} + \overline{B}) = A\overline{B} + \overline{A}B = Y_1$

11-10 $Y = \overline{\overline{AB}\,\overline{\overline{A}\,\overline{B}}} = AB + \overline{A}\,\overline{B}$

11-11 $Y=\overline{\overline{AM}\,\overline{\overline{M}B}}=AM+\overline{M}B$

11-12 $Y=\overline{A}BC+A\overline{B}\,\overline{C}+A\overline{B}C++ABC\overline{C}+ABC=A+B\overline{C}$

11-13 $Y=\overline{A}\,\overline{B}C+\overline{A}B\overline{C}+A\overline{B}\,\overline{C}+ABC$

11-17 $Y=\overline{A}\,\overline{B}\,\overline{C}+\overline{A}B\overline{C}+A\overline{B}C+ABC=AC+\overline{A}\,\overline{C}$

11-19 $M_1=\overline{A}\,\overline{V}C+\overline{A}B\overline{C}+A\overline{B}\,\overline{C}+ABC$

$M_2=\overline{A}BC+A\overline{B}C+AB\overline{C}+ABC$

11-22 $F=\overline{A}\,\overline{B}+AB$　同或

第 12 章

12-7 $f_{Q1}=\frac{1}{2}f_{CP}$；$f_{Q2}=\frac{1}{4}f_{CP}$

12-9 驱动方程：

$$\begin{cases}J_1=\overline{Q_3Q_2}; & K_1=1\\ J_2=Q_1; & K_2=\overline{\overline{Q}_3\overline{Q}_1}\\ J_3=Q_2Q_1; & K_3=Q_2\end{cases}$$

状态方程：

$$\begin{cases}Q_1^{n+1}=\overline{Q_3Q_2}\,\overline{Q_1}\\ Q_2^{n+1}=\overline{Q_2}Q_1+\overline{Q_3}Q_2\,\overline{Q_1}\\ Q_3^{n+1}=\overline{Q_3}Q_2Q_1+Q_3\,\overline{Q_2}\end{cases}$$

输出方程：$Y=Q_3Q_2$；

电路是七进制计数器，能够自启动。

12-10 十进制计数器

12-11 十二进制计数器

12-14 如右图所示。

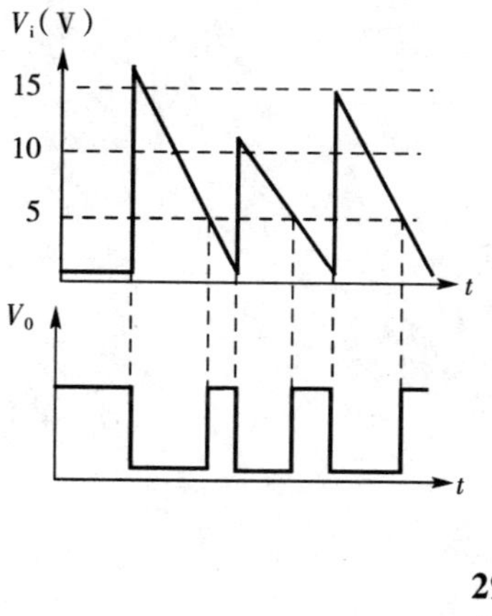

12-16 $V_{T+}=9V$，$T_{T-}=4V$

12-17 1mS；1KHz；66.7%；抗干扰

12-17 D1、D2 的作用是使充电、放电的电流路径不同，电位器的作用是调节占空比；

电容的充电通路 R_A、D1、C，放电通路 C、D2、R_B。

$T=0.69(R_A+R_B)C$；$f=\frac{1}{T}$；$q=\frac{R_A}{R_A+R_B}$

参考文献

[1]秦曾煌．电工学(第六版)上册,电工技术[M]. 北京:高等教育出版社,2004
[2]叶文苏．电工技术(第3版)[M]. 北京:机械工业出版社,1998
[3]魏佩瑜．电工学(电工技术)[M]. 北京:机械工业出版社,2007
[4]孙陆梅,于军,杨潇．电工学(少学时)[M]. 北京:中国电力出版社,2007
[5]唐庆玉．电工技术与电子技术[M]. 北京:清华大学出版社,2007
[6]汤天浩．电机与拖动基础[M]. 北京:机械工业出版社,2007
[7]李良洪等．电工手册[M]. 北京:电子工业出版社,2005
[8]张万奎．机床电气控制技术[M]. 北京:中国林业出版社;北京大学出版社,2006
[9]常晓玲．电气控制系统与可编程控制器[M]. 北京:机械工业出版社,2004
[10]周军．电气控制与PLC[M]. 北京:机械工业出版社,2001
[11]邓则名,邝穗芳,程良伦．电器与可编程控制器应用技术(第2版)[M]. 北京:机械工业出版社,2002
[12]中国低压电器网．http://www.dydq.com.cn
[13]王元熊．电工学(上册)[M]. 上海:上海交通大学出版社, 1987
[14]刘式雍．电工学[M]. 北京:高等教育出版社,1988
[15]秦曾煌．电工学(下册)(第六版)[M]. 北京:高等教育出版社,2004
[16]康华光．电子技术基础(数字部分)[M]. 北京:高等教育出版社,2003
[17]康华光．电子技术基础(模拟部分)[M]. 北京:高等教育出版社,2003
[18]王皖贞．电子技术[M]. 北京:国防工业出版社,2001
[19]李守成．电子技术(电工学Ⅱ)[M]. 北京:高等教育出版社,2001
[20]肖广润,周惠领．电子技术[M]. 武汉:华中科技大学出版社,1995
[21]杨志忠．数字电子技术基础[M]. 北京:高等教育出版社,2004
[22]华成英．数字电子技术基础[M]. 北京:高等教育出版社,2001
[23]张先永．电子技术基础[M]. 长沙:国防科技大学出版社,2001
[24]许泽鹏．电子技术[M]. 北京:人民邮电出版社,2004
[25]吴运昌．模拟电子线路基础[M]. 广州:华南理工大学出版社,2001
[26]陈澎,曾永和．电子技术[M]. 长沙:湖南大学出版社,2004
[27]龙忠琪．模拟集成电路教程[M]. 北京:科学出版社,2004
[28]许泽鹏．电子技术[M]. 北京:人民邮电出版社,2004
[29]王成珍,李辉．数字电子技术基础学习指导与提高[M]. 北京:航空工业出版社,2003
[30]庞学民．数字电子技术[M]. 北京:清华大学出版社,北京交通大学出版社,2005
[31]林育兹,陈文萝．数字电子技术[M]. 北京:科学出版社,2004

[32]叶挺秀．电工电子学[M]．北京:高等教育出版社,1999
[33]唐介．电工学[M]．北京:高等教育出版社,1999
[34]江延．电工与工业电子学[M]．西安:西安电子科技大学出版社,2004
[35]于孟尝．数字电子技术基础简明教程[M]．北京:高等教育出版社,1999
[36]杨志中．数字电子技术[M]．北京:高等教育出版社,2000
[37]孙健．数字电子技术基础[M]．成都:西南交通大学出版社,2000
[38]庄效桓,谢冠虹．电工电子学(第二册)[M]．北京:北京理工大学出版社,1988
[39]贾书圣．模拟电子线路(线性部分)[M]．北京:北京理工大学出版社,1986
[40]朱正涌．半导体集成电路[M]．北京:清华大学出版社,2001
[41]杨素行．模拟电子技术基础简明教程(第二版)[M]．北京:高等教育出版社,1997
[42]童诗白．模拟电子技术基础(第三版)[M]．北京:高等教育出版社,2001
[43]陈振源．电子技术基础[M]．北京:高等教育出版社,2001
[44]方厚辉,谢胜曙．电子技术(电工学Ⅱ)[M]．北京:北京邮电大学出版社,2006